全国民用建筑工程设计技术措施

主　编　亓育岱

副主编　郁银泉　李云贵　何玉如　陈文渊　李大伟　吕建伟

　　　　刘桂然　陈中伟　吴延奎

委　员　（按姓氏笔画为序）

于　凌　黄朝晖　郝国良　姜大庆　张桂生　牟在根

方鄂华　叶明高　陶学康　郁银泉　姬冬莉　林孔兴

朱兆文　周定松　吴玉才　王永维　许永明　周　炳

尚守平　王　宁　陈学庆　娄　宇　娄在田　崔　健

田文玉　宦道芳　金如元　叶列平　柏正才　凤文兵

朱炳寅　王立长

全国化工高级技工教材编审委员会

主 任 毛民海

副主任 苏靖林 律国辉 张文兵 张秋生 李成飞 曾繁京
张朝晖 胡仲胜 杨缄立

委 员 （排名不分先后顺序）

毛民海 苏靖林 律国辉 张文兵 张秋生 李成飞
曾繁京 张朝晖 胡仲胜 杨缄立 江海傲 林远昌
郭养安 贺召平 陈久森 吴卫东 王永利 陆善平
王矿生 王杜生 张 荣 姚成秀 李国平 李文原
周仕安 王 宁 陈洪利 郑 骏 韩立君 桂 昕
肖建华 李晓阳 李社全 李先锋 何迎健 周兴良
米俊峰 王应铁

高级技工规划教材

化工单元过程及操作
第二版

张新战　主编

化学工业出版社
·北京·

全书以理论联系实际为基础，理论以必需够用为原则，面向生产实际操作，同时还考虑到了单元操作新技术的发展。全书共十二章。内容包括流体力学、流体输送机械、非均相物系的分离、传热原理及换热器、蒸发、蒸馏、吸收、干燥、冷冻、结晶、液-液萃取和新型单元操作（包括吸附、膜分离及超临界流体萃取）简介，可供学习者选学选用。

本书为高级技工学校化工工艺及相关专业的教材，也可作为化工操作工的培训教材。

图书在版编目（CIP）数据

化工单元过程及操作/张新战主编．—2版．—北京：化学工业出版社，2012.7（2024.10重印）
高级技工规划教材
ISBN 978-7-122-14435-5

Ⅰ．化⋯　Ⅱ．张⋯　Ⅲ．化工单元操作-技工学校-教材　Ⅳ．TQ02

中国版本图书馆 CIP 数据核字（2012）第 112950 号

责任编辑：于　卉　　　　　　　　　　　文字编辑：丁建华
责任校对：王素芹　　　　　　　　　　　装帧设计：杨　北

出版发行：化学工业出版社（北京市东城区青年湖南街13号　邮政编码100011）
印　　装：北京盛通数码印刷有限公司
787mm×1092mm　1/16　印张21　字数548千字　2024年10月北京第2版第12次印刷

购书咨询：010-64518888　　　　　　　售后服务：010-64518899
网　　址：http://www.cip.com.cn
凡购买本书，如有缺损质量问题，本社销售中心负责调换。

定　　价：48.00元　　　　　　　　　　　　　　　　　版权所有　违者必究

前 言

本教材第一版是 2005 年出版的，已印刷多次。自教材出版后，受到了师生的广泛好评，在技工学校的教学和化工企业工人培训中发挥了重要的作用。

根据教学需要和化工生产技术的发展。现对本教材进行修订。针对部分章节做了一些内容上的删减和增加，修改了第一版的不妥之处。并将思考题和习题分开，习题附参考答案。第一、三章习题由穆晨霞完成；第四、八章习题由练学宁完成；其余各章习题由许凯朋协助完成。全书由张新战统一修改完成，由毛民海审阅。

编　者
2012 年 2 月

第一版前言

《化工单元过程及操作》是根据劳动和社会保障部颁布的高级技工教学计划，由全国化工高级技工教育教学指导委员会组织编写的全国化工高级技工教材，也可作为全国化工企业工人培训教材使用。主要介绍化工各单元操作的基本原理、典型设备以及有关的化工工程实用知识。编写原则是：用基础理论知识指导实际操作，理论以必需、够用为度，加强运用工程观点分析和解决化工实际问题的技能训练。

本书内容按"掌握"、"理解"和"了解"三个层次编写，在每章开头的"学习目的与要求"中均有明确的说明以分清主次，并通过例题和思考题与习题的反复练习达到掌握和理解的要求。每章末的思考题与习题主要是为掌握基础理论和指导实际操作随学习进度所应完成的训练内容，有助于培养分析和解决实际问题的能力。

本书的计量单位统一使用我国法定计量单位，符号和计量单位执行国家标准（GB 3100-3102—93），单位一律采用国际单位制。本书为满足不同类型专业的需要，增添了教学大纲中未作要求的一些单元操作和新型单元操作。教学中各校可根据需要选用教学内容，以体现灵活性。

本书由张新战主编、毛民海主审。全书共分十二章。绪论、第二章、第五章、第九章和附录由张新战编写；第一章和第三章由穆晨霞编写；第四章和第八章由练学宁编写；第六章、第七章和第十二章由周洁编写；第十章和第十一章由朱瑛编写。

本书在编写过程中得到中国化工教育协会、化学工业出版社、全国化工高级技工教育教学指导委员会及相关学院领导和同行们的支持，在此一并表示感谢。

由于编者水平有限，不妥之处在所难免，敬请读者批评指正。

编　者
2005 年 10 月

目 录

绪论 …………………………………………………………………………………… 1
    一、化工过程与单元操作 ………………… 1
    二、化工单元操作的内容、性质及
        任务 ……………………………………… 3
    三、化工常用量和单位 …………………… 4
    四、学习本课程的主要方法 ……………… 6
    思考题 ……………………………………… 6
    习题 ………………………………………… 6

第一章　流体力学 …………………………………………………………………… 7
    第一节　概述 ……………………………… 7
    第二节　流体静力学 ……………………… 7
        一、流体的主要物理量 ………………… 7
        二、流体静力学基本方程式及其
            应用 ………………………………… 10
    第三节　流体动力学 …………………… 14
        一、流量和流速 ………………………… 15
        二、稳定流动和不稳定流动 …………… 16
        三、稳定流动的连续性——连续性
            方程 ………………………………… 17
        四、伯努利方程 ………………………… 18
    第四节　流体阻力 ……………………… 23
        一、流体的黏度 ………………………… 23
        二、流体流动的类型 …………………… 25
        三、层流和湍流的比较 ………………… 26
        四、流动阻力 …………………………… 27
    第五节　简单管路的计算和管路布置 … 32
        一、简单管路的计算 …………………… 32
        二、管路布置和安装的一般原则 ……… 34
    第六节　流量测量 ……………………… 38
        一、孔板流量计 ………………………… 38
        二、文氏管流量计 ……………………… 40
        三、转子流量计 ………………………… 40
    思考题 …………………………………… 41
    习题 ……………………………………… 42

第二章　流体输送机械 ……………………………………………………………… 45
    第一节　概述 …………………………… 45
        一、液体输送机械的作用及分类 ……… 45
        二、气体压缩与输送机械的作用及
            分类 ………………………………… 45
    第二节　液体输送机械 ………………… 46
        一、离心泵 ……………………………… 46
        二、往复泵 ……………………………… 59
        三、其他类型泵 ………………………… 61
        四、各类泵的比较 ……………………… 64
    第三节　气体压缩和输送机械 ………… 65
        一、往复压缩机 ………………………… 66
        二、离心压缩机 ………………………… 74
        三、离心鼓风机和通风机 ……………… 78
        四、旋转鼓风机和压缩机 ……………… 82
        五、真空泵 ……………………………… 83
    思考题 …………………………………… 84
    习题 ……………………………………… 85

第三章　非均相物系的分离 ………………………………………………………… 87
    第一节　概述 …………………………… 87
    第二节　重力沉降 ……………………… 88
        一、重力沉降速度及其影响因素 ……… 88
        二、重力沉降设备的结构和计算 ……… 90
    第三节　过滤 …………………………… 92
        一、过滤的基本概念 …………………… 93
        二、过滤操作中液体通过颗粒层的
            流动 ………………………………… 95
        三、过滤的基本方程式 ………………… 95
        四、过滤机的结构和操作 ……………… 96
    第四节　离心机 ………………………… 99
        一、离心力作用下的沉降速度 ………… 99
        二、离心机的结构和操作 ……………… 100
        三、旋液分离器 ………………………… 103

四、离心机的选择和操作管理 ………… 103
　第五节　气体净制设备 ………………… 104
　　一、旋风分离器 ………………………… 104
　　二、其他气体净制设备 ………………… 105
　第六节　固体流态化 …………………… 107
　　一、固体流态化的基本概念 …………… 107
　　二、流化床的流体力学 ………………… 109
　　三、流化床操作的优缺点 ……………… 111
　　思考题 …………………………………… 112
　　习题 ……………………………………… 112

第四章　传热原理及换热器 ……………………… 114
　第一节　概述 …………………………… 114
　　一、传热的基本方式 …………………… 114
　　二、工业换热方法 ……………………… 115
　第二节　热传导 ………………………… 115
　　一、热传导基本规律 …………………… 115
　　二、平壁的热传导 ……………………… 117
　　三、圆筒壁的热传导 …………………… 119
　第三节　对流传热 ……………………… 122
　　一、对流传热方程式 …………………… 122
　　二、对流传热膜系数 …………………… 122
　第四节　辐射传热 ……………………… 125
　　一、热辐射的基本概念 ………………… 125
　　二、热辐射的基本定律 ………………… 126
　　三、两固体间的辐射传热 ……………… 127
　第五节　传热计算 ……………………… 127
　　一、传热基本方程式 …………………… 127
　　二、传热速率的计算 …………………… 127
　　三、平均传热温度差的计算 …………… 128
　　四、流体流动方向的选择 ……………… 130
　　五、传热系数的测定和估算 …………… 132
　　六、传热面积的计算 …………………… 135
　第六节　传热过程的强化与削弱 ……… 136
　　一、传热过程的强化 …………………… 136
　　二、传热过程的削弱 …………………… 137
　第七节　工业加热与冷却、冷凝 ……… 138
　　一、加热剂与冷却剂 …………………… 138
　　二、加热方法 …………………………… 138
　　三、冷却方法 …………………………… 139
　　四、冷凝方法 …………………………… 139
　第八节　换热器 ………………………… 139
　　一、列管式换热器 ……………………… 140
　　二、蛇管式换热器 ……………………… 141
　　三、夹套式换热器 ……………………… 142
　　四、套管式换热器 ……………………… 142
　　五、螺旋板式换热器 …………………… 143
　　六、平板式换热器 ……………………… 143
　　七、板翅式换热器 ……………………… 144
　　八、翅片管式换热器 …………………… 144
　　九、热管式换热器 ……………………… 145
　　十、各种换热器的比较 ………………… 145
　　十一、换热器的日常维护 ……………… 145
　　思考题 …………………………………… 146
　　习题 ……………………………………… 147

第五章　蒸发 …………………………………………… 149
　第一节　概述 …………………………… 149
　　一、蒸发的目的 ………………………… 149
　　二、蒸发的基本概念 …………………… 149
　第二节　单效蒸发 ……………………… 151
　　一、单效蒸发计算 ……………………… 151
　　二、温度差损失 ………………………… 154
　第三节　多效蒸发简介 ………………… 155
　　一、多效蒸发流程 ……………………… 155
　　二、多效蒸发的效数限度 ……………… 156
　第四节　蒸发器的生产能力和生产
　　　　　强度 …………………………… 157
　　一、蒸发器的生产能力 ………………… 157
　　二、蒸发器的生产强度 ………………… 157
　第五节　蒸发器 ………………………… 158
　　一、蒸发器的结构 ……………………… 158
　　二、除沫器和冷凝器 …………………… 162
　　思考题 …………………………………… 163
　　习题 ……………………………………… 163

第六章　蒸馏 …………………………………………… 165
　第一节　概述 …………………………… 165
　　一、蒸馏的基本概念 …………………… 165
　　二、蒸馏在化工生产中的应用 ………… 165
　　三、蒸馏的分类 ………………………… 165
　第二节　汽-液平衡关系 ………………… 166
　　一、相组成表示方法 …………………… 166

二、理想溶液和非理想溶液汽-液平衡
　　　　关系 ………………………… 166
　　三、相对挥发度及汽-液平衡方程 …… 170
第三节　简单蒸馏与精馏原理 ……………… 171
　　一、简单蒸馏的原理及流程 …………… 171
　　二、精馏的理论基础 …………………… 172
　　三、精馏流程 …………………………… 174
第四节　精馏塔的物料衡算——操作线
　　　　方程 ………………………………… 175
　　一、全塔物料衡算 ……………………… 175
　　二、精馏段操作线方程 ………………… 177
　　三、提馏段操作线方程 ………………… 178
　　四、进料状况对操作线的影响 ………… 178
　　五、操作线在 y-x 图上的作法 ………… 182
第五节　精馏过程的计算 …………………… 183
　　一、理论板的概念 ……………………… 183
　　二、理论塔板数的确定原则 …………… 183
　　三、理论塔板数的确定方法 …………… 184
　　四、加料板位置 ………………………… 185
　　五、单板效率和塔效率 ………………… 186
第六节　回流比 ……………………………… 186
　　一、回流比对精馏塔塔板数的影响 …… 186
　　二、全回流和最少理论塔板数 ………… 187
　　三、最小回流比 ………………………… 187
　　四、操作回流比的确定 ………………… 187
第七节　连续精馏的热量衡算 ……………… 188
第八节　特殊蒸馏简介 ……………………… 189
　　一、水蒸气蒸馏 ………………………… 189
　　二、恒沸精馏 …………………………… 190
第九节　精馏设备——板式塔 ……………… 190
　　一、板式塔的基本结构和类型 ………… 190
　　二、塔板上的流体力学现象 …………… 192
　　三、辅助设备 …………………………… 193
　　四、塔板负荷性能图和负荷上、
　　　　下限 ………………………………… 194
思考题 ………………………………………… 195
习题 …………………………………………… 195

第七章　吸收 ………………………………………………………………………………………… 197
第一节　概述 ………………………………… 197
　　一、吸收单元操作的基本概念 ………… 197
　　二、吸收在工业上的应用 ……………… 197
　　三、解吸的基本概念 …………………… 197
　　四、气体吸收的分类 …………………… 198
第二节　吸收过程的相平衡关系 …………… 198
　　一、气-液平衡关系及其意义 …………… 198
　　二、传质的基本方式 …………………… 202
　　三、吸收机理——双膜理论 …………… 202
第三节　吸收速率方程及吸收总系数 ……… 203
　　一、吸收速率方程 ……………………… 203
　　二、吸收总系数 ………………………… 204
第四节　吸收过程的计算 …………………… 205
　　一、全塔物料衡算 ……………………… 205
　　二、吸收操作线方程 …………………… 206
　　三、吸收剂用量的确定 ………………… 207
　　四、填料吸收塔填料层高度的确定 …… 208
第五节　解吸和吸收流程 …………………… 210
　　一、解吸流程 …………………………… 210
　　二、吸收流程 …………………………… 211
第六节　填料塔 ……………………………… 213
　　一、填料塔的结构和工作原理 ………… 213
　　二、填料的类型和特性 ………………… 213
　　三、辅助设备 …………………………… 215
　　四、吸收操作分析 ……………………… 218
思考题 ………………………………………… 219
习题 …………………………………………… 219

第八章　干燥 ………………………………………………………………………………………… 221
第一节　概述 ………………………………… 221
　　一、干燥的目的 ………………………… 221
　　二、干燥的概念 ………………………… 221
　　三、干燥的分类 ………………………… 222
　　四、对流干燥过程的分析 ……………… 222
第二节　湿空气的性质和湿-焓图 …………… 222
　　一、湿空气的性质 ……………………… 222
　　二、湿空气的湿-焓图及其应用 ………… 226
第三节　干燥过程的物热衡算 ……………… 229
　　一、对流干燥操作流程 ………………… 229
　　二、物料含水量的表示方法与物料
　　　　衡算 ………………………………… 229
　　三、热量衡算与干燥热效率 …………… 230
　　四、干燥器出口空气状态的确定 ……… 231

第四节 干燥速率 …………………… 233
　一、物料中所含水分的性质 …………… 233
　二、干燥速率及其影响因素 …………… 234
第五节 对流干燥设备 …………………… 236
　一、常见对流干燥设备 ………………… 236
　二、干燥器的比较和选择 ……………… 238
　三、干燥过程的调节控制 ……………… 238
思考题 …………………………………… 240
习题 ……………………………………… 240

第九章 冷冻 …………………………… 242

第一节 概述 ……………………………… 242
　一、冷冻单元操作的概念 ……………… 242
　二、冷冻的实质 ………………………… 243
第二节 压缩蒸气冷冻机 ………………… 243
　一、压缩蒸气冷冻机的工作过程 ……… 243
　二、温-熵图 …………………………… 244
　三、压缩蒸气冷冻机的计算 …………… 245
　四、多级压缩蒸气冷冻机 ……………… 247
第三节 冷冻剂和冷冻盐水 ……………… 248
　一、冷冻剂 ……………………………… 248
　二、冷冻盐水 …………………………… 249
第四节 压缩蒸气冷冻机的主要设备 …… 250
　一、压缩机 ……………………………… 250
　二、冷凝器 ……………………………… 251
　三、蒸发器 ……………………………… 251
　四、膨胀阀 ……………………………… 252
思考题 …………………………………… 252
习题 ……………………………………… 252

第十章 结晶 …………………………… 254

第一节 概述 ……………………………… 254
　一、结晶的概念及其工业应用 ………… 254
　二、固-液体系相平衡 ………………… 255
　三、晶核的形成与影响因素 …………… 257
　四、晶体的成长与影响因素 …………… 258
第二节 结晶方法 ………………………… 259
　一、冷却结晶 …………………………… 260
　二、蒸发结晶 …………………………… 260
　三、真空冷却结晶 ……………………… 260
　四、盐析结晶 …………………………… 260
　五、反应沉淀结晶 ……………………… 261
　六、升华结晶 …………………………… 261
　七、熔融结晶 …………………………… 261
第三节 结晶设备及操作 ………………… 262
　一、结晶设备的类型、特点及选择 …… 262
　二、常见结晶设备 ……………………… 263
　三、结晶操作 …………………………… 265
思考题 …………………………………… 266

第十一章 液-液萃取 …………………… 267

第一节 概述 ……………………………… 267
　一、萃取在工业生产中的应用 ………… 267
　二、萃取剂的选择 ……………………… 268
　三、萃取操作流程 ……………………… 269
第二节 部分互溶物系的相平衡 ………… 270
　一、三角形相图 ………………………… 271
　二、溶解度曲线与平衡连接线 ………… 271
　三、分配曲线与分配系数 ……………… 273
　四、辅助曲线与杠杆规则 ……………… 275
　五、萃取过程在三元相图上的表示 …… 276
第三节 萃取设备 ………………………… 278
　一、塔式萃取设备 ……………………… 278
　二、萃取设备的选用 …………………… 281
　三、萃取塔的操作 ……………………… 281
思考题 …………………………………… 283
习题 ……………………………………… 283

第十二章 新型单元操作简介 …………… 285

第一节 吸附 ……………………………… 285
　一、吸附的基本概念与吸附剂 ………… 285
　二、吸附原理 …………………………… 288
　三、吸附工艺简介 ……………………… 289
第二节 膜分离 …………………………… 290
　一、膜分离技术的基本概况 …………… 290
　二、分离膜应具备的条件及类型 ……… 294
第三节 超临界流体萃取 ………………… 296
　一、超临界流体萃取技术的发展与
　　　特点 ………………………………… 296
　二、超临界流体萃取原理及过程
　　　简介 ………………………………… 296
思考题 …………………………………… 298

附录 ... 300

- 一、化工常用法定计量单位及单位换算 ... 300
- 二、某些气体的重要物理性质 ... 302
- 三、某些液体的重要物理性质 ... 303
- 四、常用固体材料的密度和比热容 ... 304
- 五、水的重要物理性质 ... 304
- 六、干空气的重要物理性质（101.33kPa） ... 305
- 七、饱和水蒸气表（按压强排列） ... 306
- 八、饱和水蒸气表（按温度排列） ... 307
- 九、液体黏度共线图 ... 308
- 十、气体黏度共线图（常压下用） ... 310
- 十一、液体比热容共线图 ... 312
- 十二、气体比热容共线图（常压下用） ... 314
- 十三、液体汽化潜热共线图 ... 316
- 十四、固体材料的热导率 ... 317
- 十五、某些液体的热导率 ... 318
- 十六、气体的热导率共线图（常压下用） ... 319
- 十七、管子规格 ... 320
- 十八、泵及通风机规格 ... 321
- 十九、若干气体水溶液的亨利系数 ... 322
- 二十、部分双组分混合液在101.3kPa下的汽-液平衡数据 ... 323
- 二十一、氨的温-熵图 ... 324
- 二十二、101.33kPa压强下溶液的沸点升高与浓度的关系 ... 325

参考文献 ... 326

绪　论

学习目标
- 掌握　化工过程的物料衡算与能量衡算的基本概念及计算步骤。
- 理解　化工生产过程的构成，单元操作的概念，单元操作中常用的五个基本概念及单位与单位一致性。
- 了解　"化工单元过程及操作"课程的内容、性质及任务；学习本课程的主要方法。

一、化工过程与单元操作

化工产品有千万种，它们都是由各种原料进行化学加工而获得的产品。可见，其核心应当是化学反应过程及其设备。但是，为使化学反应过程能够经济有效地进行，还必须满足化学反应的一些适宜的条件，如适宜的压强、温度和物料的纯度等。所以，除化学反应过程，其他满足化学反应条件的过程均属物理过程。而这些物理过程在整个化工生产中占有极重要的地位，对生产过程的经济效益影响很大。

例如，聚氯乙烯塑料的生产过程是以乙炔和氯化氢为原料进行加成反应以制成氯乙烯单体，然后在0.8MPa、338K左右进行聚合反应生产聚氯乙烯。但原料乙炔和氯化氢在加成反应前，须将其中的各种杂质进行清除，以防止反应器内的催化剂中毒失效。反应生成物（氯乙烯单体）中含有未反应的氯化氢和其他副反应产物。例如，氯化氢应首先除去以免除其对设备、管路的腐蚀，然后再将反应后的气体经压缩、冷凝并除去其他杂质，达到聚合反应所要求的纯度和聚集的状态。聚合后获得的塑料颗粒和水的悬浮液须经脱水、干燥而后成为产品。该生产过程如图0-1所示。

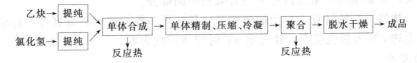

图0-1　聚氯乙烯塑料生产过程

该生产过程除单体合成、聚合反应过程以外，原料的提纯和反应物的精制等工序中所进行的过程大多数是纯物理过程，这些物理过程统称为化工单元操作，简称单元操作。在现代化学工业中，化工单元操作在企业的设备投资和操作费用中占大部分比例。因此，化工单元操作在化工生产中是非常重要的，是研究众多单元操作共同性质的课程。

虽然化工产品众多，但它们的生产过程均是化学反应和若干单元操作组合串联而成的，所以没必要将每一化工生产过程都当作一种特殊的或独有的技术去研究。只研究组成生产过程的每一个单独操作即可。至于化学反应则不属于本课程研究的范围。

在单元操作中，如何控制最优化的生产条件和创造更好的经济效益，必须学习以下五个基本概念。它们也是从事化工生产的操作者和管理者所要掌握的重要基本概念。

1. 物料衡算

在化工单元操作中，由于涉及化学反应，对任一系统来说，凡向该系统输入的物料量必等于从该系统输出的物料量与损失的物料量之和，即

$$\text{输入系统的物料量} = \text{输出系统的物料量} + \text{系统损失的物料量}$$

这个公式是物料衡算通式，是根据质量守恒定律建立的。因为化工生产贯穿着物料的转换，而化工操作也应进行物料衡算，它是班组核算的重要内容。依此可以判定操作的优劣，分析经济效益，提供工艺数据，为严密地控制生产物料的运行、减少物料的损失打下基础。该式既适用于连续操作，也适用于间歇操作。还适用对于物料中的任一组分进行衡算；当有化学反应时，它只适用于任一元素的衡算。

物料衡算步骤可概括为划定范围、确定基准、列出方程和求解方程四个步骤。

（1）划定范围 确定物料衡算所包括或涉及的范围，一般可用封闭虚线框将需要衡算的设备或设备的局部、或一个车间、一个工段等划定出来，范围之内的体系就是要进行衡算的对象。进出体系的物料流均用带箭头的物流线标明，物流线一定与范围线相交（若不相交表示该物流没有进入或离开体系）。

（2）确定基准 对于间歇操作，可以规定以一批物料为基准；对于连续操作，一般以 1h 作为基准，必要时也可用 1d（天）、1月、1a（年）作为基准。

（3）列出方程 可以列出整个物料衡算方程，也可以列出某组分的衡算方程。所列方程应包含已知条件和所求的量，对于有几个未知量的衡算问题，需要列出几个互相独立的衡算方程。

（4）求解方程 从联立方程组解出未知量。列出物料平衡表，并用平衡表验算。

应当注意：物料衡算时，应严格按以上步骤进行；计算时使用的单位要统一；物料衡算实际上是质量的平衡，计算时一律用质量单位。

2. 能量衡算

在化工生产操作中，始终贯穿着能量的使用是否完善的问题。提高输入体系能量的有效利用率和尽量减少能量的损失，在很大程度上关系着产品成本和生产的经济效益。能量衡算是定量计算能量有效利用率和能量损失的一种表现形式，它基于能量守恒定律。在任何一个化工过程中，凡向体系输入的能量必须等于从该体系输出的能量和能量损失之和，即

$$\text{输入体系能量} = \text{输出体系能量} + \text{能量损失}$$

能量损失，是指输入体系能量中未被有效利用的部分。

按照这一规律进行的计算，称为能量衡算，其计算步骤除按物料衡算外，还应确定基准温度。习惯上选 0℃ 为基准温度。并规定 0℃ 时液体的焓为零。

3. 平衡关系

化工过程中的每一种单元操作或化学反应都可称为过程，研究过程的规律，目的是使过程向着有利于生产的方向进行。平衡关系，就是研究过程进行的方向和过程进行的极限（过程进行的最大程度）。

平衡关系就是指在一定的条件下，过程的变化达到了极限——即达到平衡状态。例如，高温物体自动地向低温物体传热，直至进行到两物体的温度相等时为止。宏观上热量不再进行传递，即传热的平衡状态。

当条件改变时，原有的平衡状态被破坏并发生转移，直至在新的条件下重新建立平衡。在化工生产中经常采用改变平衡条件的方法，使平衡向着有利于生产的方向移动。为能有效地控制生产，应掌握生产过程的平衡状态和平衡条件的相互关系，进而判断过程进行的程

度，做到心中有数地驾驭生产，完善操作。

4. 过程速率

过程速率是指单位时间内过程的变化率，即表明过程进行的快慢。在化工生产中，过程进行的快慢远比过程的平衡显得更为重要。若一个过程可以进行，而速率非常慢，那么这个过程就失去了工业规模生产的意义。

对于一个处于不平衡状态的体系，必然会产生使体系趋向于平衡的过程；但过程以怎样的速率趋向平衡，这不取决于平衡关系，而取决于影响过程的诸多因素。由理论研究和科学实验证明，过程速率是过程推动力与过程阻力的函数，过程推动力越大，过程阻力越小，则过程速率越大；否则反之，即

$$过程速率 = \frac{过程推动力}{过程阻力}$$

过程推动力指的是直接导致过程进行的动力，如水从高处自动流向低处的推动力是位能差。过程阻力因素较多，与体系物性、过程性质、设备结构类型、操作条件等都有关系。对过程速率问题的讨论，将在有关章节中进行介绍。在化工单元操作中，应努力寻求提高过程速率的途径。怎样加大过程推动力和减少过程阻力，是提高设备生产能力的重要问题。

5. 经济效益

经济效益也称为经济效果，是多种生产方式下都普遍存在的客观经济范畴，一般指经济活动中，所取得的成果与劳动消耗之比，即

$$经济效益 = \frac{劳动成果}{劳动消耗}$$

式中，劳动成果是指最终的合格产品价值；劳动消耗包含操作费用（消耗的人力、原材料、水电、维修等）和设备折旧费（设备的造价和使用年限折算），以及占用的固定资产和流动资金。

可见，在一定的劳动消耗条件下，适合市场需求的合格产品越多，经济效益就越好。为了提高经济效益，必须从提高生产操作者的技术素质、提高劳动成果和降低消耗三个方面去开展技术革新，加强生产管理和经济核算，降低操作费用，提高设备的生产力，以达到优质、高产、低消耗、高效益的目的。

二、化工单元操作的内容、性质及任务

单元操作是华尔克等人在1923年提出的，自此以后便作为一门工程学取得了快速的发展。根据单元操作所遵循的基本规律，可将单元操作划分为以下四大类。

（1）动量传递过程单元操作　包含流体力学、流体输送与压缩、沉降与过滤、固体流态化等。

（2）热量传递过程单元操作　包含加热、冷却、冷凝、蒸发等。

（3）质量传递过程单元操作　包含蒸馏、吸收、萃取、结晶、干燥、膜分离、超临界流体萃取等。

（4）热力过程单元操作　指一般冷冻。

各种单元操作都是根据一定的物理原理，在特定的设备内进行的特定过程。因此过程和设备是相互依存的，而且，设备结构在技术上的先进程度，对单元操作能否更有效地进行影响很大。所以研究以上化工单元操作的基本原理和规律，熟悉各单元操作的设备结构、原理、主要性能和有关操作技术，以便在生产操作中运用这些知识去分析和解决实际工程技术问题。

化工单元过程及操作课程是数学、物理等课程的后继课程，它是一门化工技术基础课，在整个教学中起到自然学科与应用学科的桥梁作用。学习本课程的任务是：主要讨论各单元操作的基本原理和规律、所用典型设备的结构和设备选型。通过本课程的学习，培养学生分

析和解决单元操作中基本问题的能力,在生产实践中训练学生对生产设备应具有操作管理能力和强化单元过程的操作本领,使设备运行最优化,从而使生产获得最优化的经济效果。

三、化工常用量和单位

1. 化工常用量

量是指物理量,任何物理量都是用数字和单位联合表达的。每种物理量都有规定的符号,这些符号都是国际上认定和国家标准规定的。目前,国际上逐渐统一采用国际单位制单位(SI 单位);我国采用中华人民共和国法定计量单位。

物理量分为基本量和导出量。一般先选几个独立的物理量,如 SI 单位中,长度(L)、时间(t)、质量(m)、热力学温度(T)、物质的量(n)、电流强度(I)、发光强度(I_v)确定为基本量。化工单元操作中,用前 5 个基本量就足够了。由基本量导出的量,都是导出量,如比体积、重力加速度等。

用来度量同类量大小的标准量,称为计量单位。基本量的主单位称作基本单位。在确定了基本单位后,按照物理量之间的关系,用相乘、相除的形式构成的单位,称为导出单位。

2. 单位及单位换算

由国家以法令形式允许使用的单位叫法定计量单位。我国在 1984 年公布实施的法定计量单位主要以 SI 单位制为基础,因它具有统一性、科学性、简明性、实用性、合理性等优点,是国际公认的较先进的单位制。我国根据本国实际情况选用了一些非国际单位构成了法定计量单位,其构成如表 0-1 所示。

表 0-1 我国法定计量单位的构成

法定计量单位构成内容		举 例		备 注
		单位名称	单位符号	
1. SI 单位	(1)SI 基本单位	米 千克	m kg	
	(2)具有专门名称的 SI 导出单位	牛[顿] 焦[耳]	N J	
	(3)组合形成的 SI 导出单位	米每秒 帕[斯卡]·秒	m/s Pa·s	在第 3 项中,凡由 SI 单位构成组合单位均为 SI 导出单位
2. 国家选定的 SI 制外单位		吨 升	t L	
3. 由以上单位构成的组合形式单位		米每秒 千瓦[特]·小时	m/s kW·h	其中,全由 SI 单位构成的,如 m/s 为 SI 导出单位;其余为 SI 制外导出单位
4. 由以上单位加 SI 词头构成的倍数和分数单位		毫米 千焦[耳]	mm kJ	SI 给出了用以构成 SI 单位的倍和分数单位的词头,如 M、k(倍数单位词头);c、m、μ(分数单位词头)等

(1) 化工常用的 5 个 SI 基本量及单位

① 长度。基本单位是米(m),其倍、分数单位有千米(km)、厘米(cm)、毫米(mm)、微米(μm)等。

② 时间。基本单位是秒(s),国家选定的 SI 制外时间单位有分(min)、小时(h)、天(d)、年(a)。

③ 质量。千克(kg)、克(g)及其部分倍、分数单位,如兆克(Mg)、毫克(mg),还有吨(t)等。

④ 热力学温度。基本单位是开[尔文](K)。等于水的三相点热力学温度的 1/273.16。

⑤ 物质的量。基本单位是摩[尔](mol),其倍、分数单位有 kmol、mmol 等。

(2) 化工常用 4 个 SI 导出单位

① 力、重力。牛[顿](N)及倍、分数单位，如 MN、kN、mN 等。

② 压力、压强。帕[斯卡](Pa)及其倍、分数单位，如 kPa、MPa、mPa 等。

③ 能（量）、功、热（量）。焦[耳](J)及其倍、分数单位，如 kJ、mJ，以及瓦[特]·秒（W·s）、千瓦[特小]·时（kW·h）等。

④ 功率。瓦[特](W)及其倍、分数单位，如 kW、mW 等。

(3) 法定计量单位的使用、写法及读的规则

① 使用规则。词头代号用正体，词头代号和单位代号之间不留间隔，如 1km、1Mm、1mm 等；如带词头的单位代号上有指数，则表明倍数单位的系数值可由词头自乘而得，如 $1cm^3 = 1c^3m^3 = 1\times(10^{-2})^3m^3 = 10^{-6}m^3$，$1cm^{-1} = 1c^{-1}m^{-1} = 1\times(10^{-2})^{-1}m^{-1} = 10^2m^{-1}$；不允许两个以上国际单位制词头并列而成的组合词头，如 10^6g，可用 1Mg，不许用 1kkg；选用国际单位制词头时，一般应使单位前系数值在 $0.1 \sim 1000$ 之间，如 12000m 可写成 12km，0.00394m 可写成 3.94mm。

② 写法规则。量的符号用斜体字母号，单位的符号用正体字母号，单位符号一般为小写，不能写成大写，如 m 不能写成 M；两个以上单位的乘积应最好用圆点作为乘号，当不致与其他单位代号混淆时，圆点可省略，如 N·m 可以写成 Nm，但不应写成 mN，因为后者会误认为是毫牛；当导出单位系由一个单位被另一个单位除所构成时，可以用斜线形式书写，分子、分母应同在一水平线上，如 $kg/(m \cdot s^2)$，不能写成 $\frac{kg}{(m \cdot s^2)}$；当词头符号表示的因数小于 10^6 时小写，大于 10^6 时大写，如兆写为 M，1MPa 不能写成 1mPa；千写为 k，1kg 不能写成 1Kg。

③ 读的规则。可按单位或词头的名称读音读，如"km"读"千米"；"mm"读"毫米"；"℃"读"摄氏度"。读的顺序与符号顺序一致，乘号按顺序读，如"N·m"读"牛顿米"。除号的对应名称是"每"。如速度 m/s 读"米每秒"，不能读"秒分之米"；传热系数 $W/(m^2 \cdot K)$ 读"瓦特每平方米开尔文"。

SI 还规定一些辅助单位和基本单位并用，如时间采用日（d）、小时（h）、分（min）；质量采用吨（t）；容积采用升（L）等。以上括号中为单位代号。除此之外，在本书中还遇到一些不属于任何单位制的单位，因为它们是由于习惯而保留下来的，称为惯用单位。

(4) 单位换算 不同单位制的计量之间存在一定的换算关系，物理量的大小由一种单位换算成另一种单位，其数值也跟着变化，需把原单位的数值乘以换算因数才能得到新单位的数值。所谓换算因数就是原单位与新单位大小的比值。换算因数的数值可查本书附录一，也可以用有关基本单位的换算因数算出。现举例说明如下。

【例题 0-1】 求把密度单位 g/cm^3 换算成 kg/m^3 的换算因数。

解 查附录一，得 g 换算成 kg 的换算因数是 10^{-3}，cm^3 换算 m^3 的换算因数是 10^{-6}，所求的换算因数是 $10^{-3}/10^{-6} = 10^{-3}$。

【例题 0-2】 求把表面张力中 dyn/cm 单位换算成 N/m 单位的换算因数。

解 查附录一，得 dyn 的换算成 N 的换算因数为 10^{-5}，cm 换算成 m 的换算因数为 10^{-2}，所求的换算因数是 $10^{-5}/10^{-2} = 10^{-3}$。

【例题 0-3】 把流量 150L/min 换算成 m^3/h 和 m^3/s。

解 $150L/min = 150 \times \dfrac{10^{-3}m^3}{60s} = 0.0025 m^3/s = 150 \times \dfrac{10^{-3}m^3}{\frac{1}{60}h} = 9 m^3/h$

应当提出,在使用物理量方程进行计算时,一开始应选定一种单位制度,并贯彻到底,中途绝不能改变。本教材采用 SI 单位制。在计算之前,如遇到其他单位制的单位,应把它们换算成 SI 单位。单位换算在书中各章节的计算例题中进行应用训练。化工常用法定计量单位及单位换算见附录一。

四、学习本课程的主要方法

本课程是理论与实践紧密联系的一门工程课程,学习时既要注意理论的系统性,又要充分重视课程的实践性。由课堂教学讲授基本理论,通过实验、实习,巩固和加深对基本理论的理解。用掌握了的基本理论去指导单元操作训练,在实践中验证理论的正确性。此外,还需注意下列几点。

1. 理解和掌握基本理论

重视基础理论、基本概念、基本公式的学习,尤其要抓住各单元过程的平衡、速率关系问题,因这是学好本课程的基础。在此基础上联系实际,逐步深入,才能灵活应用于生产操作中。

2. 树立工程观念

学习本课程还需让学生初步树立工程观念,学会用工程观念去分析和处理生产中的技术问题。就是必须同时具备四种观念,即理论上的正确性、技术上的可行性、操作上的安全性、经济上的合理性。这四个观念中,经济是核心,并且是相互联系,相互促进的统一体。所谓工程观念,就是要从这四个方面的要求出发,全面地考虑和决定工程问题的观点。

3. 熟悉工程计算,培养基本计算能力

在单元操作计算中,往往涉及的物理量很多,有些数据计算时较烦琐,常需利用有关图表或手册查取。正确应用和熟练掌握有关图表和手册的使用方法,也是学习本课程的基本技能之一。

思 考 题

0-1 化工过程的基本构成是什么?

0-2 物料衡算与能量衡算的依据和基本步骤是什么?

0-3 试说明学习本课程的目的和任务。

0-4 何谓工程观念?试说明"四性"间的关系。

0-5 怎样理解平衡关系、过程速率和经济效益,并说明对实际生产操作的指导意义。

0-6 化工单元操作按所遵循基本规律分为四种类型:第一,_____单元操作;第二,_____单元操作;第三,_____单元操作;第四,_____单元操作。

0-7 单元过程速率的表达式是_____,其中过程的推动力是指_____,提高过程速率的途径是_____。

0-8 指出聚氯乙烯生产过程中哪些过程是单元操作,哪些不是单元操作。

习 题

0-9 将以下各量值按法定计量单位使用规则要求进行写、读。

(1) 15000m;   (2) 1.8×10^3N;   (3) 2160Pa;

(4) 0.088m;   (5) 9200J;   (6) 1.2×10^7N

[答:(1) 15km;(2) 1.8kN;(3) 2.16kPa;(4) 88mm;(5) 9.2kJ;(6) 12MN]

0-10 在 26℃ 和 1atm 下,CO_2 在空气中的分子扩散系数 D 等于 $0.16\text{cm}^2/\text{s}$,试将此数据换算成 "m^2/h" 单位。

[答:$5.9\times10^{-2}\text{m}^2/\text{h}$]

0-11 已知通用气体常数 $R=82.06\dfrac{\text{atm}\cdot\text{cm}^3}{\text{mol}\cdot\text{K}}$,试将此数据换算成 $\dfrac{\text{kJ}}{\text{kmol}\cdot\text{K}}$ 所表示的量。

[答:8.31473kJ/(kmol·K)]

第一章 流体力学

学习目标

- 掌握 流体的密度、压力、黏度的概念及单位；流体静力学方程和应用；连续性方程；伯努利方程及应用。
- 理解 流体阻力产生的原因及影响因素；直管阻力的计算；孔板流量计、文氏管流量计、转子流量计的基本构造、测量原理和使用要点。
- 了解 流体流动类型及流量计算；局部阻力计算简单管路的计算和管路布置。

第一节 概 述

流体力学是一门基础性很强和应用性很广的学科，在石油化工领域中显得非常重要。流体在流动过程中，不仅有动量传递问题，还伴随有传热、传质现象。因此，流体力学是研究流体在静止或流体流动时有关参数变化规律的基础。

自然界存在着大量复杂的流动现象。具有流动性的物质称为流体，包括气体和液体。一般液体的体积随压力变化很小，可认为是不可压缩性流体。对于气体，当压力变化时，其体积会有较大的变化，工程上认为是可压缩性流体。

化工生产中所处理的物料，包括原料、半成品、成品等，大多数都是流体。为了满足生产工艺要求，常常需要将物料从一个设备送往另一个设备，从一个车间输送到另一个车间。因此流体流动是化工生产中广泛使用的操作。此外，化工生产中所涉及的各个单元操作，如传热、蒸发、蒸馏等都离不开流体的流动。因此，研究流体流动问题是本课程的重要内容，是研究各个单元操作的重要基础。

第二节 流体静力学

流体在重力场中，除了受重力作用外，还会受到压力的作用，当作用于流体上的这两种力达到平衡时，流体就处于静止状态。流体静力学就是研究流体处于静止状态时力的平衡关系，并因此而指导生产实际应用。

一、流体的主要物理量

1. 密度

单位体积流体所具有的质量，称为流体的密度，用符号 ρ 表示，即

$$\rho = \frac{m}{V} \tag{1-1}$$

式中 ρ——流体的密度，kg/m^3；

m——流体的质量，kg；
V——流体的体积，m³。

不同流体密度不同，同一流体的密度随温度和压强而变化。

(1) 液体密度　液体密度随压强变化很小，常可忽略其影响。对大多数液体而言，密度随温度的升高而减少。如纯水的密度在277K时为1000kg/m³，293K时为998.2kg/m³，373K时则为958.4kg/m³。因此，在选用密度数据时，一定要注明温度。

纯液体的密度可通过式(1-1)求得。工程计算中，可通过有关手册查得。

化工生产中遇到的多是液体混合物。液体混合物在某一温度时的密度可按理想溶液由纯组分密度进行近似计算，即

$$\frac{1}{\rho_m} = \frac{w_1}{\rho_1} + \frac{w_2}{\rho_2} + \cdots + \frac{w_n}{\rho_n} \tag{1-2}$$

式中　　ρ_m——液体混合物的平均密度，kg/m³；
$\rho_1, \rho_2, \cdots, \rho_n$——液体混合物中各纯组分的密度，kg/m³；
$w_1, w_2, \cdots, w_n$——液体混合物中各组分的质量分数。

(2) 气体的密度　气体的密度随压力的增加而增加，随温度的升高而减小。常见气体的密度可从手册中查到。如果压力不太高、温度不太低时，可近似地按理想气体状态方程计算，即

$$\rho = \frac{pM}{RT} \tag{1-3}$$

式中　p——气体的压力，kPa；
T——气体的温度，K；
M——气体的摩尔质量，kg/kmol；
R——摩尔气体常数，8.314kJ/(kmol·K)。

一般在手册中查得的气体密度都是在一定压力和温度下的数值，若条件不同，则需要进行换算。

对于气体混合物，其平均密度也可由式(1-3)计算，但式中的摩尔质量M应以混合气体的平均摩尔质量$M_{均}$代替。即

$$\rho_m = \frac{pM_{均}}{RT} \tag{1-4}$$

其中

$$M_{均} = M_1 y_1 + M_2 y_2 + \cdots + M_n y_n \tag{1-5}$$

式中　　$M_{均}$——气体混合物平均摩尔质量，kg/kmol；
$M_1, M_2, \cdots, M_n$——气体混合物中各组分的摩尔质量，kg/kmol；
$y_1, y_2, \cdots, y_n$——气体混合物中各组分的摩尔分数（或体积分数）。

气体混合物的密度，也可根据各组分气体密度进行计算。若各组分在混合前后的体积不变，用式(1-6)计算混合气体的密度，即

$$\rho_m = \rho_1 y_1 + \rho_2 y_2 + \cdots + \rho_n y_n \tag{1-6}$$

(3) 相对密度　相对密度是指在一定温度下流体的密度与某一参考流体密度之比，用符号d表示。

液体的相对密度是指某种液体在一定温度下的密度与277K、标准大气压下纯水的密度之比，表达式为

$$d = \frac{\rho}{\rho_{水}} \tag{1-7}$$

式中　ρ——被测流体在某温度时的密度，kg/m³；

$\rho_{水}$——纯水在 277K 时的密度，kg/m³。

由于水在 277K 时的密度为 1000kg/m³，已知相对密度，就可以求出液体在该条件下的密度。例如，水银在 20℃时的相对密度是 13.6，则其密度为 13600kg/m³。

气体的相对密度是在标准状态下（温度 273K，压强 101.3kPa），该气体的密度与干燥空气密度之比值。干燥空气在标准状态下的密度为 1.293kg/m³。氨的相对密度为 0.596，则氨的密度为 0.771kg/m³。

2. 比体积

单位质量流体所具有的体积，称为流体的比体积，也称质量体积。即

$$v = \frac{V}{m} = \frac{1}{\rho} \tag{1-8}$$

式中　v——流体的比体积，m³/kg。

其数值等于密度的倒数。

3. 压力

压力是指垂直作用于物体表面的力。通常将作用于物体单位面积上的压力称为静压强，简称压强，工程上称压力。其数学表达式为

$$p = \frac{F}{A} \tag{1-9}$$

式中　p——流体的压强，Pa；
　　　F——垂直作用于物体表面的力，N；
　　　A——流体的作用面积，m²。

压力的大小常用两种不同的基准来表示：一种是绝对零压，另一种是大气压。当以绝对零压为基准测量的压力称为绝对压力，简称绝压，它是流体内部或设备内部的真实压力；当以大气压力为基准测量的压力称为表压或真空度，它是真实压力与外界大气压的差值。

若绝对压力高于大气压，则高出部分为表压，即

表压力 = 绝对压力 − 大气压

若绝对压力低于大气压，则低出部分为真空度，即

真空度 = 大气压 − 绝对压力

由上述关系可知，对同一压力，用表压和真空度表示时，其值大小相等，符号相反，为避免混淆，表压和真空度要加以标注，不加说明时，工程计算上认为是绝对压力，如 5MPa（表压）、10kPa（真空度）等。

工程上表压可由压力表测量并在表上直接读数，真空度由真空表测量并在表上直接读数。

应当指出，外界大气压随大气的温度、湿度和所在地区的海拔高度而变。

压力的单位有很多种，在工程实际中还采用其他单位，如 atm（标准大气压）、at（工程大气压），其间的换算关系为

$$1atm = 760mmHg = 10.33mH_2O = 1.01325 \times 10^5 Pa$$
$$1at = 735.6mmHg = 10mH_2O = 9.81 \times 10^4 Pa$$

工程上测量压力的方法很多，如液柱式压力计、弹性式压力计、电气式压力计等。弹簧管压力计是工业生产上应用最广泛的一种测压仪表，电气式压力计在自动化控制系统中具有重要的作用。

【例题 1-1】某地区大气压为 100kPa，某吸收塔塔内表压力为 300kPa，若在大气压为 90kPa 的高原地区操作，保持塔内绝压不变，则此时压力表的读数是多少？

解 该设备在大气压力为 100kPa 的地区操作时，塔内绝对压力为

$$绝对压力 = 大气压 + 表压 = 100 + 300 = 400 \text{（kPa）}$$

当在大气压力为 90kPa 的高原地区操作时，其压力表读数为

$$表压 = 绝对压力 - 大气压 = 400 - 90 = 310 \text{（kPa）}$$

二、流体静力学基本方程式及其应用

1. 流体静力学基本方程式

如图 1-1 所示，有一容器液面上方的压力为 p_0，容器内液体密度为 ρ，则距液面高度（深度）为 h，A 点的压力为

$$p = p_0 + \rho g h \tag{1-10}$$

式中 p——液体内部任意一点的压力，Pa；

p_0——液面上方的压力，Pa；

ρ——液体的密度，kg/m³；

h——该点距离液面的高度，m。

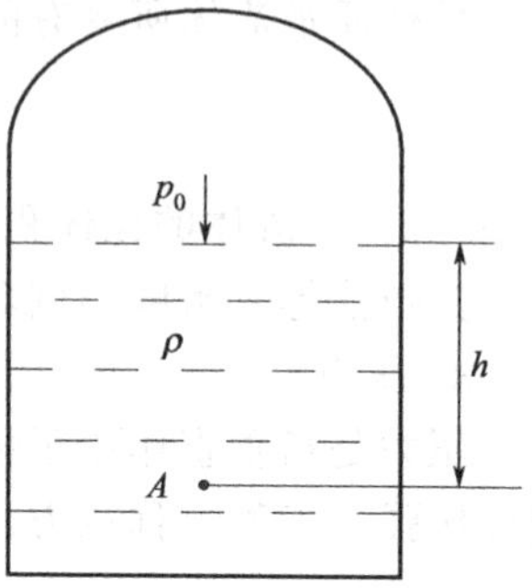

公式 (1-10) 称为流体静力学基本方程式，可计算液体内部任意水平面上压力。

由流体静力学基本方程式可知：

图 1-1   容器内液体示意图

① 当液面上方压力 p_0 一定时，静止流体内任意一点的压力 p 与流体的密度 ρ 和该点距离液面的深度 h 有关。液体密度越大，深度越深，该点的压力越大；

② 在静止的、连通着的同一种液体内，同一水平面各点的压力相等。压力相等的水平面称为等压面；

③ 当液体内部任意一点的压力或液面上方的压力发生变化时，液体内部各点的压力也发生同样大小的变化；

④ 将式 (1-10) 变化为 $\dfrac{p - p_0}{\rho g} = h$，表明压力或压差可用液柱高度来表示。液柱式压力测量仪表就是利用这一基本原理而设计和制造的。用液柱高度来表示压力时要注明液体种类，如 750mmHg、10mH₂O 等。

应当指明：流体静力学基本方程适用于重力场中静止的、连续的、同种不可压缩的流体，如液体。对气体来说，密度受压力而变化，但若其他的压力变化不大，密度近似地取其平均值而视为常数时，公式仍可适用。

【例题 1-2】 如图 1-2 所示的测压管分别与 A、B、C 相连通，连通管的下部是汞，上部是水，三个设备内液面在同一水平面上，问：

① 1、2、3 点处的压力是否相等？

② 4、5、6 点处的压力是否相等？

解   1、2、3 点处的压力不相等；4、5、6 点处的压力相等（原因由学生自己分析）。

【例题 1-3】 储槽内装有相对密度为 0.84 的液体，假定液面上方的压力为 100kPa，试求距离液面深度 2.5m 处液体所受压力。

解   根据流体静力学基本方程式

$$p = p_0 + \rho g h = 100 + 0.84 \times 10^3 \times 9.81 \times 2.5 \times 10^{-3} = 120.6 \text{（kPa）}$$

2. 流体静力学基本方程的应用

利用流体静力学基本方程，可以测定流体内部任意一点的压力或两部位之间的压差、测量储罐内液位的高低、进行液封高度的计算、确定静止分离器重液出口管的高度等。

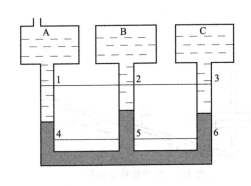
图 1-2 [例题 1-2] 附图

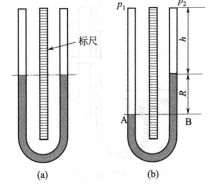
图 1-3 U 形管压差计

(1) 压力及压力差的测量　在化工生产过程中，大多数操作条件都在一定压力下进行，压力的高低不仅会影响生产进行的程度、产品质量的好坏，而且还关系到生产的安全，这就需要对化工生产设备或管路进行压力测量，实施压力监控。下面介绍几种通过液柱高度而进行压力测量的液柱式压差计。

如图 1-3 所示，为一 U 形管压差计，是液柱式压差计中最普遍使用的一种。它是一个两端开口的垂直 U 形玻璃管，中间配有标尺读数，管内装有某种液体指示剂，一般液体指示剂的装入量约为 U 形管总高的一半。指示剂要与被测液体不互溶，不起化学反应，且要求指示剂的密度大于被测液体的密度。通常采用的液体指示剂有着色水、油、四氯化碳、水银等。

U 形管压差计在使用时，两端口与被测液体的测压点相连接，通过式 (1-11) 计算压差，即

$$\Delta p = p_1 - p_2 = (\rho_A - \rho_B)gR \tag{1-11}$$

式中　p_1, p_2——测压点 1、2 处的压力，Pa；
　　　ρ_A, ρ_B——指示剂、被测液体的密度，kg/m³；
　　　g——常数，9.81m/s²；
　　　R——指示剂高度，m。

由式 (1-11) 可见，U 形管压差计所测压差，只与读数 R、指示剂和被测液体的密度有关，而与 U 形管的粗细、长短、形状无关。当压差一定时，$(\rho_A - \rho_B)$ 越小，R 值越大，读数时产生的误差就越小，这有利于提高测量精确度，因此应尽可能选择与被测液体密度相差较小的指示剂。

当被测流体为气体时，由于气体密度很小，式 (1-11) 可简化为

$$p_1 - p_2 = \rho_A gR \tag{1-12}$$

U 形管压差计不但可用来测量流体的压力差，也可测量流体在任一处的压力。若 U 形管的一端通大气，另一端与设备或管路某一截面连接。当 R 在通大气的一侧，所测压力为表压力。若 R 在测压点一侧，则为真空度。

此外还有图 1-4 所示的单管压差计；图 1-5 所示的倾斜液柱压差计；图 1-6 所示的双液柱微差压差计及图 1-7 所示的倒 U 形管压差计等。

(2) 液位的测量　化工生产过程中，通常要了解高位槽、储槽、塔器及埋于地面以下容器内液位的高度，它不仅是物料消耗量、产量、收率等经济技术指标计量的参数，也是保证连续生产和设备安全的重要参数。测量液位的装置很多，下面介绍几种利用流体静力学基本原理测量液位的方法。

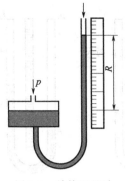

图 1-4　单管压差计

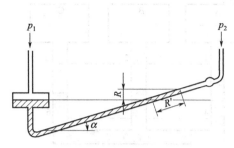

图 1-5　倾斜液柱压差计

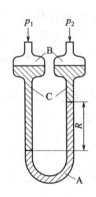

图 1-6　双液柱微差压差计

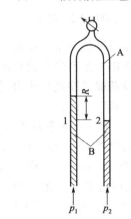

图 1-7　倒 U 形管压差计

如图 1-8 所示的玻璃液位计，是在容器底部和液面上方某一高度器壁上各开一个小孔，两孔间连接一段玻璃管，旁边配有读数标尺，玻璃管下端通过旋塞与容器开孔处的短管相连接。

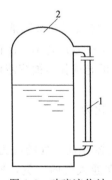

图 1-8　玻璃液位计
1—玻璃管；2—容器

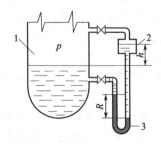

图 1-9　压差法测量液位
1—容器；2—平衡室；3—U 形管压差计

玻璃液位计构造简单、使用方便、强度低、易破损，在测量碱液、黏度较大的物料时，下端旋塞处易堵塞，且不便于远程测量。

如图 1-9 所示，是用 U 形管压差计近距离测量液位的装置（即用压差法测量液位）。在容器的外面设一个平衡室，内装有与容器内相同的液体，且平衡室内的液面高度维持在容器内液面允许的最大高度，然后用一个装有指示剂的 U 形管压差计把容器与平衡室相连通，其压差计指示剂的高度即反映出容器内液面的高度。

根据流体静力学基本方程，可得到两液面高度与 U 形管压差计读数之间的关系为

$$h = \frac{\rho_A - \rho_B}{\rho_B} R \tag{1-13}$$

式中 h——平衡室液面与容器液面之间的高度，m。

由此可见，容器内液面越高，h 越小，压差计读数 R 越小，当液面达到最大值时，h 为零，R 亦为零。

在化工生产中，大多数的容器或设备的位置距离操作室较远，甚至有些容器埋于地面之下，可采用如图 1-10 所示的远距离液位测量装置来测量其液位。

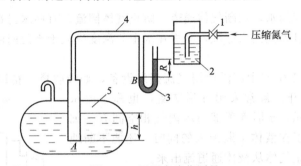

图 1-10 远距离液位测量
1—调节阀；2—鼓泡观察器；3—U 形管压差计；4—吹气管；5—储槽

自管口通入压缩空气（或其他惰性气体），只要在观察器内观察到有气泡逸出即可，吹气管内任一截面上压力用 U 形管压差计来测量。由于吹气管内气体密度相对于液体密度很小，故可近似认为吹气管底部 A 点压力等于 U 形管 B 点压力，当容器通大气时，根据流体静力学基本方程式推得液位高度与指示剂读数之间的关系为

$$h = \frac{\rho_A}{\rho_B} R \tag{1-14}$$

式中 h——容器内液面的高度，m。

由此可见，当指示剂、工作介质一定时，容器内液面越高，h 越大，压差计读数 R 越大。

(3) 液封高度的测量　在化工生产中为了保证安全、维持正常生产，可用液柱产生的压力将气体封闭在设备内，以防止气体泄漏、倒流或有毒气体逸出而污染环境，有时则是为了防止压力过高而起到泄压作用，为了保护设备，往往采用液封的附属装置。通常使用的液体是水，因此称为水封。根据水封的作用不同，可分为以下三类。

① 安全水封。如图 1-11(a) 所示，从气体主管路上引出一根垂直支管，插到充满水的液封槽内，系统内气体压力突然升高时，气体便冲破水封装置而起到泄压的作用，以保证设备的安全，同时还能排除气体中的凝液。

若要求设备内的表压不超过 $p_表$，水封管的插入深度 h 应为

$$h = \frac{p_表}{\rho g} \tag{1-15}$$

实际安装时，管子插入水面以下的深度应比计算值略小一些。如果水封的目的是保证气体不泄漏，则管子插入水面以下的深度应比计算值略大一些，以严格保证气体不泄漏。

② 切断水封。有些常压可燃气体储罐前后安装切断水封来代替笨重而又易漏的截止阀。如图 1-11(b) 所示。正常操作时，水封不充水，当遇到检修、停车时，关闭气体进口阀，

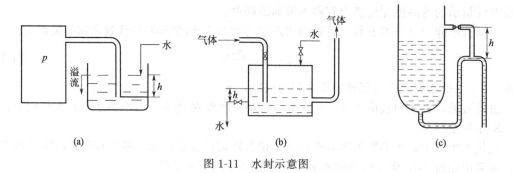

图 1-11 水封示意图

往水箱内注入一定高度的水,切断气体通道,防止气体倒流。有些水封在槽内加一隔板,正常生产时,气体可绕过隔板出入储罐,隔板在水中的深度应大于水封两侧用液柱高度表示的最大可能的压差值。

③ 溢流水封。化工生产中广泛使用气流接触设备,如吸收塔、精馏塔等。为了使气液两相接触后能及时分开,常常采用 п 形装置,也称溢流水封,如图 1-11(c) 所示,п 形管顶部与塔内气相空间有一细管连通,这样既保证了在液体不断流入的同时,还能不断地排出,又能有效地阻止气体从液体通道流出来。

(4) 确定静止分液器重液出口管的安装高度 工业生产中经常需要将工艺生产过程中的两种不同密度的流体分开。静止分液器是用来分离两种密度不同、互不相溶的液体混合物的装置。混合液体连续进入分液器,并分层,轻组分在上部出口连续流出,重组分在下部出口管连续溢出,分液器内液体处于相对静止状态。图 1-12 所示为水与有机液体的分离装置。实践证明,两种液体的界面位置会影响到分离的质量。因此界面与重液出口的距离 z_0 必须加以控制,z_0 可由式(1-16) 计算,即

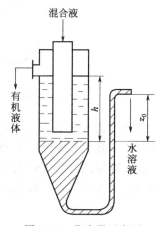

图 1-12 分液器示意图

$$z_0 = \frac{\rho_B}{\rho_A} h \tag{1-16}$$

式中 ρ_A,ρ_B——重组分、轻组分的密度,kg/m^3;

　　　h——轻组分与界面之间的高度,m。

【例题 1-4】 如图 1-12 所示,用连续液体分液器分离互不相溶的液体混合物。混合物由中心管进入,由于两液体的密度差在分液器内分层,密度为 $860kg/m^3$ 的有机液体通过上液面出口流出,密度为 $1050kg/m^3$ 水溶液通过 U 形水封管排出,若要求维持两液层分界面溢流口的距离为 2m,问液封高度 z_0 为多少?

解 根据题意,已知 $h=2m$,$\rho_A=1050kg/m^3$,$\rho_B=860kg/m^3$,代入式(1-16) 得

$$z_0 = \frac{860}{1050} \times 2 = 1.638 \text{ (m)}$$

第三节 流体动力学

化工生产中流体大多是在密闭的管路中流动,在各个单元操作中都存在着流体的流动现象,对于流动着的流体内部压力变化规律、流体从低位槽送往高位槽所需要输送设备提供的

外加能量、高位槽安装高度的确定等，都是流体在输送过程中经常遇到的问题，为了更好地解决这些问题，完成各个单元操作，必须了解流体在管内流动的规律及反映流体在管内流动规律的基本关系式。

一、流量和流速

1. 流量

单位时间内流体流过管路任一截面的流体量称为流量。流量有以下两种表示方法。

（1）体积流量 单位时间内流体流经管路任一截面的流体体积，称为体积流量。以符号 q_V 表示，单位为 m^3/s 或 m^3/h。

（2）质量流量 单位时间内流体流经管路任一截面处流体的质量，称为质量流量，以符号 q_m 表示，单位为 kg/s 或 kg/h。

质量流量与体积流量的关系为

$$q_m = q_V \rho \tag{1-17}$$

2. 流速

单位时间内流体在流动方向所经过的距离称为流速。

（1）平均流速 单位时间内通过流道有效截面的流体的体积量称为体积流速，习惯上称为流速。实践证明，由于流体的黏性，流体在管路中流动时，流体各质点在管路径向方向上的流速大小并不相等，而是按一定速度梯度分布的。在管截面中心处为最大，越靠近管壁流速将越小，在管壁处的流速为零。流体在管截面上的速度分布规律较为复杂，在工程计算上为方便起见，常采用平均流速来表征流体在某一管截面上的流速，其表达式为

$$u = \frac{q_V}{A} \tag{1-18}$$

式中 u——流体流经管截面上的平均流速，m/s；

q_V——流体的体积流量，m^3/s；

A——流体流过管路的有效截面积，m^2。

流速、体积流量、质量流量之间的关系为

$$q_V = uA \tag{1-19}$$

$$q_m = uA\rho \tag{1-20}$$

式（1-26）可知，流体在流动过程中密度是一定的，若管径不发生变化，流速也保持不变。

（2）质量流速 质量流速是指单位时间内流体流过管路单位径向截面积的质量。由于气体的体积随温度和压力的变化而变化，其密度也发生相应的变化，因此，采用质量流速较为准确。即

$$G = \frac{q_m}{A} = \frac{q_V \rho}{A} = u\rho \tag{1-21}$$

式中 G——流体的质量流速，$kg/(m^2 \cdot s)$。

（3）管路直径的估算 流体在圆形直管中流动时，流体通过的有效截面积为

$$A = \frac{\pi}{4} d^2 \tag{1-22}$$

式中 d——圆形直管的内直径，m。

将式（1-22）代入式（1-19），整理可得

$$d = \sqrt{\frac{4q_V}{\pi u}} = \sqrt{\frac{q_V}{0.785u}} \tag{1-23}$$

式(1-23)也称为流量方程,它描述了流体的流速、流量与管径三者之间的关系。当流量不变时,流速越大,管径越小,流通截面积也越小,因此流量方程式可用于进行管子规格的选择,也可计算塔设备的直径。

在正常生产时,流量由生产任务所决定,因此管子规格的大小关键在于选择合适的流速。若流速选得太大,管径虽然可以减小,设备费用虽然减小了,但流体流过管路的阻力增大,消耗的动力就大,操作费用随之增加。反之,流速选得太小,操作费用可以相应减小,但管径增大,管路的基建费用随之增加。所以当流体以大流量在长距离的管路中输送时,需根据具体情况在操作费用与基建费用之间通过经济权衡来确定适宜的流速。一般最适宜流速的选择应使每年的操作费用与按使用年限计算的设备的折旧费之和为最小。车间内部的工艺管线,通常较短,管内流速可选用经验数据。应用式(1-23)算出管径后,还需从有关手册中选用标准管径。表 1-1 列出了生产中常用的流体流速范围,可供参考。

表 1-1 某些流体在管路中的常用流速范围

流体的类别及情况	流速范围/(m/s)	流体的类别及情况	流速范围/(m/s)	流体的类别及情况	流速范围/(m/s)
自来水(3×10^5Pa 左右)	1~1.5	过热蒸汽	30~50	离心泵吸入管(水一类液体)	1.5~2.0
水及低黏度液体[(1×10^5)~(1×10^6)Pa]	1.5~3.0	蛇管、螺旋管内的冷却水	<1.0	离心泵排出管(水一类液体)	2.5~3.0
高黏度液体	0.5~1.0	低压空气	12~15		
工业供水(8×10^5Pa 以下)	1.5~3.0	高压空气	15~25	液体自流速度(冷凝水等)	0.5
锅炉供水(8×10^5Pa 以上)	>3.0	一般气体(常压)	12~20	真空操作下气体流速	<10
饱和蒸汽	20~40	鼓风机吸入管	10~15		
		鼓风机排出管	15~20		

一般,密度或黏度大的流体,流速选择小一些;对含有固体杂质的流体,流速宜选择大一些,以避免固体杂质沉积在管路中;对于真空管路,选择的流速必须保证产生的压力损失低于允许值。

【例题 1-5】 某厂精馏塔进料量为 50000kg/h,料液的性质和水相近,密度为 960kg/m³,试选择进料管的管径并计算管内实际流速。

解 根据式(1-23)计算管径,即

$$d=\sqrt{\frac{4q_V}{\pi u}}=\sqrt{\frac{q_V}{0.785u}}$$

式中

$$q_V=\frac{q_m}{\rho}=\frac{50000}{3600\times960}=0.0145\ (m^3/s)$$

因料液的性质与水相近,故选取 $u=1.8$m/s,因此

$$d=\sqrt{\frac{q_V}{0.785u}}=\sqrt{\frac{0.0145}{0.785\times1.8}}=0.101=101\ (mm)$$

算出的管径可在规格中选用直径相近的标准管子。根据附录十七中的管子规格,选用 ϕ108mm×4mm 的无缝钢管,其内径为:$d=108-4\times2=100$(mm)。管径确定后,还应重新核定流速。

代入到式(1-23)重新核算流速,即管内实际流速:

$$u=\frac{q_V}{0.785d^2}=\frac{0.0145}{0.785\times0.1^2}=1.85\ (m/s)$$

在适宜流速范围内,所以该管子适用。

二、稳定流动和不稳定流动

流体流动系统中,若各截面上的温度、压力、流速等物理量仅随位置变化,而不随时间

变化，则此种流动称为稳定流动；若流体在各截面上的物理量不仅随位置变化，而且随时间变化，则此流动称为不稳定流动。

如图 1-13(a) 所示，水箱上部不断地有水从进水管注入，而从下部排水管不断地排出，以维持箱内水位恒定不变。若在流动系统中，任意取两个截面测定发现，两截面上的流速和压力虽然不相等，但每一截面上的流速和压力并不随时间而变化，这种流动情况属于稳定流动。如图 1-13(b) 所示，若将补充水管的阀门关闭，箱内的水仍由排水管不断排出，则水位逐渐下降，各截面上水的流速与压力也随之而降低，此时各截面上水的流速与压力不但随位置而变，还随时间而变，这种流动情况，属于不稳定流动。

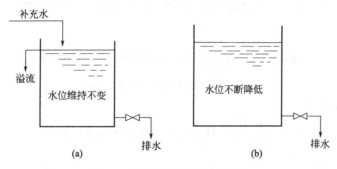

图 1-13　稳定流动与不稳定流动

在化工厂中，连续生产的开、停车阶段，属于不稳定流动，而正常连续生产时，均属于稳定流动。本章重点讨论稳定流动问题。

三、稳定流动的连续性——连续性方程

如图 1-14 所示的稳定流动系统，流体连续地从 1-1′ 截面流入，从 2-2′ 截面流出，且充满全部管路。根据质量守恒定律：

输入的物料量＝输出的物料量＋物料的损失量

若以 1-1′、2-2′ 截面为衡算范围，在此范围流体没有增加和漏失的情况下，单位时间流入截面 1-1′ 的流体质量与单位时间流出截面 2-2′ 的流体质量必然相等，即

$$q_{m1}=q_{m2} \tag{1-24}$$

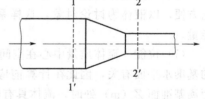

图 1-14　稳定流动系统

由式(1-20) 可得

$$u_1 A_1 \rho_1 = u_2 A_2 \rho_2 \tag{1-24a}$$

对任意截面

$$q_m = u_1 A_1 \rho_1 = u_2 A_2 \rho_2 = \cdots = uA\rho = 常数 \tag{1-24b}$$

式(1-24)～式(1-24b) 均称为连续性方程，表明在稳定流动系统中，流体流经各截面间的流量、流速、密度及流通截面积之间的关系，它是研究分析流体在流动管路上有关参数变化规律的重要方程之一，与管路的布置形式及管路上是否有管件、阀门或输送设备无关。

对不可压缩流体，$\rho=$ 常数，连续性方程可写为

$$q_V = u_1 A_1 = u_2 A_2 = \cdots = uA = 常数 \tag{1-24c}$$

式(1-24c) 表明，不可压缩流体流经各截面时的体积流量也不变，流速 u 与管路截面积成反比。截面积越小，流速越大；反之，截面积越大，流速越小。

由于圆形管路的截面积为 $A=\dfrac{\pi}{4}d^2$，式(1-24c) 可变形为

$$\frac{u_1}{u_2}=\frac{A_2}{A_1}=\left(\frac{d_2}{d_1}\right)^2 \tag{1-24d}$$

式(1-24d)说明不可压缩流体在圆形管路中任一截面的流速与管内径的平方成反比,管径越小,流速越大,管径最小的地方,流速最大。

【例题 1-6】 硫酸流经由大小管组成的串联管路,其尺寸分别是 $\phi 68mm \times 4mm$ 和 $\phi 57mm \times 3.5mm$。已知硫酸的相对密度是 1.84,流量为 $9 m^3/h$,试分别求硫酸在大小管路中流体的流速和质量流量。

解 大管内径为 $\qquad d_1 = 68 - 4 \times 2 = 0.06$(m)

则硫酸在大管中的流速为

$$u_1 = \frac{q_V}{A_1} = \frac{q_V}{0.785 d_1^2} = \frac{9}{3600 \times 0.785 \times 0.06^2} = 0.88 \text{ (m/s)}$$

质量流量为

$$q_{m1} = q_V \rho = \frac{9}{3600} \times 1.84 \times 1000 = 4.6 \text{ (kg/s)}$$

小管内径为 $\qquad d_2 = 57 - 3.5 \times 2 = 0.05$(m)

则硫酸在小管中流速为

$$u_2 = \left(\frac{d_1}{d_2}\right)^2 u_1 = \left(\frac{0.06}{0.05}\right)^2 \times 0.88 = 1.27 \text{ (m/s)}$$

质量流量为

$$q_{m2} = u_2 A_2 \rho = 1.27 \times 0.785 \times 0.05^2 \times 1840 = 4.6 \text{ (kg/s)}$$

四、伯努利方程

伯努利方程反映了流体在流动过程中,各种形式机械能的相互转换关系,也是解决生产实际中流体流动问题的基础。伯努利方程是根据机械能守恒原理而建立起来的。

1. 流动流体具有的机械能和流动时外加能量及损失能量

为了研究流体的流动,必须研究流体在稳定流动过程中各种能量及其转换关系。为了讨论方便,以液体为讨论对象,这样系统的内能没有变化,而只有机械能、外加能量和损失能量。

(1) 位能 流体质量中心在空间某一位置时所具有的能量。位能是一个相对值,与所选的基准水平面有关,因此在计算前应先规定一个基准水平面。若质量为 m(kg)的流体在距离基准面 Z(m)处时,流体具有的位能为

$$位能 = mgZ \text{ (J)}$$

则 $\qquad$ 1kg 流体所具有的位能 $= gZ$(J/kg)

$\qquad$ 1N 流体所具有的位能 $= Z$(m)

习惯上将 1N 流体所具有的能量称为压头。那么 1N 流体所具有的位能则称为位压头。用压头表示能量大小时,要注明是哪一种流体,不能简单地说压头是多少米。

(2) 动能 若质量为 m(kg)的流体以一定速度 u(m/s)流动时,流体具有动能,即

$$动能 = \frac{1}{2} m u^2 \text{ (J)}$$

则 $\qquad$ 1kg 流体所具有的动能 $= \frac{1}{2} u^2$(J/kg)

$\qquad$ 1N 流体所具有的动能 $= \frac{u^2}{2g}$(m)

习惯上将 1N 流体所具有的动能称为动压头。

(3) 静压能 和静止流体相同,流动着的流体内部任意位置都存在着静压力。如果在一内部有液体流动的管壁面上开一小孔,并在小孔处装一根垂直的细玻璃管,液体便会在玻璃

管内上升,该上升的液柱高度反映了流动着的流体在管内该截面处静压力的大小,也是流体静压能的表现。如图 1-15 所示,由于在 a—a′ 截面处流体具有一定的静压力,若使流体通过该截面进入系统,就需要对流体做一定的功,以克服这个静压力才能把流体推进系统里去。于是通过 a—a′ 截面的流体必定要带着与所需的功相当的能量进入系统,流体所具有的这种能量称为静压能。若质量为 m、密度为 ρ 的流体在流道截面上任意一处的静压力为 p,则流体具有的静压能为

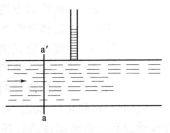

图 1-15 静压能的示意图

$$\text{静压能} = m \frac{p}{\rho} \text{ (J)}$$

则　　　　　1kg 流体所具有的静压能 $= \dfrac{p}{\rho}$ (J/kg)

$$1\text{N 流体所具有的静压能} = \frac{p}{\rho g} \text{ (m)}$$

习惯上将 1N 流体所具有的静压能称为静压头。

位能、动能及静压能三种能量均为流体在截面处所具有的机械能,三者之和称为某截面上的总机械能。

(4) 外加能量　在流体输送管路中,若安装有输送设备(如泵或压缩机),对流体做功,增加流体的能量,从而使流体从一个设备输送到另一个设备。通常把 1kg 流体从输送机械获得的机械能称为外加能量或外加功,用符号 W_e 表示,单位为 J/kg。1N 流体所获得的外加能量称为外加压头,用符号 H_e 表示,单位为 m。

(5) 损失能量　实际流体具有黏性,在流体流动过程中产生阻力,为克服阻力,就要消耗流体内一部分机械能量,这部分机械能称为能量损失。1kg 流体在流动系统中所损失的能量用符号 $\sum h_f$ 表示,单位为 J/kg。1N 流体在流动系统中损失的能量称为损失压头,以符号 H_f 表示,单位为 m。

2. 实际流体流动的机械能衡算——伯努利方程

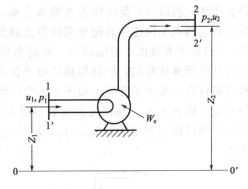

图 1-16 实际流体输送系统

流体在如图 1-16 所示的稳定流动管路中流动,流体从 1-1′ 截面由泵输送到 2-2′ 截面,按机械能守恒定律:

输入的机械能 + 外加能量 = 输出的机械能 + 损失能量

若以 1kg 流体为基准进行衡算,则有

$$Z_1 g + \frac{u_1^2}{2} + \frac{p_1}{\rho} + W_e = Z_2 g + \frac{u_2^2}{2} + \frac{p_2}{\rho} + \sum h_f \tag{1-25}$$

若以 1N 流体为基准进行衡算,即各能量用压头来表示时,则有

$$Z_1 + \frac{u_1^2}{2g} + \frac{p_1}{\rho g} + H_e = Z_2 + \frac{u_2^2}{2g} + \frac{p_2}{\rho g} + H_f \tag{1-25a}$$

式中　Z_1,Z_2——两截面中心处距离基准水平面的高度,m;
　　　u_1,u_2——两截面处流体的流速,m/s;
　　　p_1,p_2——两截面处流体的静压力,Pa;

ρ——流体的密度,kg/m^3;

W_e——流体从泵所获得的外加能量,J/kg;

$\sum h_f$——流体流经两截面时损失能量,J/kg;

H_e——流体从泵所获得的外加压头,m;

H_f——流体流经两截面时损失压头,m。

式(1-25)和式(1-25a)是实际流体的机械能衡算式,也称为伯努利方程,它反映了流体流动过程中各种能量的转换关系和守恒规律,在流体输送中具有重要的意义。

3. 伯努利方程的讨论及应用

(1) 伯努利方程的讨论

① 如果流体为理想流体,没有黏性,在流动系统中也就没有能量损失,若在系统中无外加能量,如图 1-17 所示的装置,根据机械能守恒原理,有

$$Z_1 g + \frac{u_1^2}{2} + \frac{p_1}{\rho} = Z_2 g + \frac{u_2^2}{2} + \frac{p_2}{\rho} = 常数 \tag{1-26}$$

$$Z_1 + \frac{u_1^2}{2g} + \frac{p_1}{\rho g} = Z_2 + \frac{u_2^2}{2g} + \frac{p_2}{\rho g} = 常数 \tag{1-26a}$$

从上式可见,无外加能量的理想流体在 1-1′ 截面和 2-2′ 截面流动时,只有位能、动能和静压能,且三者之和为一常数,说明流体在流动系统中的各截面上所具有的总机械能相等,但每一种形式的机械能不一定相等,各种形式的机械能可以互相转换。如图 1-17 所示的装置,图中高位槽液面通过溢流管保持恒定,槽下装有一根导管,在截面 a、b、c 点,各装有一根细玻璃管(相当于单管压差计),导管末端装有一流量调节阀。当阀门关闭时流体处于静止状态,若以 0-0′ 截面作为基准水平面,各点流速为零,动能为零,a、b 两点的位能为零,在这两点上位能和动能全部转换为静压能,因此在 a、b 两测压点上玻璃管液柱高度相等,c 点低于基准面,位能减小,动能为零,静压能增大,玻璃管内的液柱高度比 a、b 两点的玻璃管液柱要高,但都与高位槽液位在同一水平面上。当阀门开启后,各测压点细玻璃管内液柱高度发生了变化,由于 b 处管径增大,流速减小,动能也减小,一部分动能转换为静压能,则 $p_a < p_b$,用液柱高度表示时 $h_a < h_b$。c 处与 a 处相比,动能不变,位能减小,则部分位能转换为静压能,$p_c > p_a$,$h_c > h_a$。该实验装置说明了流体的能量是可以互相转换的。

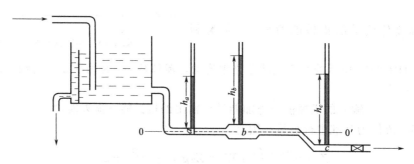

图 1-17 能量转换示意图

② 如果流体处于静止状态,则 $u=0$,伯努利方程变为

$$Z_1 g + \frac{p_1}{\rho} = Z_2 g + \frac{p_2}{\rho}$$

变换后为

$$\Delta p = p_1 - p_2 = \rho g \Delta Z$$

即为流体静力学基本方程。

③ 在没有外加能量的情况下，流体只能从高能量流向低能量处。但生产中，常需将流体从低处输送到高处，则必须通过输送机械施加外加能量、增加上游截面的能量或减小下游截面的能量来完成输送任务。常见的流体输送方式有高位槽送料、真空抽料、压缩空气送料和通过输送机械进行送料等方式。

④ 伯努利方程适用于不可压缩的流体。对于可压缩流体，当所取系统中两截面间的绝对压力变化率小于 20%，即 $\dfrac{p_1-p_2}{p_1}<20\%$ 时，仍可用该方程进行计算，但式中的密度应以两截面的平均密度进行计算。

（2）伯努利方程的应用　伯努利方程与前面讲过的流动系统中的连续性方程是流体流动的基本方程，应用广泛，与流动有关的计算问题，均由伯努利方程或连续性方程来解决。由于伯努利方程是通过稳定流动系统中流动流体的机械能守恒为原则而导出的，因此，在应用伯努利方程来解决实际问题时必须先确定能量衡算范围，标明流体流动方向，确定计算截面。解题时需注意以下几个问题。

① 根据题意，画出流程示意图。

② 正确选取截面。截面必须与流体的流动方向相垂直；两截面间流体应是稳定连续流动；截面宜选在已知量多、计算方便处。一般以流体流入系统为 1-1′ 截面，流出系统为 2-2′ 截面，截面上的物理量除所要求的为未知外，其他均为已知或通过其他方法可以求得。

③ 选择合适的基准水平面。基准水平面的选取是为了确定流体位能的大小，实际上是确定两截面上的位能差，所以，基准水平面可以任意选取，但必须与地面平行。为了计算方便，一般选取两截面中位置较低的截面为基准水平面。若截面垂直于地面，则基准水平面应选管中心线的水平面。

④ 单位必须一致。计算中要注意各物理量的单位保持一致，尤其在计算截面上的静压力，不仅单位要一致，同时表示方法也应一致，即同为绝压或同为表压，不能混合使用。

伯努利方程在工程上有以下几方面的应用。

① 确定流体输送时高位槽液面的高度。在化工生产中，常常会通过高位槽向设备或反应器进行物料输送。如图 1-18 所示的高位槽送料装置，送料系统无外加能量，则可通过下式计算高位槽液面距离液体出口处的高度。

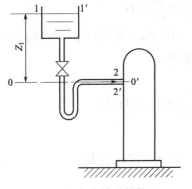
图 1-18　高位槽送料装置

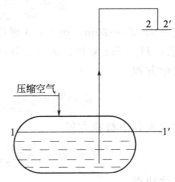
图 1-19　压缩空气压料方式送料装置

$$Z_1=\dfrac{u_2^2-u_1^2}{2g}+\dfrac{p_2-p_1}{\rho g}+H_\text{f}$$

② 确定送液气体的压力。在生产中常常会遇到小批量、近距离的液体输送任务，为了减少设备投资，可采用压缩空气压料的方式进行送料。如图 1-19 所示，这种方法结构简单，使用方便，适用于腐蚀性、易燃易爆的流体输送，避免了对设备的腐蚀，但流量小，不易控制，只能小批量、间歇输送液体。

③ 确定输送设备需要的功率。化工生产中，需要流体输送设备对流体做功来完成流体的输送任务，流体则需通过输送设备来获得高压，以满足生产工艺的要求。输送设备的有效功率为

$$P_e = q_m W_e = q_V H_e \rho g \tag{1-27}$$

式中　P_e——输送设备的有效功率，J/s 或 W；
　　　q_m——液体的质量流量，kg/s；
　　　W_e——1kg 流体从泵所获得的外加能量，J/kg；
　　　q_V——液体的体积流量，m³/s；
　　　H_e——1N 流体所获得的外加能量，m；
　　　ρ——液体的密度，kg/m³。

由于输送设备在工作过程中存在机械能的损失，所以原动设备传给输送设备的机械能并没有完全传递给流体，也存在一个机械效率问题。输送设备的机械效率 η 与有效功率 P_e 之间的关系为

$$\eta = \frac{P_e}{P} \times 100\% \tag{1-28}$$

式中　P——输送设备的轴功率，J/s 或 W。

【例题 1-7】某车间用离心泵将料液送往塔中（见图 1-20），塔内压强为 4.91×10^5 Pa（表压），槽内液面维持恒定，其上方为大气压。储槽液面与塔进料口之间垂直距离为 20m，设输送系统中的压头损失为 5m 液柱，料液密度为 900kg/m³，管子内径为 25mm，送液量为 2000kg/h。

求：ⅰ．泵所需的有效功率 P_e。

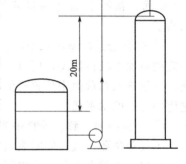

图 1-20　[例题 1-7] 附图

ⅱ．若泵效率为 60%，求泵的轴功率 P。

解　ⅰ．取料液储槽液面为 1-1′ 截面，并定为基准面，料液进塔管口处为 2-2′ 截面，在两截面之间列出伯努利方程：

$$Z_1 + \frac{u_1^2}{2g} + \frac{p_1}{\rho g} + H_e = Z_2 + \frac{u_2^2}{2g} + \frac{p_2}{\rho g} + H_f$$

其中，$Z_1 = 0$，$Z_2 = 20$m，$p_1 = 0$（表压），$p_2 = 4.91 \times 10^5$ Pa（表压），$\rho = 900$kg/m³，$u_1 \approx 0$，u_2 待求，$H_f = 5$m 液柱，$d_内 = 25$mm，$q_m = 2000$kg/h。

根据连续性方程

$$u_2 = \frac{q_m}{S\rho} = \frac{2000/3600}{0.785 \times (0.025)^2 \times 900} \approx 1.26 \text{ (m/s)}$$

将已知数代入到伯努利方程

$$H_e = 20 + \frac{1.26^2}{2 \times 9.81} + \frac{4.91 \times 10^5}{900 \times 9.81} + 5 = 80.7 \text{(m)液柱}$$

则泵的有效功率

$$P_e = q_V \rho g H_e = \frac{2000}{3600 \times 900} \times 900 \times 9.81 \times 80.7 = 439.8 \text{(W)} = 0.44 \text{ (kW)}$$

ⅱ．泵的轴功率

$$P = \frac{P_e}{\eta} = \frac{0.44}{0.6} = 0.733 \text{ (kW)}$$

④ 确定流体的流量。流体在流动过程中，当条件一定时，流体的动能和静压能是可以互相转换的，工程上利用这种转换关系来计算流体的流量。

【例题 1-8】 20℃的空气在直径为 80mm 的水平管流过。现于管路中接一文丘里管，如图 1-21 所示。文丘里管的上游接一水银 U 形管压差计，读数为 25mm，在直径为 20mm 的喉颈处接一细管，其下部插入水槽中，细管液面距离水槽液面高度是 0.5m。空气流过文丘里管的能量损失可忽略不计。试求此时空气的流量为若干 m³/h。当地大气压强为 101.33×10^3 Pa，空气在 20℃的平均密度为 1.2kg/m³。

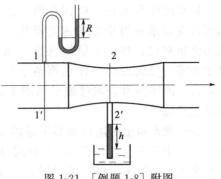

图 1-21 [例题 1-8] 附图

解 分别以 U 形管压差计和细管安装处为 1-1′截面和 2-2′截面，并以管中心线为基准水平面。文丘里管上游测压口处的压力 p_1 为

$$p_1 = \rho g R = 13600 \times 9.81 \times 0.025 = 3335 \text{ (Pa)(表压)}$$

喉颈处的压力 p_2 为

$$p_2 = -\rho_水 g h = -1000 \times 9.81 \times 0.5 = -4905 \text{ (Pa)(表压)}$$

空气流经 1-1′截面和 2-2′截面的压力变化为

$$\frac{p_1 - p_2}{p_1} = \frac{(101330 + 3335) - (101330 - 4905)}{101330 + 3335} = 0.079 < 20\%$$

故可按不可压缩流体来处理。在 1-1′截面和 2-2′截面之间列伯努利方程式，由于两截面间无外加能量加入，即 $H_e = 0$；能量损失可忽略，即 $H_f = 0$。据此伯努利方程式可写为

$$Z_1 + \frac{u_1^2}{2g} + \frac{p_1}{\rho g} + H_e = Z_2 + \frac{u_2^2}{2g} + \frac{p_2}{\rho g} + H_f$$

式中，$Z_1 = Z_2 = 0$，$p_1 = 3335$ Pa（表），$p_2 = -4905$ Pa（表），代入上式可得

$$\frac{u_1^2}{2g} + \frac{3335}{\rho g} = \frac{u_2^2}{2g} + \frac{-4905}{\rho g}$$

则

$$u_2^2 - u_1^2 = \frac{3335 + 4905}{1.2} \times 2 = 13733$$

又由于

$$\frac{u_1}{u_2} = \left(\frac{d_2}{d_1}\right)^2 = \left(\frac{20}{80}\right)^2 = \frac{1}{16}$$

所以

$$u_2 = 16 u_1$$

$$(16 u_1)^2 - u_1^2 = 13733$$

求得

$$u_1 = 7.34 \text{ (m/s)}$$

空气流量为

$$q_V = \frac{\pi}{4} d_1^2 u_1 = 0.785 \times 0.08^2 \times 7.34 \times 3600 = 132.8 \text{ (m}^3/\text{h)}$$

第四节 流体阻力

在前面已经学过了能量损失的概念，能量损失是流体在流动过程中克服阻力而损失的能量，因此，流体阻力的确定在工程应用上也是非常重要的。

一、流体的黏度

1. 流体阻力的表现和来源

只要流体在流动，就存在阻力。站在河边可以发现水在河中心的速度最快，越靠近河边流速越慢，甚至于紧靠河边的地方速度几乎为零，这就说明流体在流动过程中存在着阻力。流体阻力表现可通过如图1-22所示的装置来说明。

图1-22 流体阻力的表现

在一液面恒定的敞口容器下部接一段水平等径管路，相隔一定的距离连接两段细玻璃管，管路中有一流量调节阀。开启阀门，使流量达到一定值时，可观察到三个液面出现如图1-22所示的高度差，若将流量增大，则液柱高度差也越大。高度差的出现也说明了流体在流动过程中存在着阻力，损失了能量，所以流体阻力只在流体流动时才存在，当流体静止时阻力消失。

流体阻力产生的原因有以下几个方面。

(1) **流体内部的内摩擦** 由于流体在流动时各质点之间存在相互吸引、相互制约的作用，这种作用称为内摩擦，流体流动时要克服内摩擦而损失能量，它是形成流体阻力的主要原因。

(2) **流体的流动状态** 流体在流动过程中产生大小不等的漩涡，各质点的速度、方向都发生改变，需要消耗大量的能量，因此，流体的流动状态也是产生流体阻力的原因之一。

(3) **流体的流道状况** 如管壁的粗糙程度、管径的大小与长度等，也对流体的阻力产生一定的影响。

2. 流体的黏度

流体流动时质点之间的相互作用形成了流体内摩擦力，表明流体流动时产生内摩擦力的特性称为黏性。黏性是流动性的反面，衡量黏性大小的物理量称为黏度。黏度实际上反映了流体流动时内摩擦力大小的程度，它也是流体的物性之一。

流体的黏度与温度有关。液体的黏度随温度的升高而降低，压力对其影响可忽略不计。气体的黏度随温度的升高而增大，一般工程计算中可忽略压力的影响，但在极高或极低的压力条件下需考虑压力影响。

流体的黏度由实验测定，因此，测定的黏度要注明温度条件。流体的黏度在本书附录或有关手册中查取。一般气体的黏度比液体的黏度小得多。流体的黏度用符号 μ 来表示。

在SI单位制中，黏度的单位是 Pa·s。也有用cP（厘泊）表示，它们的换算关系为

$$1cP = 10^{-3} Pa \cdot s$$

流体的黏度还可以用运动黏度来表示，即

$$\nu = \frac{\mu}{\rho} \tag{1-29}$$

式中 ν——流体的运动黏度，m^2/s；

μ——流体的黏度，Pa·s；

ρ——流体的密度，kg/m^3。

在工业生产中常遇到各种流体的混合物。对混合物的黏度，一般也由实验测定。在缺乏实验数据时，可参阅有关资料，选用适当的经验公式进行估算。对于常压气体混合物的黏度，可采用式(1-30)计算，即

$$\mu = \frac{\sum y_i \mu_i M_i^{1/2}}{\sum y_i M_i^{1/2}} \tag{1-30}$$

式中 μ——气体混合物的平均黏度，Pa·s；

y_i——气体混合物中各组分的体积分数；

μ_i——与混合气体相同温度下各组分纯态时的黏度，Pa·s；

M_i——气体混合物中各组分的摩尔质量，kg/kmol。

当液体混合物中各组分之间无氢键或分子不缔合时的黏度，可采用式(1-31)进行计算，即

$$\lg\mu = \sum x_i \lg\mu_i \tag{1-31}$$

式中 μ——液体混合物的平均黏度，Pa·s；

x_i——液体混合物中各组分的摩尔分数；

μ_i——与混合液体相同温度下各组分纯态时的黏度，Pa·s。

二、流体流动的类型

流体流动时产生摩擦阻力是不可忽略的，它与流动时流体内部的结构有关。实际上，化工生产中的许多单元操作都与流体的内部结构密切相关，因此，研究流体流动时的内部结构是十分重要的。

1. 流动类型的分类

在流体充满管路做稳定流动的情况下，流体的流动形态可分为层流和湍流。当流体流速较小时，流体内各个质点始终沿着管轴平行的方向做直线运动，各

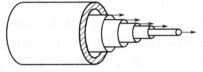

图1-23 流体分层流动示意图

质点之间不混合，流体在整个管内就如一层层薄薄的同心圆筒在平行地分层流动，如图1-23所示，层与层之间互不干扰，不发生漩涡或扰动，这种流动形态称为层流。管内的低速流动、高黏性液体在管内的流动、毛细管和多孔介质中流体流动等均属于层流。

当流体流速较大时，流体内各个质点不再保持平行流动，而是彼此碰撞，相互混合，随机地做不规则的运动，流体内各质点的流速大小和方向都随时间发生变化，这种流动形态称为湍流或紊流。

流体在管路内处于湍流时，无论湍动程度多大，在紧靠管壁处还总存在着一层层流的薄层，这层薄层称为层流内层。

在生产中，由于管径、流体的密度和黏度均已确定，影响流体流动类型的主要因素是流速u、管径d、流体的密度ρ和黏度μ。流速、密度越大，则越容易发生湍流；而黏度越大，则越容易发生层流。

2. 流动类型的判定

影响流体流动类型除流速u外，还有管径d（指内直径）、流体的密度ρ和黏度μ，雷诺将这4个物理量组成了一个无量纲的数群，称作雷诺数，用Re表示。

$$Re = \frac{du\rho}{\mu} \tag{1-32}$$

大量的实验结果表明，流体在圆形直管内流动时，当$Re \leqslant 2000$时，流动为层流，此区称为层流区；当$Re \geqslant 4000$时，流动一般为湍流，此区称为湍流区；当$2000 < Re < 4000$时，流动可能是层流，也可能是湍流，与外界干扰有关，如管路截面的变化、障碍物的存在、外来轻微震动等均易促成湍流的提前发生，因此该区称为不稳定的过渡区。在生产操作中，常将$Re > 2000$（有的资料中为3000）的情况按湍流来处理。

Re数标志着流体流动的湍动程度。其值越大，流体的湍动程度越剧烈，内摩擦力也越大，流体阻力也越大。

必须指出，流体流动类型分为两种，即层流和湍流。过渡区不表示流动类型，只是表示该区内可能出现层流，也可能出现湍流。

【例题 1-9】 20℃水以 35m³/h 的流量在 ϕ76mm×3mm 管路中流动，试判断水在管内的流动类型。

解 从本书附录中查得水在 20℃时的黏度 $\mu=1.05$mPa·s$=1.05\times10^{-3}$Pa·s，水的密度 $\rho=998.2$kg/m³，由于

$$u=\frac{q_V}{A}=\frac{35}{\frac{\pi}{4}(0.076-2\times0.003)^2\times3600}=2.53 \text{（m/s）}$$

则

$$Re=\frac{du\rho}{\mu}=\frac{0.07\times2.53\times998.2}{1.05\times10^{-3}}=168363>4000$$

所以流体处于湍流状态。

3. 当量直径

化工生产中流体流动的管路大多数是圆形管路，有时会遇到非圆形管路。例如，有些气体管路是方形的，套管换热器两根同心圆管间的通路是圆环形的。在非圆形管内的流体流动类型的判定仍可用在圆形管内流动类型的判定方法，但非圆形管路的截面的通道需一个与圆形管直径 d 相当的"直径"来代替，这个直径称当量直径，可用式(1-33)计算，即

$$d_e=4\times\frac{\text{流通截面积}}{\text{润湿周边}} \tag{1-33}$$

对于套管环隙，当内管的外径为 d_1，外管的内径为 d_2 时，其当量直径为

$$d_e=4\frac{\frac{\pi}{4}(d_2^2-d_1^2)}{\pi d_2+\pi d_1}=d_2-d_1 \tag{1-33a}$$

对于边长分别为 a、b 的矩形管，其当量直径为

$$d_e=4\frac{ab}{2(a+b)}=\frac{2ab}{a+b} \tag{1-33b}$$

【例题 1-10】 由一根内管及外管组合的套管换热器中，已知内管为 ϕ25mm×1.5mm，外管为 ϕ45mm×2mm。套管环隙间通有冷却盐水，流量为 2500kg/h，黏度为 1.2mPa·s。试判断盐水的流动类型。

解 对于套管环隙，内管外径 $d_1=25$mm，外管内径 $d_2=45-2\times2=41$（mm），则当量直径

$$d_e=d_2-d_1=41-25=0.016 \text{（m）}$$

套管环隙的流通截面积

$$S=\frac{\pi}{4}(d_2^2-d_1^2)=0.785(0.041^2-0.025^2)=8.3\times10^{-4} \text{（m²）}$$

$$Re=\frac{du\rho}{\mu}=\frac{d_e\frac{q_m}{S}\rho}{\mu}=\frac{d_e q_m}{S\mu}=\frac{0.016\times2500}{8.3\times10^{-4}\times1.2\times10^{-3}\times3600}=1.12\times10^4>4000$$

盐水的流动类型为湍流。

三、层流和湍流的比较

流体在圆形管路中流动时，无论是层流或是湍流，在管路任意截面上，流体质点的速度沿管径而变，管壁处速度为零，离开管壁以后速度渐增，到管中心处速度最大。速度在管路截面上的分布规律因流动类型而异。

实验和理论分析都已证明，层流时的速度分布为抛物线形状，如图 1-24(a) 所示，截面上各点速度的平均值 u 等于管中心处最大速度 u_{max} 的 0.5 倍。

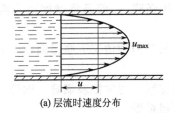 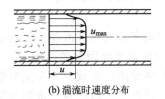

(a) 层流时速度分布　　　　(b) 湍流时速度分布

图 1-24　流体在圆形管路中流动的速度分布

湍流时流体质点的运动状况较层流要复杂得多，湍流时的速度分布是通过实验测定的。由于流体质点的强烈分离与混合，使截面上靠近管中心部分各点速度彼此扯平，速度分布比较均匀，所以速度分布曲线不再是严格的抛物线，在管中心部分较平坦，而在靠近管壁处很陡。因湍流时在管壁处流速也为零，故离管壁很近的一薄层流体运动必然是层流，它的厚度随 Re 值增大而减小。层流内层虽然很薄，但却对传热和传质过程都有较大影响，是传递过程的主要阻力。湍流时圆管内的速度分布曲线如图 1-24(b) 所示。管中流体的平均速度 u 等于管中心处最大速度 u_{max} 的 0.82 倍。当流体湍动状态发生显著变化时的流速称为临界流速。

由此可见，层流和湍流的根本区别在于内部质点运动方式不同。湍流时质点运动方向和速度随时改变。

从输送流体的角度考虑，湍流流动增加了能量消耗，因此输送流体时不宜采用太大的流速。但从传质和传热的角度考虑，湍流时质点运动速度加大使层流内层厚度减小，有利于加大传质和传热的传递速率，所以在传质和传热过程中，需权衡利弊。

四、流动阻力

化工管路系统主要由两部分组成，一部分是直管，另一部分是管件、阀门等。

流体流经一定直径的直管时由于内摩擦而产生的阻力称为直管阻力（又称沿程阻力）。流体流经管件、阀门等局部地方由于流速大小及方向的改变而引起的阻力，称为局部阻力（又称形体阻力）。无论是直管阻力还是局部阻力，流动阻力均来自于流体本身所具有的黏性引起的内摩擦或由于流体内部充满漩涡，使质点产生不规则迁移、碰撞而产生的阻力。

流动阻力的大小与流体本身的物性、流动状况及壁面的形状等因素有关。

1. 直管阻力的计算

流体在直管内流动时的阻力由范宁公式计算。

$$h_f = \lambda \frac{l}{d} \times \frac{u^2}{2} \tag{1-34}$$

式中　h_f——直管阻力，J/kg；
　　　λ——摩擦因数，无量纲系数；
　　　l——直管长度，m；
　　　d——直管内径，m；
　　　u——流体在管内的流速，m/s。

显然，只要知道了摩擦因数 λ 值，就可以通过范宁公式计算直管阻力。

根据伯努利方程的形式，直管阻力的计算也可以用压头损失和压力损失来表示。

压头损失：

$$H_f = \lambda \frac{l}{d} \times \frac{u^2}{2g} \tag{1-34a}$$

压力损失：

$$\Delta p_f = \rho h_f = \lambda \frac{l}{d} \times \frac{\rho u^2}{2} \tag{1-34b}$$

式中，Δp_f 为克服摩擦阻力而引起的压力损失（压强降），即是将摩擦阻力换算成压力损失的形式来表示。

应当指出，范宁公式对层流和湍流均适用，只是两种情况下摩擦因数 λ 不同。

2. 管壁粗糙度对摩擦因数的影响

化工生产上的管路，大致可分为光滑管与粗糙管。通常把玻璃管、铜管、铅管、塑料管等列为光滑管，把钢管、铸铁管、水泥管等列为粗糙管。

管路壁面凸出部分的平均高度称为绝对粗糙度，用 ε 表示。绝对粗糙度与管路直径的比值 ε/d，称为相对粗糙度。表 1-2 列出了某些工业管的绝对粗糙度数值。

表 1-2 某些工业管的绝对粗糙度

	管路类别	绝对粗糙度 ε/mm		管路类别	绝对粗糙度 ε/mm
金属管	无缝黄铜管、铜管、铝管	0.01~0.05	非金属管	干净玻璃管	0.005~0.01
	新的无缝钢管、镀锌管	0.1~0.2		橡皮软管	0.01~0.03
	新的铸铁管	0.3		木管	0.25~1.25
	具有轻度腐蚀的无缝钢管	0.2~0.3		陶土排水管	0.45~6.0
	具有显著腐蚀的无缝钢管	0.5 以上		整平的水泥管	0.33
	旧的铸铁管	0.85 以上		石棉水泥管	0.03~0.8

管壁粗糙度对摩擦因数 λ 的影响程度与管径的大小有关，如对于绝对粗糙度相同的管路，直径不同，对 λ 的影响就不同，对直径小的影响较大。所以在流动阻力的计算中不但要考虑绝对粗糙度的大小，还要考虑相对粗糙度的大小，因此在摩擦因数图 1-25 中参数为相对粗糙度 ε/d，而不是绝对粗糙度 ε。

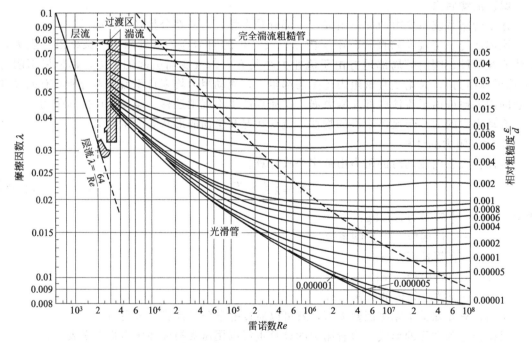

图 1-25 摩擦因数 λ 与雷诺数 Re 及相对粗糙度 ε/d 的关系

流体作层流流动时，层流层掩盖了管壁的粗糙面，同时流体的流动速度也比较缓慢，对管壁凸出部分没有什么碰撞作用，所以层流时的流动阻力或摩擦因数与管壁粗糙度无关，与流体的湍动程度有关，即与 Re 有关。

当流体作湍流流动时，靠管壁处总是存在着一层层流内层，如果层流内层的厚度大于壁面的绝对粗糙度，此时管壁粗糙度对摩擦因数的影响与层流相近。随着 Re 数的增加，层流内层的厚度逐渐变薄，壁面凸出部分便伸入湍流区内与流体质点发生碰撞，使湍动加剧，此时壁面粗糙度对摩擦因数的影响便成为重要的因素。Re 值越大，层流内层越薄，这种影响越显著。

3. 层流时的摩擦因数

层流时摩擦因数的计算式为

$$\lambda = \frac{64}{Re} \tag{1-35}$$

即层流时摩擦因数 λ 是雷诺数 Re 的函数，$\lambda = f(Re)$。若将此关系绘在图 1-25 所示的双对数坐标纸上，可得图中最左侧的直线。由此可知，层流时摩擦因数 λ 只与雷诺数 Re 有关，而与管壁的粗糙度无关。

4. 湍流时的摩擦因数

由于湍流流动时的情况相当复杂，经过大量的实验和分析，将实验数据进行综合整理，以 ε/d 为参数，在双对数坐标中绘出 Re 与 λ 关系曲线，如图 1-25 所示。此图称为莫狄图。查图时，在横坐标中找到 Re 的确切位置后作垂线，与右侧纵坐标 ε/d 相应的曲线相交于一点，从该点作水平线与左侧纵坐标的读数就是所求的 λ 值。

湍流时摩擦因数 λ 是 Re 和相对粗糙度 ε/d 的函数，$\lambda = f\left(Re, \frac{\varepsilon}{d}\right)$，该函数关系由实验确定。

根据 Re 不同，图 1-25 可分为以下 4 个区域。

(1) 层流区 ($Re \leqslant 2000$) λ 与 ε/d 无关，与 Re 成直线关系，斜率为 -1。

(2) 过渡区 ($2000 < Re < 4000$) 在此区域内层流或湍流的 λ-Re 曲线均可应用。

(3) 湍流区 ($Re \geqslant 4000$ 及虚线以下的区域) 此时 λ 与 Re、ε/d 都有关，当 ε/d 一定时，λ 随 Re 的增大而减小，Re 增大至某一数值后，λ 下降缓慢；当 Re 一定时，λ 随 ε/d 的增加而增大。

(4) 完全湍流区（虚线以上的区域） 此区域内各曲线都趋近于水平线，即 λ 与 Re 无关，只与 ε/d 有关，这是由于在此区域，层流内层的厚度小于管壁粗糙度，管壁凸出部分直接与流体主体接触发生碰撞而损失能量，成为产生流体阻力的主要原因。Re 越大，流体的湍动程度越大，层流内层的厚度越小，管壁凸出部分对流体流动的干扰越大，使得 λ 与 Re 无关，仅与 ε/d 有关。

对于特定管路 ε/d 一定，λ 为常数，根据直管阻力压头损失公式可知，$H_f \propto u^2$，虽然 λ 为常数，阻力仍随 Re 数加大而增加，所以此区域又称为阻力平方区。从图中也可以看出，相对粗糙度 ε/d 越大，达到阻力平方区的 Re 值越低。

对于湍流时的摩擦因数 λ，除了用莫狄图查取外，还可以利用一些经验公式计算。如适用于光滑管的摩擦因数 λ 值由柏拉修斯式计算，即

$$\lambda = \frac{0.3164}{Re^{0.25}} \tag{1-36}$$

其适用范围为 $Re = 3 \times 10^3 \sim 10^5$。

【例题 1-11】 水在内径为 100mm，长度为 10m 的水平光滑管中流动，水的密度取 1000kg/m³，黏度取 1.0×10^{-3} Pa·s，其流速分别控制在 2m/s、4m/s、8m/s 时，试比较因直管摩擦阻力所造成的压头损失。

解 ① $u_1 = 2$m/s 时 $Re_1 = \dfrac{du\rho}{\mu} = \dfrac{0.1 \times 2 \times 1000}{1.0 \times 10^{-3}} = 2 \times 10^5$

查莫狄图可得 $\lambda_1 = 0.0157$，则

$$H_{f1}=\lambda_1 \frac{l}{d} \times \frac{u_1^2}{2g}=0.0157\times\frac{10}{0.1}\times\frac{2^2}{2\times9.81}=0.32 \text{ (m)}$$

② $u_2=4$m/s 时 $Re_2=\dfrac{du_2\rho}{\mu}=\dfrac{0.1\times4\times1000}{1.0\times10^{-3}}=4\times10^5$

查图得：$\lambda_2=0.0136$

$$H_{f2}=\lambda_2\frac{l}{d}\times\frac{u_2^2}{2g}=0.0136\times\frac{10}{0.1}\times\frac{4^2}{2\times9.81}=1.11 \text{ (m)}$$

③ $u_3=8$m/s 时， $Re_3=\dfrac{du_3\rho}{\mu}=\dfrac{0.1\times8\times1000}{1.0\times10^{-3}}=8\times10^5$

查图得：$\lambda_3=0.0122$

$$H_{f3}=\lambda_3\frac{l}{d}\times\frac{u_3^2}{2g}=0.0122\times\frac{10}{0.1}\times\frac{8^2}{2\times9.81}=3.98 \text{ (m)}$$

④ 比较：

$$\frac{H_{f2}}{H_{f1}}=\frac{1.11}{0.32}=3.47 \qquad \frac{H_{f3}}{H_{f1}}=\frac{3.98}{0.32}=12.44$$

分析说明：由计算结果可以看出，对于一定管径的管路，当流速由 2m/s 增加到 4m/s 时，压头损失增加了 2.47 倍。由 2m/s 增加到 8m/s 时，压头损失增加了 11.44 倍。由此可见，流速的增加，使 Re 增加，阻力损失也在增加。因此在设计管路时，若选用过高的流速，将消耗更多的能量，这在经济上不合算。但也并不是流速选择越小越好，因保证一定的送液量（流量），流体的流速越小，则所需采用的管路直径就越大，这在经济上也是不可取的。因此，要经过经济权衡，在工程上规定在一定操作条件下，不同流体在管路中有一个最适宜的流速范围。

5. 局部阻力计算

流体在管路中流动时，由于各管件结构不同，造成的阻力状况也不完全相同，即使管内流体的流动处于层流状态，但在通过管件或阀门时也会因流动干扰易转变为湍流，使流动阻力显著增加，因此，局部阻力损失在系统阻力中占有的比例较大，不容忽略。

局部阻力有两种计算方法，即阻力系数法和当量长度法。

(1) 阻力系数法 将局部阻力看成是流体为动能的某一倍数，即

$$h'_f=\zeta\frac{u^2}{2} \tag{1-37}$$

或

$$H'_f=\zeta\frac{u^2}{2g} \tag{1-37a}$$

式中 h'_f——局部阻力，J/kg；

H'_f——用压头表示的局部阻力，m；

ζ——局部阻力系数，无量纲，由实验测定或从图表中查取；

u——流体在局部管内流动时的流速，m/s。

常用管件及阀门的局部阻力系数见表 1-3。

表 1-3 常用管件及阀门的局部阻力系数

名 称	阻力系数 ζ	名 称	阻力系数 ζ	名 称	阻力系数 ζ
弯头,45°	0.35	闸阀		角阀,半开	2.0
弯头,90°	0.75	全开	0.17	止逆阀	
三通	1	半开	4.5	球式	70
回弯头	1.5	截止阀		摇板式	2
管接头	0.04	全开	6.0	底阀	1.5
活接头	0.04	半开	9.5	水表,盘式	7

（2）当量长度法　将局部阻力看成为一定长度的直管阻力，再按直管阻力的计算方法计算，即

$$h'_f = \lambda \frac{l_e}{d} \times \frac{u^2}{2} \tag{1-38}$$

或

$$H'_f = \lambda \frac{l_e}{d} \times \frac{u^2}{2g} \tag{1-38a}$$

式中　l_e——管件或阀门的当量长度，m。由实验测定或从图表中查取。

常见管件、阀门等的当量长度可由图1-26所示的共线图查得。

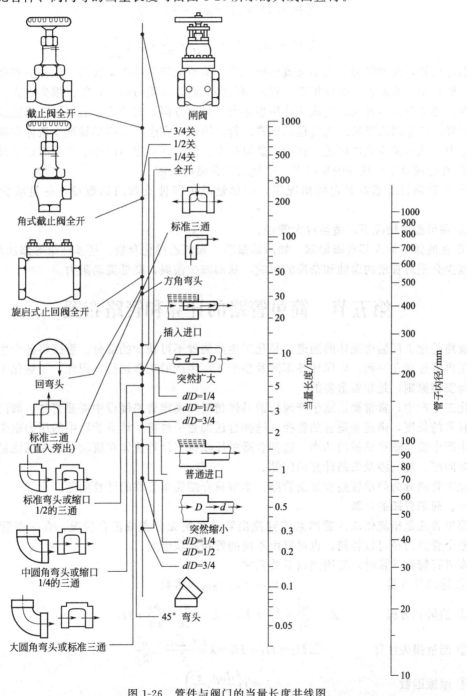

图1-26　管件与阀门的当量长度共线图

管路系统是由直管、管件、阀门等构成，因此流体流经管路的总阻力应是直管阻力和所有局部阻力之和。计算局部阻力时，可用阻力系数法，亦可用当量长度法。

流体流经管路系统总的阻力损失为

$$\sum h_\mathrm{f} = h_\mathrm{f} + h_\mathrm{f}' = \lambda \frac{l+\sum l_\mathrm{e}}{d} \times \frac{u^2}{2} \tag{1-39}$$

或

$$\sum h_\mathrm{f} = h_\mathrm{f} + h_\mathrm{f}' = \lambda \frac{l}{d} \times \frac{u^2}{2} + \sum \zeta \frac{u^2}{2} \tag{1-39a}$$

$$\sum H_\mathrm{f} = H_\mathrm{f} + H_\mathrm{f}' = \lambda \frac{l+\sum l_\mathrm{e}}{d} \times \frac{u^2}{2g} \tag{1-39b}$$

$$\sum H_\mathrm{f} = H_\mathrm{f} + H_\mathrm{f}' = \lambda \frac{l}{d} \times \frac{u^2}{2g} + \sum \zeta \frac{u^2}{2g} \tag{1-39c}$$

由此可知，流动阻力的大小与流体的性质、流速及管路等因素有关。流体的黏度大、流速快、管径小、管路长、管壁粗糙、管件阀门多，则流动阻力就大，能量损失也大，输送流体时所需要的动力也越大，造成的费用也越大。另一方面，流动阻力的增加还将造成系统压力的下降，严重时将影响工艺过程的正常进行，因此，在生产中应尽量减少流体在流动过程中的阻力，从而减少流体输送过程中的能量损失。降低流动阻力的办法主要有以下几种。

① 在能满足生产任务的情况下，尽量缩短管路的长度。
② 在管路长度基本确定的情况下，应尽量减少管件及阀门的数量，尽量减少管径的突变。
③ 在可能的情况下，适当放大管径。
④ 在流体中加入某些添加剂，如丙烯酰胺、聚氧乙烯化合物、羟基纤维等添加剂，以减少介质对管壁的腐蚀和杂质的沉淀，从而减少漩涡，降低流动阻力。

第五节　简单管路的计算和管路布置

管路是化工厂输送流体的通道，是化工生产装置不可缺少的部分。管路将各个生产设备与化工机器连接在一起，以保证各车间及整个工厂生产的正常进行，因此，了解化工管路的布置与安装原则，是非常重要的。

化工生产中，常常要根据生产现场的具体情况，确定管路铺设中需要管件、阀门，以及各段直管的长度，确定最适宜的管径，选择合适的管子规格，计算管路中的压力损失，确定实际生产中流体输送机械的功率、选择合适的原动机，计算流体在流动系统中的流量或流速等实际问题，这就涉及管路计算的问题。

化工管路分为简单管路和复杂管路。本节只介绍简单管路的计算问题。

一、简单管路的计算

简单管路是指流体流入管路系统到流出管路系统无分支或汇合情况，在一条管路中流动。整个管路内径可以相同，也可以由不同的管径串联组成。

在进行管路计算时，要用到以下关系式。

① 连续性方程　　　　　$u_1 A_1 \rho_1 = u_2 A_2 \rho_2 = $ 常数

② 伯努利方程　　　　　$Z_1 + \dfrac{u_1^2}{2g} + \dfrac{p_1}{\rho g} + H_\mathrm{e} = Z_2 + \dfrac{u_2^2}{2g} + \dfrac{p_2}{\rho g} + H_\mathrm{f}$

③ 能量损失计算　　　　$\sum H_\mathrm{f} = H_\mathrm{f} + H_\mathrm{f}' = \lambda \dfrac{l+\sum l_\mathrm{e}}{d} \times \dfrac{u^2}{2g}$

④ 摩擦因数　　　　　　$\lambda = f\left(\dfrac{du\rho}{\mu}, \dfrac{\varepsilon}{d}\right)$

应用上述关系式，可以在工程上解决如下问题。

① 已知管径 d、管长 l、管件及阀门的设置、生产输送任务，求系统阻力损失或外加能量。这类问题的计算比较简单，通过已知条件可以求出流速 u，计算出 Re，通过图 1-25 的莫狄图查出 λ，就可以计算阻力损失，再用伯努利方程计算外加能量。

② 已知管径 d、管长 l、管件及阀门的设置和允许能量损失，确定管路输送任务。在已知条件下，要计算流体的输送量，必须要先知道流速 u，而 u 又受摩擦因数 λ 的影响，λ 值取决于 Re，Re 又需要知道 u，可以看出，λ 与 u 之间的关系十分复杂，难以直接求出，在计算这类问题时，常常采用试差法进行求解。

因管路中流体流动多为湍流状态，其摩擦因数 λ 值一般在 0.02～0.03 之间，变化范围不大，因此，试差法求 u，先假设 λ 为某一常数，根据伯努利方程导出试差方程，求出 u，然后计算出 Re 和 ε/d，由图 1-25（莫狄图）查得 λ，对比假设的 λ 值，若与假设的 λ 值相等或接近，则假设正确，计算出的 u 值有效，可以通过相应的公式求出流量，否则，应重新进行 λ 假设，直至符合通过莫狄图查出的 λ 与假设值相近为止。

【例题 1-12】 20℃苯有高位槽流入储槽中，两槽均为敞口，两槽液面恒定且相差 5m，输送管为 $\phi 38mm \times 3mm$ 的钢管（$\varepsilon = 0.05mm$），总长为 100m，求苯的流量。

解 依据题意，以高位槽液面为 1-1′截面，以储槽液面为 2-2′截面（图 1-27），并作为基准水平面。在两截面之间列伯努利方程：

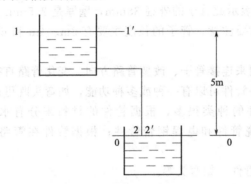

图 1-27 ［例题 1-12］附图

$$Z_1 + \frac{u_1^2}{2g} + \frac{p_1}{\rho g} + H_e = Z_2 + \frac{u_2^2}{2g} + \frac{p_2}{\rho g} + H_f$$

已知 $Z_1 = 5m$，$Z_2 = 0$，$u_1 = 0$，$u_2 = u$，$p_1 = p_2 = 0$（表压），$H_e = 0$，$l + l_e = 100m$

$$d = 38 - 2 \times 3 = 0.032m$$

$$\sum H_f = H_f + H_f' = \lambda \frac{l + \sum l_e}{d} \times \frac{u^2}{2g} = \lambda \times \frac{100}{0.032} \times \frac{u^2}{2 \times 9.81}$$

代入伯努利方程并化简为

$$u = \sqrt{\frac{98.1}{1 + 3125\lambda}}$$

一个方程两个未知数，采用试差法计算 u。

第一次试算。设 $\lambda = 0.02$，代入上式可得 $u = 1.24m/s$

从本书附录可知，苯在 20℃时的 $\rho = 879 kg/m^3$，$\mu = 0.737 mPa \cdot s$

则 $$Re = \frac{du\rho}{\mu} = \frac{0.032 \times 1.24 \times 879}{7.37 \times 10^{-4}} = 4.7 \times 10^4$$

钢管的相对粗糙度 $\varepsilon/d = 0.05/32 = 0.0016$

由图 1-25 查得 $\lambda=0.027$，大于假设值，应重新试算。

第二次试算。设 $\lambda=0.025$，代入上式可得 $u=1.1\text{m/s}$

$$Re=\frac{du\rho}{\mu}=\frac{0.032\times1.1\times879}{7.37\times10^{-4}}=4.2\times10^4$$

查得 $\lambda=0.025$，与第二次假设相符，流速 $u=1.1\text{m/s}$ 有效。

则苯的流量为

$$q_V=uA=1.1\times0.785\times0.032^2\times3600=3.2\ (\text{m}^3/\text{h})$$

试差计算法是工程计算中常用的计算手段。

二、管路布置和安装的一般原则

1. 化工管路的组成

化工管路由管子、管件、阀件和附属于管路的管架、管卡、管撑等组成。

（1）管子　生产中使用的管子按管材不同可分为金属管、非金属管和复合管。金属管主要有铸铁管、钢管（含合金钢管）和有色金属管等；非金属管主要有陶瓷管、水泥管、玻璃管、塑料管、橡胶管等；复合管指的是金属与非金属两种材料复合得到的管子，最常见的形式是衬里管，为了满足防腐的需要，在一些管子的内层衬以适当的材料，如金属、橡胶、塑料、搪瓷等而形成。随着化学工业的发展，各种新型耐腐蚀材料不断出现，如有机聚合物材料、非金属材料管正在越来越多地替代金属管。管子的规格通常是用"外径×壁厚"来表示，如 $\phi 38\text{mm}\times 2.5\text{mm}$ 表示此管子的外径 38mm，壁厚是 2.5mm。但也有些管子是用内径来表示其规格的，使用时要注意。管子的长度主要有 3m、4m 和 6m，有些可达 9m、12m，但以 6m 最为普遍。

（2）管件　管件是用来连接管子、改变管路方向、变化管路直径、接出支路、封闭管路的管路附件的总称，一种管件可以有一种或多种功能，如弯头既可以改变管路方向也可以连接管路。化工生产中管件的种类很多，根据管件的材料来分有水、煤气钢管件，铸铁管件，塑料管件，耐酸陶瓷管件和电焊钢管管件；根据管件在管路中的作用来分，有以下六类。

① 改变管路方向的管件，如弯头等。

② 连接两段管路的管件，如内外接头、活接头、法兰等。

③ 连接管路支路的管件，如三通、四通等。

④ 改变管路直径的管件，如大小头、异径管、内外螺纹管接头等。

⑤ 堵塞管路的管件，如管帽、丝堵、法兰盖等。

⑥ 连接固定钢管和临时胶管的管件，如吹扫接头等。

水、煤气管件的种类与用途见表 1-4。

（3）阀件　阀件是用来开启、关闭和调节流量及控制安全的机械装置，也称阀门、截门或节门。化工生产中，通过阀门可以调节流量、系统压力、流动方向，从而确保工艺条件的实现与安全生产。

按照阀门的构造和作用可以分为以下几种。

① 旋塞（又名考克）。它的主要部件为一个空心的铸铁阀体中插入一个可旋转的圆形旋塞，旋塞中间有一个孔道，当孔道与管子相通时，流体即沿孔道流过，当旋塞转过 90°，其孔道被阀体挡住，流体即被切断。

旋塞的优点是结构简单，启闭迅速，全开时流体阻力较小，流量较大，但不能准确调节流量，旋塞易卡住阀体难以转动，密封面易破损，故旋塞一般用在常压、温度不高、管径较小的场合，适用于输送带有固体颗粒的流体。

表 1-4　水、煤气管件的种类与用途

种　类	用　途	种　类	用　途
内螺纹管接头	俗称"内牙管、管箍、束节、管接头、死接头"等。用以连接两段公称直径相同的管子	等径三通	俗称"T形管"。用于接出支管，改变管路方向和连接三段公称直径相同的管子
外螺纹管接头	俗称"外牙管、外螺纹短接、外丝扣、外接头、双头丝对管"等。用于连接两个公称直径相同的具有内螺纹的管件	异径三通	俗称"中小天"。可以由管中接出支管，改变管路方向和连接三段具有两种公称直径的管子
活管接头	俗称"活接头、由壬"等。用以连接两段公称直径相同的管子	等径四通	俗称"十字管"。可以连接四段公称直径相同的管子
异径管	俗称"大小头"。可以连接两段公称直径不相同的管子	异径四通	俗称"大小十字管"。用以连接四段具有两种公称直径的管子
内外螺纹管接头	俗称"内外牙管、补心"等。用以连接一个公称直径较大的内螺纹的管件和一段公称直径较小的管子	外方堵头	俗称"管塞、丝堵、堵头"等。用以封闭管路
等径弯头	俗称"弯头、肘管"等。用以改变管路方向和连接两段公称直径相同的管子，它可分 40°和 90°两种	管帽	俗称"闷头"。用以封闭管路
异径弯头	俗称"大小弯头"。用以改变管路方向和连接两段公称直径不同的管子	锁紧螺母	俗称"背帽、根母"等。它与内牙管联用，可以看得到的可拆接头

② 截止阀（又名球心阀）。阀体内有一 Z 形隔层，隔层中央有一圆孔，当阀盘将圆孔堵住，管路内流体即被切断。因此，可以通过旋转阀杆使阀盘升降，隔层上开孔的大小发生变化而进行调节流体流量。

截止阀结构复杂，流体阻力较大，但严密可靠，可以耐酸、耐高温和压力，因此可以用来输送蒸汽、压缩空气和油品。但不能用在流体黏性大、含有固体颗粒的液体物料，使阀座磨损，引起漏液。截止阀安装时要注意使流体流向与阀门进出口一致。

③ 闸板阀（又名闸阀）。阀体内装有一个闸板，转动手轮使阀杆下面的闸板上下升降，从而调节和启闭管路内流体的流量。闸阀全开时，流体阻力较小，流量较大，但闸阀制造修理困难，阀体高，占地面积大，价格较贵，多用在大型管路中作启闭阀门。不适用输送含固体颗粒的流体。

④ 其他阀门。化工生产中常见的阀门还有安全阀、减压阀、止回阀和疏水阀等。

安全阀是为了管道设备的安全保险而设置的截断装置，它能根据工作压力而自动启闭，从而将管道设备的压力控制在某一数值以下。当设备内压力超过指标时，阀可自动开启，排除多余液体，压力复原后又自动关闭，从而保证其安全。主要用在蒸汽锅炉及中、高压设备上。

减压阀是为了降低管道设备的压力，并维持出口压力稳定的装置。能自动降低管路及设备内的高压，达到规定的低压，保证化工生产安全，常用在高压设备上。例如，高压钢瓶出口都要接减压阀，以降低出口的压力，满足后续设备的压力要求。

止回阀称止逆阀或单向阀，是在阀的上下游压力差的作用下自动启闭的阀门，其作用是仅允许流体向一个方向流动，一旦倒流就自动关闭，常用在泵的进出口管路中及蒸汽锅炉的给水管路上。例如，离心泵在启动前需要灌泵，为了保证停车时液体不倒流，常在泵的吸入口安装一个单向阀。

疏水阀是一种能自动间歇排除冷凝液，并能阻止蒸汽排出的阀门。其作用是使加热蒸汽冷凝后的冷凝水及时排除，又不让蒸汽漏出。几乎所有使用蒸汽的地方，都要使用疏水阀。

2. 化工管路的安装

（1）化工管路的连接　管子与管子、管子与管件、管子与阀件、管子与设备之间连接的方式常见的有螺纹连接、法兰连接、承插式连接及焊接连接。

① 螺纹连接。又叫丝扣连接，是依靠内、外螺纹管接头、活接头以丝扣方式把管子与管路附件连接在一起。以螺纹管接头连接的管子，操作方便，结构简单，但不易装拆。活接头连接构造复杂，易拆装，密封性好，不易漏液。螺纹连接通常用于小直径管路，水、煤气管路，压缩空气管路，低压蒸汽管路等的连接。安装时，为了保证连接处的密封，常在螺纹上涂上胶黏剂或包上填料。

② 法兰连接。这是化工管路中最常用的连接方法。其主要特点是已经标准化，装拆方便，密封可靠，一般适用于大管径、密封要求高、温度及压力范围较宽、需要经常拆装的管路上，但费用较高。连接时，为了保证接头处的密封，需在两法兰盘间加垫片，并用螺栓将其拧紧。法兰连接也可用于玻璃管、塑料管的连接和管子与阀件、设备之间的连接。

③ 承插式连接。这是将管子的一端插入另一管子的"钟"形插套内，再在连接处用填料（丝麻、油绳、水泥、胶黏剂、熔铅等）加以密封的一种连接方法。主要用于水泥管、陶瓷管和铸铁管等埋在地下管路的连接，其特点是安装方便，对各管段中心重合度要求不高，但拆卸困难，不能耐高压。

④ 焊接连接。这是一种方便、价廉、严密、耐用但却难以拆卸的连接方法，广泛使用于钢管、有色金属管及塑料管的连接。主要用在不经常拆装的长管路和高压管路中。

（2）化工管路的热补偿　化工管路的两端是固定的，由于管道内介质温度、环境温度的变化，必然引起管道产生热胀冷缩而变形，严重时将造成管子弯曲、断裂或接头松脱等现象，为了消除这种现象，工业生产中常对管路进行热补偿。热补偿的主要方法有两种：一是依靠管路转弯的自然补偿方法，通常，当管路转角不大于150°时，均能起到一定的补偿作用；另一种是在直线段管道每隔一定距离安装补偿器（也叫伸缩器）进行补偿。常用的补偿器主要有方形补偿器、波形补偿器、填料式补偿器和波纹式补偿器。

(3) 化工管路的试压与吹扫　当管路系统安装完毕后，为了检查其强度和严密性是否达到设计要求，检查管路的承受能力，必须对管路系统进行耐压试验和气密试验。另外，为了保证管路系统内部的清洁，必须对管路系统进行吹扫与清洗，除去遗留的铁屑、焊渣、尘土及其他污物，以避免杂质随流体流动而堵塞管路，损坏阀门和仪表，保证管路正常运行，称为吹扫。它是检查管道安装的一项重要措施。管路吹扫根据被输送介质的不同，有水冲洗、空气吹扫、蒸汽吹洗、酸洗、油清洗和脱脂等。

(4) 化工管路的保温与涂色　为了维持生产需要的高温或低温条件，节约能源，维护劳动条件，必须采取措施减少管路与环境的热量交换，这就叫管路的保温。保温的方法是在管道外包上一层或多层保温材料。

化工生产中的管路是很多的，为了方便操作者区别各种类型的管路，应在不同介质的管道上（保护层外或保温层外）涂上不同颜色的油漆，称为管路的涂色。有两种方法，其一是整个管路均涂上一种颜色（涂单色），其二是在底色上每间隔2m涂上一个50～100mm的色圈。常见化工管路的颜色：给水管为绿色，饱和蒸汽管为红色，氮气、氨气管为黄色，真空管为白色，低压空气管为天蓝色，可燃液体管为银白色，可燃气体管为紫色，反应物料管为红色等。

(5) 化工管路的防静电措施　静电是一种常见的带电现象，在化工生产中，由于电解质之间相互摩擦或电解质与金属之间的摩擦都会产生大量的静电。例如，当粉尘、液体和气体电解质在管路中流动，或从容器中抽出或注入容器时，都会产生静电。这些静电如不及时消除，很容易因产生电火花而引起火灾或爆炸。管路的抗静电措施主要是静电接地和控制流体的流速。

3. 化工管路的布置原则

布置化工管路既要考虑到工艺、经济要求，还要考虑到操作方便与安全，在可能的情况下还要尽可能美观。因此，布置化工管路必须遵守以下原则。

① 各种管路的铺设，要尽可能采用明线、集中铺设，尽可能利用共同管架，铺设时尽量走直线，少拐弯、少交叉，尽量使管路铺设整齐美观。

② 应合理安排管路，使管路与墙壁、柱子、场面、其他管路等之间应有适当的距离，以便于安装、操作、巡查与检修。平行管路上的管件、阀门位置应错开，且不得立于人行道的上空。

③ 在工艺条件允许的前提下，应使管路尽可能短，管件、阀件应尽可能少，以减少投资，使流体阻力减到最低。

④ 管路排列时，通常使热的在上，冷的在下；无腐蚀的在上，有腐蚀的在下；输气的在上，输液的在下；不经常检修的在上，经常检修的在下；高压的在上，低压的在下；保温的在上，不保温的在下；金属的在上，非金属的在下；在水平方向上，通常使常温管路、大直径管路、振动大的管路及不经常检修的管路靠近墙或柱子。

⑤ 管件、管子与阀门应尽量采用标准件，以便于安装与维修。

⑥ 管路通过人行道时高度不得低于2m，通过公路时不得小于4.5m，与铁轨的净距离不得小于6m，通过工厂主要交通干线一般为5m。

⑦ 对较长管路要有管架支撑，以免弯曲存液及受到震动。

⑧ 管路的倾斜度一般为3/1000～5/1000，对含固体结晶程度大、液体黏度大的物料倾斜度可提高到1/100。

⑨ 对于温度变化较大的管路就采取热补偿措施，有凝液的管路要安排凝液排出装置，有气体积聚的管路要设置气体排放装置。

⑩ 输送腐蚀性物料时与其他管路保持一定距离或位置高低错开，避免发生滴漏时腐蚀其他管路。

⑪ 输送易燃、易爆（如醇类、醚类、液体烃类等）物料时，为防止静电积聚，必须将管路进行可靠接地。

⑫ 管路安装结束后，要进行试压、试漏、吹扫、保温涂色等工作。

⑬ 一般地，下水管及废水管采用埋地铺设，埋地安装深度应当在当地冰冻线以下。

在布置化工管路时，应参阅有关资料，依据上述原则制订方案，确保管路的布置科学、经济、合理、安全。

第六节 流量测量

在化工生产中，为了维持正常的生产操作和进行物料衡算，必须知道物料的流量，因此，流量测量在生产中是非常重要的。测量流量的装置称流量计。

本节只介绍在稳定流动系统中，利用动能和静压能之间的相互转化来实现的测量装置，这类装置又按流通截面积、压力是否变化分为两类：一类是定截面、变压差的流量计，它的流道截面是固定的，当流体流过时将产生压力差，也称为差压式流量计，如孔板流量计、文丘里流量计；另一类是变截面、定压差的流量计，流体的流道是随流量的大小而变化，流体通过流道的压差是固定的，也称为面积式流量计，如常用的转子流量计。

一、孔板流量计

1. 孔板流量计的结构与测量原理

孔板是一块圆形的中间开有圆孔的金属薄板，孔口经精密加工成刀口状，在厚度方向上沿流向以 45°角扩大，这样流体在流出时沿锥形扩散。孔板常用法兰固定于管路中，使孔板的孔口与管路同轴，孔板两侧开有测压孔并与 U 形压差计相连，由压差计上读出 R，如图 1-28 所示。

流体在管路截面 1-1′处的流速为 u_1，压力为 p_1，当流体继续向前，因受到节流件的制约，流体开始收缩，流速增加，压力开始下降，由于惯性的作用，流束的最小截面处不是在孔口处，而是在孔口下游的 2-2′截面处，此时流速 u_2 最大，压力降到最低为 p_2，而后

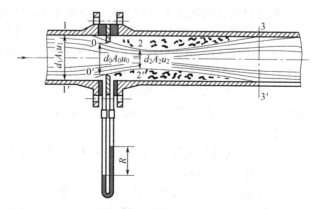

图 1-28 孔板流量计

速度、压力又随流束的恢复而恢复。流束截面最小处称为缩脉。流体在 3-3′截面处恢复正常的管截面和速度，但流体在流经孔板时消耗了一部分能量，所以流体在 3-3′截面处的压力 p_3 不能恢复到原来的压力 p_1，使 $p_3 < p_1$。流体在缩脉处的流速最高，动能最大，相应的静压力最低。因此，当流体以一定的流量流经小孔时，就产生一定的压力差 $\Delta p = p_1 - p_2$，流量越大，所产生的压力差也就越大。所以利用测量压力差的方法就能测量流量。

由于缩脉的位置不定，其流速、管径不易确定，为了简便起见，用孔口直径 d_0 代替缩脉直径 d_2，孔口处的流速 u_0 代替缩脉处的流速 u_2，用孔板前后的压力差代替流体收缩前后的压力差。在 1-1′截面和 2-2′截面上列伯努利方程，可得到流速与压差之间的关系：

$$u_0 = C_0 \sqrt{\frac{2\Delta p}{\rho}} \tag{1-40}$$

式中 u_0——流体在孔口时的速度，m/s；

C_0——流量系数或孔流系数，由实验测定或通过图表查得；

Δp——孔板前后的压力差，Pa；

ρ——被测流体的密度，kg/m³。

由于压力差 $\Delta p = p_1 - p_2 = (\rho_0 - \rho)gR$，其中 ρ_0 为压差计中指示剂的密度。所以式 (1-40) 又可写为

$$u_0 = C_0 \sqrt{\frac{2(\rho_0 - \rho)gR}{\rho}} \tag{1-40a}$$

根据 u_0 计算出体积流量

$$q_V = u_0 A_0 = C_0 A_0 \sqrt{\frac{2(\rho_0 - \rho)gR}{\rho}} \tag{1-41}$$

质量流量

$$q_m = q_V \rho = C_0 A_0 \sqrt{2(\rho_0 - \rho)gR\rho} \tag{1-42}$$

式中 A_0——孔板的孔口面积，m²。

在操作过程中，常看到流量表盘刻度并不是均匀的，就是因为流量与压力差并不成线性关系的原因。

图 1-29 所示为角接取压法孔板流量计的孔流系数 C_0 与 Re、A_0/A_1 之间的关系曲线。图中的 Re 特征数为 $\frac{du\rho}{\mu}$，其中的 d 与 u 是管道内径和流体在管道内的平均流速。由图可见，对于某一 A_0/A_1 值，当 Re 值超过某一限度值 Re 时，C_0 就不再改变而为定值。流量计所测的流量范围，最好是落在 C_0 为定值的区域里，这时流量 q_V 便与压力差 Δp 的平方根成正比。选用或设计孔板流量计时，应尽量使常用流量在此范围。一般取 C_0 值为 0.6~0.7。

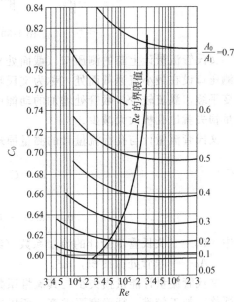

图 1-29 C_0 与 Re、A_0/A_1 之间的关系

2. 孔板流量计的使用要点

① 尽可能选孔径大的孔板，以减小流体流过孔板的能量损失。但 A_0/A_1 值过大不能保证压差计读数的准确性。

② 孔板流量计安装位置的上、下游都要有一段内径不变的直管作为稳定段，保证流体通过孔板之前的速度分布稳定。通常要求上游直管长度为 $50d_1$，下游直管长度为 $10d_1$。若 A_0/A_1 较小，则这段长度可缩短一些。

③ 孔板应采取防腐材料制造。孔板被腐蚀后将影响测量的准确性。

若孔板上游不远处装有弯头、阀门等，流量计读数的精确性和重现性都会受到影响。

④ 孔板流量计结构简单、容易制造。当流量有较大变化时，为了调整测量条件，调换孔板亦很方便。它的主要缺点是流体经过孔板后能量损失较大，并随 A_0/A_1 的减小而加大，而且孔口边缘容易腐蚀和磨损，所以流量计应定期进行校正。

【例题 1-13】 在内径为 80mm 的管路上安装一标准孔板流量计，孔径为 40mm，U 形管压差计的读数为 350mmHg，管内液体的密度为 1050kg/m³，黏度为 5×10^{-4} Pa·s，试计算液体的体积流量。

解 已知 $d_0=40\text{mm}$，$\rho_0=13600\text{kg/m}^3$，$\rho=1050\text{kg/m}^3$，$\mu=5\times10^{-4}\text{Pa·s}$，$R=0.35\text{m}$，$d_1=80\text{mm}$。面积比

$$\frac{A_0}{A_1}=\left(\frac{d_0}{d_1}\right)^2=\left(\frac{40}{80}\right)^2=0.25$$

由图 1-29 查得 $C_0=0.626$，$Re=6.8\times10^4$

由式(1-41) 得

$$q_V=u_0A_0=C_0A_0\sqrt{\frac{2(\rho_0-\rho)gR}{\rho}}=0.626\times0.785\times0.04^2\times\sqrt{\frac{2\times(13600-1050)\times9.81\times0.35}{1050}}$$
$$=0.0071(\text{m}^3/\text{s})=25.6(\text{m}^3/\text{h})$$

二、文氏管流量计

为了减少流体流经节流元件时的能量损失，可以用一段渐缩、渐扩管代替孔板，这样构成的流量计称为文丘里流量计或文氏管流量计，如图 1-30 所示。

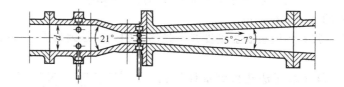

图 1-30 文氏管流量计

文氏管流量计上游的测压口（截面处）距管径开始收缩处的距离至少应为 1/2 管径，下游测压口设在最小流通截面处（称为文氏喉）。由于有渐缩段和渐扩段，流体在其内的流速改变平缓，涡流较少，喉管处增加的动能可于其后渐扩的过程中大部分转换成静压能，所以能量损失就比孔板大大减少。

文氏管流量计与孔板流量计的测量原理相同，其流量方程也与孔板流量计相似，即

$$u_0=C_v\sqrt{\frac{2(\rho_0-\rho)gR}{\rho}} \tag{1-43}$$

$$q_V=u_0A_0=C_vA_0\sqrt{\frac{2(\rho_0-\rho)gR}{\rho}} \tag{1-44}$$

式中 C_v——文氏管流量计的流量系数（约为 0.98～0.99）；

A_0——喉管处截面积，m²。

文氏管流量计能量损失小，其流量系数较孔板大。文氏管流量计的缺点是各部分尺寸要求严格，加工较难，精确度要求高，所以造价较高，安装时需占去一定管长位置。

三、转子流量计

孔板流量计是通过节流件前后的压差值变化来反映流量大小的，转子流量计的浮子无论处于哪个平衡位置，浮子前后的压力差均是恒定的，它是通过流通面积的变化反映流量大小的。

1. 转子流量计的结构与测量原理

转子流量计的构造如图 1-31 所示，在一根截面积自下而上逐渐扩大的垂直锥形玻璃管内，装有一个能够旋转自如的金属或其他材质制成的转子（或称浮子）。被测流体从玻璃管底部进入，经过转子和管壁之间的环隙，从顶部流出。若管内无流体通过，转子在玻璃管底

部。当有流体以一定流量流经转子与管壁之间的环隙时，流道截面积减小，流速增大，压力减小，在转子的上下两侧形成了一个压差。由于转子下端压力大于上端压力，转子就被浮起。当转子上升到一定高度时，因压差而产生的升力将等于转子的重力，转子将不再上升，悬浮在某一高度。当流体的流量增加时，由于流道截面积将进一步减小，压力再次降低，转子两端的压力差将继续增大，而转子的重力并没有变化，转子原有的平衡被破坏，转子将上升，重新达到平衡。同样的道理，流量减小，转子将下降到某一高度。因此，转子的平衡位置随流量的变化而变化。在玻璃管外表面上刻有读数，根据转子的停留位置，即可读出被测流体的流量。

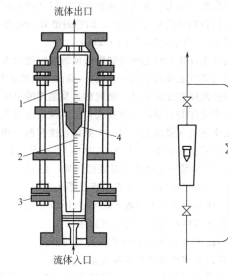

图 1-31　转子流量计构造
1—锥形硬玻璃管；2—刻度；
3—突缘填函盖板；4—转子

图 1-32　转子流量计安装示意

转子流量计的流速、流量计算式为

$$u_0 = C_r \sqrt{\frac{2(\rho_f - \rho)V_f g}{\rho A_f}} \tag{1-45}$$

$$q_V = C_r A_r \sqrt{\frac{2(\rho_f - \rho)V_f g}{\rho A_f}} \tag{1-46}$$

式中　C_r——转子流量计的流量系数，由实验测得；
　　　ρ_f——转子的密度，kg/m³；
　　　V_f——转子的体积，m³；
　　　A_f——转子的最大截面积，m²；
　　　A_r——转子上端面处环隙截面积，m²。

转子流量计的流量系数 C_r 与转子的形状和流体流过环隙时的 Re 有关。对一定形状的转子，当 Re 达到一定数值后，C_r 为常数。

2. 转子流量计的安装及特点

转子流量计必须垂直安装在管路上，流体必须从下进上出。为便于检修，管路上常设置如图1-32所示的支路。

转子流量计读取流量方便，能量损失小，测量范围宽，能用于腐蚀性流体的测量。但因流量计管壁大多为玻璃制品，故不能经受高温和高压，在安装使用过程中也容易破碎，操作时应缓慢启闭阀门，以防止转子突然升降而击碎玻璃管。

转子流量计的刻度与被测流体的密度有关。通常流量计在出厂之前，用某种流体进行标定。一般液体流量计选择用20℃清水作为标定流量计刻度的介质，气体流量计选用20℃、101.3kPa的空气作为介质。当应用于测量其他流体时，需要对原有的刻度加以校正。

思 考 题

1-1　何谓不可压缩流体和可压缩流体？
1-2　简述密度和比体积的定义和单位。影响流体密度的因素有哪些？气体的密度如何计算？
1-3　简述压力的定义。压力的常用单位有哪些？它们之间如何换算？

1-4 何谓绝对压力、表压和真空度？它们之间有何关系？

1-5 若设备的表压强为50kPa，则它的绝对压强为多少？另一设备的真空度为50kPa，则它的绝对压强为多少？（当地大气压为100kPa）

1-6 在兰州操作的苯乙烯精馏塔塔顶的真空度为80kPa，如要维持相同的绝对压力，则在天津操作时，塔顶的真空表读数应为多少帕？（假设兰州地区的大气压力为90kPa，天津地区的大气压力为101 kPa）

1-7 简述流体黏度的定义、物理意义及黏度的单位。

1-8 写出流体静力学基本方程式，说明该式应用条件。

1-9 在常压氢气管线上，同一个测压点连有两个测压装置，其中一台就地测量，另一台引至三楼测量，表上指示值分别为 p_1 和 p_2，则 p_1 与 p_2 是否相等，为什么？

1-10 用U形管压差计测定某处的压强，将U形管一端与测压点相连，另一端通大气，若读数 R 在测压点一侧，则所测压力是真空度还是表压？

1-11 流体静力学基本方程式说明了什么问题？

1-12 简述流体静力学方程式的应用。

1-13 写出U形管压差计计算压力差的公式。

1-14 何谓稳定流动和不稳定流动？

1-15 说明流体的体积流量、质量流量、流速（平均流速）的定义及相互关系。

1-16 流体在圆形直管内作层流流动时的速度分布曲线呈何形状？其中心最大速度为平均速度的多少倍？

1-17 写出连续性方程式，说明其物理意义及应用。

1-18 流体在管路中流动时涉及哪些能量？

1-19 写出流体的伯努利方程式，说明各项单位及物理意义。

1-20 在定常流动系统中，水连续地从粗圆管流入细圆管，粗管内径为细管的两倍，则细管内水的流速为粗管内的几倍？

1-21 流体在圆形直管中做层流流动，如果流量等不变，只是将管径增大一倍，则阻力损失为原来的几倍？

1-22 伯努利方程式与流体静力学基本方程式之间有无关联？

1-23 应用伯努利方程式时，应注意哪些问题？如何选取基准面和截面？

1-24 应用伯努利方程式可以解决哪些实际问题？

1-25 流体在流动过程中产生摩擦阻力的原因有哪些？

1-26 流体的流动类型有哪几种？如何判断？

1-27 雷诺数（Re）的物理意义是什么？如何计算？

1-28 写出流体在圆管中流动时的速度分布情况，最大流速与平均流速的关系如何？

1-29 层流和湍流有何不同？

1-30 写出流体在直管中流动时流动阻力的计算式。

1-31 写出层流时摩擦因数计算式。

1-32 如何由摩擦因数图（λ-Re，ε/d）查取摩擦因数？图上可分几个区域？各区域有何特点？

1-33 计算管路局部阻力的方法有几种？如何计算？

1-34 水由敞口恒液位的高位槽通过一管路流向压力恒定的反应器，当管路上的阀门开度减小后，水流量将如何变化？摩擦因数如何变化？管路总阻力损失如何变化？

1-35 降低流体阻力采用的方法有哪些？

1-36 化工管路为什么要进行热补偿？常用哪些补偿器？

1-37 简述孔板流量计、转子流量计的测量原理及使用要点。

1-38 在静止流体内部各点的静压力相等的必要条件是什么？

习　题

1-39 直径为 ϕ57mm×3.5mm 的细管逐渐扩大到 ϕ108mm×4mm 的粗管，若流体在细管内的流速为 4m/s，则在粗管内流速为多大？　　[答：1m/s]

1-40 已知20℃时苯和甲苯的密度分别为 879kg/m³、867kg/m³，试计算含苯40%及甲苯60%（质量分

数)的混合溶液的密度。 [答：872kg/m³]

1-41 一敞口烧杯底部有一层深度为 50mm 的常温水,水面上方有深度为 120mm 的油层,大气压力为 100kPa,已知油的密度为 820kg/m³,试求烧杯底部所受的压力。 [答：101.5kPa]

1-42 为测得某容器内的压力,采用如图 1-33 所示的 U 形管压差计,指示剂为水银。已知该液体密度为 980kg/m³, $h=0.8m$, $R=0.4m$,试计算容器中液面上方的表压。 [答：45.68kPa]

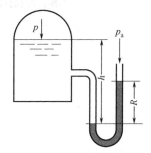
图 1-33 习题 1-42 附图

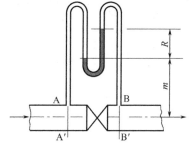
图 1-34 习题 1-43 附图

1-43 如图 1-34 所示,水在管路中流动。为测得 A—A′、B—B′ 截面上的压力差,在管路上方安装一 U 形管压差计,指示剂为水银。已知压差计的读数 $R=180mm$,试计算了 A—A′、B—B′ 截面的压力差。已知水与水银的密度分别为 1000kg/m³ 和 13600kg/m³。 [答：22.25kPa]

1-44 图 1-35 为汽液直接混合式冷凝器,水蒸气与冷水相遇被冷凝为水,并沿气压管流至地沟排出。现已知真空表的读数为 65kPa,求气压管中水上升的高度。 [答：6.63m]

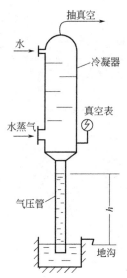
图 1-35 习题 1-44 附图

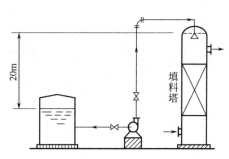
图 1-36 习题 1-47 附图

1-45 硫酸流经一异径管,分别为 $\phi76mm\times4mm$ 和 $\phi57mm\times3.5mm$。已知硫酸的密度为 1830kg/m³,体积流量为 9m³/h,试分别计算硫酸在大管和小管中的：(1) 质量流量；(2) 平均流速；(3) 质量流速。
[答：(1) 4.6kg/s (大小管相等)；(2) 大管 0.69m/s；小管 1.27m/s；(3) 大管 1262.7kg/(m²·s)；小管 2324.1kg/(m²·s)]

1-46 水经过内径为 200mm 的管子,由水塔送往用水点。已知水塔内的水面高于排出管端 25m,且维持水塔内水位不变。设管内压头损失为 24.5mH₂O (不包含管子出口),试求管子排出的水量为多少 (m³/h)? [答：353.8m³/h]

1-47 如图 1-36 所示为 CO_2 水洗塔供水系统。储槽水面的绝对压力为 300kPa,塔内水管与喷头连接处高于水面 20m,管路为 $\phi57mm\times2.5mm$ 的钢管,送水量为 15m³/h。塔内水管与喷头连接处的绝对压

力为 2250kPa。设自储槽至喷头连接处的能量损失为 $5mH_2O$。试求水泵的有效功率。[答：9.2kW]

1-48 25℃水以 $45m^3/h$ 的流量在 $\phi 57mm \times 2.5mm$ 的钢管内流动。试判断水在管内的流动类型。

[答：湍流]

1-49 石油输送管是直径为 $\phi 159mm \times 4.5mm$ 的无缝钢管。石油的相对密度为 0.86，黏度为 $3mPa \cdot s$。当石油流量为 15.5t/h，管路总长为 1000m 时，求直管摩擦阻力及压力损失。取钢管绝对粗糙度为 0.15mm。

[答：7.84J/kg；6.74kPa]

第二章 流体输送机械

学习目标

- **掌握** 离心泵、往复泵、往复式和离心式压缩机、鼓风机、通风机的基本结构和工作原理、主要性能参数、特性曲线及各种流体输送机械的操作特点及操作技术要求、流量调节原理和方法及设备选用步骤。消除气缚、汽蚀、喘振现象发生的具体措施和操作方法以及操作中的注意事项、设备的维护与保养。
- **理解** 影响各种流体输送机械的主要因素和各种工作部件（如活塞、活门、汽缸、水夹套；叶轮、扩压器、弯道、回流器等）的性能、作用原理、结构形式及安装要求。离心式压缩机的级、段、缸的划分方式和往复压缩机的基本计算内容。
- **了解** 其他化工用流体输送机械（漩涡泵、齿轮泵、计量泵、轴流泵；旋转鼓风机、压缩机、真空泵等）的基本结构和工作原理；适合于使用的场合及操作要求。

第一节 概 述

在化工生产中，流体的输送是不可缺少的单元操作之一。为保证生产工艺条件的要求，常需将流体从低处送至高处；由低压变为高压，从一设备送至另一设备。总之，这样的过程需要给流体施加一定数量的外加能量，这种施加能量的机械，叫流体输送机械。由于流体本身具有不同的特性，如气体的可压缩性、液体的不可压缩性和化工生产中流体性质的复杂性，如高黏度的、强腐蚀的、易燃易爆的或是否含有固体悬浮物等，且工艺参数，如温度、压力、流量等不尽相同，这样就出现不同结构和特性的输送机械。大致分为液体输送机械和气体压送机械。本章主要讨论流体输送机械的工作原理、基本结构和性能，以便能合理选择和操作这些机械。

一、液体输送机械的作用及分类

输送液体的机械统称为泵。泵是一种通用机械。它用来给化工生产中的液体施加能量，以满足各种不同生产工艺条件的输送要求，故出现了各种形式的泵。根据作用原理不同，可分为表 2-1 所示的几种类型。

二、气体压缩与输送机械的作用及分类

气体压缩机是一种压缩气体、提高气体压力或输送气体的机器，广泛应用于化工生产中，如压缩气体用于制冷和气体分离；用于合成和聚合反应；用于炼油的加氢精制等。由此可见，气体输送机械也是为满足不同化工生产过程对压力、流量、流速等的要求，而施加能量的一种机械。根据作用原理不同，可分为表 2-2 中的几种类型。

表 2-1　液体输送机械分类

类　型		液体输送机械名称	类　型		液体输送机械名称
离心式(叶轮式)		离心泵、漩涡泵	容积式	往复式	往复泵、计量泵
(正位移式)	旋转式	齿轮泵、螺杆泵		流体作用式	酸蛋

表 2-2　气体输送机械分类

类　型		气体输送机械名称	类　型		气体输送机械名称
离心式(叶轮式)		离心式通风机、鼓风机、压缩机	容积式	往复式	往复式压缩机
(正位移式)	旋转式	罗茨鼓风机、液环压缩机		流体作用式	喷射式真空泵

第二节　液体输送机械

如前所述，液体输送机械种类很多，通常依其流量和压力关系可分为离心泵和正位移泵两大类。其中离心泵在化工生产中应用最多，大约占整个化工用泵的 80%～90%。这是因为离心泵具有以下优点：结构简单，操作容易，便于调节和自控；流量均匀，效率较高；流量和压头的适用范围较广；适合输送腐蚀性或含有悬浮物的液体。本节以离心泵为重点对化工用泵进行讨论。

一、离心泵

1. 离心泵的工作原理和主要部件

（1）离心泵的工作原理　离心泵的结构如图 2-1 所示，主要由一个蜗壳形的泵壳和一个固定于泵轴上的叶轮组成。叶轮一般具有 6～12 片后弯曲的叶片，由与泵轴相连接的电动机带动，叶轮在泵壳内旋转。泵壳上有两个接口，其中央口为泵的吸入口，连接吸入管路，另一个接口为泵的压出口，位于泵壳的切线方向上，与压出（排出）管路连接。通常，在泵吸入管下端安装一个单向底阀，在泵排出口管上安装一个调节阀，用于调节流量。

离心泵开动之前，一定要将泵壳和吸入管路灌满液体。当泵轴带动叶轮高速旋转时，充满泵壳的液体由于受离心力的作用，从叶轮中心向叶轮外缘运动，同时使叶轮中心（泵入口）处形成一定的真空度，液体便在液面压力和泵入口压力差的作用下，源源不断地被送至泵内，这就是离心泵的吸液原理。然后被叶轮做功而甩出的液体流入蜗形泵壳，因泵壳的流道逐渐扩大，使高速流动液体的动能减少，静压能渐增，到达出口处时静压能达最大，最后进入排出管路，这就是离心泵的排液原理。

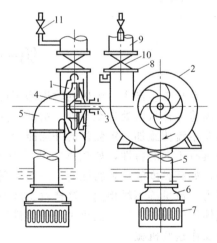

图 2-1　离心泵装置
1—叶轮；2—泵壳；3—泵轴；4—吸入口；
5—吸入管路；6—底阀；7—滤网；8—排出口；
9—排出管路；10—出口阀；11—旁通阀

离心泵在开动时如果泵壳和吸入管路中有空气存在，泵就不能够输送液体。因为空气的密度大大小于液体的密度，所以泵的叶轮旋转时产生的离心力很小，造成吸入口处形成的真空度太小，不足以将液体吸入泵内，泵就无法输送液体，人们将这种现象称为"气缚"，故在泵运转时不允许空气漏入。为便于在泵开动前向泵壳内灌液，一般地都在泵的出口处安装有旁通阀，吸入管路下端的单向底阀的作用是使灌入泵内的液体不至于漏掉，单向底阀外围的滤网作用是为防止杂物吸入泵内，而造成泵内和管路的堵塞。

(2) 离心泵的主要部件　离心泵的部件较多，其主要功能部件是叶轮、泵壳和轴封装置。

① 叶轮。叶轮是将原动机的能量传递给液体的部件，它有三种类型，分别是开式、半开式和闭式，如图 2-2 所示。

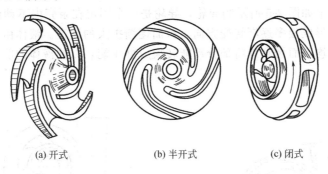

(a) 开式　　　　(b) 半开式　　　　(c) 闭式

图 2-2　叶轮的类型

开式叶轮的结构特点是叶片两侧没有盖板，如图 2-2(a) 所示。它结构简单，易于清洗，适合输送含有杂质或悬浮物的料液，但因叶轮和泵壳之间间隙较大，部分液体会回到吸液口一侧，效率比较低；半开式叶轮的结构特点是在吸液口一侧没有盖板（即只有一块后盖板），如图 2-2(b) 所示，它适合输送易于沉淀或含有粒状物的料液，但其效率也较低；闭式叶轮在叶片两侧有前后盖板，如图 2-2(c) 所示，它的结构复杂，造价较高，但效率高，回液量少，适合输送不含固体杂质的清洁液体，所以一般离心泵大多采用闭式叶轮。

闭式和半开式叶轮因均有后盖板，叶轮在运行时，离开叶轮的高压液体，少部分会流到后盖板与泵壳之间间隙中，而叶轮吸液口处为低压液体，由于这种叶轮两侧的压差作用，便使叶轮产生一个轴向的推力，它会使电动机的负荷增大，严重时引起叶轮与泵壳摩擦，甚至发生泵体震动、磨损和运转不正常。为减小轴向推力，在小型离心泵中，通常在叶轮后盖板上钻些小孔（称为平衡孔），这样，使一部分高压液体由平衡孔漏至低压区，以减小叶轮两侧的压力差，但同时也会降低泵的效率。这种平衡轴向力的装置是最简单的，还有对于大型泵和多级泵用平衡盘装置，平衡轴向力，防止泵轴的窜动。

按照吸液方式的不同，叶轮还可分为单吸式和双吸式，如图 2-3 所示，单吸式叶轮只能从一侧吸入液体，其结构简单。双吸式叶轮是从叶轮两侧同时吸入液体，相当于将两个相同叶轮并联在一起工作，因而具有较大的吸液能力，且可以消除轴向推力，延长了轴承的使用寿命，但叶轮和泵壳结构比较复杂，常用于大流量的场合。

② 泵壳。如图 2-4 所示，离心泵的外壳是蜗壳形的，叶轮在泵壳内旋转时不断地吸入

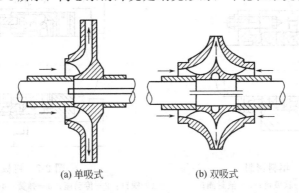

(a) 单吸式　　　　(b) 双吸式

图 2-3　离心泵的吸液方式

和排出液体,其旋转方向与蜗壳流道逐渐扩大的方向一致,越接近液体出口,流道截面积越大。液体被叶轮高速甩出后,进入截面渐大的流道,使液体的大部分动能在流道中转换为静压能。所以泵壳不仅作为汇集液体和导出液体的通道,同时又是一个液体能量的转换装置。

对于大型离心泵,为减少液体从叶轮外缘进入泵壳时因碰撞造成的能量损失,可在叶轮与泵壳之间安装一个如图 2-5 所示的导轮,导轮是一个固定在泵壳内不动的、带有前弯形叶片的圆盘,叶片间形成很多逐渐转变方向、截面逐渐扩大的流道。液体由叶轮 1 高速甩出后沿导轮 2 的叶片间均匀而缓和地将部分动能转换成静压能,以使液体的能量损失减小到最低程度。

图 2-4 泵壳及泵壳内液体流动状况

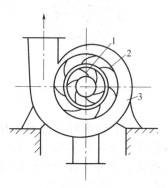

图 2-5 泵壳与导轮
1—叶轮;2—导轮;3—泵壳

③ 轴封装置。因泵轴与泵壳之间有相对运动,两者间必定需有间隙。为防止泵内液体外泄和泵外空气反向漏入泵内低压区。因此,需要有轴封装置来防止泵内液体泄漏和空气漏入,以保证泵的正常运行和操作。常见的轴封装置如图 2-6 所示的填料密封和如图 2-7 所示的机械密封。

填料密封,它主要由填料函壳、软填料和填料压盖等组成。软填料一般可采用浸油或涂石墨的石棉绳,将石棉绳缠绕在泵轴上,可用螺钉将填料压盖均匀上紧,使填料紧压在填料函壳和泵轴之间,以达到密封的目的。内衬套是防止填料被挤入泵内。这种填料密封具有结构简单,加工方便的特点,但功耗较大,且沿轴会有少量液体外泄,需定期更换维修。在泵运行时,需有液体保持软填料处在湿润状态,这是填料密封正常操作的必要条件。如果填料

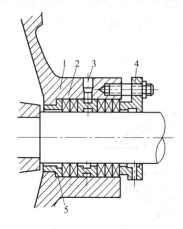

图 2-6 填料密封
1—填料函壳;2—软填料;3—液封圈;
4—填料压盖;5—内衬套

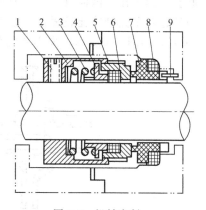

图 2-7 机械密封
1—螺钉;2—传动座;3—弹簧;4—推环;5—动环密封圈;
6—动环;7—静环;8—静环密封圈;9—防转销

是干的，可能会与泵轴摩擦产生高温而被烧毁。所以，填料不要压得太紧。正常运转时，应允许液体有少量滴漏（约每分钟一滴）。

机械密封，它主要是对于输送易燃、易爆或有毒、有腐蚀性液体，密封要求严格，既不允许液体外泄，又不能使空气漏入，一般采用机械密封装置。这种密封装置，主要的密封元件是装在轴上随轴转动的动环和固定在泵体上的静环组成密封对（一般动环用硬质耐蚀金属材料、静环用浸渍石墨或耐蚀塑料制作以便更换）。两个环的端面借弹簧压力互相紧贴而起到密封作用，所以又称为端面密封。

在安装机械密封时，要求动环与静环的摩擦端面严格地与轴中心线垂直；摩擦端面需很好地研磨；并通过调整弹簧压力，使正常工作时，两端面之间形成一薄层液膜，以达到良好的密封和润滑状态。

与填料密封相比，机械密封的密封性能好，结构紧凑，使用寿命长，泵轴不磨损，功率消耗小。缺点是加工精确度要求高，安装技术要求严格，价格比填料密封高得多，维修工作量大。但现仍广泛地应用于各种类型的离心泵中。

2. 离心泵的性能

要正确地选择和运转离心泵，就必须了解泵的工作性能。离心泵的性能参数包括流量、扬程、功率和效率，这些参数均在泵的铭牌上标明着。

（1）主要性能参数

① 流量。指单位时间内泵能排出的液体量，常用体积流量，符号用 q_V 表示，单位为 m^3/s 或 m^3/h 等，也称泵的送液能力。泵的流量大小与泵的结构、转速、叶轮直径大小均有关系，所以泵的流量不是一个固定不变值，操作中可以改变其大小。离心泵铭牌上的流量是指泵在最高效率下的流量，称为额定流量。

② 扬程。又称压头 H，是指离心泵对单位重量（1N）液体所做的功。即 1N 液体通过泵时所获得的有效机械能量，符号用 H 表示，单位为 J/N 或 m。其大小取决于泵的结构形式、尺寸（叶轮直径、叶片弯曲程度等）、转速及流量，还有被送液体的黏度大小等。需注意，不要把扬程与升扬高度的概念混淆起来，用泵将液体从低处送至高处的高度，称为升扬高度。而扬程是液体具有的能量。泵运转时，其升扬高度值一定小于扬程。

实际上，由于液体在泵内的流动情况较复杂，因此目前尚无从理论上计算泵的流量和扬程的公式，一般均由实验方法测定。根据扬程的定义可知，液体在泵出口处和泵入口处的总压头差即为扬程。

泵的扬程

$$H = 出口处总压头 - 入口处总压头 = Z + \frac{p_\text{表} + p_\text{真}}{\rho g} + \frac{u_2^2 - u_1^2}{2g} + H_f \tag{2-1}$$

式中　Z——泵出口与入口的高度差，m；

　　　$p_\text{真}$——泵入口处真空度，Pa；

　　　$p_\text{表}$——泵出口处表压强，Pa；

　　u_2、u_1——泵出、入口管中液体流速，m/s；

　　　H_f——泵出、入口间管路中压头损失，m。

【例题 2-1】 为测定一台离心泵的扬程，以 293K 的清水为物料，测得出口处压力表上的读数为 $47 \times 10^4 Pa$（表压），入口处真空表的读数为 $19.62 \times 10^3 Pa$，出、入口之间的高度差为 0.4m，实测泵的流量为 $70.37 m^3/h$，若吸入管和压出管的管径相同，试计算该泵的扬程。

解　由式(2-1)可得

$$H = Z + \frac{p_\text{表} + p_\text{真}}{\rho g} + \frac{u_2^2 - u_1^2}{2g} + H_f$$

已知 $Z = 0.4\text{m}$

$p_\text{表} = 47 \times 10^4 \text{Pa}$

$p_\text{真} = 19.62 \times 10^3 \text{Pa}$

$u_1 = u_2$（因管径和流量相等）

H_f 忽略不计（因 Z 很小）

由附录五中查得 $\rho = 998.2\text{kg/m}^3$

将以上各值代入上式，得

$$H = 0.4 + \frac{(47 + 1.962) \times 10^4}{998.2 \times 9.81} = 50.4(\text{m})$$

③ 功率和效率。单位时间内泵对输出液体所做的功，称为离心泵的有效功率，符号用 P_e 表示，单位 W，其计算式是

$$P_e = q_V H \rho g \tag{2-2}$$

式中 q_V——泵的体积流量，m^3/s；

　　　H——泵的扬程，m；

　　　ρ——泵输送液体的密度，kg/m^3；

　　　g——重力加速度，9.81m/s^2。

离心泵的轴功率，它是从电动机获得的，用符号 P_a 表示，单位为 W，其值由实验测定，是自配电动机的重要依据。泵铭牌上的轴功率，是以常温清水为试验液体，其密度为 1000kg/m^3 时测定的。泵运转时，由于高压液体外漏和回流至入口、泵内液体流动时的摩擦阻力、泵轴转动的机械摩擦等，造成一定数量的能量损失，使 P_a 一定大于 P_e。通常 P_a 随流量的增加而增大。

有效功率与轴功率之比，称为泵的总效率，符号用 η 表示，即

$$\eta = \frac{P_e}{P_a} = \frac{q_V H \rho g}{P_a} \tag{2-3}$$

η 值也由实验测定。在测量泵的流量和扬程的同时测定 P_a，便可用式(2-3)计算出泵的总效率。

【例题 2-2】 某离心泵输送 20℃清水，其扬程为 19.8m，测得流量为 $10\text{m}^3/\text{h}$、轴功率为 1.05kW，试求该泵的有效功率 P_e 和泵的总效率 η。

解 已知 $q_V = 10\text{m}^3/\text{h} = \frac{10}{3600} = 0.00278\text{m}^3/\text{s}$；$H = 19.8\text{m}$；由附录五中查得 $\rho = 998.2\text{kg/m}^3$；$g = 9.81\text{m/s}^2$；$P_a = 1.05\text{kW} = 1.05 \times 10^3 \text{W}$

由式(2-2) $P_e = q_V H \rho g$，得

$$P_e = 0.00278 \times 19.8 \times 998.2 \times 9.81 = 539 \text{（W）}$$

再由式(2-3) $\eta = \frac{P_e}{P_a}$，得

$$\eta = \frac{539}{1050} = 0.513，即 51.3\%$$

泵的总效率与泵的制造质量、液体的流量、叶轮、泵壳内部表面的粗糙度有密切的关系，因这些都能使液体的能量损失而降低效率。离心泵的总效率通常为 50%～70%。自配电动机时可用最大流量下的轴功率 P_a 计算 $P_\text{电}$，一般 $P_\text{电} = (1.1 \sim 1.2) P_a$。

(2) 离心泵的特性曲线　离心泵的特性曲线是指以上讨论过的离心泵的扬程 H、轴功

率 P_a、总效率 η 与流量 q_V 之间的关系曲线，通常由实验测定，标绘在一张图上。图 2-8 是 IS100-80-125 型离心水泵的特性曲线。离心泵在出厂前均由生产厂家以水为试验液体，在一定转速下测定出该泵的特性曲线，供用户参考。

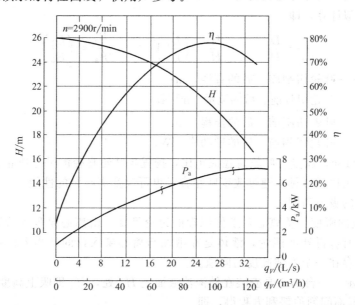

图 2-8　IS100-80-125 型离心水泵的特性曲线

各种型号的离心泵的特性曲线虽不相同，但其总体规律是类似的。

① H-q_V 曲线。离心泵扬程随流量的增加而减少。

② P_a-q_V 曲线。离心泵的轴功率随流量的增加而增加。当流量为零时，轴功率为最小。所以，离心泵开车操作时，应将出口阀关闭，以减小启动功率，保护电动机。

③ η-q_V 曲线。离心泵的流量为零时，其效率也为零，但随着流量的增大，效率也增大，达到一最大值后，流量继续增大，效率却下降。说明离心泵在一定转速下有一最高效率点，该点称为离心泵的设计点，显然，泵在该点对应下运行最为经济。离心泵使用时，应尽量在该点附近运转，以减少能量的消耗，通常为最高效率的 92% 左右，称为高效率区。

应当注意：当被输送液体的性质与水在 293K 和 98.1kPa 下的性质相差很大时，如流体的黏度、密度增大，均使泵的功率增大，造成泵的特性曲线的变化。离心泵的性能必须校正，校正方法可参阅有关的专用书刊。

（3）叶轮转速和直径对泵性能的影响

① 叶轮转速的影响。离心泵的特性曲线都是在一定转速下测定的，当泵的转速改变时，泵的流量、压头和功率也随之改变。可近似地用比例定律进行计算，即

$$\frac{q_{V_1}}{q_{V_2}}=\frac{n_1}{n_2} \qquad \frac{H_1}{H_2}=\left(\frac{n_1}{n_2}\right)^2 \qquad \frac{P_{a_1}}{P_{a_2}}=\left(\frac{n_1}{n_2}\right)^3 \qquad (2-4)$$

式中　n_1、n_2——原有转速和改变后转速，Hz；

q_{V_1}、q_{V_2}——转速改变前、后的流量，m^3/s；

H_1、H_2——转速改变前、后的扬程，m；

P_{a_1}、P_{a_2}——转速改变前、后的轴功率，W。

由式(2-4)可知，流量与转速成正比，扬程与转速的平方成正比，轴功率与转速的立方成正比。如果需要自配电动机时，一定要使电动机的转速与泵铭牌上标明的泵轴转速一致，

否则泵的特性就会发生显著的变化。可见,通过改变叶轮的转速可以改变离心泵的性能。

② 叶轮直径的影响。当离心泵的转速一定时,对同一型号的离心泵切削叶轮直径也会改变泵的特性曲线。当叶轮直径的切削量不超过 5% 时,叶轮直径对泵的性能的影响,可用切割定律进行近似计算,即

$$\frac{q_{V_1}}{q_{V_2}}=\frac{D_1}{D_2} \qquad \frac{H_1}{H_2}=\left(\frac{D_1}{D_2}\right)^2 \qquad \frac{P_{a_1}}{P_{a_2}}=\left(\frac{D_1}{D_2}\right)^3 \qquad (2-5)$$

式中　D_1、D_2——叶轮切割前、后的直径,m;
　　　q_{V_1}、q_{V_2}——叶轮切割前、后的流量,m^3/s;
　　　H_1、H_2——叶轮切割前、后的扬程,m;
　　　P_{a_1}、P_{a_2}——叶轮切割前、后的轴功率,W。

由式(2-5)可知,流量与叶轮直径成正比,扬程与叶轮直径的平方成正比,轴功率与叶轮直径的立方成正比。可见,通过改变叶轮直径也可改变离心泵的性能。

(4) 离心泵的吸上高度

① 吸上高度的限度。从离心泵工作原理的讨论可知,由离心泵吸入管路到离心泵的入口处,液体并没有获得外加能量,液体是靠液面与离心泵入口间压力差的作用下进入泵内的,因此离心泵存在一个安装高度的问题。

如图 2-9 所示,一台离心泵安装在储液池液面上 H_g 处,H_g 即吸上高度。由图 2-9 中的 0-0' 截面和 1-1' 截面间列伯努利方程得,即

$$H_g = \frac{p_0 - p_1}{\rho g} - \frac{u_1^2}{2g} - \sum H_{f_{0-1}} \qquad (2-6)$$

式中　H_g——允许安装高度(也称吸上高度),m;
　　　p_0——吸入液面压力,Pa;
　　　p_1——吸入口允许的最低压力,Pa;
　　　u_1——吸入口处的流速,m/s;
　　　ρ——液体的密度,kg/m^3;
　　　$\sum H_{f_{0-1}}$——液体流经吸入管路的阻力,m。

由式(2-6)可知,吸上高度与吸入液面上方的压力 p_0、泵吸入口压力 p_1、液体密度 ρ、吸入管中的动能及阻力有关。当泵入口处为绝对真空,即 $p_1=0$,而流速 u_1 极小,则 $u_1^2/(2g)$ 和 $\sum H_{f_{0-1}}$ 忽略不计,那么,理论上吸上高度 H_g 的最大值为

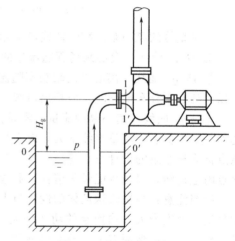

图 2-9　吸上高度示意图

$p_0/\rho g$。如储液池是敞口的,p_0 即当地大气压强,$p_0/\rho g$ 是以液柱高度表示大气压强。例如,在海拔高度为零的地方送水,吸上高度的理论最大值为 $101.3×10^3/(9.81×10^3) = 10.33m$。即在上述理想条件下,吸上高度理论最大值也不会超过 $10.33mH_2O$ 柱。实际的吸上高度比最大值小。

因大气压强随海拔高度的增高而降低,所以不同地区大气压强是不同的,因而泵的吸上高度理论最大值也不同。表 2-3 列出不同海拔高度的大气压强,也就是泵送水时的吸上高度理论最大值。

表 2-3　不同海拔高度的大气压强

海拔高度/m	0	100	200	300	400	500	600	800	1000
大气压强/kPa	101.33	100.06	98.94	97.57	96.60	95.51	94.14	91.98	89.82

② 汽蚀现象。实际上，吸入管路有阻力存在，泵的吸入口不可能为绝对真空。例如，p_0 一定，泵的安装高度越高，则 p_1 应越低，当泵吸入口的 p_1 降低到不大于输送液体饱和蒸气压 p_s 时，液体便会汽化沸腾，生成大量气泡。液体带着这些气泡从叶轮入口向叶轮外缘流动，进入高压区以后，气泡便被压碎而冷凝，气泡的消失产生局部真空，周围液体以极大速度向气泡中心的空间流动产生压力极大、频率极高的冲击。这些液体质点就像许多细小的高频水锤撞击着叶片，造成叶轮表面损伤。长时间作用，叶轮表面出现斑痕及裂缝，甚至呈海绵状脱落，使叶轮损坏，这种现象称为汽蚀。汽蚀现象发生时，因液体冲击使泵体强烈震动并发出噪声，同时流量、出口压力及效率明显下降，严重时不能正常输出液体，所以在操作中必须避免汽蚀现象发生。

离心泵发生汽蚀的原因通常有以下几个方面：泵安装高度过高；泵吸入管路阻力过大；所输送液体温度过高；密闭储液池中的压力下降；泵运行工作点偏离额定流量太远等。

③ 汽蚀余量。为保证离心泵不发生汽蚀，泵吸入口处液体的静压头与动压头之和必须大于操作温度下液体的饱和蒸气压，其超出部分称为离心泵的（允许）汽蚀余量，符号用 Δh 表示，单位为 m，即

$$\Delta h = \frac{p_1}{\rho g} + \frac{u_1^2}{2g} - \frac{p_s}{\rho g} \tag{2-7}$$

将式(2-7) 代入式(2-6) 得

$$H_g = \frac{p_0}{\rho g} - \frac{p_s}{\rho g} - \Delta h - \sum H_{f_{0-1}} \tag{2-8}$$

式中 Δh——允许汽蚀余量，m；

p_s——操作温度下液体的饱和蒸气压，Pa。

为保证不发生汽蚀的 Δh 最小值，叫允许汽蚀余量。实际汽蚀余量必须不小于允许汽蚀余量，才能避免汽蚀发生。离心泵性能表或样本上列出的汽蚀余量，是在泵出厂前于 101.3kPa 和 20℃下用清水测得的。当输送液体不同时，应作校正，校正方法参阅有关书籍。

为保证泵安全运转，泵的实际安装高度必须低于 H_g 值，否则在操作时，将发生汽蚀的危险，往往比计算的 H_g 值低 0.5～1m。

【例题 2-3】 欲用一台 IS65-40-250 型离心泵来输送车间的冷凝水供取暖用，已知水温为 353K，储液罐液面压力为 101.5kPa，设最大流量下吸入管路阻力损失为 4m，试求此泵的安装高度。

解 从附录十八中查出 IS65-40-250 最大流量时的 $\Delta h = 2m$，又从附录五中查得 353K 时水的 $\rho = 971.8 kg/m^3$，$p_s = 47.38 kPa$，将以上各值代入式(2-8) 中可得

$$H_g = \frac{p_0 - p_s}{\rho g} - \Delta h - \sum H_{f_{0-1}} = \frac{(101.5 - 47.38) \times 10^3}{971.8 \times 9.81} - 2 - 4 - 1 = -1.32 \text{（m）}$$

此处计算出的安装高度为负值，说明该泵应安装在储液罐液面以下至少 1.32m 处，凡 H_g 值为负，泵的进液管都应在储液罐液面以下某个位置处，这种进液方式叫灌注，是化工厂常见的一种泵吸液方式。

【例题 2-4】 用离心泵将密闭容器中有机液体抽出外送，容器液面处压力为 360kPa，已知吸入管路阻力损失为 1.8m 液柱，在输送温度下液体的密度为 580kg/m³，饱和蒸气压为 310kPa，所用泵的 $\Delta h = 2m$，问该泵能否正常操作？已知泵吸入口位于容器液面以上最大垂直距离为 6m。

解 已知 $p_0 = 360 kPa$，$p_s = 310 kPa$，$\Delta h = 2m$，$H_{f_{0-1}} = 1.8m$，按式(2-8) 可得

$$H_g = \frac{p_0 - p_s}{\rho g} - \Delta h - H_{f_{0-1}} = \frac{(360-310) \times 10^3}{580 \times 9.81} - 2 - 1.8 = 4.988(\text{m}) \approx 5(\text{m})$$

由计算可知,实际安装高度大于5m,此时将可能发生汽蚀现象,故降低实际安装高度才能正常使用。

3. 离心泵的类型和选择

(1) 离心泵的类型 根据实际生产需要,离心泵有各种不同类型。按被输送液体性质的不同,可分为清水泵、耐腐蚀泵、油泵、杂质泵、污水泵等;按吸入方式不同可分为单吸泵和双吸泵;按叶轮数目不同可分为单级泵和多级泵。这些泵均已按其结构特点不同,自成系列化和标准化,可在泵有关手册中查取,下面介绍几种主要类型的离心泵。

① 清水泵。(包括IS型、S型、D型) 是化工常用泵型,适合于输送水及性质与水相近的清洁液体。

IS型泵是按国际标准(ISO)设计、研制的。结构可靠、振动小、噪声低、效率高,输送介质温度不大于353K。全系列流量范围为6.3~400m³/h,扬程范围为5~125m。

如图2-10所示,如型号为IS100-65-200,其中,IS表示国际标准单级单吸清水离心泵;100表示泵吸入口直径,mm;65表示泵排出口直径,mm;200表示叶轮的名义直径,mm。

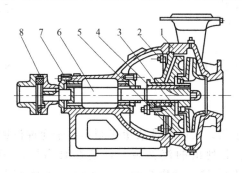

图2-10 IS型水泵结构
1—泵体;2—叶轮;3—密封圈;4—护轴套;
5—后盖;6—轴;7—托架;8—联轴器部件

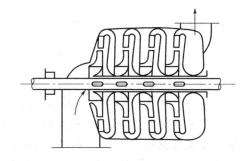

图2-11 D型泵的结构

D型泵是多级泵的代号,当生产需要扬程较高时,可采用多级离心泵,如图2-11所示,其结构是将几个叶轮串联安装在一根轴上,被输送液体在叶轮中多次接受能量,最后达到较高的扬程。D型泵全系列扬程范围为14~35/m,流量范围为10.8~850m³/h。以D155-67×3型为例,其中,D表示多级泵;155表示公称流量,m³/h(公称流量指最高效率时流量的整数值);67表示单级扬程,m;3表示泵的叶轮级数。

S型泵为单级双吸离心泵,其结构如图2-12所示,当输送液体的扬程要求不高而流量较大时,可以选用单级双吸式离心泵,因其叶轮厚度较大,有两个吸口,相当于在同一根轴上并联两个叶轮一起工作。S型泵的全系列扬程范围为9~125m,流量范围为50~14000m³/h。以100S90A型为例,其中,100表示泵入口直径,mm;S表示单级双吸式;90表示设计点的扬程

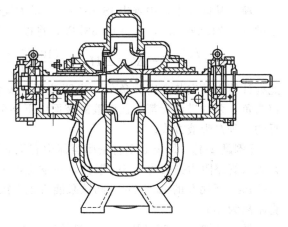

图2-12 S型泵的结构

值，m；A 表示叶轮外径经第一次切削。

② 耐腐蚀泵。化工生产有很多原料液具有腐蚀性，这就需要使用耐腐蚀材料制作的泵，称为耐腐蚀泵，用符号 F 表示。全系列扬程为 15～105m，流量范围为 2～400m³/h。以 25FB-16A 型为例，其中 25 表示吸入口的直径，mm；F 表示耐腐蚀泵；B 表示所用材料；16 表示设计点的扬程，m；A 表示装配的是比标准直径小一号的叶轮。

耐腐蚀材料常用的还有：H 表示灰铸铁，适用于浓硫酸；G 表示高硅铸铁，适用于硫酸；B 表示 1Cr18Ni19Ti，适用于低浓度的硝酸和碱液；S 表示聚三氟乙烯，适用于 363K 以下的硫酸、硝酸、盐酸和碱液。耐腐蚀泵还可以用玻璃、陶瓷、硬橡胶等制造，这种多为小型泵，不属于 F 型系列。

③ 油泵（Y 型）。输送石油产品的泵称为油泵。油品的特点是易燃、易爆，因此对油泵的一个重要要求是密封完善。当输送 473K 以上的油品时，还要对轴封装置和轴承等进行良好的冷却，故这些部件常装有冷却水夹套。国产油泵有单级、多级和单吸、双吸等不同类型。其全系列扬程范围为 60～600m，流量范围为 6.25～500m³/h。以 80Y100×2A 型为例，其中，80 表示泵入口直径，mm；Y 表示单吸离心油泵；100 表示设计点扬程，m；×2 表示双级泵；A 表示叶轮外径经第一次切削。若为双吸式油泵，则泵的代号用 YS 表示。

此外还有，液下泵常安装于液体储槽内浸没在液体中，不存在泄漏问题，用于腐蚀性液体或油品的输送；磁力泵是近年来出现的无泄漏离心式泵，特点是没有轴封，不泄漏，转动时无摩擦，安全节能，适合输送不含固体颗粒的酸、碱、盐液体及易燃、易爆、挥发性、有毒液体等，但介质温度需小于 363K；杂质泵是少叶片的敞式或半开式叶轮离心泵，适合输送悬浮液和稠厚浆状液体等。

(2) 离心泵的选择　离心泵的选择应根据所输送液体的物化性质、操作条件、输送要求等实际情况为前提，选择适用的泵的型号和规格。下面简单介绍根据实际情况选用离心泵的步骤。

① 根据管路系统的输液量（输液量由工艺生产任务所决定）、操作条件、管路情况，用伯努利方程式计算管路所需的压头。

② 选择离心泵的类型、材料及规格。使泵的流量、压头应在最高效率处，且要稍大于工艺生产任务要求。

③ 核算轴功率。如果输送液体的密度大于水的密度时，可按式(2-9)核算泵的轴功率，即

$$P_a = \frac{H q_V \rho}{102\eta} \tag{2-9}$$

泵实际消耗的功率须小于样本中流量最大的轴功率。若几种型号的泵都能满足操作要求，应当选择在高效区工作的泵。

【例题 2-5】　现需将水以 55m³/h 流量，由一敞口储水池送至高位槽，储水池液面至高位槽液面间垂直距离为 15m，泵的排出管采用 $\phi 114mm \times 5mm$ 钢管，管长 130m（含局部阻力当量长度），管子的摩擦因数可取 0.02，吸入管路阻力损失不大于 1mH₂O 柱。试选用一台合适的离心泵。

解　已知输送介质为清水，故选 IS 类型泵。
管路所需泵提供的压头为

$$H_e = \Delta Z + \frac{\Delta p}{\rho g} + \sum H_f$$

式中，$\Delta Z = 15m$，$\Delta p = 0$（表压）（两液面均为大气压），$\sum H_f = H_{f1} + H_{f2}$，其中 $H_{f1} = 1mH_2O$

柱，$H_{f2} = \lambda \dfrac{l+\sum l_e}{d} \times \dfrac{u^2}{2g}$，$\lambda = 0.02$，$l+\sum l_e = 130 \text{m}$，$u = \dfrac{q_V}{0.785 d^2} = \dfrac{55 \div 3600}{0.785 \times (0.104)^2} = 1.8$ (m/s)，$H_{f2} = 0.02 \times \dfrac{130}{0.104} \times \dfrac{(1.8)^2}{2 \times 9.81} = 4.13$ （m）

则 $H_e = 15 + 4.13 + 1.0 = 20.13$ （m）

由附录十八中 IS 型单级单吸离心泵表中选取 IS100-80-125 型泵其参数如下：

流量/(m³/h)	扬程/m	转速/(r/min)	允许汽蚀余量/m	泵效率/%	轴功率/kW	配带功率/kW
60	24	2900	4.0	67	5.86	11

显然，选用 IS100-80-125 型泵较为适宜，因流量、扬程均能满足要求，且稍有富余。

4. 离心泵的操作与调节

（1）**管路特性曲线与离心泵的工作点** 离心泵在实际生产中运转时，都是与特定的管路串联在一起。那么，它所输送的液体量不仅与泵本身的性能有关，还与管路的特性有关。因通过特定管路的流量越大，管路的阻力也越大，输送液体的管路所需的压头便越大。就是说在特定管路中，流量与所需压头之间有一函数关系，这种关系就是管路特性。由伯努利方程和管路阻力计算式分析，推导出其管路特性方程为

$$H = A + B q_V^2 \tag{2-10}$$

式（2-10）表明，管路所需的压头随流量的平方而变化。其图像是抛物线的一部分。如图 2-13 所示，即管路特性曲线。

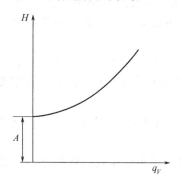

图 2-13 管路特性曲线

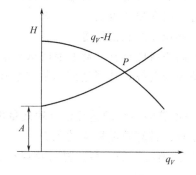

图 2-14 泵的工作点

管路特性曲线仅与管路的布局及操作条件有关，而与泵的性能无关。若将管路特性曲线和泵的特性曲线标绘在一张图上，如图 2-14 所示，两条曲线必有一交点 P，该点就是离心泵的实际工作点。表明，当泵在特定管路中工作时，泵所提供的压头及流量必然与管路要求供给的压头及流量相一致。如果此流量、压头对应在离心泵的高效率区，则该工作点是最经济的。

（2）**离心泵的调节** 离心泵在特定管路中运转时，常常由于生产任务的变化，发生泵的输送量与生产要求量不相同。需要对泵进行流量调节，实质上就是要设法改变离心泵的工作点。因泵的工作点共同决定于泵的特性曲线和管路特性曲线，所以改变泵的工作点，可通过两种途径实现，即改变管路特性曲线和改变泵的特性曲线。

① 改变管路的特性曲线。如图 2-15(a) 所示，管路特性曲线的改变一般只能通过调节泵管路出口阀的开启程度实现，以改变管路中液体流动阻力，从而达到调节流量的目的。例如，当阀门关小时，管路局部阻力增大，管路特性曲线变陡，如图 2-15(a) 中 P_1 所示。工作点由 P 点移至 P_1 点，流量由 q_V 降至 q_{V1}；当阀门开大时，管路局部阻力减小，管路特性曲线变得平坦，如图 2-15(a) 中 P_2 所示。工作点移至 P_2 点，流量增大到 q_{V2}。该法调节流量的特点是，简便快捷，流量变化连续，适合连续生产、流量小范围频繁调节过程。其

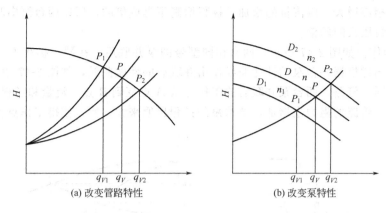

图 2-15　离心泵的调节

缺点是阀门关小时，液体流动局部阻力增大，需额外消耗一部分能量，因此操作上不经济，使操作费用上扬。但仍不失为广泛应用的一种流量调节方法。特别注意，千万不能用泵吸入管路上的进口阀门来调节流量（减小），因为这极有可能发生汽蚀，破坏泵的正常操作。

② 改变泵的特性曲线。如图 2-15(b) 所示，改变泵特性曲线的方法有两种，即改变泵的转速和叶轮直径。例如，当叶轮转速为 n 时，其工作点为 P；如转速下降为 n_1（$n_1 < n$），工作点由 P 移至 P_1，相应的流量由 q_V 减小至 q_{V1}；如转速上升为 n_2（$n_2 > n$），工作点由 P 移至 P_2，流量相应地由 q_V 增大至 q_{V2}。此外，减小叶轮直径也可以改变泵的特性曲线，使泵的流量减小，但这种调节流量范围不大。该法调节流量的特点是：动力消耗少，经济性较好，效率高。由于需变频装置，使泵整体结构复杂，且设备费用增大。调节很不方便，只有在调节幅度大、时间又长的季节性调节中才使用。但是，随着科学技术的发展，变频调速技术也可应用于泵的变频调速，所以这种调节也将成为一种调节方便且节能的流量调节方式。

(3) 离心泵的串联和并联　实际生产中，如果单台离心泵不能满足输送任务要求时，可将几台泵以串联或并联的方式组合起来进行操作，下面以性能曲线完全相同的两台泵的串联与并联操作为例，分析操作情况。

① 串联操作。如图 2-16 所示，两台相同型号的泵串联后，在同一流量下，其压头应为单泵的两倍。根据一台泵的性能曲线，作出串联后的性能曲线，如图 2-16 中曲线 2 所示。由图可见，对同一管路，串联后的工作点由原来一台泵时的 A 点变为 B 点。即不仅提高了

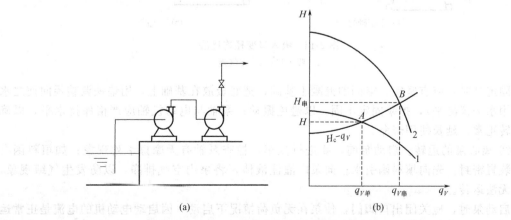

图 2-16　离心泵的串联操作

扬程，流量也相应增大。因流量的增加，扬程增高不是成倍的，所以两台泵串联后的总压头仍小于原来单泵压头的两倍。

② 并联操作。如图 2-17 所示，两台相同型号的泵并联后，在同一扬程下，其流量应为单泵的两倍，同样根据一台泵的性能曲线作出并联后的性能曲线，如图 2-17 中曲线 2 所示。由图可见，对同一管路，两台泵并联后的工作点从 A 点变到 B 点，流量和扬程均有所提高，因流量增大后，管路的阻力也增加，要求泵的扬程比原来大，所以使得工作点上移。

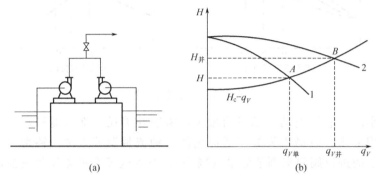

图 2-17　离心泵的并联操作

通常，泵的组合是根据生产要求来选择的。串联操作是为了提高扬程；并联操作是为了增大流量。以上讨论的离心泵的串、并联操作比单台泵复杂，一般并不随便采用。更多的是考虑采用多级泵或单级双吸泵，因后者结构紧凑，安装维修方便，操作较串、并联简单。

(4) 离心泵的安装与运转　生产厂家提供泵时附有安装使用说明书，在安装时可参照执行，这里仅讨论一些应当注意的事项。

① 离心泵的安装。为保证泵运转时不发生汽蚀，其实际安装高度必须低于最大安装高度；应尽量使吸入管路短而直，减小吸入管路阻力，安装位置尽可能靠近储液池（槽），吸入管连接处应严密不漏气；吸入管直径大于泵的吸入口直径，变径处要避免存气，以免发生气缚现象，如图 2-18 所示的安装方式。

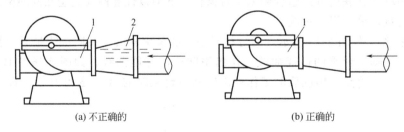

图 2-18　吸入口变径连接法
1—吸入口；2—空气囊

固定泵时，应有坚实、牢固的混凝土基础，把底板放在基础上，用垫铁调整径向使之水平（用水平仪测平），把泵固定牢固，以避免振动；泵轴与电动机轴应严格保持水平，以确保运转正常，延长使用寿命。

② 离心泵的运转。启动泵前，要进行盘车，检查泵轴有无摩擦卡死现象；如填料函有水封装置密封，先向填料函引水；向泵内灌注液体，将泵内空气排净，以防发生气缚现象，使泵无法运转。

启动泵时，应关闭出口阀门，使泵在无负荷情况下启动（因启动电动机的电流是正常运转时的 5～7 倍），功率消耗最小，避免烧坏电动机，待运转正常后，缓慢打开出口阀，调节至生产需要量;经常检查泵的流量和出口压力,如流量减小,应检查填料是否漏气或是叶轮被堵,及时采取解决措施,如压力不足,需检查叶轮、密封环是否损坏,必要时更换;还需检查轴承温度($t<70℃$)润滑情况,避免泵内无液体干摩擦,造成零件损坏。注意泵运转时有无震动和杂音,若发现异常,及时排除故障,确保正常运行。

停泵时,先慢慢关闭出口阀门,然后切断电源,以免高压液体倒流,叶轮反转造成事故。无论短期、长期停车,在严寒季节必须将泵内液体排放干净,防止冻结胀坏泵壳或叶轮。

二、往复泵

1. 往复泵的工作原理

往复泵是由泵缸、活塞(或柱塞)、活塞杆、吸入单向阀和排出单向阀(活门)组成的一种正位移式泵,如图 2-19 所示。活塞由曲柄连杆机构带动做往复运动,当活塞自左向右移动时,泵缸内的体积扩大,压强减小,排出阀受压关闭,吸入阀则因泵外液体的压力而打开,液体被吸入泵内;当活塞自右向左移动时,泵内液体由于受到活塞的挤压而压强增高,吸入阀受压而关闭,排出阀则被顶开,液体被排出泵外。活塞往复运动一次,即吸入和排出液体一次,称为一个工作循环。可见,往复泵不仅在工作原理上和离心泵不同,而且,其能量的转换形式与离心泵也不一样,它是通过活塞的往复运动直接将外加能量以提高压强的方式传给液体的。

活塞在泵体内左、右移动的端点称为"死点",两个"死点"之间是活塞运动的距离,称为冲程。

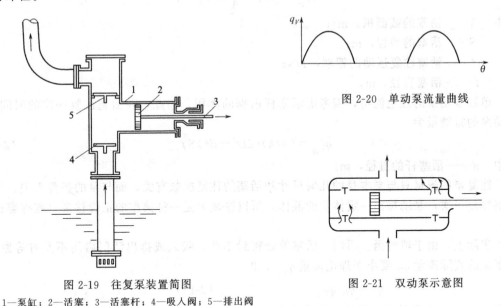

图 2-19 往复泵装置简图　　　　　图 2-21 双动泵示意图
1—泵缸;2—活塞;3—活塞杆;4—吸入阀;5—排出阀

图 2-20 单动泵流量曲线

2. 往复泵的分类和结构特点

往复泵按照作用方式,可分为单动泵和双动泵。图 2-19 所示为单动泵,即活塞往复运动一次只完成吸液和排液各一次,其输液作用是间歇的、周期性的,因活塞的运动是变速的,故排液量是不均匀的。在一个冲程中,活塞移动的距离随时间而变化,排液量是按正弦曲线变化的,因此,其流量曲线如图 2-20 所示。由于泵的排液量不均匀,可能引起吸入管路和排出管路中液体流速不断变化,造成较大的惯性阻力,增大损失压头,并造成相连管路振动。为改善单动泵的排液量的不均匀性,可采用双动泵或三动泵。

图 2-21 所示为双动泵，双动泵是在泵缸的两端均设有吸入阀和排出阀。活塞向泵缸的左端移动时，活塞左侧排液，右测吸液；活塞向右移动时，活塞右侧排液，左侧吸液。活塞往复运动一次，泵吸液两次，同时排液两次，故称为双动泵。该泵排液是连续的，但每次排液量随时间在变化（即流量不均匀），由图 2-22 可见其流量不均匀性。

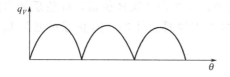

图 2-22　双动泵的流量曲线　　　　图 2-23　三动泵的流量曲线

若把三个单动泵缸组成一个三动泵，在一根曲轴上有三个互成 120°的三个曲拐，分别推动三个缸的活塞。当曲轴每旋转一周时，三个泵缸分别进行一次吸液和排液，合起来有三次排液，其流量曲线如图 2-23 所示。三动泵中一个泵缸的排液量减小时，另一个泵缸已开始排液，所以瞬时的排液量变化较小，流量较为均匀。

3. 往复泵的主要性能

它的主要性能参数包括流量、扬程、功率与效率等，其定义与离心泵相同。

(1) 流量　往复泵的理论流量 $q_{V理}$ 等于单位时间内活塞所扫过的体积，单位为 m^3/s。单缸单动泵的理论流量

$$q_{V理}=ASf=\frac{\pi}{4}D^2Sf \tag{2-11}$$

式中　A——活塞的截面积，m^2；
　　　S——活塞的冲程，m；
　　　f——活塞往复运动的频率，1/s；
　　　D——活塞直径，m。

单缸双动泵的理论流量，需考虑活塞杆占据的体积。因此，在活塞往复一次的时间内，双动泵的排液量为

$$q_{V理}=(\pi/4)(2D^2-d^2)Sf \tag{2-12}$$

式中　d——活塞杆的直径，m。

往复泵的流量只与泵本身的几何尺寸和活塞的往复次数有关，而与泵的扬程无关。只要活塞往复一次，泵就排出一定体积的液体，所以往复泵是一种典型的正位移泵（或称容积式泵）。

实际上，由于填料函、活门、活塞等处密封不严，吸入或排出活门启闭不及时等原因，往复泵的实际流量 q_V 要小于理论流量 $q_{V理}$，即

$$q_V=\eta_{容}\,q_{V理} \tag{2-13}$$

式中　$\eta_{容}$——容积效率，其值由实验测得。

对一般大型泵，$\eta_{容}$ 为 0.95～0.97；对于 q_V 为 20～200m^3/h 的中型泵，$\eta_{容}$ 为 0.90～0.95；对于 $q_V<20m^3$/h 的小型泵，$\eta_{容}$ 为 0.85～0.90。

(2) 扬程　往复泵是依靠活塞将静压能给予液体的，其扬程与流量无关，这是往复泵与离心泵的不同之处，只要泵的机械强度和原动机功率足够，外界要求多高的压头，往复泵就能够提供多大的压头。往复泵的 q_V-H 特性曲线如图 2-24 所

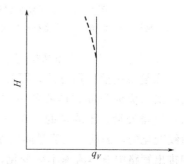

图 2-24　往复泵的 q_V-H 特性曲线

示,随着扬程 H 的增大,流量 q_V 略有减小。往复泵的特性曲线也是用实验测定,其计算公式与离心泵相同。基于扬程与流量几乎无关的特点,往复泵扬程范围很广泛。适用于小流量、高扬程的场合,尤其适合于输送高黏度液体。

(3) 功率和效率　往复泵功率和效率的计算与离心泵一样。往复泵的效率一般比离心泵要高,通常在 0.72~0.93 之间。在易燃、易爆场合及锅炉的给水系统中,通常使用以蒸汽为动力的蒸汽往复泵,蒸汽往复泵的效率可以达到 0.83~0.88。

4. 往复泵的运转与调节

(1) 往复泵的运转　往复泵和离心泵一样,也是借助于储池液面上的大气压强和泵内的压强之差来吸液的,因此,吸入高度也有一定的限制。往复泵有自吸能力,在泵启动前,最好还是先灌满泵体,排除泵内存留的空气,缩短启动时间,避免干摩擦。操作上往复泵和离心泵不同,启动前必须将出口阀门打开,否则,泵内压强将因液体排不出去而急剧升高,造成事故。往复泵运行中应注意以下几点:泵启动前应严格检查进、出口管路、阀门、盲板等;给泵体内加入清洁的润滑油,使泵各运动部件保持润滑;打开往复泵缸体冷却水阀门,保证缸体在运转时冷却状态良好,冬季停车时,水夹套内的冷却水必须放完,以防水在夹套内冻结胀裂缸体;运转中经常检查有无碰撞声,必要时立即停车,找出原因,进行调整或维修。

(2) 往复泵的流量调节　与离心泵不同,往复泵不能采用出口阀门调节流量。因往复泵的流量与管路特性无关,如果出口阀完全关闭,会使往复泵缸内压力急剧上升,造成缸体损坏或烧坏电动机。

往复泵的流量调节可采用的方法是:如图 2-25 所示,通过改变回流支路阀门开启程度达到调节主管路系统流量的目的。为保护泵和电动机,回流支路上还安装有安全阀,当泵出口处的压力超过规定值时,安全阀便自动打开,使液体流回进口处,降低泵出口压力。回流支路调节方法简单,但不经济,适用于流量变化幅度小且需经常调节流量的场合;通过改变活塞冲程或往复次数,由式(2-11) 和式(2-12) 可知,调节活塞的冲程 S 或活塞往复运动的频率 f,都可达到流量调节目的。如用电动机驱动活塞运动时,可改变电动机减速装置的传动比或直接采用变频电动机方便地改变活塞的往复次数。对输

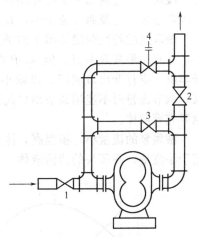

图 2-25　安装回流支路装置
1—吸入管路阀门;2—排出管路阀门;
3—回流支路阀门;4—安全阀

送易燃、易爆液体的由蒸汽推动的往复泵,则可通过调节蒸汽压力改变活塞的往复次数,从而实现流量调节。

三、其他类型泵

1. 漩涡泵

漩涡泵也是依靠离心力对液体做功的泵。其结构如图 2-26 所示。漩涡泵主要由叶轮和圆形壳体组成。叶轮是一圆盘,四周铣有凹槽而构成叶片,呈辐射状排列。泵壳内壁与叶轮间有一引水道。吸入口与排出口在同侧并由隔舌隔开,隔舌与叶轮间的间隙很小,以防止出口的高压液体漏回吸入口的低压区。出口管不是沿泵壳切线方向引出。叶轮端面与泵壳内壁之间有轴向间隙。

漩涡泵的工作原理和离心泵类似。当叶轮高速转动时,在叶片间凹槽内的液体从叶片顶部被甩向流道,动能增加。在流道内液体的流速变慢,使部分动能转变为静压能。同时由于凹槽内侧液体被甩出而形成低压,在流道中部分高压液体经过叶片根部又重新流入叶片间的

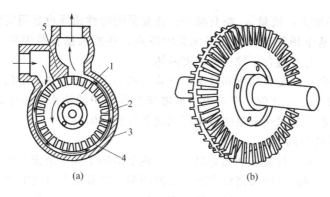

图 2-26 漩涡泵结构
1—叶轮；2—叶片；3—泵壳；4—引液道；5—隔舌

凹槽内，再次接受叶片给予的动能，再从叶片顶部进入流道中，使液体在叶片间形成漩涡运动，并在惯性力作用下沿流道前进。因此液体从泵入口进来，在叶片间多次做漩涡运动，多次接受原动机械的能量。提高静压能，到达出口时便可获得较高的压头。比离心泵的压头更高。漩涡泵叶轮的每一个叶片相当于一台微型单级离心泵，整个泵就像由许多叶轮所组成的多级离心泵。但漩涡泵流量小，并且由于在叶片间的反复运动，能量损失较大，效率较低。

漩涡泵的特性曲线如图 2-27 所示。q_V-H 和 q_V-η 曲线与离心泵相似，q_V 越大，则 H 越小，亦有一最高效率点。但 q_V-P 曲线与离心泵相反，q_V 越小，则 P 越大。因此，漩涡泵开车时，应打开出口阀门，以减小电动机的启动功率。漩涡泵与往复泵一样，属于正位移泵，调节流量时不能用调节出口阀开度的方法，只能用回流支路调节流量。漩涡泵在启动前也要充满液体。

漩涡泵的流量小，扬程高，体积小，结构简单，但效率低，一般为 15%～40%。仅适用于小流量、高压头的清洁液体。

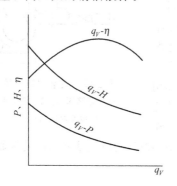

图 2-27 漩涡泵特性曲线

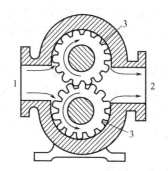

图 2-28 齿轮泵
1—吸入口；2—排出口；3—齿轮

2. 齿轮泵

齿轮泵是一种旋转泵，是依靠转子转动造成工作室容积改变对液体做功。属正位移泵。如图 2-28 所示，泵壳为椭圆形，内有两个相互啮合的齿轮，一个为主动轮由传动机构带动，当两齿轮按箭头方向转动时，吸入空间由于齿轮的齿互相分开，空间增大，并形成低压区吸入液体，液体在齿缝间被轮齿带着沿泵内壁运动，最后进入排出空间。在排出空间，两齿轮在啮合时容积减小，形成高压而将液体排出。

齿轮泵的特点是流量小、扬程高、流量较往复泵均匀，适合用于输送高黏度及膏状液体,但不能输送含有固体颗粒的悬浮液。流量调节采用回流支路调节。

3. 螺杆泵

螺杆泵是旋转泵的另一种类型,它分为单螺杆泵,双螺杆泵及三螺杆泵等,亦属正位移泵。如图 2-29 所示,其中图 2-29(a) 为单螺杆泵,螺杆在具有内螺旋的泵壳中偏心转动,使液体沿轴向推进,最后挤压到排出口;图 2-29(b) 为双螺杆泵,它与齿轮泵的工作原理相似,用两根互相啮合的螺杆,推动液体沿轴向运动。液体从螺杆两端进入,由中央排出。螺杆泵的螺杆越长,转速越高,则扬程越高。

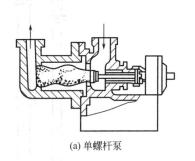 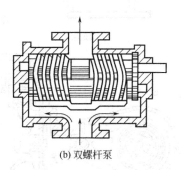

(a) 单螺杆泵　　　　　　　　　　　(b) 双螺杆泵

图 2-29　螺杆泵

螺杆泵的特点是扬程高、效率高、无噪声、流量均匀,适用于高压输送高黏度液体。其结构较齿轮泵复杂,但优点较多,有逐渐取代齿轮泵的趋势。它的调节方法与往复泵相同。

4. 流体作用泵

流体作用泵是利用流体作用,产生压力或造成真空度,而达到输送另一流体的目的。这类泵无活动部件,结构简单,且可用耐腐蚀材料制成。图 2-30 是这类泵中一种常见的形式,俗称酸蛋,是利用压缩空气的压力来输送液体。其结构是一个可承受一定压力的容器,容器上配置必要的管路,如酸液的进/出管、压缩空气管和放空管等。一般为间歇操作。

操作时,先将料液注入容器内,然后关闭料液输入管 A 上的阀门。将压缩空气管 B 上的阀门打开,通入压缩空气,以迫使料液从压出管 D 中排出。料液压送结束后,关闭压缩空气管上的阀门,打开放空阀 C,使容器与大气相通以降低容器中的压力,然后,再进行如此循环的操作。

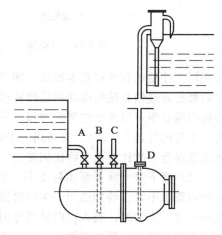

图 2-30　流体作用泵
A—料液输入管;B—压缩空气管;
C—放空阀;D—压出管

酸蛋常用于输送强腐蚀性液体(强酸、强碱),与耐腐蚀泵比较,费用较少,经济合理。如果输送的液体与空气相遇有燃烧或爆炸危险时,则可用其他惰性气体如氮或二氧化碳气体。

除酸蛋外,其他如喷射泵、虹吸管、空气升液器等亦属于流体作用泵。

5. 其他化工用泵

(1) 计量泵　在连续和半连续的生产过程中,常需按工艺要求来准确地输送定量的液体,有时还要求两种或两种以上的液体按照比例进行输送,计量泵就是为满足这些要求而设计制造的。

计量泵是往复泵的一种,除了有一套准确调节流量的调节机构以外,其基本结构与往复

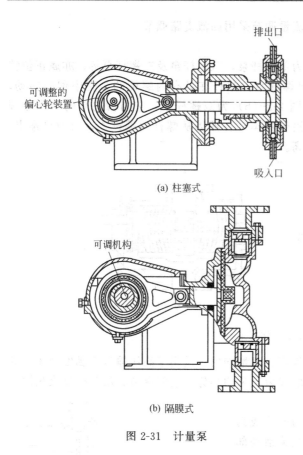

(a) 柱塞式

(b) 隔膜式

图 2-31　计量泵

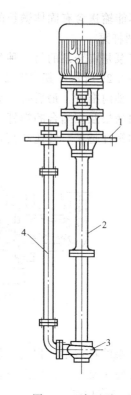

图 2-32　液下泵
1—安装平板；2—轴套管；
3—泵体；4—压出导管

泵相同。计量泵有两种基本形式，即柱塞式和隔膜式，其结构如图 2-31（a）和（b）所示。它们都是通过偏心轮把电动机的旋转运动变成柱塞的往复运动，在一定转速下，通过调节偏心轮的偏心距可以改变柱塞的冲程，从而达到调节流量的目的。计量准确度一般在 ±1% 以内，更高的可达 ±0.5%。常可用一个电动机驱动几台计量泵，使每股液体按一定比例进行输送或混合，故计量泵又称比例泵。

（2）液下泵　液下泵实际上是一种离心泵。如图 2-32 所示，泵体可置于液体储槽内，对轴封要求不高。特别适用于多种腐蚀性液体的输送。因液下泵无泄漏，故不污染环境，但效率不高。安装时，吸入口同轴线方向，液体出口与轴平行，泵轴加长，立式电动机装在液面以上的支架上。其结构简单，工厂也可利用现有离心泵自行改装。

（3）轴流泵　轴流泵的结构如图 2-33 所示，其工作叶轮安装在一个肘管内，或靠近肘管的管道中，泵轴带动叶轮旋转，将液体沿轴向流动，故称为轴流泵。轴流泵所提供的压头较小，流量较大，特别适用于要求大流量、低压头的输送场合。

四、各类泵的比较

离心泵具有结构简单，紧凑，流量均匀，调节方便，还可用耐腐蚀材料制造，适用范围广等优点。缺点是扬程不高，效率较低，无自吸能力，启动泵前须灌泵等。

往复泵具有压头高，流量固定，效率较高，有自吸能力等优点。但其结构复杂，设备笨重，需减速箱

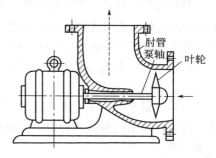

图 2-33　轴流泵

及曲柄连杆等传动机构。现已逐步被其他形式的泵所替代，只有计量泵目前还在发展中。

齿轮泵和螺杆泵具有流量小、扬程高的特点，特别适用于输送高黏度液体。若输送量小，要求扬程高的洁净液体，通常采用旋转泵或漩涡泵。

表 2-4 和图 2-34 为各种泵的比较和适用范围，可供选泵时参考。

表 2-4　各类泵的比较

类型	离心泵	往复泵	旋转泵	漩涡泵	流体作用泵
流量	均匀、量大、范围广，随管路情况而变	不均匀、恒定、范围较小，不随压头变化	比较均匀、量小，量恒定	均匀、量小，随管路情况而变	量小，间断输送
压头	不易达高压头	高压头	高压头	压头较高	压头不易高
效率	最高为 70% 左右，偏离设计点越远效率越低	在 80% 左右，不同扬程时效率仍较大	较高，扬程高时效率降低(因有泄漏)	较低 (25%～50%)	仅 15%～20%
结构造价	结构简单，造价低	结构复杂，振动大，体积庞大，造价高	零件少，结构紧凑，制造精确度高，造价稍高	结构简单紧凑，加工要求稍高	无活动部件，结构简单，造价低
操作	小范围调节用出口阀，简便易行；大泵大范围一次性调节可调节转速或切削叶轮直径	小范围调节用回流支路阀；大范围一次性调节可调节转速、冲程等	用回流支路阀调节	用回流支路阀调节	流量难以调节
自吸作用	没有	有	有	部分型号有	没有
启动	出口阀关闭，灌泵	出口阀全开	出口阀全开	出口阀全开	
维修	简便	麻烦	较简便	简便	简便
适用范围	流量、压头适用范围广泛，除高黏度液体外，可输送各种料液	适合流量不大、压头高的输送过程	适宜于小流量、较高压头的输送任务，尤其适合高黏度液体的输送	高压头、小流量的清洁液体	适用强腐蚀性液体的输送

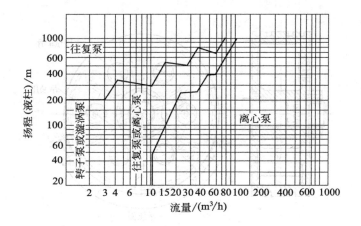

图 2-34　各类泵的适用范围

第三节　气体压缩和输送机械

压缩和输送气体的机械统称为气体输送机械。气体输送机械主要用于克服气体在管路中的流动阻力或产生一定的高压和真空度。因此，需要某些机械给予气体一定的外加能量，满足多种化工过程对气体压力、流量的要求。另外在自动化控制中，各种气动调节器也需要一定压力的空气作为动力气源，以实现自动化控制。为此，制造部门设计和生产了各种类型的气体压缩和输送机械。

由于气体具有可压缩性,在压送过程中,当气体压强发生变化时,其体积和温度也将随着变化,这些变化对气体输送机械的结构和形状有较大的影响。因此,气体输送机械通常以其终压(出口压力)或压缩比(出口压力与进口压力之比)的大小分类。

通风机:出口压力不大于15kPa,压缩比为1~1.15。

鼓风机:出口压力为15~300kPa,压缩比小于4。

压缩机:出口压力大于300kPa,压缩比大于4。

真空泵:用于减压,出口压力为大气压,压缩比由真空度决定。

一、往复压缩机

1. 往复压缩机的结构和工作原理

(1) 往复压缩机的主要结构　往复压缩机的形式很多,但几乎全是由一些相同的零部件构成,其主要部件为气缸、活塞、吸/排气活门(也叫吸/排气阀)。

① 气缸。气缸是往复压缩机主要部件之一,气缸与活塞配合完成气体的压缩,它承受气体的压力,一般分为低压缸和高压缸。压力小于$5×10^3$kPa的低压缸和小于$8×10^3$kPa且尺寸较小的气缸,通常用铸铁制造;压力大于$15×10^3$kPa时,用铸钢制造。压力大于$15×10^3$~$20×10^3$kPa时,采用锻钢材质制造;活塞在气缸中往复运动,气缸应有良好的工作面以利于润滑并应耐磨,铸钢和合金钢锻制的气缸,应采用铸铁套。气缸冷却方式分为风冷式和水冷式,化工往复压缩机大多采用水冷式。

② 活塞。活塞是用来压缩气体的基本部件。它分为两大类,一类活塞经过活塞销直接与连杆相连接,活塞要承受侧向力的作用,因此必须有一个承压面;另一类活塞经过活塞杆与十字头相连,侧向力由十字头承受,活塞不承受侧向力。往复压缩机中一般都采用盘状鼓形活塞,如图2-35所示,其内部是空心的,两端面内加设筋条,依活塞大小的不同,筋条有3~8个。

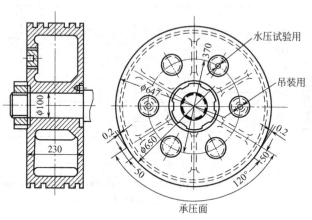

图2-35　盘状鼓形活塞

活塞顶部与气缸内壁及气缸盖构成封闭的工作容积。为防止气体由高压侧泄漏到低压侧,在活塞上安装有活塞环,它用于密封气体,处于未压紧的自由状态下,其外径稍大于气缸内径,因此,装入气缸后,依靠本身弹性压贴在气缸表面上,以保证良好的密封性能。一般低压下活塞上只设2~3个活塞环,开口应尽量错开,以减少气体外泄。

③ 活门。活门也叫气阀,是往复压缩机中最重要的部件,且为易损件,它的好坏直接影响压缩机的排气量、功率消耗及运转的可靠性。它是由阀座、阀片、弹簧、升高限制器等零件组成。活门是自动阀,图2-36所示为环状自动阀结构。

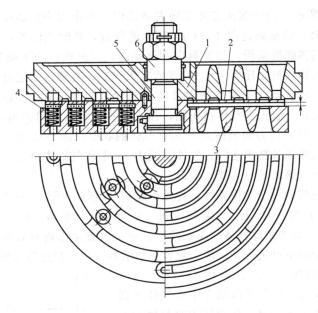

图 2-36 环状自动阀结构
1—阀座；2—阀片；3—升程限制器；4—弹簧；5—连接螺钉；6—螺母

在进气过程中，活塞向右死点运动，使气缸内的压力低于进气管路中的压力，借助此压差将阀片打开，而气体开始进入气缸内。阀片开启并贴到升高限制器上，当活塞到达右死点时，作用在阀片的压力变小，当它小于全开启状态的弹簧力时，气阀开始关闭，并最终落到阀座上完成一个进气过程，排气阀的启闭与此相同。绝大多数往复压缩机采用自动气阀。

对活门的要求是：阻力损失小，寿命长，密封性好，噪声小，开启迅速，结构紧凑等。

(2) 往复压缩机的工作原理　往复压缩机的工作原理与往复泵类似，均依靠活塞的往复运动将气体吸入和吸出。但其工作流体为气体，密度较液体小得多，且可压缩，故压缩机的吸、排气活门要求轻巧而易于启闭，配合严密。根据压缩情况，附设必需的气体冷却装置。

① 往复压缩机实际工作循环　现以一单级单动往复压缩机为例说明其工作循环。用图 2-37 和图 2-38 表示气缸内活塞运动阶段和气体在各阶段的状态。活塞在气缸内运动到左死点时，如图 2-37(a) 所示，活塞与气缸端盖之间留有间隙，称为余隙，它的作用是防止活塞撞击气缸。因有余隙存在，在气体排出末了，气缸内还留存少量高压（p_2）气体，其状态

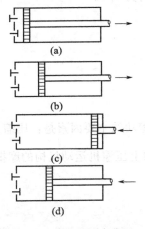

图 2-37 各阶段活塞位置

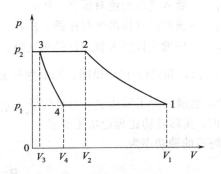

图 2-38 各阶段的 p-V 关系

如图 2-38 上的 3 点所示。当活塞从左死点向右运动时，在余隙中的高压气体逐渐膨胀，压力由 p_2 降低到 p_1 时，活塞到达图 2-37(b) 所示的位置，此时气体的状态位于图 2-38 的 4 点，该阶段为余隙气体膨胀阶段。活塞再向右运动时，气缸内压力下降到稍低于 p_1，吸入活门被吸气管中的气体顶开，压力为 p_1 的气体进入气缸，直到活塞运动至右死点，活塞位于图 2-37(c) 处，气体状态位于图 2-38 的 1 点，该阶段为吸气阶段。以后，活塞改变运动方向，开始向左运动，气缸内的气体被压缩，压力升高，吸入活门关闭，气体继续被压缩，活塞到达图 2-37(d) 处，压力增至稍大于 p_2，气体的状态在图 2-38 的 2 点，该阶段为压缩阶段。此时，缸内气体顶开排出活门，气体在压力 p_2 下从气缸中排出，直到活塞运动回至图 2-37(a) 所示位置，该阶段称为排气阶段。

上述可见，压缩机的一个工作循环过程是由膨胀—吸气—压缩—排气四个阶段组成。在图 2-38 的 p-V（压容图）坐标上为一封闭曲线，4—1 为吸气阶段，1—2 为压缩阶段，2—3 为排气阶段，而 3—4 则为余隙气体的膨胀阶段。由于气缸余隙内有高压气体，使吸气量减少，增加功耗。故余隙不可过大，一般余隙容积为活塞一次所扫过容积的 3%～8%。

② 往复压缩机的功率。图 2-38 中 1—2—3—4—1 围成的面积，为活塞在一个工作循环中对气体所做的功，其大小与压缩过程有关。根据压缩时气体和外界的换热情况，如图 2-39 所示，分为 1—2″等温压缩、1—2′绝热压缩和 1—2 多变压缩三种压缩过程。可见，等温压缩消耗的功最小，因此，压缩过程中希望能较好地冷却，使其接近于等温压缩。而实际压缩过程等温和绝热压缩都很难做到，而是介于两者之间，称为多变压缩。

单级绝热压缩后排出气体的热力学温度和理论功率为

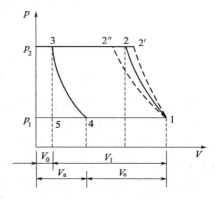

图 2-39　三种压缩情况耗功示意图

$$T_2 = T_1 \left(\frac{p_2}{p_1}\right)^{\frac{\gamma-1}{\gamma}} \tag{2-14}$$

$$P_{绝} = \frac{\gamma}{\gamma-1} p_1 q_V \left[\left(\frac{p_2}{p_1}\right)^{\frac{\gamma-1}{\gamma}} - 1\right] \tag{2-15}$$

式中　γ——绝热指数，是气体的定压比热容与定容比热容之比。单原子气体 γ 值约为 5/3；双原子气体 γ 值约为 7/5；三原子气体 γ 值约为 9/7。

T_1——气体进气缸前的热力学温度，K；

T_2——压缩后气体的热力学温度，K；

p_1——吸入气体的绝对压强，Pa；

p_2——压缩后气体的绝对压强，Pa；

q_V——压缩机以吸入状态计的送气量，m³/s。

式(2-14) 和式(2-15) 说明，影响排气温度 T_2 和压缩功的主要因素是：压缩比 $\frac{p_2}{p_1}$ 越大，T_2 和 $P_{绝}$ 也越大；压缩功 $P_{绝}$ 与吸气量 $p_1 q_V$ 成正比。加上压缩机运动机构的摩擦，活门阻力等原因，实际耗功比理论功还要多。

压缩机的轴功率为

$$P = \frac{P_{绝}}{\eta_{绝}} \tag{2-16}$$

式中 $\eta_{绝}$——绝热总效率，由实验测得，通常为 0.7~0.9，设计完善的压缩机 $\eta \geqslant 0.8$。

2. 往复压缩机的生产能力

往复压缩机的生产能力又称排气量，是将压缩机在单位时间内排出的气体量换算成吸入状态下的体积流量。因气体只有吸进气缸之后才能排出，故排气量的计算要从吸气量出发。

如果没有余隙，单动往复压缩机的理论吸气量为

$$q_V' = (\pi/4)D^2 S f \tag{2-17}$$

式中 D——活塞的直径，m；
S——活塞的冲程，m；
f——活塞往复运动的频率，Hz 或 1/s。

实际情况是，气缸内有余隙，余隙气膨胀多占气缸容积；并且因气体吸入时通过活门有阻力，造成气缸内的压力比吸入气体压力稍低，加之气缸内的温度较吸入气体温度高，使吸入气体膨胀也要占部分有效容积。所以实际吸气量比理论吸气量小。

由于以上诸原因的影响，实际排气量为

$$q_V = \lambda q_V' \tag{2-18}$$

式中 q_V——实际排气量，m^3/s；
λ——排气系数，由实验测量或取自经验数据，一般数值为 0.7~0.9；新压缩机，$p_2 < 1000 kPa$ 时，$\lambda = 0.85$~0.95；若 $p_2 > 1000 kPa$ 时，$\lambda = 0.8$~0.9。

实际生产中要求的压缩比往往高达几十或几百以上，如此高的压缩比若在一个气缸内完成，无论在理论上还是实际上都不可能实现，除受到前面讲到气体温度升高和功率消耗增大的限制外，还有一个重要原因是受到容积系数的限制。

容积系数是吸气量 ($V_1 - V_4$) 与活塞扫过的容积 ($V_1 - V_3$) 之比，用符号 $\lambda_{容}$ 表示，即

$$\lambda_{容} = \frac{V_1 - V_4}{V_1 - V_3} \tag{2-19}$$

由式(2-19)知，V_1、V_3 为定值时，余隙气体膨胀后的体积 V_4 越大，则 $\lambda_{容}$ 越小。故 $\lambda_{容}$ 反映吸气量受余隙气体影响的程度。$\lambda_{容}$ 大，影响小；$\lambda_{容}$ 小，影响大。

余隙系数是余隙容积 V_3 与活塞扫过的容积 ($V_1 - V_3$) 之比，用符号 ε 表示，即

$$\varepsilon = \frac{V_3}{V_1 - V_3} \tag{2-20}$$

式中 ε——余隙系数，由压缩机结构决定，一般为 0.05~0.16。

设余隙气体膨胀为绝热过程，则

$$V_4 = V_3 \left(\frac{p_2}{p_1}\right)^{\frac{1}{\gamma}}$$

将上式及式(2-20)代入式(2-19)可得

$$\lambda_{容} = 1 - \varepsilon \left[(p_2/p_1)^{\frac{1}{\gamma}} - 1 \right] \tag{2-21}$$

由式(2-21)可知，余隙系数 ε 越大，压缩比 p_2/p_1 越大，则容积系数越小。当 ε 一定，压缩比有一最大限度（极限），若达此极限，则 $\lambda_{容} = 0$，（即 $V_1 \approx V_4$），此时压缩机处在不吸气也不排气状态，而白白消耗功率。

【例题 2-6】一单级空气压缩机，压缩比为 8，压缩过程的绝热指数为 1.4，余隙系数 $\varepsilon = 0.025$，试求：(1) 压缩机的容积系数和压缩比极限；(2) 当余隙系数 $\varepsilon = 0.015$ 时，容积系数和压缩比有何变化；(3) 当压缩比为 15 时，容积系数为多少？

解 (1) 由式(2-21)

$$\lambda_{容}=1-\varepsilon[(p_2/p_1)^{\frac{1}{\gamma}}-1]=1-0.025[(8)^{\frac{1}{1.4}}-1]=0.91$$

令 $\lambda_{容}=0$ 有下式

$$\lambda_{容}=1-\varepsilon[(p_2/p_1)^{\frac{1}{\gamma}}-1]=0$$

解得压缩比极限 $p_2/p_1=181$

(2) 当 $\varepsilon=0.015$ 时，相应的 $\lambda_{容}=0.966$，$p_2/p_1=365.2$

(3) 当压缩比为 15 时，$\lambda_{容}=1-0.025(15^{\frac{1}{1.4}}-1)=0.85$

容积系数 $\lambda_{容}$ 下降，说明单级压缩机的压缩比不宜太高。

3. 多级压缩

在化工生产中常常需将一些气体从常压提高到几兆帕或几百兆帕下，这时压缩比就会很大，而在一个气缸内实现很大的压缩比，无论在理论上或实际上都是不可能的，因此，一般压缩比大于 8 时，需采用多级压缩。所谓多级压缩就是把压缩机中的两个或两个以上气缸串联在一起，图 2-40 所示的双级压缩流程示意，气体在第一个气缸 1 内被压缩后，经中间冷却器 2、油水分离器 3，使气体降温和分离出润滑油和冷凝水，避免带入下一气缸，然后再送入第二个气缸 4 进行压缩，以达到所需要的最终压力。每经过一次压缩称为一级，每一级的压缩比只占总压缩比的一个分数，连续压缩的次数就是压缩机的级数。

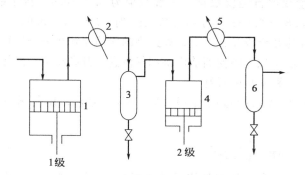

图 2-40 双级压缩流程示意图
1—第一个气缸；2,5—中间冷却器；3,6—油水分离器；4—第二个气缸

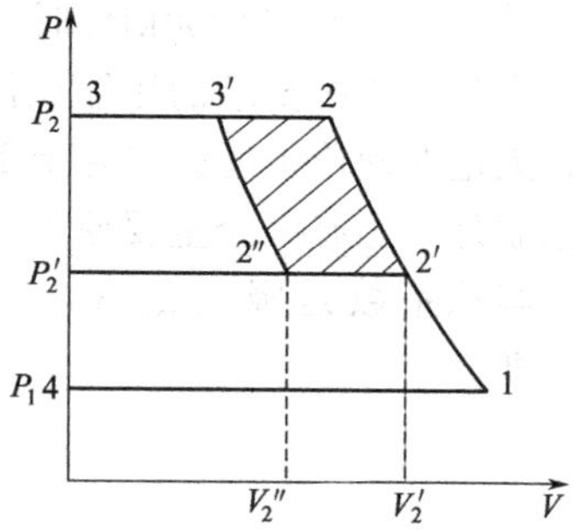

图 2-41 多级压缩的理论功

采用多级压缩的原因如下。

① 减少功耗提高压缩机的经济性。在相同的总压缩比下，因多级压缩设置有气体中间冷却器，使消耗的总功比只用单级压缩时要少。如图 2-41 所示，如果气体状态为 p_1、V_1 需压缩至 p_2 压力时，若用单级绝热压缩至状态为 p_2、V_2，此时耗功的大小相当于图中 1—2—3—4—1 所围成的面积。而改用双级压缩，中间压力为 p_2'，尽管每一级也是进行绝热压缩，却因气体在恒压力 p_2' 下经中间冷却器冷却，使气体体积由 V_2' 减小到 V_2''，气体再进入第二级压缩，压力由 p_2' 沿绝热线 $2''$—$3'$ 压缩至终压 p_2，这时耗功的大小相当于图中 1—2'—$2''$—$3'$—3—4—1 所围成的面积。由图可见，双级压缩比单级压缩节约的功面积（阴影部分）为 $2'$—$2''$—$3'$—2—$2'$。同理，把气体从 p_1 压缩到 p_2，所用的级数越多，则耗功越少，压缩过程也越接近等温，即压缩机的经济性就越高。

② 避免排出气体温度过高。由式(2-14)可知，压缩机排出气体温度随压缩比的增加而增高。而压缩机运行中不允许排气温度过高，因它会使操作恶化，破坏气缸内的润滑，导致润滑油黏度降低失去润滑作用，加速运动部件磨损，减少部件的使用寿命。再则因排出气体温度过高，可能造成润滑油分解、结炭，使排气阀通道阻塞、活塞环卡死，严重时可能发生压缩机爆炸。故排气温度必须在润滑油闪点以下，低于闪点 20～40℃。但多级压缩中，由

③ 提高气缸容积利用率。若余隙系数不变，由式(2-21)可知，吸气压力一定时，压缩比越大，容积系数越小，使吸气量减小，排气量也随之减小，使气缸容积利用率因此降低。如采用多级压缩，在总压缩比一定时，每级的压缩比随着级数的增多而减小，就使多级容积系数增大，提高了气缸容积利用率，达到合理利用气缸的容积的目的。

多级压缩具有以上三个优点，且气体压力越高，就越显示出它的优越性。可是整个压缩机的结构复杂，冷却器、油水分离器等辅助设备的数量几乎与级数成比例地增加。此外，级数的增加，也将导致消耗于克服阀门、管路和设备系统中的流动阻力而消耗的能量增加，均会造成设备费用和能量消耗增高。当级数超过某一值后，节省的功的费用不足以抵消设备费用的增加和能量消耗费用增长的总和时，这个级数值就不合理。需依具体情况，恰当确定所需级数。通常的级数多为 2~6 级，每级的压缩比为 2~5 之间。表 2-5 列出生产上级数与终压间的经验关系，供参考。

对于 n 级压缩，总压缩比为 p_n/p_1 时，则每一级的压缩比为

$$x = \sqrt[n]{p_n/p_1} \tag{2-22}$$

式中　n——压缩机的级数；
　　　x——每一级的压缩比。

表 2-5　级数与终压间的关系

终压/kPa	<500	500~1000	1000~3000	3000~10000	10000~30000	30000~65000
级数	1	1~2	2~3	3~4	4~6	5~7

【**例题 2-7**】　分别采用单级往复压缩机和具有中间冷却器的双级往复压缩机，将空气从 0.1MPa 压缩到 0.9MPa。空气的初温及离开中间冷却器后的温度均为 298K，余隙系数为 6%。求两种情况下空气经绝热压缩后的温度、压缩机耗用的理论功（以 1kg 空气计）和容积系数（空气的绝热指数为 1.4）。

解　(1) 单级压缩
① 压缩的最终温度

$$T_2 = T_1 \left(\frac{p_2}{p_1}\right)^{\frac{\gamma-1}{\gamma}} = 298 \left(\frac{0.9 \times 10^6}{0.1 \times 10^6}\right)^{\frac{1.4-1}{1.4}} = 558 \text{ (K)}$$

② 理论功　根据理想气体状态方程 $pV = GR'T$，则压缩机所消耗的理论功计算式(2-15)改写为

$$P_绝 = GR'T_1 \frac{\gamma}{\gamma-1} \left[\left(\frac{p_2}{p_1}\right)^{\frac{\gamma-1}{\gamma}} - 1\right]$$

式中　$G = 1$kg，$R' = 8315/29 = 286.7$ [J/(kg·K)]

所以　　$P_绝 = 286.7 \times 298 \times \frac{1.4}{1.4-1} [(9)^{\frac{1.4-1}{1.4}} - 1] = 261184$ (J) = 261.2 (kJ)

③ 容积系数

$$\lambda_容 = 1 - \varepsilon \left[\left(\frac{p_2}{p_1}\right)^{\frac{1}{\gamma}} - 1\right] = 1 - 0.06 \times [(9)^{\frac{1}{1.4}} - 1] = 0.772$$

(2) 双级压缩　每级的压缩比为

$$x = \sqrt[n]{\frac{p_n}{p_1}} = \sqrt[2]{9} = 3$$

① 压缩的最终温度

第一级　　　　　　$T' = T_1 \left(\dfrac{p_2}{p_1}\right)^{\frac{\gamma-1}{\gamma}} = 298 \times (3)^{\frac{1.4-1}{1.4}} = 407$ （K）

第二级　因各级进气温度和压缩比相同，所以各级最终温度应相等。则有
$$T_2 = 407\text{K}$$

② 理论功
$$P_{绝} = GR'T_1 \dfrac{n\gamma}{\gamma-1}\left[\left(\dfrac{p_2}{p_1}\right)^{\frac{\gamma-1}{n\gamma}} - 1\right]$$
$$= 286.7 \times 298 \times \dfrac{2 \times 1.4}{1.4-1}[(9)^{\frac{1.4-1}{2 \times 1.4}} - 1] = 220.5 \text{ (kJ)}$$

③ 容积系数　因各级的压缩比及余隙系数相同，所以各级容积系数相等，即
$$\lambda_{容} = 1 - 0.06[(3)^{\frac{1}{1.4}} - 1] = 0.928$$

由上题可见，双级压缩较单级压缩节省功耗，且在相同余隙系数时，气缸的容积系数较大，其生产能力增大。

4. 往复压缩机的分类及型号

往复压缩机的分类方法很多，按排气量可分为小型（$10\text{m}^3/\text{min}$ 以下）、中型（$10\sim 30\text{m}^3/\text{min}$）和大型（$30\text{m}^3/\text{min}$ 以上）的压缩机；按压缩气体的种类可分为空气压缩机、氨压缩机、氧压缩机、氢压缩机及石油气压缩机等；按照压缩机出口压力大小可分为低压（$98.07 \times 10^4 \text{Pa}$ 以下）、中压（$98.07 \times 10^4 \sim 98.07 \times 10^5 \text{Pa}$）和高压（$98.07 \times 10^5 \sim 98.07 \times 10^6 \text{Pa}$）压缩机；按活塞在往复一次过程中吸排气的次数可分为单动和双动压缩机；按气缸在空间放置的位置可分为立式、卧式、角式和对称平衡式等。这是往复压缩机形式的主要标志。

立式往复压缩机，其代号为 Z。由于气缸中心线与地面垂直，活塞做上下运动，对气缸作用力小，磨损小，振动小，需基础小，整机占地面积也小。可是机身较高，操作、检修不便，仅适合于中、小型压缩机。

卧式往复压缩机，其代号为 P，由于气缸中心线是水平的，故机身较长，水平方向惯性力大，占地面积大，对基础要求较高。但操作、检修方便，适用于大型压缩机。

角式往复压缩机，其代号根据气缸配置形式可分为 L 型、V 型、W 型等。如图 2-42 中 (a)、(b)、(c) 所示。其主要优点是活塞往复运动的惯性力有可能被转轴上的平衡重量所平衡，基础比立式还小。因气缸是倾斜的，维修不方便，也仅适用于中、小型压缩机。

对称平衡式往复压缩机，其代号为 H、M 等。如图 2-42 中 (d)、(e) 所示。H 型，气缸对称分布在电动机飞轮两侧；M 型，是电动机位于各列气缸的外侧（压缩机有一根气缸中心线便称为一列）。此种形式压缩机的平衡性能好，运行平稳，整机高度较低，便于操作维修，通常用于大型压缩机。

我国对活塞式压缩机的编号有统一的规定，如下所示。

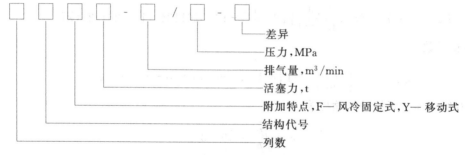

例如，4M12 (-1)-11.55/15-320 型氢氮气压缩机。

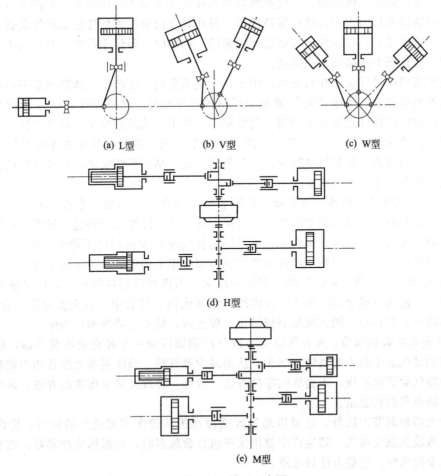

图 2-42 气缸排列示意图

4 列，M 型，活塞力 12t，排气量 11.55m³/min，吸气压力 0.15MPa，排气压力 32MPa（表），冲程 320mm。

5. 往复压缩机的安装与运转

(1) 安装　往复压缩机的气流脉动给压缩机装置造成排气不连续、压力不均匀，气体出口管路振动大等危害。减少气流脉动的最有效的方法是在靠近压缩机的排气口处安装缓冲容器，以降低气流脉动，使排气连续、均匀。缓冲容器可使气体中夹带的水和油沫在此分离下来，注意定期排放。为确保操作安全，缓冲容器上应安装安全阀和压力表。

为防止吸入压缩机的气体中夹带灰尘、铁屑等固体物，在压缩机吸入口前应安装气体过滤器，确保气缸内壁和滑动部件不被磨损和划伤。操作中应经常检查过滤器的工作是否正常，如被过滤物增加，会使吸入管路阻力损失太大，故应定期清洗或更换过滤元件。

(2) 运转　往复压缩机是一个系统庞大、结构复杂的运转设备，要使压缩机运行得好，除机器本身性能和安装质量等良好以外，还必须精心操作运行，进行正确的开、停车，并在运行中加强巡检和管理。

压缩机在运行中，气缸和活塞间有相对运动摩擦，温度较高，需保证其具有良好的冷却和润滑。冷却水的出口温度不大于 313K，否则应清洗气缸水夹套和压缩机中间冷却器中的污垢。冬季停车时，应将气缸夹套、中间冷却器内的冷却水全部排放掉，防止因结冰破坏气缸、水夹套和管路堵塞。

运行中还应防止气体带液,因气缸余隙很小而液体又是不可压缩的,即使少量液体进入气缸,也可能造成压力太大而使机器被损坏。操作时常检查压缩机各运动部件是否正常,若发现异常声响及噪声,应采取相应措施予以消除,必要时立即停车检查。开车时不允许关闭出口阀门,防止压力过高而造成事故。

往复压缩机的排气量,在机器运行中不是固定不变的。生产中气体耗用量不可能随时都等于压缩机的排气量,当生产耗气量小于压缩机排气量时,便需对压缩机进行排气量的调节,以使压缩机的排气量适应生产用气量的要求。以下是几种排气量的调节方法。

① 节流进气调节。在压缩机进气管路上安装节流阀,调节时节流阀逐渐关闭,使进气受到节流,压力降低,使排气量减少。该调节法的调节结构系统简单,虽经济性较差,但常用于不频繁调节的中、大型压缩机中。

② 旁路回流调节。将吸气管和排气管用普通管路和旁通阀加以连通,来达到调节排气量的目的。调节时只要部分或全部打开旁通阀,排出的气体便又回到进气管中,从而减小压缩机排气量。此法排气量可连续调节,不足的是排气量减少而功耗不降低,故经济性很差。因调节结构简单,常用于短期不经常调节或调节幅度很小的场合和稳定各中间压力时采用。

③ 顶开吸气阀调节。在吸气阀内安装一压叉,当需要降低排气量时,压叉强行顶开吸气阀的阀片,使部分或全部已吸入气缸内的气体又流回进气管中,从而实现排气量的调节。该法结构简单,功耗小,能连续调节排气量,较经济。缺点是降低阀片寿命。

④ 补充余隙容积调节。常在气缸盖上或气缸侧面连通一个补充余隙调节器,借助于加大余隙容积使气缸中吸入的气体量减少,从而减少排气量。该法基本上没有功率消耗,只是增加了余隙气的膨胀过程,不会影响零件寿命。故是一种既经济又可靠的方法,多用于大型压缩机。缺点是结构复杂。

除以上四种调节方法外,还可以通过改变原动机转速来实现流量的调节,适用于汽轮机、燃气机或变频电动机。若生产中使用压缩机台数较多时,可根据生产需要,改变工作台数,以减少排气量。这些方法较经济。

二、离心压缩机

1. 离心压缩机的特点

离心压缩机即透平压缩机,是一种速度式压缩机,与其他类型压缩机相比具有下列优点。

① 结构紧凑,易损件少,维修工作量小,运转周期长,可达 10^5 h,连续运行 8～10 年不需要大修。

② 运行平稳,排气量大,且均匀无脉冲,振动小。

③ 转子与定子间无接触摩擦部分,气缸内不需要润滑,所以气体中不带油。

④ 没有气阀、填料、活塞等易损件。机器尺寸小,质量轻,占地面积小,投资省,运行安全可靠,易于实现自动化控制和大型化。

⑤ 有平坦的性能曲线和较宽广的平稳运行操作范围。

⑥ 可综合利用热能,通常大多采用汽轮机直接驱动,中间不需变速装置,比电动机驱动更安全可靠,且便于流量调节。

不足的是操作适应性差,气体的性质对操作性能影响较大;气流速度大,气体与流道内的部件摩擦损失较大,其效率不如往复压缩机高;有喘振现象,对机器具有极大的危害;因叶轮和轴在高速、高温下旋转,所以要求用高级合金钢制造,且制作工艺更精细。

我国离心压缩机从 20 世纪 70 年代开始生产,并得到大力的发展,目前已能生产供石油化工、冶金、制冷等工业部门使用的各种类型的离心压缩机。国内离心压缩机的型号尚未统一,应用较普遍的是:DA27-11 型、BX-400 型丙烯压缩机;YX-100 型乙烯压缩机和

DA350-61 型空气压缩机。如 DA350-61 型离心压缩机,是单吸离心空气压缩机,排气量为 350m³/min,6 级压缩,第一次设计形式。当离心压缩机用于制冷时,其型号代号表示为冷冻能力。其他型号编制法,可参阅离心压缩机的使用说明书。

离心压缩机的典型结构形式如图 2-43 所示。

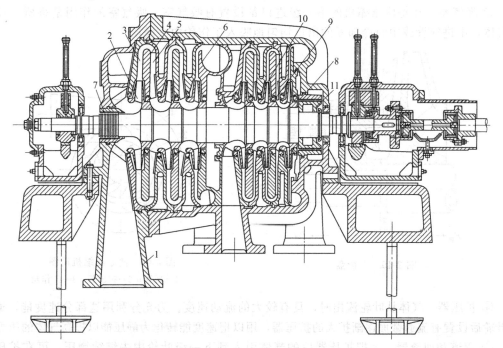

图 2-43 离心压缩机的典型结构
1—吸气室;2—叶轮;3—扩压器;4—弯道;5—回流器;
6—蜗壳;7,8—轴端密封;9—隔板密封;10—轮盖密封;11—平衡盘

2. 离心压缩机的主要结构和工作原理

(1) 离心压缩机的主要结构 离心压缩的主体结构由两大部分组成:转动部分,包括主轴、叶轮、平衡盘等部件,称为转子;固定部分,包括气缸、扩压器、弯道和回流器等部件称为定子。每一级叶轮和与之相应配合的固定元件,如扩压器、弯道、回流器构成一个基本单元,称为一个级。如图 2-44 所示。

离心压缩机的主要部件包括如下。

① 叶轮又称工作轮,是离心压缩机中最重要的部件。叶轮随主轴高速旋转,对气体做功。气体在叶轮叶片的作用下,受到离心力的作用,并在叶轮里做扩压流动,压力、流速和温度均获得提高,从而使气体的能量提高。

② 平衡盘。多级离心压缩机和多级泵类似,由于每级叶轮两侧压力不等,使转子受到一个指向低压侧的轴向合力,这个合力称轴向力。轴向力对压缩机的正常运转是不利的,它将迫使转子向低压侧窜动,甚至使转子与机壳相碰撞,造成事故,损坏机器,因此要设法平衡这个轴向力。平衡盘就是利用它的两侧气体压力差来平衡轴向力的零件。平衡盘的

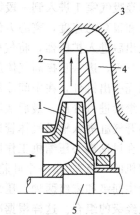

图 2-44 离心压缩机的一个级
1—叶轮;2—扩压器;3—弯道;
4—回流器;5—主轴

结构如图 2-45 所示。它安装在压缩机高压侧的轴上，盘的外缘与固定元件之间装有迷宫式密封齿，盘的左侧接末级，与高压侧出口压力相通，右边接进气管（或通大气），由于平衡盘是热套在主轴上，其盘两侧压力差就使转子受到一个与轴向力相反的力，其大小决定于平衡盘的受力面积。平衡盘只平衡一部分轴向力（约 70%），剩余轴向力由止推轴承承受。

③ 吸气室。在每段压缩机的第一级进口都设置有吸气室。吸气室的作用是将所需压缩的气体，由进气管或中间冷却器的出口均匀地吸入工作轮中去增压。

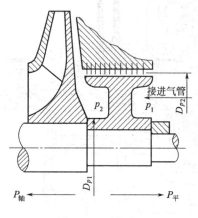
图 2-45 平衡盘

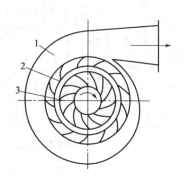
图 2-46 离心压缩机简图
1—蜗壳；2—扩压器；3—工作轮

④ 扩压器。气体从叶轮流出时，具有较大的流动速度。为充分利用这部分速度能，通常在叶轮后设置有流通截面逐渐扩大的扩压器，用以把速度能转化为静压能以提高气体的压力。

⑤ 弯道和回流器。为把扩压器后的气体引入到下一级叶轮中去继续增压，可在扩压器后面设置使气流拐弯的弯道。气体经弯道后进入回流器，其作用是把气体均匀地引入下一级的叶轮进口。

⑥ 蜗壳。如图 2-46 所示，蜗壳的主要作用是把扩压器后面或工作叶轮后面的气体汇集起来，将气体引到压缩机外面去，送入气体输送管道或流到冷却器去冷却。由于蜗壳外径逐渐增大和流通截面积逐渐扩大，气流在蜗壳内得到一定的降速扩压作用。

(2) 离心压缩机的工作原理　如图 2-43 所示，为一台六级两段离心压缩机结构示意图，气体经吸气室 1 进入到一段第一级叶轮 2 内，在叶轮高速旋转的带动下，气体产生很大的离心力和很高的速度，离心力使气体的压力增高，高速度则使气体的动能增加，气体从叶轮四周甩出后进入扩压器，将气体的动能部分地转化为静压能，提高气体压力，由此依次进入二、三级，进一步提高气体压力。经三级压缩后因气体压力增大、温度增高，需将高温气体由蜗壳引出机外，在中间冷却器冷却，气体被冷却后再由二段第四级气体进口处进入第四级叶轮继续进行升压，最后从第六级叶轮甩出来进入末级蜗壳进行最后增压，气体以较大的压力离开气缸进入输送气体管道。

在讨论离心压缩机工作原理时，还涉及几个常用的术语，即"级"、"段"、"缸"。所谓压缩机的"级"，由一个叶轮及其配套的固定元件组成。根据固定元件的不同，级的结构可分为中间级和末级两种。压缩机的"段"，指从气体吸入机内到流出机外去冷却，其间气体所流经级的组合。这样根据冷却次数的多少，离心压缩机又分成几段。一段可包含几个级，也可仅有一个级。压缩机的"缸"，是指机壳所包含的整体。由壳身和进、排气室组成，内装有扩压器、弯道和回流器、密封体、轴承体等零部件。它应有足够的强度以承受气体的压力，通常有两种类型，水平剖分型和垂直剖分型（又称筒型），气体压力低于 5.0MPa 时多采用水平剖分型气缸；气体压力较高或容易泄漏时，多采用筒型气缸。

3. 离心压缩机的特性曲线及流量调节

（1）特性曲线 离心压缩机不仅要在设计工况下工作，而且还要在实际工况下更广的范围内工作。随着转速、进气量及进气条件的变化，压缩机的主要工作参数，包括压缩比或排气压力、功率、效率等也随着发生变化。为将离心压缩机的特性反映出来，将 q_V 与 ε（或 p）、q_V 与 P、q_V 与 η 的变化规律用曲线的形式表示出来，称为特性曲线，如图 2-47 所示。离心压缩机的特性曲线与离心泵的特性曲线一样，都是对特定的压缩机，在一定的转速下，通过实验测定的。从图中可见，当流量 q_V 增加时，压缩比 ε 下降，功率 P 增大；当流量 q_V 增加到某一程度后，压缩比 ε 迅速下降，功率 P 也将下降；同时看出，η-q_V 曲线为一条较平缓的抛物线，η 随流量 q_V 的增加而逐渐增大，直至 η 达最大，q_V 再增加，η 反而下降。

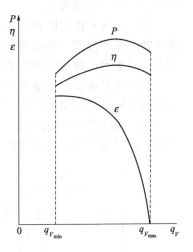

图 2-47 离心压缩机特性曲线

特性曲线上通常都标明有最小流量 $q_{V\min}$ 和最大流量 $q_{V\max}$。它是实际操作的流量 q_V 范围，此范围内效率 η 较高，运行较经济。当实际流量减少到 $q_{V\min}$ 以下时，此时压缩机中突然出现不稳定工作状态，称为喘振（或飞车）现象。喘振出现时的表现为，气流出现脉动，产生强烈噪声；压缩机压力突然下降，且变动幅度大，不稳定；压缩机出口的高压气体出现倒流回叶轮里的现象；压缩机产生强烈振动，严重时会引起整个机器的振动，甚至破坏整个装置。故在实际操作时，必须将流量控制在大于 $q_{V\min}$ 以上，因 $q_{V\min}$ 以下范围为不稳定流量区，以防止喘振现象的发生。反之，当实际流量大于 $q_{V\max}$ 时，叶轮或扩压器最小截面上的气流速度达到或接近声速，流量便不宜再增大，因叶轮对气体所做的功几乎全部用来克服气体流动阻力，气体的压力无法再升高，该最大流量 $q_{V\max}$ 叫滞止流量。利用特性曲线能够判断各种不同的运行因素，如转速、进气条件等对压缩机主要参数的影响。

（2）防止喘振的措施 离心压缩机在生产操作中是不允许发生"喘振"现象的。但由于生产上有时需要减少供气量，当供气量减小到 $q_{V\min}$ 以下的不稳定工作区时，势必导致"喘振"现象的发生。所谓喘振是压缩机供气量小于 $q_{V\min}$ 时，在压缩机出口和管网之间由于压力周期性的变化，使气流在管网和压缩机出口之间发生周期性振荡。通常在压缩机出口路中央安装放空阀或部分放空并回流。如图 2-48 所示，就是这两种防止喘振的具体方法。当压

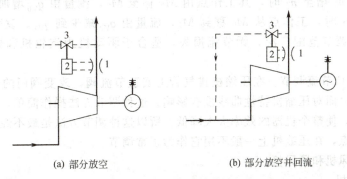

(a) 部分放空　　　　　　　　　　(b) 部分放空并回流

图 2-48 防止喘振措施

1—流量传感器；2—伺服电动机；3—防喘振阀

缩机的排气量降低到接近喘振点流量,通过文氏管流量传感器 1 便发出信号给伺服电动机 2,使电动机开始动作,将防喘振阀 3 打开,使一部分气体被放空。这样,使通过压缩机的气量总是大于管网中的气量,从而保证系统总是处在正常的工作状态。这种方法的缺点是放空部分气体,造成浪费。

另一方法的作用原理与上述防喘振措施相同,区别在于将放空气体由旁路送回压缩机的进气管路循环使用。如被压缩气体具有易燃、易爆、剧毒或经济价值较高而不适合放空的情况下,可采用这种防喘振措施。

(3) 流量调节　压缩机在实际工作中与离心泵工作一样,都是与管路连接在一起,调节流量的实质就是改变工作点,即改变管路特性或压缩机特性。常用的调节方法如下。

① 压缩机进口节流调节。对转速一定的压缩机,在其进气管上安装节流阀改变阀门的开度,便可改变压缩机的特性曲线,达到调节流量的目的。

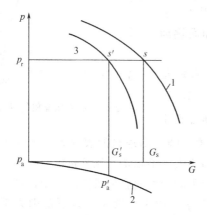
图 2-49　进口节流调节

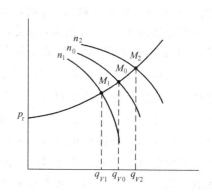
图 2-50　改变转速

如图 2-49 所示,调节前压缩机特性曲线为 1,此时进口节流阀处于全开,节流阀的阻力损失可略去不计,进口压力为 p_a,近似看作是一条水平线。若关小进气阀,进气压力 p_a' 随流量的关系为曲线 2。而压缩机的特性曲线由 1 变为 3。相应地流量减少,出口压力 p_r 保持不变。该法操作简单,经济性能好,且使压缩机的特性曲线向小流量方向移动。使喘振流量也向小流量方向移动,扩大了压缩机的稳定工作范围。常用于转速固定的离心压缩机的流量调节。

② 改变转速。压缩机的转速不同,对应的特性曲线就不同。因此,可通过改变压缩机转速改变工作点,满足管网对气量的要求。如图 2-50 所示,压缩机原转速 n_0 流量 q_{V0}。当压缩机转速由 n_0 增至 n_2 时,其工作点由 M_0 移至 M_2,流量由 q_{V0} 增加到 q_{V2}。如将转速由 n_0 降低到 n_1 时,工作点从 M_0 移到 M_1,流量由 q_{V0} 减少到 q_{V1}。改变转速调节流量是最经济的,且调节范围广泛,无节流损失,适合于驱动机为汽轮机和燃气机的离心压缩机。

③ 压缩机出口节流调节。在压缩机排气管上安装节流阀,改变阀门的开度,便可改变管网的阻力特性,而对压缩机特性曲线没有影响。这种调节方法操作简单,但由于气体节流带来的损失太大,使整个机器的效率大大降低,所以这种调节方法是最不经济的,且喘振临界限仍为原喘振点,在压缩机上一般不用它作为正常调节。

三、离心鼓风机和通风机

1. 离心鼓风机

离心鼓风机又称透平鼓风机,其结构和工作原理与离心式压缩机相同。图 2-51 所示为

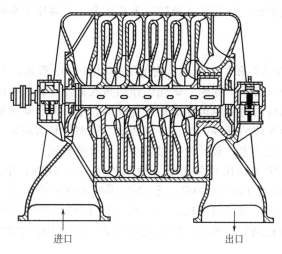

进口　　出口

图 2-51　离心鼓风机

一台五级离心鼓风机。气体出吸气口进入后，在第一级叶轮离心力的作用下使气体压力提高，由导轮将气体导入第二级叶轮，再依次通过以后各级的叶轮和导轮，最后由排出口排出。

离心鼓风机的外壳直径和宽度都比较大，叶轮叶片数目较多，转速较高，送气量大，但产生的风压不高，出口表压力一般不超过 $294×10^3$ Pa。由于离心鼓风机的压缩比不高（ε 为 1.15～4），压缩过程中气体获得的能量不多，温度升高不明显，无需设置冷却装置，各级叶轮的直径大小相同。

我国生产的离心鼓风机的型号代号，多数是用拼音字母和数字组成，字母为结构代号，数字表示生产能力和设计的次数。如 D80-82 型空气鼓风机，D 表示单吸式，流量为 80m³/min，其有 8 个叶轮，第 2 次设计的产品。又如 S1000-13 型煤气鼓风机，S 表示双吸式，流量为 1000m³/min，1 个叶轮，第 3 次设计的产品。

2. 通风机

通风机是一种在低压下沿管道输送气体的机械。化工生产常用的通风机主要有两种类型，即轴流式和离心式。

（1）轴流式通风机　如图 2-52 所示，在机壳内装有快速旋转的叶轮，叶轮上固定有 12 片形状与螺旋桨相似的叶片，当叶轮转动时，叶片推动着空气，使之沿着与轴平行的方向流动，叶片将能量传递给空气，使排出的气体的压力略有提高，故其特点是压力不大而送风量

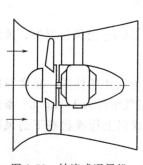

图 2-52　轴流式通风机

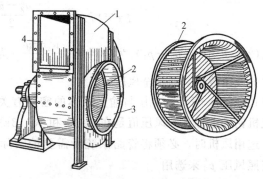

图 2-53　离心式通风机
1—蜗壳；2—工作叶轮；3—吸入口；4—排出口

大。由于其体积小，质量轻，常安装在墙壁或天花板上，主要用于车间通风换气，空冷器和凉水塔等的通风。

（2）离心式通风机

① 离心式通风机的结构和工作原理。它的结构如图2-53所示，与单级离心泵相似，也是具有一个蜗壳，其中只有一个叶轮。蜗壳的作用是收集由叶轮抛出的气体并将部分动能转化为静压能。高压通风机的机壳通道断面形状为圆形，中、低压通风机则多为方形。叶轮是将电动机的能量传递给气体的部件。为适应气体的可压缩性和大流量的要求，叶轮的直径和宽度比离心泵的叶轮要大得多，且叶片数目较多，而长度较短。

离心式通风机按产生的风压可分为低压通风机 $p_2<115\text{kPa}$；中压通风机 p_2 为 $115\sim140\text{kPa}$；高压通风机 p_2 为 $140\sim300\text{kPa}$。图2-54是离心式通风机不同形式的叶片形状。图中（a）和（b）适用于中、低压通风机；（c）和（d）的能量损失和噪声较小；（e）能提供较大的风量和风压，在相同的转速时，叶轮直径较小，多用于移动式风机；（f）可提供较大风量，而风压较低。

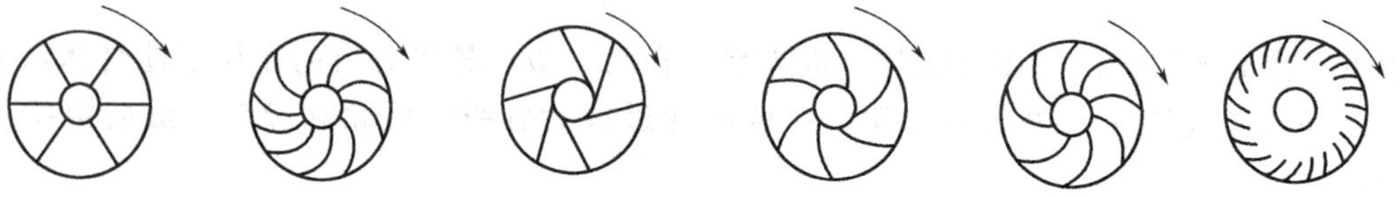

(a) 径向叶片　(b) 径向弯曲叶片　(c) 后弯直线形叶片　(d) 后弯形叶片　(e) 前弯形叶片　(f) 多片式叶片

图 2-54　离心式通风机的叶片形状

② 离心式通风机的性能、型号和选型。离心式通风机的性能参数为风量、全风压与静风压、轴功率和效率等，都与离心泵相似。

风量 q_V 是指气体在单位时间内流入风机进口的体积，其单位是 m^3/h 或 m^3/s。

全风压与静风压。全风压是指单位体积的气体通过风机所获得的能量，用符号 p_T 表示，其单位是 kPa。

静风压是指单位体积的气体在通风机进、出口处的静压能差，用符号 p_s 表示，其单位是 kPa。

动风压是指单位体积的气体在通风机进、出口处的动能差，用符号 p_k 表示，其单位是 kPa。

由于通风机的压缩比不大（为 $1\sim1.15$），可用以液体导出的伯努利方程，经简化，$(Z_2-Z_1)\rho g$ 项很小，可略去不计，列出全风压计算式：

$$p_T=(p_2-p_1)+\frac{u_2^2-u_1^2}{2}\rho+\sum h_f\rho g \tag{2-23}$$

式(2-23)中，(p_2-p_1) 为静风压；$\frac{u_2^2-u_1^2}{2}\rho$ 为动风压；$\sum h_f\rho g$ 为风压损失。风机铭牌上标注的风压数值，即指全风压。

由式(2-23)可见，风压与输送气体的密度有关，而密度与气体的性质、温度和压力有关，风机铭牌上标注的风压值是在293K 和101.3kPa，是在空气密度为 1.2kg/m^3 条件下测定的。选用风机时，必须将管路系统所需要的实际风压换算成以上标准状态下的风压 p_T'，然后按照风压 p_T' 来选用。

$$p_T'=p_T\left(\frac{1.2}{\rho}\right) \tag{2-24}$$

轴功率和效率，离心式通风机的轴功率可依风量 q_V（m³/s）、风压 p_T（Pa）和效率 η 来计算

$$P_a = \frac{q_V p_T}{\eta} \tag{2-25}$$

式中　q_V——风量，m³/s；
　　　p_T——全风压，Pa；
　　　η——效率，按全风压测定，又称全压效率。

轴功率也为 ρ 的函数。风机性能表所列轴功率是 $\rho=1.2$kg/m³ 时测出；如果被送气体密度为 ρ'，则可按式（2-25）换算，即

$$P'_a = P_a \frac{\rho'}{1.2} \tag{2-26}$$

式中　P'_a——气体密度为 ρ' 时的轴功率，W；
　　　P_a——气体密度为 1.2kg/m³ 时的轴功率，W。

离心式通风机特性曲线，离心式通风机的风量、风压、功率和效率之间也有一定的函数关系。如图 2-55 所示，它表示某种型号的风机在一定转速下，压力为 101.3kPa，温度为 293K 的空气为介质，测定出的风量 q_V 与风压 p_T、静风压 p_s、轴功率 P_a、效率 η 四者的关系。

国产离心通风机的形式代号，是用数字表示通风机的主要性能和规格。如通风机 8-18-12No.4 型，其中：

8 表示将压力系数 10 倍后化成的整数。压力系数与 $\dfrac{\rho u^2}{g}$ 的乘积即全风压，u 为叶轮外缘的圆周速度 m/s；

18 表示风机的比转速（数）；

1 表示进风形式的代号，1 为单吸，0 为双吸，2 为两级串联；

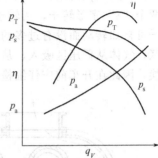

图 2-55　离心式通风机特性曲线

2 表示第二次设计的产品；

4 表示机号，以叶轮直径的毫米数除以 100 所得，此风机的叶轮直径为 400mm。

输送常温空气，常用的离心通风机有 4-72 型、8-18 型和 9-27 型。如果输送特殊气体时（如腐蚀性气体、高温气体或易燃气体等），因其使用的材质和转轴密封的要求不同，可在形式代号前加表示用途的字母。如 Y4-72-11No.8 型，Y 表示引出锅炉高温气体。还有其他用途字母如下：C 表示排送尘屑，M 表示输送煤粉，L 表示工业炉用，G 表示锅炉送风，F 表示防腐蚀，W 表示耐高温，B 表示防爆。

选用离心式通风机的主要步骤如下。

① 根据输送气体的性质，确定风机类型。

② 根据工艺条件计算所需的风压 p_T 或 p'_T。

③ 根据所要求的风量（以风机进口状态计）和实验条件下的风压 p'_T，从风机样本或产品目录中选用合适的型号，本书附录也列出部分风机的规格、型号，以供练习使用。

【例题 2-8】　用一离心式通风机抽送 308K 大气压为 97kPa 的空气，已知空气输送量为 15×10^3 kg/h，输送系统风压为 1.7kPa，试选择一台合适的离心式通风机。

解　输送条件下空气的密度为

$$\rho' = \rho \frac{Tp'}{T'p} = 1.293 \times \frac{273}{308} \times \frac{97}{101.33} = 1.097 \text{ （kg/m}^3\text{）}$$

按下式将实际风压换算为实验条件的风压，即

$$p'_T = p_T\left(\frac{1.2}{\rho'}\right) = 1.7 \times \frac{1.2}{1.097} = 1.859 \text{ (kPa)}$$

通风机的风量（以进口状态计）为

$$q_V = \frac{q_m}{\rho'} = \frac{15 \times 10^3}{1.097} = 1.37 \times 10^4 \text{ (m}^3/\text{h)}$$

根据风量 $q_V = 1.37 \times 10^4 \text{m}^3/\text{h}$ 和风压 $p'_T = 1859\text{Pa}$，从风机性能表中查得 4-72-11No.6C 离心式通风机满足要求。该风机性能如下：

转速，2000r/min；风压，1941.8Pa；风量，14100m³/h；轴功率，10kW。

四、旋转鼓风机和压缩机

旋转鼓风机、压缩机，是化工生产中常用的一种气体输送机械，通常用于所需压力不高而流量较大的场合，如原料气的输送。

旋转鼓风机、压缩机的结构形式和工作原理与旋转泵相似，其机壳内有一个或两个旋转特殊形状的转子，它们没有活塞和阀门等活动部件。生产中常用的有罗茨鼓风机和液环压缩机，它们的共同特点是结构简单、紧凑、体积小、排气连续而均匀。

1. 罗茨鼓风机

罗茨鼓风机的结构、工作原理和齿轮泵相似，如图 2-56 所示，在一个长圆形的机壳内有两个"8"字形转子，两转子之间和转子与机壳之间留有很小的缝隙（0.2~0.5mm），使转子可自如转动而没有过多的泄漏。两转子的旋转方向相反，将机壳内分成一个低压区和高压区，气体从低压区吸入，从高压区排出。如果改变转子的旋转方向，应将吸入口与排出口互换，因此在开车前应仔细检查转子的旋转方向。

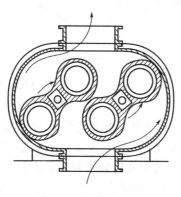

图 2-56 罗茨鼓风机

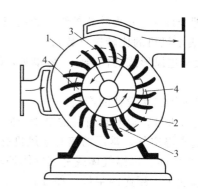

图 2-57 液环压缩机
1—机壳；2—叶轮；3—入口；4—压出口

罗茨鼓风机也称为定容式鼓风机，它的风量与转速成正比，几乎不受出口压力的限制，转速一定时，风量基本保持不变。该风机的输气量一般在 2~500m³/min，出口表压不大于 80×10^3Pa，而在 40×10^3Pa 左右工作时，其效率较高。由于转子与转子、机壳之间没有摩擦，不需要润滑，应除去尘屑和油污，排气口应安装气体稳压罐和安全阀，流量调节采用回流支路调节，出口阀不得完全关闭。操作温度不能大于 358K，否则引起转子受热膨胀而发生碰撞。

2. 液环压缩机

液环压缩机又称纳氏泵，如图 2-57 所示。其结构是机壳 1 略呈椭圆形，机壳内安装有叶轮 2，叶轮上有许多前弯形叶片。机壳内充有一定数量的液体。

液环压缩机的工作原理与往复压缩机相似。当叶轮旋转时，机壳内液体在离心力作用下，液体便被抛向四周，沿机壳内壁形成一椭圆形液环。适量的工作液体可使机壳内椭圆空间的短轴处充满液体，同时使长轴处液体不满而形成两个月牙形空间。液环在月牙形空间内旋转时，液体在叶片间交替地离开机壳中心和接近机壳中心，其作用就像往复压缩机的活塞。当叶轮旋转一周时，由于液环的活塞作用，在液体与叶片间的密闭空间逐渐变大和逐渐变小各两次。因此，气体从两个吸入口进气，从两个排出口排气。液环压缩机排出口压力可达 490~590kPa（表），以压力在 150~180kPa（表）时的效率最高。另外，这种压缩机工作时，被压缩气体只与叶轮和工作液体接触，适合于输送腐蚀性气体。只要叶轮用耐腐蚀材料制作和液体与气体间无化学反应即可，如用硫酸作为工作液体时，可输送氯气等。

五、真空泵

化工生产中，有些单元操作需要在低于大气压的情况下进行，如减压蒸馏、减压蒸发、真空干燥、真空过滤等。真空泵就是使这些单元操作获得低于大气压力的一种机械设备。

通常将真空泵分为干式和湿式两大类。干式真空泵只能从设备中抽出干燥气体，其真空度高达 96%~99%；湿式真空泵在抽气的同时，允许带走较多的液体，只能产生 85%~90% 的真空度。从真空泵结构上分，有往复式、液环式和喷射式等形式。

1. 往复真空泵

往复真空泵的结构和工作原理与往复压缩机相同，只是它们的目的不同而已。压缩机是为提高气体压力；而真空泵是为降低入口处气体压力。其排气为 101.3kPa（绝压），而吸气压力在高真空度时，往往很小，使压缩比变得很大，余隙中气体的影响尤显重要，故必须减小余隙系数（小于 3%），这正是真空泵与压缩机的区别。为降低余隙气体的影响，在真空泵结构上采取了相应的技术措施，即气缸左右两端设置一个平衡气道，图 2-58 所示的就是这种平衡气道，其结构非常简单，只是在活塞终点时的气缸内壁上加工出一个凹槽，当活塞排气过程刚完成时，能连通平衡气道，使余隙中部分残留气体从活塞一侧流向另一侧，降低余隙气体的压力，以提高生产能力。

真空泵和压缩机一样，气缸外壁采用冷却装置。以除去气体压缩和机件摩擦所产生的热量。另外，真空泵的吸气活门、排气活门，要求比压缩机更轻巧，启闭更方便，阻力更小，阀片更薄，阀片弹簧较小，以提高真空泵的效率。

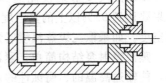

图 2-58 平衡气道示意图

国产往复真空泵为 W 型，有 W-1 型至 W-5 共五种规格，其生产能力为 60~770m³/h，可达真空度为 10^{-1} kPa 或更低一点。因往复真空泵属干式真空泵，操作时必须采取有效措施。例如，设置冷凝器，将湿气体中水蒸气冷下来，并与进入真空泵的干燥气分开；必要时还可配洗罐，以防所抽气体带液。否则可能造成严重的设备事故，确保真空泵的正常工作。

往复真空泵的缺点是：转速低，排气不均匀，结构复杂，运动部件多，易于磨损等。故有被其他真空泵替代的可能性。

2. 液环真空泵

液环真空泵为水环泵，其结构如图 2-59 所示，在圆形

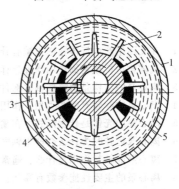

图 2-59 液环真空泵
1—外壳；2—叶轮；3—水环；
4—气体进口；5—气体出口

外壳1内,偏心地安装着一个叶轮2,叶轮上有许多径向叶片。它的工作原理与纳氏泵相似,开车前,需向泵内灌注适量的水,当叶轮旋转时,形成一水环3,水环内圆正好与叶轮在叶片根部相切,使机内形成一个月牙形空间,该空间被叶片分隔成许多大小不等的小室。如叶轮逆时针旋转,因水的活塞作用,左边小室逐渐扩大,气体从气体进口4吸入室内,右边小室逐渐缩小,从气体出口5排出。

水环泵属湿式真空泵,可造成真空度达86kPa。由于它结构简单、紧凑,没有活门,经久耐用,制造、维修方便,转动无摩擦,使用寿命长,操作可靠。但需不断向泵内补充水,所选真空度受泵内水温限制,效率较低,为30%~50%。主要用于抽吸设备中的空气或其他腐蚀性、不溶于水和不含固体颗粒的气体。

国产液环真空泵的系列代号为SZ,以SZZ-4为例,S表示水环式,第一个Z表示真空泵,第二个Z表示泵与电动机由联轴器直联,如采用带传动则字母为B,4表示绝压为32kPa时的排气量(L/s)。

3. 喷射真空泵

喷射真空泵是利用流体流动时的动能与静压能相互转化的原理来输送流体,它既可用于吸送气体,又可用来吸送液体,但是化工生产中主要用来抽真空,在蒸发和蒸馏操作中经常使用。

喷射真空泵的工作流体可以是水蒸气或水,也可为其他流体。如图2-60所示,为一单级蒸汽喷射泵。工作流体在高压下以1000~1400m/s的高速度从喷嘴喷出,在喷射过程中,蒸汽的静压能转变为动压能,在气体吸入口处形成一个低压区,而将气体吸入,吸入的气体与蒸汽混合后,进入扩散管,流速逐渐降低,压力随之升高,并从压出口排出。

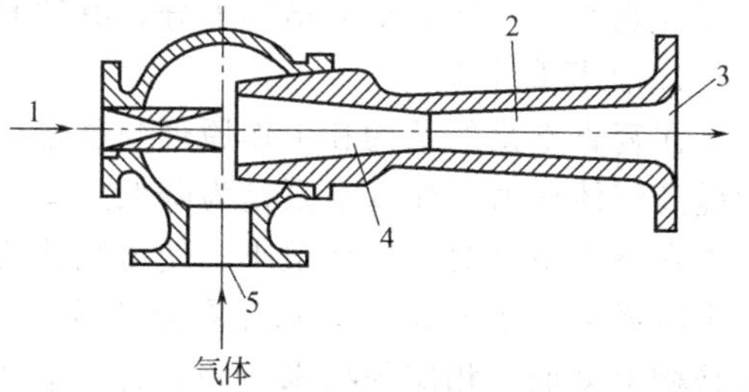

图2-60 单级蒸汽喷射泵
1—工作蒸汽入口;2—扩散管;3—压出口;
4—混合室;5—气体吸入口

单级蒸汽喷射泵仅能达到90%的真空度,如果要达到95%以上的真空度,就需采取将几个蒸汽喷射泵串联起来操作,可获得更大的真空度。如采取三级蒸汽喷射泵,可造成绝压为33~0.5kPa的真空度。

蒸汽喷射泵结构简单、紧凑,制造容易,没有运动部件,不易发生故障,维修工作量小,能输送高温的、腐蚀性的及含有固体颗粒的流体,适应性强。但效率低,一般只能达到25%~30%,蒸汽耗量大,在用来造成较高真空时却比较经济。

思 考 题

2-1 在实际生产中流体输送机械有什么作用?
2-2 流体输送机械根据作用原理怎样分类?
2-3 离心泵的结构是由哪些基本部件构成的?
2-4 离心泵的叶轮有哪些类型、作用?各适合于何种液体?
2-5 离心泵的壳体是什么形式?在输送液体时有什么作用?
2-6 离心泵运转时为什么会产生轴向力?采取什么措施平衡轴向力?
2-7 离心泵的轴封作用是什么?通常采用的轴封有哪些?各有什么特点?
2-8 离心泵的主要性能参数有哪些?它们之间有何关系?各自是怎样定义的?用法定计量单位时其各单位是什么?
2-9 怎样测定离心泵的特性曲线?根据特性曲线如何正确操作离心泵?
2-10 怎样防止离心泵的气缚现象?实际生产中怎样进行操作?

2-11 影响离心泵性能的因素有哪些？怎样进行换算？
2-12 什么是离心泵的汽蚀现象？它有哪些危害？生产操作中怎样防止汽蚀现象的发生？
2-13 怎样确定离心泵的安装高度？
2-14 允许汽蚀余量和实际汽蚀余量有什么区别？汽蚀余量表示什么？
2-15 什么是离心泵的工作点？离心泵流量调节操作方法有哪些？各要有何优缺点？
2-16 选用离心泵的步骤分哪几步？怎样选择离心泵？
2-17 往复泵与离心泵在结构、工作原理、性能上有什么区别？
2-18 往复泵与离心泵在流量调节操作方法上有什么区别？往复泵属什么形式的泵？
2-19 漩涡泵也是一种特殊形式的离心泵，它在结构、性能及操作上与离心泵有哪些不同？
2-20 齿轮泵和螺杆泵的工作原理是什么？流量调节操作如何进行
2-21 往复压缩机的结构主要由哪些零部件组成？各零部件的作用是什么
2-22 往复压缩机按生产能力、气体种类、出口压力、气缸的空间位置各自分为哪些形式？
2-23 往复压缩机的安装与运转在操作上有哪些要求和注意事项？
2-24 往复压缩机的流量调节操作方法有哪几种？怎样进行操作？
2-25 离心压缩机与往复压缩机比较具有哪些优点和不足之处？
2-26 离心压缩机的结构主要由哪些零部件组成？其各部件的作用是什么？
2-27 叙述离心压缩机的工作原理，怎样区分离心压缩机的级、段、缸？
2-28 离心压缩机的主要性能参数有哪些？它们之间有何关系？为什么有稳定操作流量区域？
2-29 离心压缩机的喘振现象有哪些危害？采取哪两种操作方法予以消除？
2-30 离心压缩机的流量调节操作通常采取哪三种方法？
2-31 离心鼓风机与离心压缩机比较其结构有何区别？
2-32 通风机有哪两种类型？适合哪些场合的使用？
2-33 离心通风机主要性能参数有哪些？它们之间有何关系？
2-34 旋转鼓风机和压缩机的结构各是什么形式？它各自的工作原理有什么不同？
2-35 真空泵有哪三种类型？各属何种形式？各有何特点？各适用何种场合？

习 题

2-36 用 293K 清水测定某台离心泵的性能时，其实验数据为流量 $0.0125 m^3/s$，泵出口处压强表读数为 250kPa，泵入口处真空表读数为 26.7kPa，两测压点垂直距离为 0.5m，功率表测得电动机所耗功率为 6.2kW。泵由电动机直接带动，传动效率可视为 1，电动机效率为 0.93。泵的吸入管路与排出管路直径相同。试求该泵在输送条件下的压头、轴功率和效率。

[答：$H=28.8m$；$P_e=3.525kW$；$\eta=61.1\%$]

2-37 某离心泵在转速为 2900r/min 下测得流量为 130m^3/h，压头为 120m，若将转速调为 2400r/min，试估算此时泵的流量和压头。 [答：$q_V=107.6 m^3/h$；$H=82.2m$]

2-38 某车间要安装一台输送循环水的离心泵。从泵样本中查出该泵的流量为 468m^3/h，扬程为 38.5m 时，泵的吸入口绝压为 42.6×10^3Pa，吸入管路的阻力损失和动压头之和为 2m。试计算：(1) 车间如果位于海平面，输送水温度为 293K 时，泵的允许安装高度；(2) 车间位于海拔 1000m 的高原处，输送水温为 293K 时，泵的允许安装高度（1000m 高原处的大气压为 89.829×10^3Pa，$\sum\prime_{y_{0-1}}+\frac{u_1^2}{2g}=1.5m$）。 [答：(1) 4.0m；(2) 2.95m]

2-39 用一台单级往复压缩机，将压力为 101.3kPa、温度为 303K 的空气，经压缩空气压力升至 380kPa。如为绝热压缩，每次新吸入的空气都因与余隙气体接触升温 17K。试计算气缸中气体达到的最高温度（空气的绝热指数为 1.4）。 [答：459K]

2-40 某空气往复压缩机的生产能力，按吸气状态计算，其流量为 0.45m^3/s。吸气压力为 101.3kPa。排气压力为 360kPa。设绝热总效率为 0.70，求压缩机的轴功率（空气的绝热指数为 1.4）。

[答：69.6kW]

2-41 303K 的空气直接由大气（101.3kPa）进入风机，通过内径为 800mm 的水平管道送入锅炉，炉底的表压为 1.8kPa，流量为 20000m³/h（303K，101.3kPa），$\sum h_f \rho g = 0.8$kPa。试求风机的全风压（$\rho_空 = 1.293$kg/m³）。　　　　　　　　　　　　　　　　　　　　　　　　　　　［答：2.67kPa］

2-42 用离心通风机抽送 293K 常压下的空气，其输送量为 10^4kg/h，输送风压为 720Pa（表压），试选用一台离心通风机（当地大气压为 98.7×10^3Pa）。　　　　　　　　　　　　　［答：4-72-11No.6C］

第三章 非均相物系的分离

学习目标

- 掌握 沉降原理，沉降器的结构与计算；过滤原理及过滤基本方程式；板框压滤机、转筒真空过滤机的结构及工作原理；离心机的工作原理及操作。
- 理解 影响沉降速度的因素；过滤介质、助滤剂的作用；旋风分离器的结构与性能。
- 了解 其他液-固分离设备、气体净制设备的结构与操作特点；固体流态化。

第一节 概　　述

自然界中的物质大多数是混合物，一般分为均相混合物和非均相混合物。若由相同相态组成的混合物系，称为均相物系，如清澈的自来水、烧碱溶液、苯和甲苯混合溶液等。由不同相态组成的混合物系，称为非均相物系，如有灰尘的空气、含有泥沙的河水等。化工生产中常见的非均相物系有气-固混合物系（含尘气体）、液-固混合物系（悬浮液）、液-液混合物系（由不互溶的液体组成的乳浊液）、气-液混合物（雾）及固体混合物等。

在非均相物系中，通常有一相处于分散状态，称为分散相，另一相则在分散相的周围，处于连续状态，称为连续相。分散相与连续相的密度一般存在很大的差异。密度较大的称为重相，密度较小的称为轻相。

非均相物系分离的主要目的如下。

① 为满足后工序生产工艺的要求。如合成氨生产中的煤气在进入气柜之前要通过洗气塔去除其中的粉尘；压缩机入口处安装油水分离器，以除去液滴或固体颗粒，避免杂质对气缸的冲击或磨损等。

② 回收有价值的物质。如在糖精钠生产中，从沸腾床干燥器出来的热气体中夹带有细小的糖精钠，必须加以回收；从催化反应器中出来的气体含有价值较高的催化剂，也应加以回收。

③ 减少对环境的污染，保证生产安全。如某些工业废气、废液中的有毒物质或固体颗粒在排放前必须加以处理，满足排放要求；某些含碳物质及金属细粉与空气易形成爆炸物，必须除去，以消除爆炸隐患。

按照分离操作的依据和作用力的不同，非均相物系的分离主要有以下几种。

① 沉降分离。根据连续相和分散相的密度不同，在重力场或离心力场中进行分离的操作。如重力沉降、离心沉降、惯性分离等。

② 过滤分离。根据两相在固体多孔介质透过性的差异，在重力、压力差或离心力的作用下进行分离的操作。如重力过滤、压差过滤、离心过滤等。

③ 静电分离。根据两相带电性的差异，在电场力的作用下进行分离的操作。如静电除

尘等。

④ 湿法分离。根据对气体增湿或洗涤来进行分离的操作。如文氏洗涤器、泡沫除尘器等。

本章只介绍利用连续相和分散相之间物理性质的不同，在外力的作用下进行的分离，属于混合物的机械分离。

第二节 重力沉降

沉降是指在某种力场中使密度不同的两相物质发生相对运动，从而实现两相分离的操作过程。根据所受外力的不同，沉降可分为重力沉降和离心沉降。

一、重力沉降速度及其影响因素

在重力作用下分散相颗粒与连续相流体发生相对运动而实现分离操作的过程称为重力沉降。其实质是借助分散相和连续相有较大密度差异而实现分离的。密度相差越大，分离越完全。

1. 重力沉降速度

重力沉降速度是指颗粒相对于连续相流体的沉降运动速度。其影响因素很多，有颗粒的形状、大小、密度及流体的密度、黏度等。为了讨论方便，通常以形状、大小不随流动情况而变化的球形颗粒进行研究。

将表面光滑的刚性球形颗粒置于静止的流体介质中，由于颗粒与流体介质密度的差异，颗粒便开始在流体中下降。此时，颗粒受到三个力的作用，即向下的重力、向上的浮力及与颗粒运动的方向相反的阻力（即向上）。对于一定的流体和颗粒，重力与浮力是恒定的，而阻力却随颗粒的下降速度而变化。

颗粒下降过程中，阻力随运动速度的增加而相应加大，直至达到某一数值后，阻力、浮力与重力达到平衡，颗粒便开始做匀速沉降运动，下降速度达到最大，此速度是颗粒的沉降速度。可通过式（3-1）进行计算，即

$$u_0 = \sqrt{\frac{4d(\rho_s - \rho)g}{3\zeta\rho}} \quad (3\text{-}1)$$

式中 u_0——颗粒的沉降速度，m/s；
d——颗粒的直径，m；
ρ_s——颗粒的密度，kg/m³；
ρ——流体的密度，kg/m³；
ζ——阻力系数。

式（3-1）中阻力系数 ζ 是颗粒对流体做相对运动时的雷诺数 Re 的函数，ζ 和 Re 的关系通常是由实验测定的。

$$Re = \frac{du_0\rho}{\mu} \quad (3\text{-}2)$$

式中 μ——流体的黏度，Pa·s。

实际生产中的颗粒并非都是球形颗粒。由于非球形颗粒的比表面积大于光滑球形颗粒的比表面积，沉降所受到的阻力就会增大，其实际沉降速度大于球形颗粒的沉降速度。因此，非球形颗粒的阻力系数 ζ 不仅受 Re 的影响，同时还与颗粒的球形度有关。

颗粒的球形度表示实际颗粒的形状与球形颗粒的差异程度。其表示式为

$$\phi_s = \frac{A}{A_p} \quad (3\text{-}3)$$

式中 ϕ_s——实际颗粒的球形度；
  A——与实际颗粒体积相等的球形颗粒表面积，m^2；
  A_p——实际颗粒的表面积，m^2。

对非球形颗粒在计算 Re 时，应以当量直径 d_e（与实际颗粒具有相同体积的球形颗粒直径）代替 d。

$$d_e = \sqrt[3]{\frac{6V_p}{\pi}} \tag{3-4}$$

式中 V_p——实际颗粒的体积，m^3；
  d_e——当量直径，m。

实际颗粒的球形度通过实验来测定。图 3-1 表达了颗粒在不同球形度 ϕ_s 下的 ζ 和 Re 的函数关系。

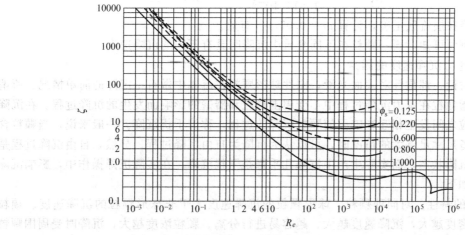

图 3-1 ζ-Re 的关系

将不同沉降区域的阻力系数 ζ 的计算式代入 (3-1)，可得球形颗粒在不同区域中沉降速度计算式如下。

① 层流区（$10^{-4} < Re < 2$），$\zeta = \dfrac{24}{Re}$ $u_0 = \dfrac{d^2(\rho_s - \rho)g}{18\mu}$ \hfill (3-5)

② 过渡区（$2 < Re < 10^3$），$\zeta = \dfrac{18.5}{Re^{0.6}}$ $u_0 = 0.27 \sqrt{\dfrac{d(\rho_s - \rho)g}{\rho} Re^{0.6}}$ \hfill (3-6)

③ 湍流区（$10^3 \leqslant Re < 2 \times 10^5$），$\zeta = 0.44$ $u_0 = 1.74 \sqrt{\dfrac{d(\rho_s - \rho)g}{\rho}}$ \hfill (3-7)

式(3-5)、式(3-6) 及式(3-7) 分别称为斯托克斯定律、艾仑定律和牛顿定律。

在计算沉降速度 u_0 时，可使用试差法计算。先假设颗粒沉降所属哪个区域，选用相应的计算公式计算 u_0，然后算出 Re，如果在所假设范围内，则计算结果有效，否则应另选区域重新计算 u_0，直至计算 Re 与假设相符为止。由于沉降操作处理的颗粒一般粒径较小，沉降过程大多属于层流区，因此进行试差时，通常先假设在层流区。

【例题 3-1】 试计算直径为 $30\mu m$，密度为 $2650kg/m^3$ 的球形石英颗粒在 20℃ 水中和在 20℃ 常压空气中的沉降速度。假设沉降属于层流区。

解 ① 在 20℃ 水中的沉降速度
查得 20℃ 水的 $\mu = 1.01 \times 10^{-3} Pa \cdot s$，$\rho = 998 kg/m^3$，由式(3-5) 有

$$u_0 = \frac{(30 \times 10^{-6})^2 (2650 - 998) \times 9.81}{18 \times 1.01 \times 10^{-3}} = 8.0 \times 10^{-4} \text{ (m/s)}$$

校核流型

$$Re = \frac{30 \times 10^{-6} \times 8.0 \times 10^{-4} \times 988}{1.01 \times 10^{-3}} = 0.023 < 2$$

假设沉降在层流区正确，计算 $u_0 = 8 \times 10^{-4}$ m/s 有效。

② 颗粒在 20℃ 常压空气中的沉降速度：

查得 20℃ 常压空气 $\mu = 1.81 \times 10^{-5}$ Pa·s，$\rho = 1.21$ kg/m³。

$$u_0 = \frac{(30 \times 10^{-6})^2 \times (2650 - 1.21) \times 9.81}{18 \times 1.81 \times 10^{-5}} = 0.07 \text{ (m/s)}$$

校核流型

$$Re = \frac{30 \times 10^{-6} \times 0.07 \times 1.21}{1.81 \times 10^{-5}} = 0.14 < 2$$

假设沉降在层流区正确，计算 $u_0 = 0.07$ m/s 有效。

由上面例题可知，同一颗粒在不同介质中沉降时具有不同的沉降速度。

2. 影响重力沉降速度的因素

以上的讨论，都是针对表面光滑，刚性球形颗粒在流体中做自由沉降的简单情况。所谓自由沉降是指颗粒在重力沉降过程中不受周围颗粒和器壁的影响而发生的沉降过程。在沉降过程中，颗粒之间发生相互影响而使颗粒沉降的过程，称为干扰沉降。一般来说，当颗粒含量较小、设备尺寸足够大的情况时，可以认为沉降为自由沉降过程。显然，自由沉降过程是一种理想的沉降状态，而实际生产中沉降几乎都是干扰沉降。在实际沉降操作中，影响沉降速度的因素如下。

① 颗粒的特性。对同种颗粒，球形颗粒的沉降速度大于非球形颗粒的沉降速度。颗粒直径越大，密度越大，沉降速度越大，越容易进行分离。颗粒浓度越大，沉降时受周围颗粒的影响而使沉降速度减慢。

② 流体的性质。流体的密度越大、黏度越大，沉降速度越小。因此，分离高温含尘气体时，通常先散热降温以减小流体的黏度，达到更好的分离效果。

③ 流体的流动状态。流体应尽可能地处于稳定的低速流动状态，减少干扰，提高分离效率。

④ 器壁效应。颗粒在沉降过程中，由于器壁对颗粒产生摩擦而减小沉降速度。

通常，当颗粒在液体中沉降时，升高温度，液体黏度下降，可提高沉降速度。对气体，升高温度，气体黏度增大，对沉降操作不利。

二、重力沉降设备的结构和计算

1. 降尘室

降尘室是利用重力沉降从气流中除去颗粒的设备，如图 3-2 所示。

含有颗粒的气体进入降尘室气道后，因流道截面积扩大而速度减慢，只要颗粒能够在气体通过降尘室的时间内降至室底，便可从气流中分离出来。为了提高气-固分离的能力，在气道中可加设若干块折流挡板，延长气流在气道中的行程，增加气流在降尘室的停留时间，提高分离效率。折流挡板的加设，还可以促使颗粒在运动时与器壁的碰撞，而后落入器底或集尘斗内。

降尘室结构简单，流体阻力小，但体积庞大，分离效率低，通常用作预除尘设备使用。只适用于分离粒度大于 $75\mu m$ 的粗颗粒。

为了提高分离效率，可采用多层（隔板式）降尘室。如图 3-3 所示。它是在降尘室内设置若干层水平隔板构成的。当含尘气体经过气体分配道进入隔板缝隙，颗粒将沉降到各层隔板的表面，洁净气体自气体集聚道汇集后再由出口气道排出。多层降尘室虽然提高了分离效率，增大了处理量，能分离较细的颗粒，但清灰比较麻烦。

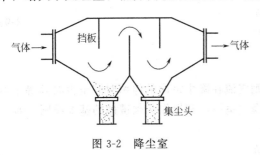

图 3-2 降尘室

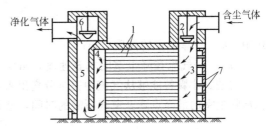

图 3-3 多层（隔板式）降尘室
1—隔板；2,6—调节器；3—气体分配道；
4—气体集聚道；5—出口气道；7—出灰口

降尘室在操作时，应注意气流速度不宜过大，保证气流在层流区流动，以免干扰颗粒的沉降或把已沉降下来的颗粒重新扬起。一般气流控制在 1.2～3m/s。

2. 沉降器

沉降器是利用重力沉降从悬浮液中分离出固体颗粒的设备。若用于低浓度悬浮液分离时称为澄清器；用于中等浓度悬浮液的浓缩时称为浓缩器、增稠器或稠厚器。

图 3-4 所示为连续沉降器。它是一个底部呈锥形的圆槽。悬浮液连续地从上方进料管送到液面以下 0.3～1m 处，悬浮液在整个截面上分散开，固体颗粒逐渐向下沉降，清液从上部四周的溢流口流出。颗粒沉降到底部成为稠浆，稠浆由缓慢旋转的转耙将沉降颗粒收集到中心，然后从底部中心出口连续排出。排出的稠浆称底流。

沉降器必须有足够大的横截面积，沉降槽加料口以下的增浓段必须有足够的高度。为了在给定尺寸的沉降器内获得最大可能的生产能力，应尽可能提高沉降速度，加快分离过程。对于颗粒细小的悬浮液，常添加一些电解质或表面活性剂（聚凝剂或絮凝剂），使细粒发生"凝聚"或"絮凝"，使小颗粒相互结合为大颗粒，提高沉降速度。沉降器中装设搅拌转耙，除能把沉渣导向排出口外，还能促使沉淀物的压紧，从而加速沉聚过程。

连续沉降器适用于处理量大，低浓度，较粗颗粒的悬浮料浆。工业上大多数污水处理就是一例。经过这种设备处理后的沉渣中还含有约 50% 的液体。

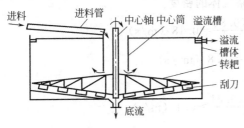

图 3-4 连续沉降器

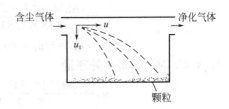

图 3-5 颗粒在降尘室内的运动情况

3. 沉降计算

为方便计算，将降尘室的气道看作为一个具有宽截面的长方体通道，颗粒在降尘室内的运动情况如图 3-5 所示，则气体在降尘室内的停留时间为

$$\tau = \frac{l}{u} \tag{3-8}$$

式中　τ——气流在气道内的停留时间，s；

l——降尘室的长度，m；

u——气流在降尘室的水平速度，m/s。

颗粒所需的沉降时间为（以降尘室顶部计算）

$$\tau' = \frac{h}{u_0} \quad (3-9)$$

式中 h——降尘室的高度，m；

u_0——气流在降尘室的垂直速度，m/s。

要使最小颗粒能够从气流中完全分离出来，则气流在降尘室内的停留时间至少必须等于颗粒从降尘室的最高点降至室底所需的时间，这是降尘室设计和操作必须遵循的基本原则。即

$$\tau \geqslant \tau'$$
$$\frac{l}{u} \geqslant \frac{h}{u_0} \quad (3-10)$$

即停留时间应不小于沉降时间。

气流在降尘室的水平速度为

$$u = \frac{q_V}{hb} \quad (3-11)$$

式中 q_V——降尘室的生产能力，m^3/s；

b——降尘室的宽度，m。

将式(3-11)代入式(3-10)，并整理得

$$q_V \leqslant blu_0 \quad (3-12)$$

可见，降尘室的生产能力只与沉降面积 bl 和颗粒的沉降速度 u_0 有关，而与降尘室的高度 h 无关。因此，降尘室常做成扁平形状。

若降尘室为多层隔板式，隔板层数为 n，其生产能力为

$$q_V = (1+n)blu_0 \quad (3-12a)$$

【例题 3-2】粒径为 $58\mu m$，密度为 $1800 kg/m^3$，温度为 20℃，压力为 101.3kPa 的含尘气体，在进入反应器之前需要除去尘粒并升高温度至 400℃，降尘室的底面积为 $60m^2$，试计算先除尘后升温和先升温后除尘两种方案的气体最大处理量。已知 20℃时气体的黏度为 $1.81 \times 10^{-5} Pa \cdot s$，400℃时黏度为 $3.31 \times 10^{-5} Pa \cdot s$。

解 ① 20℃时气体最大处理量。

由于颗粒的密度比气体的密度大得多，可忽略气体的密度。

$$u_0 = \frac{(58 \times 10^{-6})^2 \times 1800 \times 9.81}{18 \times 1.81 \times 10^{-5}} = 0.18 \text{ (m/s)}$$

$$q_V = blu_0 = 60 \times 0.18 = 10.8 \text{ (m}^3/s)$$

② 400℃时气体最大处理量。

$$u_0 = \frac{(58 \times 10^{-6})^2 \times 1800 \times 9.81}{18 \times 3.31 \times 10^{-5}} \approx 0.1 \text{ (m/s)}$$

$$q_V = blu_0 = 60 \times 0.1 = 6 \text{ (m}^3/s)$$

由［例题 3-2］可知，升高温度，其黏度增大，降尘室生产能力下降。因此，在生产中通常是对含尘气体先进行降温处理，再进行分离操作。

第三节 过 滤

过滤是分离悬浮液最普遍和最有效的单元操作之一。利用过滤操作可以得到清洁的液体或固相产品。与沉降分离相比，过滤操作可使悬浮液的分离更迅速、更彻底。

一、过滤的基本概念

过滤是在推动力的作用下,使悬浮液通过过滤介质小孔,其中固体颗粒被截留在介质上,从而将悬浮液中的固体颗粒分离出来单元操作。图 3-6 所示是过滤操作示意。待分离的悬浮液称为滤浆,通过过滤介质的澄清液称为滤液,被过滤介质截留的固体粒子称为滤渣或滤饼。

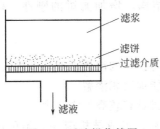
图 3-6　过滤操作简图

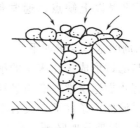
图 3-7　"架桥"现象

在过滤操作开始阶段,会有一些细小颗粒穿过介质而使滤液浑浊,但是会有一部分颗粒进入过滤介质孔道中发生"架桥"现象,如图 3-7 所示。随着颗粒的逐步堆积,将形成滤饼。穿过滤饼的液体则变为清洁的滤液。滤饼增至一定厚度,过滤速度就变得很慢,应该将滤饼清除,在清除滤饼之前,滤饼的空隙还存有部分滤液。将这部分滤液从滤饼中清洗出来,称为洗涤。用水或其他溶剂清洗滤饼,洗涤后得到的液体叫洗涤液。洗涤后,将滤饼用压缩空气吹干或用真空吸干,称为去湿。将洗涤去湿后的滤饼卸下,称为卸料。卸料以后过滤机要进行复原,重新进行新一轮的过滤操作。过滤操作的周期包括过滤、洗涤、卸料、复原等四个阶段。

1. 过滤介质

凡能使滤浆中流体通过,其所含颗粒被截留,以达固-液分离目的的多孔物统称为过滤介质。过滤介质是滤饼的支撑物,必须具有足够的机械强度。同时还应具有适宜的孔径,在开始过滤时,颗粒能迅速在介质表面"架桥",使细颗粒不致流失(即穿滤);介质的孔道内夹持颗粒的比率低,介质的堵塞率最小;滤饼能容易地完全卸除;介质结构便于清洗再生等。因此对过滤介质的要求是:孔隙多,阻力小;有足够的强度,耐腐蚀,耐高温;表面光滑,剥离滤饼容易;资源丰富,造价低廉。

工业上应用的过滤介质种类繁多,按其结构可分为织物介质、多孔形固体介质及粒状介质三大类。

(1) 织物介质　是工业上最常使用的一种过滤介质。例如,用金属丝织成的金属过滤网;用棉织物、毛织物、丝织物、合成纤维织物、玻璃纤维织物、非织造滤布(滤纸、滤毡、过滤衬垫)等织成的非金属过滤介质;由金属、非金属混合而成的过滤介质。其价格便宜,清洗及更换方便。

(2) 多孔形固体介质　如烧结金属网、金属纤维烧结毡、粉末烧结材料、多孔陶瓷、烧结多孔塑料、烧结铝氧化物、玻璃过滤介质等这些过滤介质孔隙小,耐腐蚀,适用于处理固体颗粒粒径小、含量少或腐蚀性强的悬浮液。

(3) 粒状介质　如硅藻土、膨胀珍珠岩粉、纤维素,砂,木炭粉、砂石、木炭、石棉粉等固体颗粒。

过滤介质是过滤机上关键的组成部分,它决定了过滤操作的分离精确度和效率,也直接影响过滤机的生产强度及动力消耗。随着操作的进行,滤饼的厚度和流动阻力都逐渐增加。若构成滤饼的颗粒由不易变形的颗粒组成,则当滤饼两侧的压差增大时,颗粒的形状和床层的空隙都基本不变,此类滤饼称为不可压缩滤饼。反之,若滤饼由无定形的颗粒组成,当压差增大时,颗粒的形状和床层的空隙都会有不同程度的改变,此类滤饼称为可压缩滤饼。

2. 助滤剂

对于由胶体颗粒组成的可压缩滤饼,在过滤过程中会被压缩,使滤饼的孔道变窄、甚至堵塞,或因滤饼粘嵌在滤布中而不易卸料,使过滤周期变长,生产效率下降,介质使用寿命缩短。为了改善以上缺点,通常使用助滤剂改变滤饼结构,增加滤饼的刚性,提高过滤速率。

对助滤剂的基本要求如下。

① 能与滤饼形成多孔床层的细小颗粒,以保证滤饼有良好的渗透性及较低的流动阻力。
② 具有化学稳定性,应与悬浮液间无化学反应且不能被液相溶解。
③ 在过滤操作条件下,具有不可压缩性,以保持滤饼具有较高的空隙率。

助滤剂一般是质地坚硬、形状不规则的细小固体颗粒,形成结构疏松、不可压缩的滤饼,如硅藻土、珍珠岩、石棉粉、炭粉、纸浆粉等。助滤剂的用法通常有两种,一是将助滤剂加入悬浮液中,在形成滤饼时便能均匀地分散在滤饼中间,形成一个坚硬的骨架,减小压缩性,增大空隙率,改善滤饼结构,使液体得以畅通。其加入量约为料浆的0.1%~0.5%。但当滤饼为产品时,不能用此方法。二是将助滤剂预涂于过滤介质表面,防止滤布孔道被微细颗粒堵塞。

3. 过滤速率

过滤速率是单位时间内通过单位过滤面积上的滤液体积,即

$$U=\frac{dV}{A\,d\tau} \tag{3-13}$$

式中 U——瞬时过滤速率,$m^3/(m^2 \cdot s)$;

A——过滤面积,m^2;

dV——滤液体积,m^3;

$d\tau$——过滤时间,s。

实践证明,过滤速率与过滤的推动力成正比,与过滤阻力成反比。要提高过滤速率,应增大过滤推动力,减小过滤的阻力。

4. 过滤推动力

过滤过程的推动力可以是重力、离心力或压力差。在实际过滤操作过程中,以压力差和离心力为推动力的过滤操作比较常见。

依靠重力为推动力的过滤称为重力过滤。重力过滤的过滤速度慢,仅适用于小规模、大颗粒、含量少的悬浮液过滤。依靠离心力为推动力的过滤称为离心过滤。离心过滤速度快,但受到过滤介质强度及其孔径的制约,设备投资和动力消耗也比较大,多用于固相颗粒粒度大、浓度高、液体含量较少的悬浮液。

如果过滤的推动力是在滤饼上游和滤液出口之间造成压力差而进行的过滤称为压差过滤,可分为加压过滤和真空吸滤。如果压差是通过在介质上游加压形成的,则称为加压过滤;如果压差是在过滤介质的下游抽真空形成的,则称为减压过滤(或真空抽滤)。

5. 过滤机生产能力

过滤机的生产能力通常用单位时间内所得到的滤液量来表示,有时也可用单位时间内单位过滤面积上积聚的滤渣量来表示。

影响过滤速率的因素,除过滤推动力和阻力外,悬浮液的性质和操作温度对过滤速率也有影响。滤浆黏度越小,过滤速度越快。滤浆浓度大,其黏度也越大,对过滤不利,提高温

度，可降低液体的黏度，提高过滤速率，从而提高过滤机的生产能力。但在真空过滤时，提高温度会使真空度下降，而降低生产能力。

二、过滤操作中液体通过颗粒层的流动

过滤是液体通过滤渣层（包括滤饼和过滤介质）的流动过程。由于过滤操作中固体颗粒尺寸很小，形成的流动通道呈不规则的网状结构。随着过滤过程的进行，滤饼厚度逐渐增加，过滤阻力逐渐增大，流速逐渐减小，滤液量也逐渐减小，因此，过滤操作属于不稳定流动过程。在过滤过程中，细小而密集的颗粒层提供了很大的液固接触表面，因此，可近似认为过滤时滤液通过滤饼层的流动是层流状态。

在过滤任一瞬间的过滤速率为

$$U = \frac{dV}{Ad\tau} = \frac{\Delta p}{r\mu L} \tag{3-14}$$

式中 U——过滤速率，m/s；
Δp——液体在滤饼层前后的压力差，Pa；
r——常数，其大小随料浆的性质、操作条件而不同，反映了滤饼的结构特征，一般由实验测得；
μ——液体的黏度，Pa·s；
L——滤饼的厚度，m。

式(3-14)中Δp实际上是过滤操作过程的推动力，而$r\mu L$相当于滤液在滤饼层流动的阻力。它表明，过滤速率等于过滤的推动力与过滤阻力之比。

过滤推动力主要决定于滤饼层两侧的压力差。过滤操作中通常采用增加悬浮液上方的压力、在过滤介质下方抽真空等方法来提高过滤的推动力。

过滤阻力主要决定于滤饼的厚度L、滤液的黏度μ及滤饼的结构特征r。滤饼越厚，固体颗粒越细，形成的流动通道越小，结构越紧密，过滤阻力越大。液体黏度越大，阻力越大。

三、过滤的基本方程式

在压差过滤过程中，过滤操作有两种典型的操作方式，即恒压过滤和恒速过滤。若维持操作压力差不变，过滤速度将逐渐下降，这种操作称为恒压过滤，逐渐加大压力差以维持过滤速度不变的操作称为恒速过滤。其中，恒压过滤操作便于实施，故工业生产中大多数属于恒压过滤。而恒速过滤操作由于较难实现。因此，这里主要讨论的是恒压过滤的基本方程式。

在恒压过滤中，由于过滤推动力Δp为定值，对于一定悬浮液和过滤介质，r、μ也可视为定值，滤液量和过滤时间的关系为

$$V^2 + 2V_e V = KA^2 \tau \tag{3-15}$$

式中 V——实际滤液的体积，m³；
V_e——过滤介质的当量滤液体积，m³；
K——滤饼常数，与物料特性及压力差有关，m²/s，由实验测得；
A——过滤面积，m²；
τ——过滤时间，s。

令$q = \dfrac{V}{A}$，$q_e = \dfrac{V_e}{A}$，则式(3-15)变为

$$q^2 + 2qq_e = K\tau \tag{3-15a}$$

式(3-15)、式(3-15a)为恒压过滤方程式。表达了过滤时间τ与获得滤液体积之间的关系。

当滤液通过滤饼阻力远远大于过滤介质阻力时，过滤介质阻力可忽略，恒压过滤方程式可

变为

$$V^2 = KA^2\tau \tag{3-16}$$
$$q^2 = K\tau \tag{3-16a}$$

【例题 3-3】 有一过滤面积为 0.093m^2 的小型板框压滤机,恒压过滤含有碳酸钙颗粒的水悬浮液。过滤时间为 50s,共得到 $2.27\times10^{-3}\text{m}^3$ 的滤液;过滤时间为 100s,共得到 $3.35\times10^{-3}\text{m}^3$ 的滤液。试求当过滤时间为 200s 时,可得到多少滤液?

解 ① 当过滤时间为 50s 时,由式(3-15) 得

$$(2.27\times10^{-3})^2 + 2\times2.27\times10^{-3}V_e = K(0.093)^2\times50$$

② 当过滤时间为 100s 时,有

$$(3.35\times10^{-3})^2 + 2\times3.35\times10^{-3}V_e = K(0.093)^2\times100$$

联立两式,求得

$$V_e = 3.78\times10^{-4}\text{m}^3$$
$$K = 1.58\times10^{-5}\text{m}^2/\text{s}$$

③ 过滤时间为 200s 时,将已知数据代入式(3-15)

$$V^2 + 2\times3.78\times10^{-4}V = 1.58\times10^{-5}\times(0.093)^2\times200$$

解得滤液量为

$$V = 4.86\times10^{-3}\text{m}^3$$

四、过滤机的结构和操作

过滤操作的设备称为过滤机。由于生产工艺的不同,形成的悬浮液性质相差较大,过滤的目的及料浆的处理量也相差很大,所以,工业生产过程中使用的过滤设备类型很多。若按操作过程的连续性分,可分为间歇式过滤机和连续式过滤机;若按过滤设备产生的压力差分,可分为加压过滤、真空过滤和离心过滤。实际生产中应用较多的是板框压滤机、转筒真空过滤机、加压叶滤机等。

1. 板框压滤机

板框压滤机是间歇操作过滤设备中应用较广的一种加压过滤设备,也是最早应用于工业生产过程的过滤设备,如图 3-8 所示。它主要由压紧装置、固定头、滤框、滤板、滤布等部件构成。其中滤框、过滤介质和滤板按一定顺序交替排列组成若干过滤室。

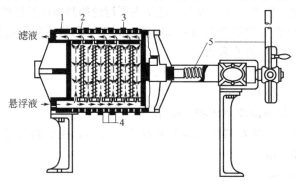

图 3-8 板框压滤机
1—固定头;2—滤板;3—滤框;4—滤布;5—压紧装置

滤框和滤板通常为正方形,也有长方形和圆形,如图 3-9 所示。为便于识别,滤板、滤框外侧均铸有标记(小钮)。在滤板的外缘铸有 1 钮的称为过滤板(也称非洗涤板);在滤板的外缘铸有 2 钮的称为滤框;在滤板的外缘铸有 3 钮的称为洗涤板。板与框按钮数按 1—2—3—2—1 顺序排列。

第三章 非均相物系的分离

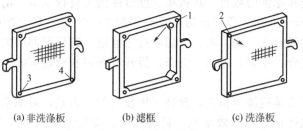

(a) 非洗涤板　　　(b) 滤框　　　(c) 洗涤板

图 3-9　滤板和滤框

1—悬浮液通道；2—洗涤液入口通道；3—滤液通道；4—洗涤液出口通道

滤框内部空间用于容纳滤饼，滤板的板面具有条状或网状的凹槽，凹槽走滤液或洗涤水，凸面支撑滤布，滤布夹在交替排列的滤板和滤框中间，通过压紧装置严密压紧，以防止渗漏。在板、框和滤布的两上角都有小孔。当装合后，就连接成为两条孔道。一条是悬浮液通道；另一条是洗涤水通道。此外，在滤框的上角有暗孔与悬浮液通道相通。在过滤板和洗涤板的下角（悬浮液通道的对角线位置）有滤液出口通道。在洗涤板的上角有暗孔与洗涤水通道连通。在过滤板的另一下角（洗涤水通道的对角线位置）有洗涤液出口通道。

操作前，应将板、框和滤布按前述顺序排列，并转动压紧装置，将板、框、滤布压紧。操作时，洗涤水入口通道关闭，滤浆入口通道打开。滤浆在指定压力下由滤框的悬浮液通道进入框内，分别穿越两侧滤布，透过滤布的滤液沿板上沟槽流下汇集下端，经滤液出口通道流出。故过滤面积是滤框内部横截面积的两倍。固体则被截留于框内，滤饼充满滤框后，停止过滤。如图 3-10(a) 所示。

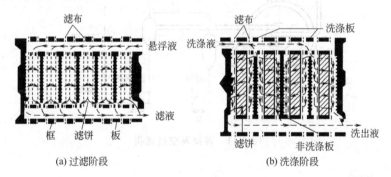

(a) 过滤阶段　　　　　　　　　(b) 洗涤阶段

图 3-10　板框压滤机操作简图

若滤饼需要洗涤，可将洗涤液压入洗涤液通道，经洗涤板角端的暗孔进入板面与滤布之间。此时，应关闭洗涤板下部的滤液出口，洗涤液便在压力差推动下穿过一层滤布及整个厚度的滤饼，然后再横穿另一层滤布，最后由过滤板下部的滤液出口流出，如图 3-10(b) 所示。这种操作方式称为横穿洗涤法，其作用在于提高洗涤效果。洗涤结束后，旋开压紧装置并将板框拉开，卸出滤饼，清洗滤布，重新装合，进入下一个操作循环。

板框压滤机按滤液的排出方式不同可分为明流式与暗流式两种。若滤液经由每块滤板底部侧管直接排出，则称为明流。若滤液不宜暴露于空气中，则需将各板流出的滤液汇集于总管后送走，称为暗流。明流式过滤设备每块滤板下方都有出口孔道，各自通过出口旋塞直接排出机外，直观可见，便于观察滤液澄清度与流量，一旦浑浊可随时关闭相关的出口旋塞。暗流式过滤机在各滤室的滤液及洗涤液是在板和框的角孔连成的闭合通道内汇集后一起排出，节省很多管道，故构造较为简单，但不便于控制。所以工业生产中以明流式最为常用。

过滤机所用滤板和滤框的数目,在机座长度范围内可自行调节,由生产能力和悬浮液的性质而定。一般为 10～60 块,所提供的过滤面积为 2～80m^2。当生产能力小,所需过滤面积较少时,可于板框间插入一块盲板,以切断过滤通道,盲板后部即失去作用。板框压滤机的每个操作循环由装合、压紧、过滤、洗涤、拆开、卸料和清理等操作构成。压紧方式有手动、机械和液压三种。

板框压滤机的优点是过滤面积大,允许采用较高的压力差,对滤浆的适应能力强,结构简单。其缺点是间歇操作,生产效率低,板框拆装、滤饼清除的劳动强度大,洗涤不够均匀,滤布损耗也较快。

卸除滤饼和洗净滤布,过去多由人工操作,现已逐步改为机械操作。例如,自动压滤机,滤布形成一个整体,由一个棱柱轴带动,自动卸除滤饼、洗净滤布;有的还增加了高压吹气装置,将滤饼吹干;还有全自动板框压滤机已实现板框的装合、压紧、进料、洗涤、卸料、清洗滤布、吹气等作业全部由计算机控制运行。

2. 转筒真空过滤机

转筒真空过滤机是一种连续操作的过滤机械,依靠真空系统形成的转筒内外压差进行过滤,如图 3-11 所示。设备的主体是一个能转动的水平圆筒,叫转筒,转筒表面有一层金属网,网上覆盖滤布,筒的下部浸入滤浆中,圆筒沿径向分隔成若干扇形格,每格都有单独的孔道通至分配头上。如图 3-12 所示。

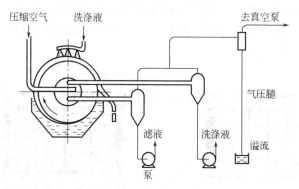

图 3-11 转筒真空过滤机

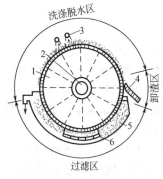

图 3-12 转筒真空过滤机操作简图
1—转筒;2—分配头;3—洗涤液喷嘴;
4—刮刀;5—滤浆槽;6—摆式搅拌器

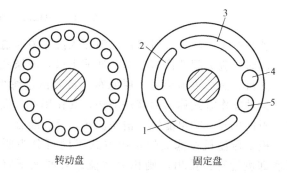

图 3-13 分配头的构成
1,2—与真空滤液罐相通的槽;3—与真空洗涤罐相通的槽;
4,5—与压缩空气相通的圆孔

分配头由紧密贴合的转动盘与固定盘构成,如图 3-13 所示。转动盘与转筒连成一体随着转筒旋转,固定盘固定在机架上。固定盘内侧面开有若干长度不等的弧形凹槽,各凹槽分别与滤液、洗涤水及压缩空气的管道相连。转筒转动时,借分配头的作用使扇形格的孔道依次与几个不同的管道相通,从而在回转一周的过程中,使每一个扇形格都可依次进行过滤、吸干、洗涤、吹松、卸饼等五个步骤的循环操作。

当扇形格开始浸入滤浆内时,转动盘上相应的小孔便与固定盘上的凹槽 1 相通,从而与真空管道连通,吸走滤液,滤布外侧形成滤饼,此扇形格所处的位置称为过滤区。当该扇形格转至与凹槽 2 相通时,扇形格将转出滤浆槽,但仍与凹槽 2 相通,继续吸干残留在滤饼中的滤液,此位置称为吸干区。扇形格转至与槽 3 相通的位置时,该格上方的洗涤液喷洒到滤饼上,经另一真空管道吸走洗涤液,它的位置称为洗涤区。当转至与孔 4 相通时,压缩空气将由内向外吹松滤饼,使滤饼和滤布分离,随后由刮刀将滤饼刮下,此位置称吹松区和卸料区。刮刀和转筒表面之间的距离可以调节。扇形格转至与孔 5 相通时,压缩空气吹落滤布上的颗粒,疏通滤布孔隙,使滤布复原。如此连续运转,整个转筒表面上便构成了连续的过滤操作。

转筒真空过滤机的操作关键在于分配头。转筒转动时,凭借分配头的作用使这些扇形格依次分别与真空管、洗涤液管及压缩空气管相通,因而在回转一周的过程中每个扇形格表面即可顺序进行过滤、吸干、洗涤、吹松、卸饼等项操作。

转筒的过滤面积一般为 $5\sim40\text{m}^2$,浸没部分占总面积的 30%~40%。转速可在一定范围内调整,通常为 0.1~3r/min。滤饼厚度一般保持在 40mm 以内,转筒真空过滤机所得滤饼中的液体含量很少低于 10%,常可达 30% 左右。

转筒真空过滤机能连续自动操作,节省人力,生产能力大,特别适宜于处理量大而容易过滤的料浆,对难以过滤的胶体物系或细微颗粒的悬浮液,若采用预涂助滤剂措施也比较方便。该过滤机附属设备较多,投资费用高,过滤面积不大。此外,由于它是真空操作,因而过滤推动力有限,尤其不能过滤温度较高(饱和蒸气压高)的滤浆,滤饼的洗涤也不充分。

近年来,过滤设备和新过滤技术不断涌现,有些已在大型生产中获得很好效益,如预涂层转筒真空过滤机、真空带式过滤机、节约能源的压榨机、采用动态过滤技术的叶滤机等。

第四节 离 心 机

一、离心力作用下的沉降速度

在重力场中,当颗粒的直径小于 $75\mu\text{m}$ 时,沉降过程很慢,为使颗粒更好地从悬浮液中分离出来,利用离心力比利用重力更有效。颗粒的离心力是通过旋转而产生的。转速越大,离心力越大,而颗粒所受的重力却是不变的,不能提高。因此,利用离心力作用的分离设备,不仅可以分离比较小的颗粒,提高分离效率,增大设备生产能力,同时还可以缩小设备尺寸,减小设备体积。

当流体围绕某一中心轴做圆周运动时,颗粒亦做圆周运动。能使颗粒方向不断改变的力称为向心力。颗粒的惯性将促使它脱离圆周轨道而沿切线方向飞出,此惯性称为惯性离心力。

与在重力场中相似,颗粒在离心力场中同样受到三个力的影响,即惯性离心力、向心力和指向旋转中心的阻力。若颗粒为球形,则在惯性离心力作用下,随介质旋转运动,并沿径向方向沉降。当颗粒在沉降方向上所受各种力互相平衡时,颗粒做等速沉降,即颗粒在径向上的相对运动速度就是颗粒在此位置上的离心沉降速度。即

$$u_r = \sqrt{\frac{4d(\rho_s - \rho)}{3\zeta\rho} \times \frac{u_t^2}{r}} \tag{3-17}$$

式中 u_r——颗粒与流体在径向上的相对速度，m/s；
u_t——颗粒沿圆周运动的切线速度，m/s；
r——颗粒的旋转半径，m。

$\frac{u_t^2}{r}$ 称为离心加速度。比较颗粒的离心沉降速度 u_r 和重力沉降速度 u_0，计算公式是相似的。只要将式(3-1)中的重力加速度 g 换成离心加速度 $\frac{u_t^2}{r}$ 就成了式(3-17)。对式(3-17) 中的 ζ 的选取，仍可按图 3-1 或式(3-5)、式(3-6)、式(3-7) 进行计算，只需将其中的 Re 中的 u_0 换成 u_r 即可。

若颗粒与流体介质的相对运动状态在层流区，则阻力系数 ζ 可用式(3-5) 计算，并代入式(3-17)，整理得

$$u_r = \frac{d^2(\rho_s - \rho)}{18\mu} \times \frac{u_t^2}{r} \tag{3-18}$$

对于在相同流体介质中的颗粒，离心沉降速度 u_r 与重力沉降速度 u_0 的比值取决于离心加速度与重力加速度之比，即

$$\frac{u_r}{u_0} = \frac{u_t^2}{rg} = \alpha \tag{3-19}$$

比值 α 称为离心分离因数，它是离心沉降设备的重要性能参数。分离因数越大，说明离心力越大，越有利于颗粒的分离。

分离因数 α 也可用式(3-20) 计算

$$\alpha \approx 2Dn^2 \tag{3-20}$$

式中 D——离心机的转鼓直径，m；
n——转鼓的转速，Hz。

由此可见，增大转鼓直径 D，增大转速 n，都能增大分离因数。若增大转鼓直径，则转鼓所受应力增大，设备的机械强度受到影响。因此，工业生产中通常采用增加机器转速，同时适当减小转鼓直径的方法来提高分离因数，以提高离心机的分离效率。

二、离心机的结构和操作

离心机是借助惯性离心力的作用，分离非均相液态混合物的机械设备。它的主要部件是一个由电动机带动的高速旋转的转鼓。悬浮液加在转鼓内，随转鼓做高速旋转。由于颗粒和流体介质的密度不同，所受离心力也不同。离心机能产生很大的离心力，因此可以分离出一般过滤方法不能除去的小颗粒，也可以分离包含两种密度不同的液体混合物。

1. 离心机的分类

为满足不同生产过程的需要，离心机的品种规格较多，分类方法主要有以下几种。

(1) 按分离因数　可分为常速离心机（$\alpha < 3000$）、高速离心机（$3000 < \alpha < 5000$）、超高速离心机（$\alpha > 5000$）。常速离心机适用于含固体颗粒较大或颗粒中等及纤维状固体的悬浮液分离。高速离心机和超高速离心机适用于分离乳浊液和澄清含颗粒细小的悬浮液或乳浊液。最新的离心机，分离因数可达 500000 以上，常用来分离胶体物料及破坏乳状液。

(2) 按分离过程　可分为间歇式离心机和连续式离心机。

(3) 按分离方式　可分为过滤式离心机、沉降式离心机、离心分离机。

① 过滤式离心机。用来分离含固体颗粒较大、含量较多的悬浮液，如图 3-14(a) 所示。

这种离心机的转鼓上开有分布均匀的许多小孔,转鼓内壁铺上过滤介质,悬浮液随转鼓旋转时,固体颗粒被截留在过滤介质的表面,形成滤渣层,并在离心力的作用下被逐步压紧,滤液则通过滤渣层、过滤介质、转鼓上的小孔被甩出,从而得到较干燥的滤渣。

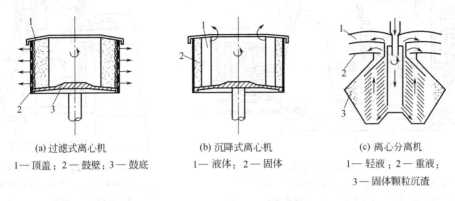

(a) 过滤式离心机　　　　　(b) 沉降式离心机　　　　　(c) 离心分离机
1—顶盖;2—鼓壁;3—鼓底　　1—液体;2—固体　　　　1—轻液;2—重液;
　　　　　　　　　　　　　　　　　　　　　　　　　　3—固体颗粒沉渣

图 3-14　离心机示意图

② 沉降式离心机。适用于分离含固体颗粒较少且粒度较细的悬浮液,如图 3-14(b) 所示。这种离心机的转鼓上不开孔,不设过滤介质。当悬浮液随转鼓一起旋转时,固体颗粒因密度大于液体密度而向转鼓壁沉降,形成沉渣,而留在内层的澄清液体经转鼓上端的溢流口排出。

③ 离心分离机。适用于分离两种密度不同的液体所形成的乳浊液或含有微量固体颗粒的乳浊液,如图 3-14(c) 所示。乳浊液在离心力的作用下,液体将分为内外两层,重液在外层,轻液在内层,而微量固体颗粒沉积于鼓壁上,通过一定的装置分别引出。

2. 常见的几种离心机

(1) 间歇式离心机　图 3-15 为一台上部人工卸料间歇式离心机。机器由转鼓、支架和制动器等部件组成,转鼓由传动装置驱动旋转。转鼓壁上钻有许多小孔,转鼓内侧装滤布或滤网。整个机座和外罩借 3 根拉杆弹簧悬挂于三足支柱上,以减轻运转时的振动。操作时,先将料浆加入转鼓,悬浮液置于转鼓之内,然后启动电动机,通过 V 带带动转鼓转动,滤液穿过滤布和转鼓甩至外壳内,汇集后从机座底部经出液口排出,滤渣被截留在滤布上,沉积于转鼓内壁。待一批料液过滤完毕,或转鼓内滤饼量达到设备允许的最大值时,可不再加料,并继续运转一段时间以沥干滤液或减少滤饼中含液量。必要时也可进行洗涤,然后停车由人工从上部卸出,再清洗设备。

间歇式离心机结构简单、紧凑,占空间不大,机器运转平稳,造价低,颗粒破损较轻。对物料的适应性强,过滤、洗涤时间可以随意控制,故可得到较干的滤渣和充分的洗涤。其缺点是间歇操作,生产中辅助时间长,生产能力低,劳动强度大,卸料不方便,转动部件位于机座下部,检修不方便。广泛应用于制药、化工、轻工、纺织、食品、机械制造等工业部门。适用于固体颗粒为 $5\mu m$,浓度为 $5\%\sim75\%$ 的悬浮液的分离。

间歇式离心机的规格是由符号和数字组成的。SS 型表示人工上部卸料离心机,SX 型表示人工下部卸料离心机,SG 型表示刮刀下部卸料的离心机。数字则表示转鼓直径。

(2) 卧式刮刀卸料离心机　卧式刮刀卸料离心机是连续运转、间歇操作的过滤式自动离心机。可在全速运转下进行各工序的操作,自动进料、脱水、洗涤、卸料及洗网等工序。各工序的操作时间可在一定范围内根据实际需要进行调整,且全部自动控制。如图 3-16 所示,其转鼓安装在一个水平的主轴上,鼓的内壁装有两层滤网,靠转鼓壁的一层是衬网,靠里面的一层是过滤介质。转鼓外面是一个铸造的外壳,下面有滤液出口,外壳的前盖上装有刮刀机构、加料管及排料斗等。

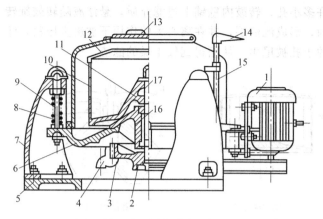
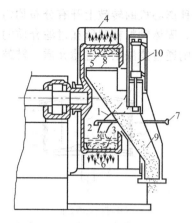

图 3-15　间歇式离心机
1—电动机；2—三角带轮；3—制动轮；4—滤液出口；
5—机座；6—底盘；7—支柱；8—缓冲弹簧；9—摆杆；
10—转鼓壁；11—转鼓底；12—拦液板；13—机盖；
14—制动手柄；15—外壳；16—轴承座；17—主轴

图 3-16　卧式刮刀卸料离心机
1—进料管；2—转鼓；3—滤网；
4—外壳；5—滤饼；6—滤液；
7—冲洗管；8—刮刀；
9—溜槽；10—液压缸

当机器工作时，进料阀自动开启，悬浮液沿进料管进入全速运转的转鼓内，在离心力作用下，悬浮液中大部分液体经滤网、衬网及鼓壁上的小孔被甩出，经机壳的切向排液口流向排液阀。进料阀开启时，排液阀门同时打开，母液沿母液管路排出。固体则留在转鼓内，加料阀开启到一定的时间后自动关闭，停止进料，物料在转鼓内进一步甩干。物料甩干后，洗涤液阀自动开启，洗涤液经冲洗管喷淋在固体物料上，此时排液阀关闭，而水洗排液阀打开，甩出的洗涤液沿另一管路排走。洗涤后，水洗阀自动关闭，但是洗涤液出口阀仍然打开，转鼓继续在全速运转，液体不断被甩出，沿洗涤液出口阀排走。物料得到充分的干燥时，装有刮刀的刀架自动旋转上升，固体物料被刮下掉进倾斜的卸料斗，沿卸料斗斜面滑下，排出机外，刮刀上升到离滤网一定的距离时，刮刀停止上升，并随即反向退回原来位置，进入下一个周期。

卧式刮刀卸料离心机的主要优点在于消除了因卸料而停车和制动转鼓所造成的非生产时间和能量的浪费，整个过程连续化，大大减轻了体力劳动，生产能力大，适用于大规模生产。缺点是刮刀在高速下卸料，颗粒会有一定程度的破损。可用于含固体颗粒粒度大于 $10\mu m$ 的固-液二相悬浮液的分离。

常见卧式刮刀卸料离心机的型号有 GK450-N 型、GK800-N 型等。G 表示刮刀卸料；K 表示宽刮刀；N 表示耐腐蚀；数字表示转鼓直径，mm。

（3）活塞推料离心机　活塞推料离心机是一种连续运转、自动操作液压脉动卸料的过滤式离心机，如图 3-17 所示。离心机加料、过滤、洗涤、甩干、卸料等操作同时在转鼓内的不同部位连续进行。分离后的滤饼从转鼓中间歇排出。

转鼓内有一个用来推料的卸料器，固定在

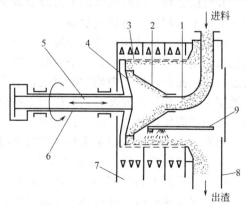

图 3-17　活塞推料离心机
1—进料管；2—布料斗；3—转鼓；4—推料盘；5—推杆；6—空心主轴；7—排液口；8—排料槽；9—洗涤管

活塞杆的末端，一方面随着转鼓转动，同时又受液压传动机构的作用而往复运动。在转鼓启动达到全速后，将所需分离的悬浮液通过进料管连续地送到布料斗处，并在离心力作用下，使悬浮液均匀地分布到转鼓外的筛网上，大部分液体经筛网缝隙和转鼓壁孔甩出转鼓，固相被截留在筛网上形成环状滤饼。推料盘借助于液压系统控制做往复运动，当推料盘向前移动时，滤饼层被向前推移一段距离，推料盘向后移动后，空出的筛网上又形成新的滤饼层，因推料盘不停地往复运动，滤饼层则不断地沿转鼓轴向前推移，最后被推出转鼓。经排料槽排出机外。滤液则通过排液口排出。若滤饼需要在机内洗涤，洗涤液通过洗涤管或其他的冲洗设备连续喷在滤饼层上，洗涤液连续分离，液体由机壳的排液口排出。转鼓转动由电动机通过 V 带驱动。卸料器往复运动由液压系统通过复合油缸来实现。

活塞推料离心机适用于分离固相颗粒大于 0.25mm 的结晶状或纤维状物料的悬浮液。该机连续操作、分离效率高、生产能力大、操作稳定、滤饼含湿量低、滤饼破碎小、功率消耗均匀等优点。但它对悬浮液固相浓度变化很敏感，要求进料浓度保持稳定。

三、旋液分离器

旋液分离器又称水力旋流器，是利用离心沉降原理从悬浮液中分离固体颗粒的设备。设备主体是由直径较小的圆筒和较长的圆锥两部分组成，如图 3-18 所示。直径小的圆筒有利于增加惯性离心力，提高沉降速度。加长的圆锥部分可增大悬浮液的行程，增加了在器内的停留时间，有利于分离。

悬浮液经入口管沿切向进入圆筒，做螺旋形向下运动，形成下旋流。固体颗粒受惯性离心力作用被甩向器壁，随下旋流降至锥底的出口，由底部排出的增浓液称为底流；清液或含有微细颗粒的液体则成为上升的内旋流，从顶部的中心管排出，称为溢流。内层旋流中心有一个处于负压的气柱。气柱中的气体是由料浆中释放出来的，或者是由溢流管口暴露于大气中时而将空气吸入器内。

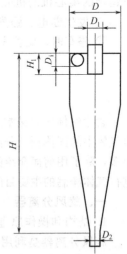

图 3-18　旋液分离器
D_i—悬浮液入口直径；
D_1—分离后清液出口；

$$D_i = \frac{D}{4}; \quad D_1 = \frac{D}{3}$$

旋液分离器不仅可用于悬浮液的增浓，还用于不同粒径的颗粒的分级，也可用于不互溶液体的分离、气-液分离，以及传热、传质和雾化等操作中，广泛应用于工业领域中。

在旋液分离器中，颗粒沿器壁快速运动时产生严重磨损，为了延长使用期限，应采用耐磨材料制造或采用耐磨材料作内衬。

四、离心机的选择和操作管理

离心机的种类和型号很多，因此，合理选择离心机是一个重要的问题。

乳浊液的分离是基于两液相的相对密度的不同，因此通常采用分离机。

若悬浮液中颗粒含量较多，粒子直径较大（大于 0.1mm），颗粒密度不高于液相的密度，工艺上要求获得含湿量较低的颗粒和需要对颗粒进行洗涤时，应考虑使用过滤式离心机。若悬浮液中液相黏度较大，颗粒含量少，颗粒粒度小（小于 0.1mm），颗粒具有可压缩性，工艺上要求获得较清的液相，滤网容易被固相物料堵塞又无法再生，可考虑使用沉降式离心机或分离机。

过滤式离心机中，间歇式离心机由于是在低速或在停机时卸料，所以对颗粒的磨损较小。而刮刀卸料离心机的卸料方式对颗粒有较大的磨损、破坏。活塞推料离心机对颗粒的磨损介于两者之间。总之，应根据作用场合的要求选择价廉适用、制造简单、维修使用方便的离心机，同时要作经济性比较，既要考虑技术的可能性，还要解决经济的合理性。

离心机是高速旋转的机器,在操作中有一定的操作规程。在操作过程中要注意以下几点。

① 做好开车前检查工作。检查转鼓内无杂物,制动装置是否灵敏,出液口是否畅通;空车检查转动是否均匀正常,旋转方向是否正确。

② 装料必须均匀。装料不均会引起运转中的强烈振动,造成转动件的磨损,甚至使筛网破裂等。不得超载运转。任何一种离心机都有它规定的载荷限度。超载运行不仅会造成传动件的过度磨损,烧坏电动机,严重时可能造成筛网破裂、外壳飞出等事故。

③ 做好机器运转中的检查工作。如发现不正常现象时,应立即停车检查。

④ 操作时机壳应当关闭,不允许在机壳边缘上放置任何物料或工具,更不允许人靠在正运转的离心机的机壳上。

⑤ 发生断电、强烈振动和较大的撞击声,应紧急停车,以防止造成设备的重大事故。

⑥ 停车时,应首先切断电源,然后平稳地加以制动。制动过猛,会造成制动装置的损坏。

第五节 气体净制设备

含尘气体净制是常见的单元操作之一。含有固体颗粒(灰尘)的气体称为含尘气体,将含尘气体中的固体颗粒分离出去的操作称为气-固分离,也称净化、除尘。实现气体净制的方法很多,除了用前面介绍的重力沉降法外,还可以用离心沉降、过滤法、湿法和静电除尘法等。进行气体净制的主要目的是为净化气体,除去灰尘,也有的是为回收固体颗粒或保护环境。

一、旋风分离器

1. 结构和操作原理

旋风分离器是利用惯性离心力的作用从气流中分离出颗粒的设备。图3-19(a)所示是具有代表性的结构形式,称为标准旋风分离器。主体的上部为圆筒形,下部为圆锥形。各部件的尺寸均与圆筒直径成比例。

含尘气体由圆筒上部的进气管切向进入,受器壁的约束而向下做螺旋运动。在惯性离心力作用下,颗粒被抛向器壁并与器壁碰撞而失去动能,从而与气流分离,再沿壁面落至锥底的排灰口。净化后的气体绕中心轴由下而上做螺旋运动,最后从顶部排气管排出。如图3-19(b)所示。通常,把下行的螺旋形气流称为外旋流,上行的螺旋形气流称为内旋流(又称气芯)。内、外旋流气体的旋转方向相同。外旋流的上部是主要除尘区。

旋风分离器内的静压力在器壁附近最高,仅稍低于气体进口处的压强,越往中心静压力越低,中心处的压力可降至气体出口压力以下。旋风分离器内的低压内旋流由排气管入口一直延伸到锥底。因此,如果出灰口或集尘室密封不良,便易漏入气体,把已收集在锥底的粉尘重新卷起,严重降低分离效果。

2. 旋风分离器的计算

旋风分离器的分离效率通常用临界粒径

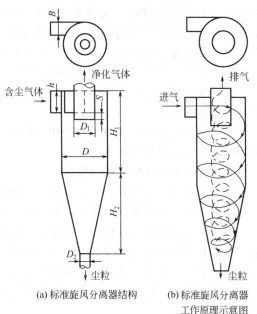

(a) 标准旋风分离器结构 (b) 标准旋风分离器工作原理示意图

图 3-19 旋风分离器示意图

$h = \dfrac{D}{2}$ $B = \dfrac{D}{4}$ $D_1 = \dfrac{D}{2}$ $H_1 = 2D$

$H_2 = 2D$ $S = \dfrac{D}{8}$ $D_2 = \dfrac{D}{4}$

(即理论上能被完全分离下来的最小颗粒直径)的大小来判断。临界粒径越小,分离效率越高。颗粒的临界粒径通过式(3-21)计算,即

$$d_c = \sqrt{\frac{9\mu B}{\pi N \rho_s u}} \tag{3-21}$$

式中　d_c——临界粒径,m;

　　　μ——气体的黏度,Pa·s;

　　　B——旋风分离器进口管宽度,m;

　　　N——气体在旋风分离器中的旋转圈数;一般为 0.5～3,标准旋风分离器为 5;

　　　ρ_s——尘粒的密度,kg/m³;

　　　u——气体在进口管内的流速,m/s。

由式(3-21)可见,临界粒径随分离器尺寸增大而加大,因此分离效率随分离器尺寸增大而减小。所以,当气体处理量很大时,常将若干个小尺寸的旋风分离器并联使用(称为旋风分离器组),以维持较高的除尘效率。

3. 旋风分离器的压力损失

气体经旋风分离器时,由于进气管和排气管及主体器壁所引起的摩擦阻力,流动时的局部阻力及气体旋转时产生的动能损失等,造成了气体的压力损失,产生了压力降。即

$$\Delta p = \zeta \frac{\rho u^2}{2} \tag{3-22}$$

式中　ζ——阻力系数,由实验测定。

影响旋风分离器性能的因素很多,如设备的结构尺寸、物系性质及操作条件等。颗粒密度大、粒径大、进口气速高及粉尘浓度高等情况均有利于分离。如含尘浓度高则有利于颗粒的聚结,可以提高效率,而且颗粒浓度增大可以抑制气体涡流,从而使阻力下降,所以较高的含尘浓度对压力降与效率两个方面都是有利的。从操作条件来看,降低气体温度、适当提高气体入口流速,有利于分离。但过高则导致涡流加剧,反而不利于分离,徒然增大压力降。因此,旋风分离器的进口气速保持在 10～25m/s 范围内为宜。旋风分离器的分离效率不仅受含尘气的物理性质及操作的影响,还与设备的结构尺寸密切相关。只有各部分结构尺寸恰当,才能获得较高的分离效率和较低的压力降。

为了获得较高的分离效率,可适当采用多台旋风分离器串联使用,要特别注意解决气流的均匀分配及排出灰口的窜漏问题,以便在保证气体处理量的前提下兼顾分离效率与气体压力降的要求。

旋风分离器结构简单,造价低廉,没有活动部件,可用多种材料制造,操作条件范围宽广,分离效率较高,是工业生产中最常用的一种除尘、分离设备。旋风分离器一般用来除去气流中直径在 5μm 以上的尘粒。对颗粒含量高于 200g/m³ 的气体,由于颗粒聚结作用,它甚至能除去 3μm 以下的颗粒。旋风分离器还可以从气流中分离出雾沫。对于直径在 200μm 以上的粗大颗粒,先用重力沉降法除去,以减少颗粒对分离器壁面的磨损。对于直径在 5μm 以下的颗粒,一般旋风分离器的捕集效率已不高,需用袋滤器或湿法捕集。旋风分离器不适用于处理黏性粉尘、含湿量高的粉尘及腐蚀性粉尘。此外,气量的波动对除尘效果及设备阻力影响较大。

二、其他气体净制设备

1. 袋滤器

使含尘气体穿过做成袋状而支撑在适当骨架上的滤布,以滤除气体中的尘粒,这种设备称为袋滤器。滤布纤股的间隙为 100～200μm,但有许多直径为 5～10μm 的细丝交错于孔隙

之中，微小的颗粒撞击于这些细丝上而被截留，滤布上逐渐积累的颗粒层也有很好的过滤作用。因此，袋滤器往往能除去 1μm 以下的微尘，效率可高达 99.9% 以上，常用在旋风分离器后作为末级除尘设备。

袋滤器主要由滤袋及其骨架、壳体、清灰装置、灰斗和排灰阀等部分构成。图 3-20 所示为一脉冲式袋滤器。含尘气体自下部进入袋滤器，气体由外向内穿过支撑于骨架上的滤袋，洁净气体汇集于上部出口管排出，颗粒被截留于滤袋外表面上。清灰操作时，开动压缩空气反吹系统，脉冲气流从布袋内向外吹出，使尘粒落入灰斗。按规格组成的若干排滤袋，每排用一个电磁阀控制喷吹清灰，各排循序轮流进行。每次清灰时间很短（约 0.1s），每分钟内便有多排滤袋受到喷吹。

袋滤器中每个滤袋的长度一般为 2～3.5m，直径为 120～300mm。多数情况下，气体的过滤速度为 0.6～0.8m/min，良好的清灰装置能及时清灰时，可采用较高的气速。滤布材料的选择十分重要，依物料性质、操作条件及净化要求而定。一般天然纤维只能在 80℃ 以下使用，毛织品略高于此温度，聚丙烯腈、聚酯等化纤织物可用于 135℃ 以下，玻璃纤维可用于 150～300℃。

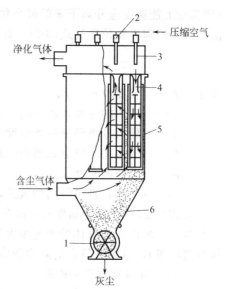

图 3-20 袋滤器
1—排灰阀；2—电磁阀；3—喷嘴；
4—文丘里管；5—滤袋骨架；6—灰斗

袋滤器投资费较高，清灰较麻烦，用于处理湿度较高的气体时，应注意气体温度需高于露点。

2. 文丘里除尘器

文丘里除尘器又称文氏管洗涤器，是一种湿法除尘设备。是将气体中的尘粒被水滴捕集，变气-固分离为气-液分离，以达到除尘目的。其主体由收缩管、喉管及扩散管三段连接成的洗涤管和旋风分离器构成，如图 3-21 所示。喉管周围均匀地开有若干径向的小孔。含尘气体高速通过喉管时，流速很大，把液体从径向小孔引入喉管内，被高速气体撞击，散成许多雾滴，这些雾滴促使尘粒润湿而聚结长大，随后将气流引入旋风分离器或其他分离设备进行分离，达到较高的净化程度。收缩管的中心角一般不大于 25°，扩散管中心角为 7° 左右，液体用量约为气体体积流量的 0.1%。

文丘里除尘器的结构简单、紧凑，操作方便，分离效率高（对 0.5～1.5μm 的尘粒，分离效率可达 99%）；既可单独使用，也可串级使用。缺点是能耗大，压力降较大，消耗水量大；净化后的气体含湿量大，排除的含尘废水可能造成污染。

3. 泡沫除尘器

泡沫除尘器又称泡沫塔，是一种使含尘气体通过泡沫将固体微粒洗涤分离的湿法除尘器。除尘器的外壳是圆形或方形，内设筛板，有单层筛板和多层筛板。单层筛板的泡沫除尘器如图 3-22 所示。分上、下两室，中间设有筛板，下室有锥形底。水或其他液体由上室的一侧靠近筛板处进入，含尘气体由下室进入。筛板上的液体受到上升气体的冲击，产生很多泡沫，在筛板上形成一层流动的泡沫层。当含尘气体经筛板上升时，较大的灰尘被下降的液体冲走，由除尘器底部排出；较细小的灰尘通过筛板后被泡沫层截留，并随泡沫层经除尘器另一侧的溢流挡板排出。溢流挡板的高度直接影响着泡沫层的高度。净化后的气体由上室顶部的气体出口排出。

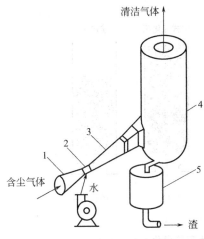

图 3-21　文丘里除尘器
1—收缩管；2—喉管；3—扩散管；
4—旋风分离器；5—沉降槽

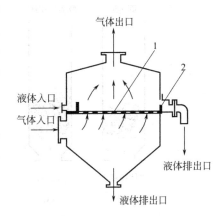

图 3-22　单层筛板的泡沫除尘器
1—筛板；2—溢流挡板

泡沫除尘器的结构简单，气-液两相接触面积大，分离效率很高，操作安全可靠，阻力较小，但对设备安装要求较严格，耗水多，易污染环境。

4. 静电除尘设备

静电除尘法的原理是利用高压电场使气体发生电离，含尘气体中的粉尘带电，带电尘粒在强电场的作用下积聚到集尘电极（阳极）上，从而使气体得到净化。静电除尘法的设备有静电除尘器、静电除雾器等。当气体中含有某些极微细的尘粒或雾滴时，可用静电除尘器予以分离。

静电除尘器能有效地捕集 $0.1\mu m$ 甚至更小的烟尘或雾滴，分离效率很高，一般可达99%，最高可达99.99%；而且阻力较小，处理量大，低温操作时性能良好，但也可用于500℃左右的高温气体除尘。能连续、自动操作。其缺点是设备费用大，消耗钢材多，对操作管理要求高。因此只有在确实需要时才选用此法。

第六节　固体流态化

固体流态化就是流体以一定的流速通过固体颗粒组成的床层时，大量固体颗粒悬浮于流动的流体中，呈现出某种类似于流体的状态，称为固体流态化。借助这种流化状态以完成某种处理过程的技术，称为流态化技术。

流态化技术是目前化学工业及其他行业（如能源、冶金等）广泛使用的一种工业技术。在化学工业中主要用于强化传热、传质，亦可实现气-固反应、物理加工乃至颗粒的输送等过程。

一、固体流态化的基本概念

1. 流态化现象

使一种流体从容器底部向上以不同速度通过颗粒床层时，可能出现以下几种情况。

（1）固定床　当流体的速度较低时，流体只是穿过静止颗粒之间的空隙而流动，这种床层称为固定床，如图 3-23(a) 所示。

（2）流化床　当流体的流速增大至一定程度时，颗粒开始松动，颗粒位置也在一定的区间内进行调整，床层略有膨胀，直到刚好全部颗粒都悬浮在向上流动的流体中。此时，颗粒

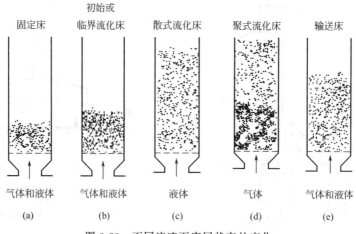

图 3-23　不同流速下床层状态的变化

所受浮重力与流体和颗粒之间的摩擦力相平衡,但颗粒仍不能自由运动,这时床层称为初始或临界流化床,如图 3-23(b) 所示。

当流体的流速继续增大,这时全部颗粒刚好悬浮在向上流动的气体或液体中而能做随机的运动。流速增大,床层高度也将随之升高,这种床层称为流化床。在液-固系统中,流速增加到临界流态化以上,床层平稳渐增,在正常情况下观察不到大规模的鼓泡或不均一性,这样的床层称为散式流化床或简称液体流化床,如图 3-23(c) 所示。在气-固系统中,流速增加到临界流态化以上时则出现很大的不稳定性,发生鼓泡和气体沟流现象,搅动剧烈,固体颗粒运动活跃,这样的床层称为聚式流化床或简称气体流化床。由于颗粒像沸腾的液体,因此亦称沸腾床,如图 3-23(d) 所示。

(3) 输送床　若流速再升高达到某一极限值后,流化床上界面消失,颗粒悬浮在气流中,并随流体从床层中带出容器外,这种床层称为输送床,如图 3-23(e) 所示。

2. 流化床类似液体的性质

流化床中的气-固运动状态很像沸腾着的液体,并且在许多方面表现出类似于液体的性质。如图 3-24 所示,流化床具有像液体的流动性能,因此,也能通过管道进行输送。一个大而轻的物体可以漂浮在床层表面,如图 3-24(a) 所示。当容器倾斜时,床层表面保持水平。如图 3-24(b)、(c) 所示。若在容器壁开个孔,则固体颗粒可从容器壁的小孔喷出,如图 3-24(c) 所示。当两个床层连通时,固体颗粒像液体那样,从一容器流入另一容器,床面自行调整至同一水平面,如图 3-24(d) 所示。床层中任意两截面间的压力差大致等于这两截面间的床层静压差,如图 3-24(e) 所示。

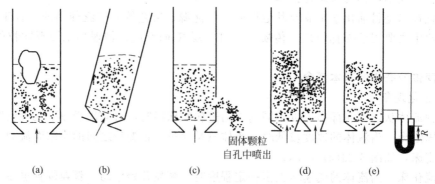

图 3-24　流化床类似液体的状态

由于流化床（中的流体）具有某些液体的性质，因此在一定的状态下，流化床具有一定的密度、热导率、比热容和黏度等。

二、流化床的流体力学

研究流化床的流体力学的目的，是为了掌握流体和固体颗粒在流化床中的运动规律，为选择合适的流化条件、采取适当的措施防止不正常的流化现象、计算流化床的主要尺寸等打下基础。

1. 理想流化床的压力降与流速的关系

若流体垂直向上通过固体颗粒床层，流体的流速用空塔速度 u 表示，则通过颗粒床层的压力降 Δp 与 u 的关系在理想情况下如图 3-25 所示。

(1) 固定床阶段　在气体速度较低的时候，由固体颗粒所组成的床层静止不动，气体只从颗粒空隙中流过。因此，随着气速的增加，气体通过床层的摩擦阻力也相应增加，床层压力降 Δp 随流速 u 的增大而增大，在对数坐标图上成直线关系，如图中 AB 段所示。

当气速增大至某一定值 B 点，床层压力降

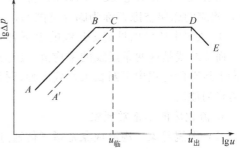

图 3-25　理想流化床的 Δp 与 u 的关系

恰等于单位面积床层净重力时，气体在垂直方向上给予床层的作用力刚好能够把全部床层颗粒托起，此时，床层变松并略有膨胀，颗粒发生振动，粒子重新排列，但还不能自由运动，固体颗粒仍保持接触而没有变化，如图 3-25 中的 BC 段所示。

(2) 流化床阶段　当流速继续增大超过 C 点时，床层开始流化，颗粒悬浮在流体中自由运动，床层的高度随气速的加大而增高，但整个床层压力降却保持不变，仍然等于单位面积的床层净重力。C 点称为临界点或流化点，与 C 点相应的流速称为临界流化速度 $u_{临}$，它是最小流化速度。在临界点之后，继续增大流速，床层的空隙率增大，床层高度也将增高，但床层的压力降保持不变，如同气体通过有一定高度的液层一样。此时为流化床阶段，Δp 与 u 的关系如图 3-25 中的 CD 段所示。

如果在这时降低流化床的气速，则床层高度、空隙率也随之降低，Δp 与 u 关系将沿 CD 线返回，当达到 C 点时，固体颗粒就互相接触而成为静止的固定床。若继续降低流速，床层压力降沿 CA' 线变化。比较 BA 线与 CA' 线可见，相同气速下，CA' 线的压力降较低，这是因为床层曾被吹松，它比原来的固定床具有较大的空隙率的原因。

(3) 输送床阶段　当流速增大至 D 点，流速达 $u_{出}$ 后，床层上界面消失，床层空隙率增大，所有颗粒都悬浮在气流中，并被气流带走。这时气流中颗粒浓度降低，由密相转为稀相，形成了两相（气-固）同向流动的状态，即进入输送床阶段。如图 3-25 中的 DE 段所示。D 点处的流速 $u_{出}$ 为带出速度或最大流化速度，它就是流化床操作所允许的理论上的最大气速。

2. 实际流化床的压力降与流速的关系

实际流化床的情况较为复杂，其 Δp 与 u 的关系如图 3-26 所示。

① 在固定床 AB 段和流化床 DE 段之间有一个"驼峰"BCD。这是因为固定床颗粒之间相互靠紧而产生摩擦力，因而需要较大的推动力才能使床层松动，直至颗粒松动到刚能悬浮时，Δp 即从"驼峰"降到水平阶段 DE，此时压力降基本不随气速而变，最初的床层越紧密，"驼峰"越陡峻。当降低流化床气速时，由于固定床已处于最松状态，压力降沿

$EDC'A'$ 变化。

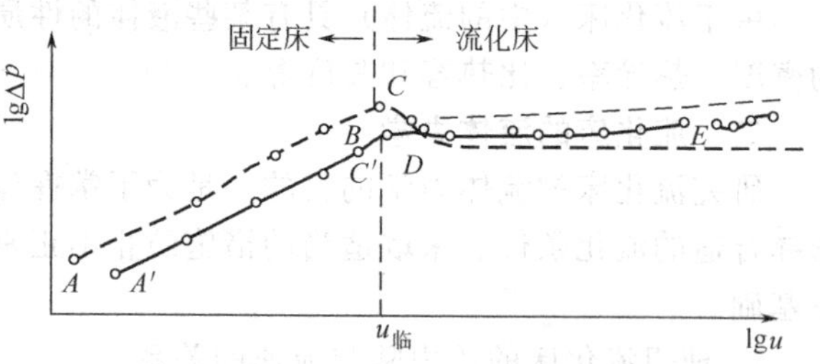

② 从图中可看出，DE 线近于水平而右段略微向上倾斜。这表明气体通过床层时的压强降除绝大部分是用于平衡床层颗粒的重力外，还有很少一部分能量消耗于颗粒之间的碰撞及颗粒与容器壁之间的摩擦。

图 3-26　实际流化床的 Δp 与 u 的关系

③ 图中 EDC' 线和 $C'A'$ 线分别表示流化床阶段和固定床阶段，两线的交点 C' 即为临界点，对应该点的流速为临界流化速度 $u_临$，相应的床层空隙率称为临界空隙率，它比没有流化过的原始固定床的空隙率稍大一些。

④ 从图中还可以见到 DE 线的上下各有一条虚线，这表示气体流化床的压力降波动范围，而 DE 线是这两条虚线的平均值。压力降的波动是因为从分布板进入的气体形成气泡，在向上运动的过程中不断长大，到床面即行破裂。在气泡运动、长大、破裂的过程中，产生压力降的波动。

3. 流化床的不正常现象

(1) 沟流现象　沟流现象是指气体通过床层时形成短路，大量气体不和固体粒子很好接触，而是通过通道沿床层上升，因此，床层并不流化，只有少量气体和固体颗粒接触，使部分颗粒流化。由于气、固接触不均匀，可能使部分床层成为死床，不利于传热、传质和化学反应，降低设备的生产能力。

沟流现象的出现主要与颗粒的特性和气体分布板的结构有关。例如，颗粒很细，气速过小，易黏合、结团的潮湿物料，气体分布不均匀等，均容易引起沟流现象的发生。

(2) 大气泡和腾涌现象　其特征是气泡在床层内逐渐汇合长大，成为大气泡。当气泡直径长大到与床径相等时，则将床层分为几段，形成相互间隔的气泡与颗粒层。颗粒层像活塞那样被气泡向上推动，在达到上部后气泡迸裂，而颗粒则分散下落，这种现象称为腾涌现象。

大气泡和腾涌现象的发生，使气、固接触不良，器壁受颗粒磨损加剧，引起设备震动，造成床内部构件的损坏，降低设备的生产能力。

造成大气泡和腾涌的主要原因是床层高度与直径比值过大，气速过高，颗粒粒度大。

通过测量流化床的压力降并观察其变化情况，可以帮助判断操作是否正常。流化床正常操作时，压力降的波动应该是较小的。若波动较大，可能是形成了大气泡。如果发现压力降直线上升，然后又突然下降，则表明发生了腾涌现象。反之，若压力降比正常操作时为低，则说明产生了沟流现象。

4. 流化速度

流化床的操作速度在理论上应在临界流化速度和带出流化速度之间。因此，应先确定临界流化速度和带出流化速度，然后选取操作速度。

(1) 临界速度　临界速度是流化操作中的最小速度。在图 3-26 中，由于 C 点是固定床的终点，又是流化床的起点，床层压力降既符合固定床的规律，又符合流化床的规律。对于光滑球形颗粒的床层，临界速度 $u_临$ 可用式(3-23) 计算，即

$$u_临 = 0.00059 \frac{d^2(\rho_s - \rho)}{\mu} \tag{3-23}$$

式中　d——颗粒的直径，m；
　　　ρ_s——颗粒的密度，kg/m³；
　　　ρ——流体的密度，kg/m³；

μ——流体的黏度，Pa·s。

对于任意形状的颗粒床层，当 $Re = \dfrac{du_\text{临}\rho}{\mu} < 5$ 时，$u_\text{临}$ 可以根据式(3-24)计算，即

$$u_\text{临} = 0.00923 \dfrac{d^{1.82}[\rho(\rho_s - \rho)]^{0.94}}{\mu^{0.88}\rho} \tag{3-24}$$

当 $Re \geqslant 5$ 时，按式(3-24)算出的 $u_\text{临}$ 需加以校正。

(2) 带出速度　由于颗粒的密度比流体的密度大，受流体的作用向上流动的颗粒达到一定高度时将向下沉降，流体上升速度的最大值应近似等于颗粒的带出速度或颗粒的沉降速度。带出速度是流化操作中的最大速度，是流化流速的上限。可用式(3-1)颗粒沉降速度进行计算。

由于临界流化发生在床层的底部，而最大流化发生在床层的顶部。所以计算临界流速要根据床底部温度、压力、组成来确定流体的密度、黏度，且颗粒的直径用颗粒的平均直径。计算带出速度时，要根据床顶部温度、压力、组成来确定流体的密度、黏度，且颗粒的直径用最小颗粒直径。

(3) 操作速度　流化床的操作速度应在临界流速和带出流速之间，但要选择合适的操作速度，还要考虑诸多因素，并加以综合分析比较。若在稍高于临界速度下操作，可以使颗粒的磨损及带出的颗粒降到最低，同时能量的消耗也大大降低，但低气速操作，将降低床层内的传热和传质效果。目前工业流化床反应器的操作速度都高于临界速度，提高流化质量，强化床层的传热和传质，提高产率。在实际生产中有时也会超过所有颗粒的带出速度，而且固体夹带不很严重。

三、流化床操作的优缺点

流化床的特性既有有利的一面，也有不利的一面。流态化技术所以能够得到比较广泛的应用，主要是由于其显著的优点。

(1) 床层温度分布均匀　由于床层内流体和颗粒剧烈搅动混合，使床内温度均匀，避免了局部过热现象。颗粒的热容量远比同体积气体的热容量大约大1000倍，所以可以利用循环颗粒作为传热介质，可大大简化反应器结构。同时，由于传热效率高，床内温度均匀，特别适合于一些热效应较高的反应及热敏性材料。

(2) 流化床内的传热及传质速率很高　由于颗粒的剧烈运动造成了对传热壁面的冲刷，促使壁面气膜变薄，两相间表面不断更新，提高了床内的传热及传质速率，可大幅度地提高设备的生产强度，进行大规模生产。

(3) 床层和金属器壁之间的传热系数大　由于固体颗粒的运动，使金属器壁于床层之间的传热系数大为增加，因此便于向床内输入或取出热量，所需的传热面积却较小。

(4) 操作方便　流态化的颗粒流动平稳，类似液体，其操作可以实现连续、自动控制，并且容易处理。

(5) 连续循环　床与床之间颗粒可连续循环，这样使得大型反应器中生产的或需要的大量热量有传递的可能性。

(6) 细小物料加工　为小颗粒或粉末状物料的加工开辟了途径。

由于颗粒处于运动状态，流体和颗粒的不断搅动，也给流化床带来以下一些缺点。

① 颗粒的返混现象使得在床内颗粒停留时间分布不均，因而影响产品质量。另一方面，由于颗粒的返混造成反应速度降低和副反应增加。

② 当气速过高时，气泡互相聚集形成大气泡，气-固接触不均匀，影响产品的均匀性，降低了产品转化率。

③ 颗粒在流化过程中，相互碰撞，容易磨损，颗粒易成粉末而被气体夹带，损失严重，除尘要求高。

④ 不利于高温操作。由于高温下颗粒易于聚集和黏结，从而影响了产物的生成速度。

当然，尽管有这些缺点，但流态化的优点是不可比拟的。并且由于对这些缺点充分认识，可以借助流化床结构的改进加以克服，因而流态化得到了越来越广泛的应用。

思 考 题

3-1 何谓非均相物系？分为哪几类？
3-2 非均相混合物的分离方法有几种？
3-3 非均相混合物的分离目的是什么？
3-4 沉降过程分为哪几类？沉降发生的条件是什么？
3-5 何谓重力沉降？何谓重力沉降速度？
3-6 写出计算重力沉降速度的斯托克斯公式，并说明公式的应用条件。
3-7 影响沉降速度的因素有哪些？
3-8 降尘室设计和操作的原则是什么？
3-9 降尘室的生产能力与哪些因素有关？
3-10 某颗粒在降尘室中沉降，若降尘室的高度增加一倍，则降尘室的生产能力如何变化？
3-11 沉降器中装设搅拌耙的目的是什么？
3-12 在斯托克斯区域内，温度升高后，同一固体颗粒在液体和气体中的沉降速度增大还是减小？为什么？
3-13 怎样理解降尘室的生产能力与降尘室的高度无关？
3-14 一个过滤周期包括哪几个阶段？
3-15 什么叫滤浆、滤饼、滤液、过滤介质、助滤剂？
3-16 常用过滤介质有几种？
3-17 过滤操作中对过滤剂有何要求？
3-18 何谓过滤速率？强化过滤速率的方法是什么？
3-19 过滤的推动力主要决定于什么？工业上的过滤多数属于哪个类型？
3-20 过滤设备的生产能力是用什么来表示的？
3-21 流体在过滤层中流动有何特点？
3-22 工业上广泛使用的过滤机有哪些？
3-23 过滤设备按压差分为几种类型？
3-24 离心机是如何分类的？工业上常用哪些离心机？
3-25 何谓离心机的分离因数？它的大小说明了什么？
3-26 旋液分离器的工作原理如何？它的结构有何特点？
3-27 离心机的操作应注意哪些问题？
3-28 常见气体净制设备有哪些？
3-29 何谓固体流态化？有哪几个阶段？
3-30 流化床的操作速度如何确定？
3-31 固体流态化在工业上有什么优点？
3-32 流化床中有哪些不正常现象？

习 题

3-33 恒压过滤某悬浮液，过滤 1h 得滤液 10m³，若不计介质阻力，再过滤 2h 可共得滤液多少？[答：30m³]

3-34 密度为 1030kg/m³、直径为 400μm 的球形颗粒在 150℃ 的热空气中降落，假设沉降在层流区。求其沉降速度。　　　　　　　　　　　　　　　　　　　　　　　　　　　　　　[答：0.037m/s]

3-35 求直径为 80μm 的玻璃球在 20℃ 水中自由沉降速度。已知玻璃球的密度为 2500kg/m³，水的密度为

1000kg/m³，水在 20℃时的黏度为 0.001Pa·s。 [答：5.23×10⁻³m/s]

3-36 密度为 2500kg/m³ 的玻璃球在 20℃的水中和空气中以相同的速度沉降，求在这两种介质中沉降的颗粒直径之比值。假设沉降处于斯托克斯区。 [答：9.6]

3-37 降尘室长 3m，在常压下处理 2500m³/h 含尘气体，设颗粒为球形，密度为 2400kg/m³，气体密度为 1kg/m³，黏度为 2×10⁻⁵Pa·s，如果该降尘室能够除去的最小颗粒直径为 4×10⁻⁵m，降尘室宽为多少？ [答：2.3m]

3-38 在底面积为 40m² 的降尘室中回收气流中的固体颗粒，气体流量为 3600m³/h，密度为 1.128kg/m³，黏度为 1.91×10⁻⁵Pa·s。固体密度为 2650kg/m³，试计算理论上完全被除去的最小颗粒直径。假设沉降在层流区。 [答：18μm]

3-39 板框压滤机过滤面积为 0.2m²，过滤压差为 202kPa，过滤开始 2h 得滤液 40m³，过滤介质阻力忽略不计，问：若其他条件不变，面积加倍可得多少滤液？ [答：56.56m³]

3-40 拟在 9.81kPa 的恒定压强下过滤某一悬浮液，过滤常数 K 为 $4.42×10^{-3}m^2/s$。已知水的黏度为 $1×10^{-3}Pa·s$，过滤介质阻力可忽略不计，求：(1) 每平方米过滤面积上获得 1.5m³ 滤液所需的过滤时间；(2) 若将此过滤时间延长一倍，可再得滤液多少？ [答：(1) 510s；(2) 2.12m³]

第四章 传热原理及换热器

学习目标
- 掌握 热传导的基本原理，平壁及圆筒壁稳定热传导的计算及应用；对流传热的基本原理，影响对流传热的主要因素；传热过程的计算，列管式换热器的结构特点及操作
- 理解 换热器中流体流动方向的选择；传热过程的强化与削弱；加热、冷却和冷凝的工业应用；常见换热器的结构特点及选用。
- 了解 对流传热膜系数的物理意义及关联式；热辐射的基本原理。

第一节 概　　述

传热，即热量的传递，是自然界和工程领域中普遍存在的一种现象。在化工生产中，几乎所有的化学反应过程都需要控制在一定的温度下进行，通过传热操作可使反应物在进入反应器前达到所需的反应温度。由于某些化学反应过程将吸收或放出大量热量，则需要通过传热操作为反应过程供给或移走一定热量，以保持化学反应过程在适宜的温度条件下进行。一些单元操作，如蒸馏、蒸发和干燥等，也有相应的温度要求，通过热量的输入或输出，过程才能进行。此外，许多设备或管道在高温或低温下操作，为保持物料在设备或管道的温度不变，并且满足安全生产条件，则需要进行保温操作。随着能源价格的不断上涨，余热的综合利用已成为降低生产成本的重要措施之一。可见，传热在化工生产中具有相当重要的地位。

在化工生产中常遇到的传热问题，通常有以下两类：一类是要求传热速率高，这样可使完成某一换热任务时所需的设备紧凑，从而降低设备费用；另一类则要求传热速率越低越好，如高温设备及管道的保温、低温设备及管道的隔热等。学习传热的目的，主要是能够分析影响传热速率的因素，掌握控制热量传递速率的一般规律，以便能根据生产的要求来强化和削弱传热，正确地选择适宜的传热设备和保温（隔热）方法。

一、传热的基本方式

热量的传递是由于系统内或物体内温度不同而引起的。热量总是自动地从同一物体的高温部分传给低温部分，或是从较高温度的物体传给较低温度的物体。根据传热机理不同，传热的基本方式有三种，即热传导、热对流和热辐射。

1. 热传导

热传导又称导热。热能从一种物体传至与其相接触的另一物体，或从同一物体的一部分传至另一部分，这种传热方式称为导热。在导热过程中，没有物质的宏观位移。从微观角度来看，固体中的导热是通过分子振动而将部分能量传给相邻的分子；气体中的导热是气体分子做不规则热运动时相互碰撞的结果；液体中的导热则主要靠原子、分子在其平衡位置的振

动,将能量传给相邻的部分。

2. 热对流

热对流又称对流传热。在流体中,主要是由于流体质点的位移和混合,将热能由一处传至另一处的传热方式称为对流传热。工程上通常将流体与固体壁面之间的传热称为对流传热,对流传热过程中总是伴有热传导。若流体的运动是由于流体内部的密度差而引起的,称为自然对流;若流体的运动是由于受到外力的作用(如泵、风机或其他外界压力等)所引起的,称为强制对流。

3. 热辐射

热辐射是一种通过电磁波传递能量的过程,某一物体的热能以电磁波形式在空间传播,当被另一物体部分或全部接受后,又重新转变为热能,这种传热方式称为辐射传热。只要热力学温度大于 0K 的物体,都会以电磁波的形式向外界辐射能量。

二、工业换热方法

在化工生产中热量的交换通常发生在两流体之间。在换热过程中,温度较高的热流体放出热量,温度较低的冷流体吸收热量。用于实现热量交换的设备称为换热器。因冷热流体换热方法的不同,通常有如下几种形式。

1. 间壁式换热

间壁式换热是指在间壁式换热器中进行的换热。在此类换热器中,需要进行热量交换的两流体被固体壁面隔开,互不接触,热流体放出的热量通过壁面传递给冷流体。该类换热器的特点是两流体进行了换热而不混合。

2. 混合式换热

混合式换热是指在直接接触式换热器进行的换热。冷热流体直接接触,相互混合进行换热,传热效率高。适用于允许两流体混合的场合。常见的凉水塔、洗涤塔、喷射冷凝器等属于这类换热形式。

3. 蓄热式换热

蓄热式换热是指在蓄热式换热器中进行的换热。蓄热式换热器又称回流式换热器,这种换热器中存有热容量较大的固体蓄热体,热流体流经换热器时将热量储存在蓄热体中,然后由流经换热器的冷流体取走,从而达到换热的目的。此类换热器结构简单,可耐高温;其缺点是设备体积庞大,效率低,且不能完全避免两流体的混合。常用于高温气体的热量回收或冷却。

第二节 热 传 导

固体内部的热量传递过程,静止的液体或气体的传热,以及层流流体中垂直于流动方向上的传热过程均视为热传导。

一、热传导基本规律

1. 傅里叶定律

傅里叶定律是热传导的基本定律,它指出单位时间内传导的热量与温度梯度及垂直于热流方向的截面积成正比,即

$$Q = -\lambda A \frac{\mathrm{d}t}{\mathrm{d}n} \tag{4-1}$$

式中　"一"——负号表示热流方向与温度梯度的正方向相反;

Q——单位时间内传导的热量,W;

A——垂直于热流方向的截面积（导热面积），m^2；

λ——热导率，$W/(m·K)$ [或 $W/(m·℃)$，下同]；

dt/dn——温度梯度，K/m（或 $℃/m$，下同）。

2. 热导率

热导率 λ 是表征物质导热能力大小的物性参数，其物理意义为：单位温度梯度下的传热通量。物质的热导率越大，在相同条件下传递的热量就越多，其导热能力也越强。

物质的热导率通常由实验测定。热导率的数值与物质的组成、结构、密度、温度及压强有关，各种物质热导率的数值相差很大，一般而言，金属的热导率最大，非金属次之，液体的较小，而气体的最小。工程上常见物质的热导率可从有关手册中查取。

（1）**固体的热导率** 常见固体的热导率见表 4-1。固体材料的热导率随温度而变化，绝大多数均匀固体的热导率与温度近似呈线性关系。多数金属材料，温度升高，其热导率降低；大多数非金属材料，温度升高，其热导率升高。

表 4-1　常见固体的热导率

固体物质	温度/K	热导率/[W/(m·K)]	固体物质	温度/K	热导率/[W/(m·K)]
铝	573	228	石棉	373	0.19
铬	291	94	石棉	473	0.21
铜	373	379	高铝砖	703	3.10
熟铁	291	61	建筑砖	293	0.69
铸铁	326	48	镁砂	473	3.80
铅	373	33	棉毛	303	0.050
镍	373	82.6	玻璃	303	1.09
银	373	409	云母	323	0.430
钢（1% C）	291	45	硬橡皮	273	0.150
船舶用金属	303	113	锯屑	293	0.0465～0.0582
青铜	—	189	软木	303	0.0430
不锈钢	293	16	玻璃棉	—	0.0349～0.0698
石棉板	323	0.17	85%氧化镁粉	273～373	0.0698
石棉	273	0.16	石墨		139

（2）**液体的热导率** 常见液体的热导率见表 4-2。除水和甘油外，绝大多数液体的热导率随着温度的升高而略有降低。

表 4-2　常见液体的热导率

液体物质	温度/K	热导率/[W/(m·K)]	液体物质	温度/K	热导率/[W/(m·K)]
醋酸 50%	293	0.35	硫酸 90%	303	0.36
丙酮	303	0.17	硫酸 60%	303	0.43
苯胺	273～293	0.17	水	303	0.62
苯	303	0.16	甲苯	293	0.138
氯化钙盐水 30%	303	0.55	硝基苯	303	0.164
乙醇 80%	293	0.24	甲醇	293	0.212
甘油 60%	293	0.38	煤油	293	0.15
甘油 40%	293	0.45	汽油	303	0.19
正庚烷	303	0.140	水银	301	8.36

(3) 气体的热导率　常见气体的热导率见表 4-3。气体的热导率随着温度的升高而升高。在常见压力范围内，气体的热导率随压力变化很小，只有在压力大于 196MPa，或压力小于 2.67MPa 时，气体的热导率才随着温度的增大而增大。工程计算中常可忽略压力对气体热导率的影响。

表 4-3　常见气体的热导率

气体物质	温度/K	热导率 /[W/(m·K)]	气体物质	温度/K	热导率 /[W/(m·K)]
氢	273	0.163	氮	273	0.0228
二氧化碳	273	0.0137	乙烯	273	0.0164
空气	273	0.0244	氧	273	0.0240
甲烷	273	0.0300	乙烷	273	0.0180
水蒸气	373	0.025			

二、平壁的热传导

1. 单层平壁的热传导

所谓单层平壁指由同一种材质组成的平壁，如图 4-1 所示。假设平壁的面积相对于厚度很大，边缘与外界的传热可以忽略，壁内温度只沿着传热方向变化，对此种平壁的稳态导热，导热速率和导热面积均为常数，则由傅里叶定律可以导出单层平壁的热传导速率方程式：

$$Q = \frac{\lambda}{\delta} A (t_1 - t_2) = \frac{t_1 - t_2}{\frac{\delta}{\lambda A}} \tag{4-2}$$

式中　Q——单层平壁的热传导速率，W；
　　　A——平壁的导热面积，m^2；
　　　δ——平壁厚度，m；
　　　λ——热导率，W/(m·K)；
　　　t_1、t_2——平壁内、外侧的温度，K（或℃，下同）。

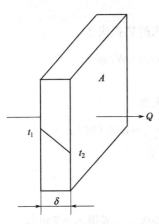

图 4-1　单层平壁的稳定热传导

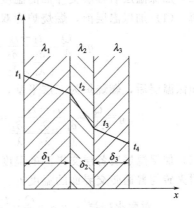

图 4-2　三层平壁的稳定热传导

【例题 4-1】 有一面建筑砖墙，厚度为 360mm，面积为 $20m^2$，墙内壁的温度为 303K，外壁的温度为 273K，试估算这面墙每小时向外散失的热量。

解　内、外壁平均温度为 288K，取建筑砖墙的热导率为 0.69W/(m·K)，根据单层平壁的热传导方程式(4-2)可知，这面墙每小时向外散失的热量为

$$Q = \frac{\lambda}{\delta} A(t_1 - t_2) = \frac{0.69}{0.36} \times 20 \times (303 - 273) = 1150 (\text{W}) = 4140 \text{ (kJ/h)}$$

2. 多层平壁的热传导

由不同材质构成的多层平壁在工程上较为常见，如由耐火砖、保温砖和红砖构成的三层炉壁就是一个多层平壁，如图 4-2 所示。

下面以三层平壁为例说明多层平壁热传导的计算方法。在稳定导热时，通过各层平壁的导热速率均相等，设为 Q。可以导出三层平壁的热传导速率方程式为

$$Q = \frac{t_1 - t_4}{\frac{\delta_1}{\lambda_1 A} + \frac{\delta_2}{\lambda_2 A} + \frac{\delta_3}{\lambda_3 A}} \tag{4-3}$$

式中　　Q——多层平壁的热传导速率，W；

A——平壁的导热面积，m^2；

λ_1、λ_2、λ_3——各层平壁的热导率，W/(m·K)；

δ_1、δ_2、δ_3——各层平壁的厚度，m；

t_1、t_4——多层平壁最内侧及最外侧的温度，K。

对 n 层平壁，其热传导速率方程式为

$$Q = \frac{t_1 - t_{n+1}}{\sum_{i=1}^{n} \frac{\delta_i}{\lambda_i A}} \tag{4-4}$$

式中，下标 i 为平壁的序号，$i = 1, 2, 3, 4, \cdots, n$。分子表示多层平壁热传导的总推动力，分母表示热传导的总阻力。总推动力为各层推动力（$t_i - t_{n+1}$）之和，总阻力为各层阻力（$\delta_i / \lambda_i A$）之和。

【例题 4-2】 某平壁燃烧炉内层为 0.1m 厚的耐火砖，外层为 0.08m 厚的普通砖，内、外层的热导率分别为 1.0W/(m·K) 和 0.8W/(m·K)。操作稳定后，测得炉内壁温度为 700℃，外表面温度为 100℃。为了减少热损失，在普通砖的外表面增加一层厚 0.03m，热导率为 0.03W/(m·K) 的隔热材料。待操作稳定后，又测得炉内壁温度为 800℃，外表面温度为 70℃。假设原有两层材料的热导率不变。试求：（1）加保温层前后单位面积的热损失；（2）加保温层后各层交界面的温度。

解　（1）加保温层前，燃烧炉为双层平壁，单位面积的热损失为

$$q = \frac{Q}{A} = \frac{t_1 - t_3}{\frac{\delta_1}{\lambda_1} + \frac{\delta_2}{\lambda_2}} = \frac{700 - 100}{\frac{0.10}{1.0} + \frac{0.08}{0.8}} = 3000 \text{ (W/m}^2)$$

加保温层后，燃烧炉为三层平壁，单位面积的热损失为

$$q = \frac{Q}{A} = \frac{t_1 - t_4}{\frac{\delta_1}{\lambda_1} + \frac{\delta_2}{\lambda_2} + \frac{\delta_3}{\lambda_3}} = \frac{800 - 70}{\frac{0.10}{1.0} + \frac{0.08}{0.8} + \frac{0.03}{0.03}} = 608 \text{ (W/m}^2)$$

（2）加保温层后各层交界面的温度

耐火砖与普通砖交界面的温度 t_2：

对耐火砖层 $q_1 = q = \frac{Q}{A} = \frac{t_1 - t_2}{\frac{\delta_1}{\lambda_1}} = \frac{800 - t_2}{\frac{0.10}{1.0}} = 608$　　解得 $t_2 = 739$℃

普通砖与隔热材料交界面的温度 t_3：

对隔热材料层 $q_3 = q = \frac{Q}{A} = \frac{t_3 - t_4}{\frac{\delta_3}{\lambda_3}} = \frac{t_3 - 70}{\frac{0.03}{0.03}} = 608$　　解得 $t_3 = 678$℃

三、圆筒壁的热传导

化工生产中的设备、管路及换热器管子多为圆筒形，通过圆筒壁的热传导应用非常普遍。在圆筒壁的热传导过程中，不仅温度随半径而变化，传热面积也随半径而变化。

1. 单层圆筒壁的热传导

如图 4-3 所示，若在半径为 r 处，沿半径方向取微分厚度为 dr 的薄壁圆筒进行讨论，其传热面积可视为常量 $A=2\pi rL$，该薄壁的温度变化为 dt，温度只沿着半径方向而变化。此时，傅里叶定律可简化为

$$Q=-\lambda A\frac{dt}{dr} \quad 即 \quad Q=-\lambda(2\pi rL)\frac{dt}{dr}$$

分离变量积分可导出单层圆筒壁的热传导速率方程式：

$$Q=\frac{2\pi L\lambda(t_1-t_2)}{\ln\frac{r_2}{r_1}} \tag{4-5}$$

式中 Q——单层圆筒壁的热传导速率，W；
r_1、r_2——圆筒壁的内、外半径，m；
t_1、t_2——圆筒壁内、外表面的温度，K；
L——圆筒长度，m；
λ——圆筒壁的热导率，W/(m·K)。

2. 多层圆筒壁的热传导

以三层圆筒壁为例，如图 4-4 所示，可导出多层圆筒壁的热传导速率方程式。

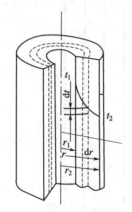

图 4-3 单层圆筒壁的稳定热传导

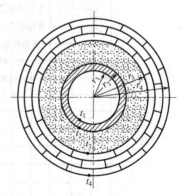

图 4-4 三层圆筒壁的稳定热传导

稳定传热过程 $Q_1=Q_2=Q_3=Q$，得三层圆筒壁的热传导速率方程式：

$$Q=\frac{2\pi L(t_1-t_4)}{\frac{1}{\lambda_1}\ln\frac{r_2}{r_1}+\frac{1}{\lambda_2}\ln\frac{r_3}{r_2}+\frac{1}{\lambda_3}\ln\frac{r_4}{r_3}} \tag{4-6}$$

式中 Q——多层圆筒壁的热传导速率，W；
r_1——第一层圆筒壁内半径，m；
r_2——第一层圆筒壁外半径即第二层圆筒壁内半径，m；
r_3——第二层圆筒壁外半径即第三层圆筒壁内半径，m；
r_4——第三层圆筒壁外半径，m；
t_1——第一层圆筒壁的内侧温度，K；
t_4——第三层圆筒壁的外侧温度，K；

L——圆筒壁的长度，m；

λ_1、λ_2、λ_3——分别为第一层、第二层、第三层圆筒壁的热导率，W/(m·K)。

同理，可导出 n 层圆筒壁的热传导速率方程式：

$$Q = \frac{2\pi L(t_1 - t_{n+1})}{\sum_{i=1}^{n} \frac{\ln(r_{i+1}/r_i)}{\lambda_i}} \tag{4-7}$$

式中，下标 i 为多层圆筒壁的序号，$i = 1, 2, 3, 4, \cdots, n$。

3. 保温

在化工生产中，当设备、管路与外界环境存在一定温差，特别是在温差较大时，就要在其外壁上加设一层隔热材料，阻碍热量在设备与环境之间传递，这种措施叫保温，也叫绝热。进行保温的主要目的在于使物料保持化工过程所要求的适宜温度及物态；保证安全，改善劳动环境；防止热损失，节能降耗。

(1) 保温材料　对保温材料的要求是热导率小；密度小、吸湿性小、机械强度大、膨胀系数小；化学稳定性能好；经济、耐用、施工方便。保温材料的选择可参考图 4-5。当介质在 373K 以上时，应使用无机保温材料，如石棉制品、玻璃纤维制品、矿渣棉、硅藻土等。当介质在 373K 以下时，可优先考虑有机保温材料，如碳化软木、塑料、木质纤维等。冷保温材料主要选择泡沫塑料。

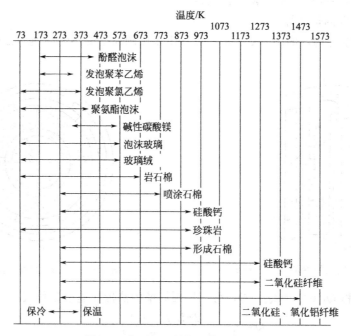

图 4-5　主要保温材料及其适用温度

(2) 保温层结构　保温层主要由绝热层及保护层组成，如图 4-6 所示。有的保温结构中还装有伴热管，如图 4-7 所示。绝热层是保温的内层，由各种保温材料构成，是起绝热作用的主体部分。保护层是保温的外层，具有固定、防护、美观等作用；保冷时还需在保护层的内侧加防潮层。伴热管是在对保温条件要求较高时使用，在主管的管壁旁加设 1～2 根伴热管，内通蒸汽，在保温时将主管和伴热管一起包住。

(3) 保温层厚度　保温层越厚，热损失就越小，但费用也随之增加。确定保温层厚度时应从技术经济的角度综合考虑。

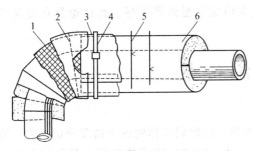
图 4-6 保温层结构示意图
1—金属丝网；2—保护层；3—金属薄板；
4—箍带；5—铁丝；6—绝热层

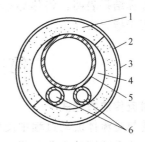
图 4-7 伴热管
1—绝热层；2—薄铝片；3—保护层；
4—间隙；5—主管道；6—蒸汽伴热管

保温后的热损失不得超过表 4-4 和表 4-5 所规定的允许值，这是选择隔热材料和确定保温层厚度的基本依据。

表 4-4　常年运行设备或管路的允许热损失

设备或管路的表面温度/℃	50	100	150	200	250	300
允许热损失/(W/m²)	58	93	116	140	163	186

表 4-5　季节运行设备或管路的允许热损失

设备或管路的表面温度/℃	50	100	150	200	250	300
允许热损失/(W/m²)	116	163	203	244	279	308

【例题 4-3】 在 $\phi 76mm \times 3mm$ 的钢管外包一层 30mm 厚的软木后，又包一层 30mm 厚的石棉。软木和石棉的热导率分别为 $0.04 W/(m \cdot ℃)$ 和 $0.16 W/(m \cdot ℃)$，钢管的热导率为 $45 W/(m \cdot ℃)$。已知管内壁的温度为 $-110℃$，最外侧的温度为 $10℃$，试求：(1) 每米管路损失的冷量；(2) 在其条件不变的情况下，将两种保温材料交换位置后每米管路损失的冷量；(3) 说明何种材料放在内层保温效果更好。

解 (1) 每米管路损失的冷量

已知：$r_1 = 35mm$　　　$\lambda_1 = 45 W/(m \cdot ℃)$
$r_2 = 38mm$　　　$\lambda_2 = 0.04 W/(m \cdot ℃)$
$r_3 = 68mm$　　　$\lambda_3 = 0.16 W/(m \cdot ℃)$
$r_4 = 98mm$　　　$L = 1m$

根据三层圆筒壁的热传导速率方程式计算每米管路损失的冷量：

$$Q = \frac{2\pi L(t_1 - t_4)}{\frac{1}{\lambda_1}\ln\frac{r_2}{r_1} + \frac{1}{\lambda_2}\ln\frac{r_3}{r_2} + \frac{1}{\lambda_3}\ln\frac{r_4}{r_3}} = \frac{2 \times 3.14 \times 1 \times (-110-10)}{\frac{1}{45}\ln\frac{38}{35} + \frac{1}{0.04}\ln\frac{68}{38} + \frac{1}{0.16}\ln\frac{98}{68}} = -45 \text{ (W)}$$

(2) 在其条件不变的情况下，将两种保温材料交换位置后，每米管路损失的冷量将发生相应的变化。

已知：$r_1 = 35mm$　　　$\lambda_1 = 45 W/(m \cdot ℃)$
$r_2 = 38mm$　　　$\lambda_2 = 0.16 W/(m \cdot ℃)$
$r_3 = 68mm$　　　$\lambda_3 = 0.04 W/(m \cdot ℃)$
$r_4 = 98mm$　　　$L = 1m$

$$Q = \frac{2\pi L(t_1 - t_4)}{\frac{1}{\lambda_1}\ln\frac{r_2}{r_1} + \frac{1}{\lambda_2}\ln\frac{r_3}{r_2} + \frac{1}{\lambda_3}\ln\frac{r_4}{r_3}} = \frac{2 \times 3.14 \times 1 \times (-110-10)}{\frac{1}{45}\ln\frac{38}{35} + \frac{1}{0.16}\ln\frac{68}{38} + \frac{1}{0.04}\ln\frac{98}{68}} = -59 \text{ (W)}$$

(3) 计算结果表明：将热导率较小的材料放在内层保温效果更好。此结论具有普遍意义，通常用于指导实际生产。

第三节 对流传热

一、对流传热方程式

对流传热是流体流动过程中发生的热量传递现象，所以同流体的流动情况密切相关。流体温度的变化和流速的变化是类似的，即在靠近流动壁面的薄层流体中存在显著的温度梯度，集中了对流传热的全部阻力。

设流体温度与传热壁面温度之差全部集中在厚度为 δ_t 的薄层流体内，而通过薄层流体内的传热方式仅为热传导。

根据傅里叶定律：
$$Q = \frac{\lambda A (T - T_w)}{\delta_t}$$

令 $\frac{\lambda}{\delta_t} = \alpha$，可导出对流传热方程式为

$$Q = \alpha A (T - T_w) \tag{4-8}$$

式中 Q——对流传热速率，W；

α——对流传热膜系数，W/(m²·K)；

A——传热壁面面积，m²；

$T - T_w$——热流体温度与传热壁面温度之差，K。

二、对流传热膜系数

对流传热是一个复杂的传热过程，将影响该过程的主要因素都归入对流传热膜系数之中，使对流传热方程式得以简化，不同情况下的对流传热膜系数的计算是对流传热的中心问题。影响对流传热膜系数的因素极其复杂，要找出这些复杂因素之间的定量关系相当困难。目前工程上计算对流传热膜系数的方法通常采用一些经验公式，在换热器的设计时亦可参考经验数据取值。

1. 影响对流传热膜系数的因素

影响对流传热膜系数的主要因素包括：流体的相变化情况；流体的比热容、热导率、密度、黏度；流体的流动状态；传热面的形状、大小及安放位置等。

2. 流体无相变化时对流传热膜系数

(1) 关联对流传热膜系数的特征数　通过实验方法确定对流传热膜系数的经验公式时，将影响对流传热膜系数的因素组成无量纲的数群（特征数）（见表4-6），再借助实验方法来确定这些特征数在不同情况下的关系，可得到不同情况下对流传热膜系数的关联式。

(2) 流体在圆形直管内强制湍流的传热膜系数经验关联式

$$Nu = 0.023 Re^{0.8} Pr^n$$

即
$$\alpha = 0.023 \frac{\lambda}{d_i} \left(\frac{d_i u \rho}{\mu} \right)^{0.8} \left(\frac{c_p \mu}{\lambda} \right)^n \tag{4-9}$$

式(4-9)应用条件为：$Re > 10000$；$0.7 < Pr < 160$；管长与管径之比 $l/d > 50$；适用于低黏度液体和气体。

式(4-9)的使用注意点：定性温度取流体进、出口温度的算术平均值；流体被加热时，$n = 0.4$；流体被冷却时，$n = 0.3$。

表 4-6 关联 α 的几个特征数

特征数名称	符号	特征数式	意　义
努塞尔特数	Nu	$Nu=\dfrac{\alpha l}{\lambda}$	待确定的特征数
雷诺数	Re	$Re=\dfrac{lu\rho}{\mu}$	反映流体的流动形态的特征数
普朗特数	Pr	$Pr=\dfrac{c_p\mu}{\lambda}$	反映物性影响的特征数
格拉斯霍夫数	Gr	$Gr=\dfrac{\beta g\Delta t l^3\rho^2}{\mu^2}$	反映自然对流影响的特征数

注：式中　ρ——流体的密度，kg/m^3；
　　　　　λ——流体的热导率，$W/(m\cdot ℃)$；
　　　　　μ——流体的黏度，$Pa\cdot s$；
　　　　　c_p——流体的比热容，$J/(kg\cdot ℃)$；
　　　　　l——传热面的特性尺寸，可以是管内径、外径、板高等，m；
　　　　　Δt——流体与传热壁面之间的温度差，℃；
　　　　　β——流体的体积膨胀系数，$1/℃$；
　　　　　g——重力加速度；m/s^2。

（3）流体在圆形直管内强制层流的传热膜系数经验关联式

$$Nu=1.86\left(RePr\dfrac{d}{l}\right)^{\frac{1}{3}}\left(\dfrac{\mu}{\mu_w}\right)^{0.14} \tag{4-10}$$

式(4-10)应用条件为：$Re<2300$；$\left(RePr\dfrac{d}{l}\right)>10$；$Gr<25000$；$l/d>60$。
定性温度取流体进、出口温度的算术平均值，μ_w 按传热壁温度确定。

3. 流体有相变化时的对流传热膜系数

流体在传热过程中发生的相变化有冷凝和沸腾。有相变化的传热过程比无相变化的传热过程复杂得多，其对流传热膜系数 α 的计算，只能采用一些可靠程度不太理想的经验公式。

（1）蒸气冷凝的对流传热膜系数　饱和蒸气与低于饱和温度的壁面接触，将被冷凝成液体。蒸气冷凝成液体有两种完全不同的方式：膜状冷凝和滴状冷凝。

膜状冷凝是由于冷凝液润湿壁面，形成一层完整的液膜，故壁面与冷凝液之间的对流传热必须通过液膜，增大了传热阻力。壁面上冷凝液膜越厚，其热阻越大，冷凝的传热膜系数就越小。膜状冷凝的膜系数主要取决于冷凝液的性质和液膜的厚度。

滴状冷凝是由于冷凝壁面上存在着一些油类物质，冷凝液不能全部润湿壁面，聚成液滴，液滴长大后，自壁面落下，新的液滴不断生成。滴状冷凝时，蒸气不必通过液膜传热而直接在壁面上冷凝，其传热膜系数比膜状冷凝的膜系数大几倍至几十倍。

化工生产中的蒸气冷凝一般属于膜状冷凝过程，其对流传热膜系数的经验公式在此不作介绍。

（2）液体沸腾的对流传热膜系数　液体沸腾指对液体加热时，液体变成气相产生气泡的过程。工业上液体沸腾传热的方法有两种，一种是大容器沸腾：将加热壁面浸没在液体中，液体在壁面上受热沸腾；另一种是管内沸腾：液体在管内流动时受热沸腾。

液体沸腾是一个十分复杂的对流传热过程，影响液体沸腾的因素很多，最重要的因素是传热壁与液体的温度差。以水在常压下的沸腾为例，说明传热壁与液体的温度差（Δt）对沸腾对流传热的影响，见图4-8。纵坐标 Q/A 表示单位时间、单位面积上传递的热量；横坐标 Δt 表示传热壁与液体温度的差值。

Δt 较小时，如图 AB 段所示，这段的温差一般为 5～10K，容器内的液体进行自然对流传热，没有气泡从液体中逸出，这个阶段的热通量也不高。随着 Δt 增加，如图 BC 段所示，在加热壁面与液体接触的界面上局部产生气泡，气泡产生的速度随 Δt 上升而加快，生成的气泡不断沿壁面上升，最后离开液面进入空间。随着气泡的上升，原来被气泡占据的空间就由周围流过来的液体所补充，使容器内的液体产生强烈的对流。这时的传热通量 Q/A 较大，对应的膜系数也较大，这时的沸腾现象叫做泡核沸腾，产生气泡的地方称为汽化核心。若壁面温度继续升高，使 Δt 值超过图中 C 点对应的数值时，会出现壁面上汽化核心很多，气泡产生速度过快，使气泡来不及离去，因而在壁面上形成

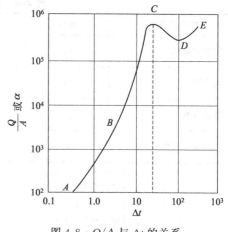

图 4-8　Q/A 与 Δt 的关系
（水在常压下沸腾）

一层蒸气膜，热量通过壁面传递给液体必须经过这一层气膜。因蒸气的热导率甚低，所以热阻很大，使 Q/A 下降，相应的膜系数也减小。图中 CD 段表示部分壁面被蒸气膜覆盖，随着 Δt 的增加，在 D 点所对应的情况下，壁面几乎全部为蒸气膜所覆盖，这时候液体的沸腾叫做膜状沸腾，一般常统称 CDE 段为膜状沸腾阶段。

C 点的温度差称为沸腾的临界温度差（Δt_c），对 101.3kPa 下的水来讲，Δt_c 约为 25K。DE 段的热通量随 Δt 增大又有所提高，对应的膜系数也有所增加，这是因为壁面温度升高时，辐射传热逐渐增长所致。对于其他液体，虽然各临界点的数值不同，但也有类似的规律。

从以上分析可知，沸腾传热中保持泡核沸腾是比较理想的，在设计一般蒸发器、再沸器时，最好取临界温度差 Δt_c 的 90% 为操作的温度差。

【例题 4-4】 甘油在一列管式换热器中进行冷却，进口温度为 423K，出口温度为 303K。甘油走管内，其流速为 0.87m/s。换热管规格为 $\phi25\text{mm}\times2.5\text{mm}$ 的无缝钢管，管长 1500mm，管壁平均温度 309K。求甘油对管壁的对流传热膜系数。

解 定性温度为 (423+303)/2=363K，查得甘油在 363K 下的物性数据如下：$\rho=1220\text{kg/m}^3$；$\mu=20\text{mPa}\cdot\text{s}$；$\lambda=0.293\text{W/(m}\cdot\text{K)}$；$c_p=2.93\text{kJ/(kg}\cdot\text{K)}$。壁温 $T_W=309\text{K}$，查得甘油在 309K 下的 $\mu_W=360\text{mPa}\cdot\text{s}$。

$$Re=\frac{du\rho}{\mu}=\frac{0.02\times0.87\times1220}{20\times10^{-3}}=1061<2000$$

$$Pr=\frac{c_p\mu}{\lambda}=\frac{2.93\times10^3\times20\times10^{-3}}{0.293}=200$$

流体在圆形直管内作强制层流：$Nu=1.86\left(RePr\dfrac{d}{l}\right)^{\frac{1}{3}}\left(\dfrac{\mu}{\mu_W}\right)^{0.14}$

$$Nu=1.86\times(1060)^{\frac{1}{3}}\times(200)^{\frac{1}{3}}\times\left(\frac{0.02}{1.5}\right)^{\frac{1}{3}}\left(\frac{20}{360}\right)^{0.14}=17.51$$

$$\alpha=\frac{Nu\lambda}{d}=\frac{17.51\times0.293}{0.02}=257[\text{W/(m}^2\cdot\text{K)}]$$

4. 对流传热膜系数的经验数据

对流传热膜系数受诸多因素的影响，可通过传热设计手册查取一些经验数据，表 4-7 列举出工业用换热器中 α 经验值的范围。可以看出，载热体发生相变时的 α 值比无相变时的 α 值大，气体的 α 值最小。

表 4-7　对流传热膜系数 α 经验值的范围

对流传热的类型(无相变)	膜系数 α/[W/(m²·K)]	对流传热的类型(有相变)	膜系数 α/[W/(m²·K)]
气体加热或冷却	5～100	有机蒸气冷凝	580～2300
过热蒸汽加热或冷却	23～110	水蒸气滴状冷凝	46000～140000
油加热或冷却	60～1700	水蒸气膜状冷凝	4600～17000
水加热或冷却	200～15000	水的沸腾	5800～52000

5. 提高对流传热膜系数的措施

提高对流传热膜系数，是强化对流传热的关键。

(1) 无相变时的对流传热　由式(4-9)可知，对一定流体，在温度一定的情况下，其物性均为定值，此时，$\alpha \propto \dfrac{u^{0.8}}{d^{0.2}}$。

理论上讲，减小管径，能增大对流传热膜系数，当流量一定时，管路直径的减小使对流传热膜系数增加很快。

工程上增大流速来提高对流传热膜系数更为有效。通过改变流量来控制传热更为方便；当流量一定的条件下，可将列管式换热器的单管程改为多管程，以提高流速。

此外，不断改变流体的流动方向，也能强化对流传热，提高 α 值，如将传热面由光滑变为不光滑、管内加填料、管外加挡板等。

(2) 有相变时的对流传热　对于冷凝传热，除了及时排除冷凝液和不凝性气体外，还可以采取一些其他措施，以阻止液膜的形成。如在管壁上开一些纵向沟槽或装金属网。对于沸腾传热，实践证明：设法使表面粗糙化，或在液体中加入（如乙醇、丙酮等）添加剂，均能有效地提高对流传热膜系数。

第四节　辐射传热

一、热辐射的基本概念

任何物体，只要其温度高于绝对零度，都会不停地向外界的其他物体辐射能量，同时，又不断地吸收来自其他物体的辐射能。当物体向外界辐射的能量与从外界吸收的辐射能不相等时，该物体与外界就必然产生热量传递，这种传热方式称为辐射传热。

理论上讲，物体可同时发射波长从 0～∞ 的各种电磁波。但是，在工业上所遇到的温度范围内，有实际意义的热辐射波长位于 0.38～1000μm 之间，而且大部分集中在红外线区段的 0.76～20μm 范围内。

和可见光一样，来自外界的辐射能投射到物体表面时，会发生吸收、反射和透射现象，如图 4-9 所示。

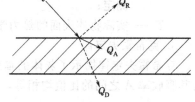

图 4-9　辐射能的吸收、反射和透射

当某一物体发射的辐射能为 Q，该辐射能辐射到另一物体表面时，有部分能量 Q_A 被吸收，部分能量 Q_R 被反射，部分能量 Q_D 被透射。

根据能量守恒定律：$Q = Q_A + Q_R + Q_D$

1. 物体的吸收率 A

$A = Q_A/Q$，表示物体吸收辐射能的本领。

$A = 1$ 的物体称为绝对黑体，如油烟、纯黑的煤、黑丝绒、霜等。必须注意，黑体并非黑色物体。

2. 物体的透射率 D

$D=Q_D/Q$，表示物体透射辐射能的本领。

$D=1$ 的物体称为透热体，如单原子和双原子气体 He、O_2、H_2、N_2。

3. 物体的反射率 R

$R=Q_R/Q$，表示物体反射辐射能的本领。

$R=1$ 的物体称为白体（镜体），如磨光的金属表面。

4. 说明

① $A+D+R=1$。

② 一般的固体和液体都是不透热体，$D=0$，$A+R=1$，把这种介于白体和黑体之间的物体叫做灰体。

③ 一般的气体：$R=0$，$A+D=1$。

二、热辐射的基本定律

物体的辐射能力是指一定温度下，单位时间内单位物体表面向外界发射的全部波长的总能量。黑体及灰体的辐射能力用以下定律表示。

1. 斯蒂芬-玻耳兹曼定律

斯蒂芬-玻耳兹曼定律表达了黑体的辐射能力与其表面热力学温度的四次方成正比，即

$$E_0 = C_0 \left(\frac{T}{100}\right)^4 \tag{4-11}$$

式中　C_0——黑体的辐射系数，$C_0=5.67 W/(m^2 \cdot K^4)$；

　　　T——黑体表面的热力学温度，K。

2. 实际物体的辐射能力

由斯蒂芬-玻耳兹曼定律可得实际物体（灰体）的辐射能力与其表面温度的关系：

$$E = C\left(\frac{T}{100}\right)^4 = \varepsilon C_0 \left(\frac{T}{100}\right)^4 \tag{4-12}$$

$$\varepsilon = \frac{E}{E_0} = \frac{C}{C_0}$$

式中　C——实际物体的辐射系数；

　　　ε——实际物体的黑度，表示实际物体的辐射能力接近于黑体的程度，其值由实验测定；

　　　T——实际物体表面的热力学温度，K。

3. 克希霍夫定律

克希霍夫定律揭示了灰体的辐射能力与其吸收率 A 之间的关系：一切灰体的辐射能力与其吸收率 A 之间的比值均相等，且等于同温度下绝对黑体的辐射能力。可见：

$$A = \varepsilon = \frac{E}{E_0} \tag{4-13}$$

式(4-13) 说明一定温度下，同一物体的吸收率和黑度在数值上是相等的。常用工业材料的黑度 ε 值见表 4-8。

表 4-8　常用工业材料的黑度 ε 值

材　料	温度/℃	黑　度	材　料	温度/℃	黑　度
红砖	20	0.93	铜（氧化的）	200～600	0.57～0.87
耐火砖	—	0.8～0.9	铜（磨光的）	—	0.03
钢板（氧化的）	200～600	0.8	铝（氧化的）	200～600	0.11～0.19
钢板（磨光的）	940～1100	0.55～0.61	铝（磨光的）	225～575	0.039～0.057
铸铁（氧化的）	200～600	0.64～0.78			

三、两固体间的辐射传热

化工生产中常用到两固体间的辐射传热，由于大多数固体可视为灰体，在两灰体间的相互辐射中，其最终结果总是辐射能由温度高的物体传向温度低的物体，其过程是一个反复辐射、反复吸收的过程。

两固体间辐射传热的计算式为

$$Q_{1\text{-}2} = C_{1\text{-}2} A \left[\left(\frac{T_1}{100} \right)^4 - \left(\frac{T_2}{100} \right)^4 \right] \varphi \tag{4-14}$$

式中 $Q_{1\text{-}2}$——两固体间的辐射传热速率，W；
 $C_{1\text{-}2}$——总辐射系数，W/(m² · K⁴)；
 A——辐射面积，m²；
 T_1、T_2——高低温物体的热力学温度，K；
 φ——几何因数（角系数），其值与物体的形状、大小、距离及排列等因素有关。

第五节 传热计算

传热的计算有两种类型：一类是设计型计算，即根据生产要求的热负荷，设计换热器的传热面积；另一类是校核型计算，即换热器已定，核算其传热量、流体的流量或流体进、出口温度等。传热速率方程式和换热器的热量衡算式为传热计算的基础关系式。

一、传热基本方程式

在间壁式换热器中，热流体通过换热器的间壁，将其热量传递给冷流体，这一传热过程包括了热对流、热传导、热对流的过程。该过程的传热规律用以下传热基本方程式表达：

$$Q = K A \Delta t_m \tag{4-15}$$

式中 Q——冷、热流体在单位时间内所能交换的热量，即传热速率，W；
 K——传热系数，W/(m² · K)；
 A——传热面积，m²；
 Δt_m——传热平均温度差，K。

传热计算主要包括传热速率 Q、传热平均温度差 Δt_m、总传热系数 K 及传热面积 A 的计算。

二、传热速率的计算

生产上每一台换热器内，冷、热流体间在单位时间内所交换的热量是根据生产所需的换热任务（热负荷）确定的。能满足工艺要求的换热器，必须使其传热速率等于（或略大于）热负荷。通过计算热负荷来确定换热器所应具有的传热速率。

换热器中换热过程的具体形式有加热、冷却、汽化和冷凝。在加热或冷却过程中，物料的温度发生变化，而相态未变；在汽化或冷凝过程中物料的相态发生了变化。下面分别介绍传热速率的计算方法。

1. 无相变化时热负荷计算——比热容法

当物质与外界交换热量时，物质不发生相变化而只有温度变化，这种热量称为显热。无相变化时热负荷按比热容法计算：

$$Q_T = q_{mT} c_{pT} (T_1 - T_2) \tag{4-16a}$$
$$Q_t = q_{mt} c_{pt} (t_2 - t_1) \tag{4-16b}$$

式中 Q_T、Q_t——热、冷流体的热负荷，W；
 q_{mT}、q_{mt}——热、冷流体的质量流量，kg/s；

T_1、T_2——热流体的初始温度、终了温度，K；

t_2、t_1——冷流体的初始温度、终了温度，K；

c_{pT}、c_{pt}——热、冷流体的定压比热容，表示在恒压条件下，单位质量的物质升高 1℃所需的热量，J/kg·K。

2. 有相变化时热负荷计算——潜热法

当流体与外界交换热量过程中发生相变化时，其热负荷用潜热法计算。例如，饱和蒸气冷凝为同温度下的液体时放出的热量，或液体沸腾汽化为同温度下的饱和蒸气时吸收的热量，有相变化时热负荷按潜热法计算：

$$Q_T = q_{mT} r_T \quad (4\text{-}17a)$$

$$Q_t = q_{mt} r_t \quad (4\text{-}17b)$$

式中 r_T、r_t——热、冷流体的汽化（或冷凝）潜热，J/kg。

3. 换热器中的热量衡算

冷、热两种流体进行热交换，若忽略热损失，则根据能量守恒定律，热流体放出的热量 Q_T 必等于冷流体吸收热量 Q_t，得热量衡算式：

$$Q_T = Q_t \quad (4\text{-}18)$$

【**例题 4-5**】 试计算压力为 140kPa，流量为 1500kg/h 的饱和水蒸气冷凝后并降温至 50℃时所放出的热量。

解 可分两步计算：一是饱和水蒸气冷凝成水，放出潜热；二是水温降至 50℃时所放出的显热。

蒸汽冷凝成水所放出的潜热为 Q_1。

查水蒸气表得：$p = 140$kPa 下的水的饱和温度 $t_s = 109.2$℃；汽化潜热 $r = 2234.4$kJ/kg。

$$Q_1 = q_m r = (1500/3600) \times 2234.4 = 931 \text{ (kW)}$$

水由 109.2℃降温至 50℃放出的显热为 Q_2。

查得平均温度为 79.6℃水的比热容 $c_p = 4.192$kJ/(kg·K)。

$$Q_2 = q_m c_p (T_1 - T_2) = (1500/3600) \times 4.192 \times (109.2 - 50) = 103.4 \text{ (kW)}$$

该过程所放出的总热量 $Q = Q_1 + Q_2 = 931 + 103.4 = 1034.4$ （kW）

【**例题 4-6**】 某换热器中用 110kPa 的饱和水蒸气加热苯，苯的流量为 10m³/h，由 293K 加热到 343K。若设备的热损失估计为 Q_t 的 8%，试求热负荷及蒸汽用量。

解 在实际加热过程中存在一定的热损失 $Q_{损}$，如果热损失较大便不可忽略，这时的热量衡算式应为

$$Q_T = Q_t + Q_{损}$$

查得平均温度 318K 苯的定压比热容 $c_p = 1.756$kJ/(kg·℃)。苯的密度 $\rho = 840$kg/m³。110kPa 的饱和水蒸气的冷凝潜热 $r = 2251$kJ/kg。

苯吸收的热量　　$Q_t = q_{mt} c_{pt} (t_2 - t_1) = (10/3600) \times 840 \times 1.756 \times (343 - 293)$

$$= 204.9 \text{ (kW)}$$

热损失　　　　　$Q_{损} = 8\% \times 204.9 = 16.4$ （kW）

热负荷　　　　　$Q_T = Q_t + Q_{损} = 204.9 + 16.4 = 221.3$ （kW）

水蒸气用量　　　$q_m = Q_T / r = 221.3 / 2251 = 0.0983$ （kg/s）

三、平均传热温度差的计算

1. 恒温传热

两流体进行热量交换时，任何时间沿壁面的不同位置上，两流体的温度皆不发生变化，这种传热称为稳定的恒温传热。例如，两种流体在传热过程中同时发生了相态的变化，而温

度未变，流体之间传递的只有潜热。这种情况的平均温度差可表示为

$$\Delta t_{\mathrm{m}} = T - t \tag{4-19}$$

式中　T——热流体的温度，K；
　　　t——冷流体的温度，K。

2. 变温传热

变温传热时，冷、热流体在换热器中的流动方向大致有四种类型，如图 4-10 所示。

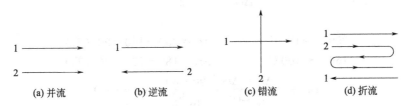

图 4-10　换热器中的流体流向示意图

（1）并流与逆流的平均温度差　并流与逆流时，两流体的温度沿传热面的变化情况见图 4-11。由图 4-11 可见，壁面两侧冷、热流体的温度均沿着传热面而变化，其相应各点的温度差也在变化，可以导出，此时的传热平均温度差为冷、热流体在换热器进、出口两端温度差的对数平均值。

$$\Delta t_{\mathrm{m}} = \frac{\Delta t_1 - \Delta t_2}{\ln \dfrac{\Delta t_1}{\Delta t_2}} \tag{4-20}$$

式中　Δt_1——冷、热流体在换热器进口端的温度差，K；
　　　Δt_2——冷、热流体在换热器出口端的温度差，K。

当 $\dfrac{\Delta t_1}{\Delta t_2} < 2$ 时，可用算术平均值 $\Delta t_{\mathrm{m}} = \dfrac{\Delta t_1 + \Delta t_2}{2}$ 代替对数平均值进行计算，其误差不超过 4%。

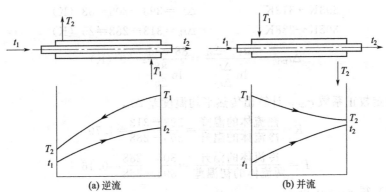

图 4-11　并流与逆流时两侧流体温度差的变化

【例题 4-7】　在蒸发器中，用 450kPa 的蒸汽加热浓缩氢氧化钠水溶液，已知溶液的沸点为 115℃，求平均温度差。

解　此过程一边是蒸汽的冷凝，一边是液体的沸腾，属于恒温传热。平均温度差 $\Delta t_{\mathrm{m}} = T - t$。查得 450kPa 蒸汽的温度 $T = 147.7℃$。

$$\Delta t_{\mathrm{m}} = T - t = 147.7 - 115 = 32.7 \ (℃)$$

【例题 4-8】　用一列管式换热器加热原油，原油在管外流动，进口温度为 100℃，出口温度为 160℃；某反应物在管内流动，进口温度为 250℃，出口温度为 180℃。试分别计算

并流和逆流时的平均温度差。

解 并流时

$$250℃ \rightarrow 180℃ \qquad \Delta t_1 = 250 - 100 = 150 \text{（℃）}$$
$$100℃ \rightarrow 160℃ \qquad \Delta t_2 = 180 - 160 = 20 \text{（℃）}$$

$$\Delta t_{m并} = \frac{\Delta t_1 - \Delta t_2}{\ln \dfrac{\Delta t_1}{\Delta t_2}} = \frac{150 - 20}{\ln \dfrac{150}{20}} = 64.5 \text{（℃）}$$

逆流时

$$250℃ \rightarrow 180℃ \qquad \Delta t_1 = 250 - 160 = 90 \text{（℃）}$$
$$160℃ \leftarrow 100℃ \qquad \Delta t_2 = 180 - 100 = 80 \text{（℃）}$$

$$\Delta t_{m逆} = \frac{\Delta t_1 - \Delta t_2}{\ln \dfrac{\Delta t_1}{\Delta t_2}} = \frac{90 - 80}{\ln \dfrac{90}{80}} = 84.9 \text{（℃）}$$

由计算可知，当两流体进、出口温度皆已确定时，逆流时的传热平均温度差比并流时大。

（2）错流与折流的平均温度差 计算错流与折流时的平均温度差，通常采用的方法是先按逆流情况求得其对数平均温度差 $\Delta t_{m逆}$，然后再乘以校正系数 $\varphi_{\Delta t}$。

$$\Delta t_m = \varphi_{\Delta t} \Delta t_{m逆} \tag{4-21}$$

各种流动情况下的校正系数 $\varphi_{\Delta t}$，可以根据 R 和 P 两个参数，由图 4-12 查取其值。

$$R = \frac{\text{热流体的温降}}{\text{冷流体的温升}}; \quad P = \frac{\text{冷流体的温升}}{\text{两流体的初温差}}$$

由图 4-12 可见，$\varphi_{\Delta t}$ 恒小于 1，说明错流和折流的平均温度差总小于逆流传热的平均温度差。实际生产中要求 $\varphi_{\Delta t}$ 不宜小于 0.8，否则会影响操作的稳定性。

【例题 4-9】 油将水从 288K 加热到 305K。两流体在单壳程、多管程的列管式换热器中进行换热。油进入换热器的温度为 393K，出口温度为 313K。计算传热平均温度差。

解 第一步计算逆流传热平均温度差 $\Delta t_{m逆}$

$$393K \rightarrow 313K \qquad \Delta t_1 = 393 - 305 = 88 \text{（K）}$$
$$305K \leftarrow 288K \qquad \Delta t_2 = 313 - 288 = 25 \text{（K）}$$

$$\Delta t_{m逆} = \frac{\Delta t_1 - \Delta t_2}{\ln \dfrac{\Delta t_1}{\Delta t_2}} = \frac{88 - 25}{\ln \dfrac{88}{25}} = 50 \text{（K）}$$

第二步确定校正系数 $\varphi_{\Delta t}$，计算出传热平均温度差 Δt_m

$$R = \frac{\text{热流体的温降}}{\text{冷流体的温升}} = \frac{393 - 313}{305 - 288} = 4.70$$

$$P = \frac{\text{冷流体的温升}}{\text{两流体的初温差}} = \frac{305 - 288}{393 - 288} = 0.16$$

图 4-12(a) 得 $\varphi_{\Delta t} = 0.95$

$$\Delta t_m = \varphi_{\Delta t} \Delta t_{m逆} = 50 \times 0.95 = 47.5 \text{（K）}$$

四、流体流动方向的选择

间壁两侧流体皆为恒温或一侧流体恒温另一侧流体变温时，并流或逆流操作时的平均温度差相同，载热体的用量也相同。这时流体流动方向的选择，主要应考虑换热器的构造及操作上的方便。若冷、热流体的温度均发生变化，则流体的流动方向将影响传热过程的效率。在间壁式换热器中，如何确定传热壁面两侧流体的流动方向，可从以下两方面考虑。

1. 从平均温度差考虑

当间壁两侧流体皆变温，且规定了两种流体的进、出口温度时，由于逆流操作的平均温

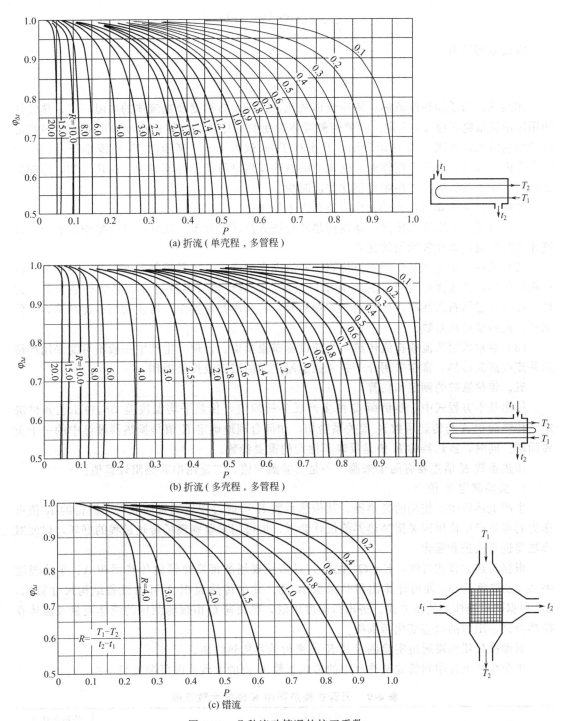

图 4-12 几种流动情况的校正系数 $\varphi_{\Delta t}$

度差比并流时大,在传递相同热量的条件下,逆流所需的传热面积较小,设备费用较低。

2. 从载热体用量考虑

载热体用量可由热量衡算式计算。在忽略热损失时,$Q_T = Q_t$,即

$$q_{mT} c_{pT} (T_1 - T_2) = q_{mt} c_{pt} (t_2 - t_1)$$

热流体用量为

$$q_{mT} = \frac{q_{mt} c_{pt}(t_2 - t_1)}{c_{pT}(T_1 - T_2)}$$

冷流体用量为

$$q_{mt} = \frac{q_{mT} c_{pT}(T_1 - T_2)}{c_{pt}(t_2 - t_1)}$$

如换热目的是加热冷流体,则冷流体的流量、进出口温度及热流体的初温一定,热流体的用量由其最终温度 T_2 决定。间壁两侧流体皆变温的传热,流体的流动方向对流体最终温度的影响极大,由图4-11可以看出,并流时 T_2 永远大于 t_2,逆流时 T_2 可能小于 t_2,t_1 为其最小值。可见,加热冷流体时,逆流时的载热体用量可能比并流时少。同理可知,冷却热流体时,逆流时的载冷体用量可能比并流时少。

实际生产中选择适宜流动方向应遵循以下原则。

(1) 尽可能采用逆流传热　逆流传热的经济效益优于并流,此外,逆流操作具有冷、热流体之间的温度差比较均匀的优点。

(2) 某些特定情况下采用并流传热　并流操作的优点是较易控制温度,故对某些热敏性物料的加热,并流操作可严格控制其出口温度,以避免出口温度过高而影响产品质量。此外,还应考虑物料的性质,如加热黏性物料时,若采用并流操作,可使物料迅速升温,降低黏度,提高总传热系数。

(3) 通常采用错流或折流传热　为使设备布置紧凑、合理,生产中一般不可能采用严格的并流或逆流传热,常常采用介于并流或逆流之间的错流或折流操作。

五、传热系数的测定和估算

传热基本方程式中,热负荷 Q 由生产任务所规定,传热平均温度差 Δt_m 由工艺条件决定。传热面积 A 与传热系数 K 值关系密切,如何合理地确定 K 值是换热器设计中的一个重要问题。同时,换热器的 K 值是反映其性能的重要参数。

传热系数 K 值主要有两个来源:一是实验测定值,二是用串联热阻计算值。

1. 实验测定 K 值

生产上运行中所使用的换热器,其传热系数 K 可通过现场测定而获得。测得的 K 值可作为其他生产中使用同类型换热器的设计参考,也可用来鉴别现场传热过程的好坏,以便对换热器进行改进和强化。

根据传热方程式可知:$K = Q/A\Delta t_m$,只需从现场测得换热器的传热面积 A、平均温度差 Δt_m 及热负荷 Q,便可计算出传热系数 K 值。其中传热面积 A 可由设备结构尺寸算出,Δt_m 根据两股流体的流动方式、进出口温度求取,热负荷 Q 由现场测得的流体流量及流体在换热器进、出口的状态变化而求得。

新型换热器也需通过实验测定其 K 值来检验其传热性能。

工业生产上常用列管式换热器中的传热系数 K 值的大致范围可参见表4-9。

表4-9　列管式换热器中 K 值的大致范围

热流体	冷流体	传热系数 K/[W/(m²·K)]	热流体	冷流体	传热系数 K/[W/(m²·K)]
水	水	850~1700	水蒸气冷凝	水沸腾	2000~4250
轻油	水	340~910	水蒸气冷凝	轻油沸腾	455~1020
重油	水	60~280	水蒸气冷凝	重油沸腾	140~425
气体	水	17~280	低沸点烃类蒸气冷凝(常压)	水	455~1140
水蒸气冷凝	水	1420~4250	高沸点烃类蒸气冷凝(常压)	水	60~170
水蒸气冷凝	气体	30~300			

【例题 4-10】 某热交换器厂试制一台新型热交换器，制成后对其传热性能进行实验。为了测定该换热器的传热系数 K，用热水与冷水进行热交换。现场测得：热水流量 5kg/s。热水进口温度 336K，出口温度 323K。冷水进口温度 292K，出口温度 303K。传热面积 $4.2m^2$。逆流传热。

解 由传热方程式 $Q=KA\Delta t_m$，得 $K=Q/A\Delta t_m$

$$Q=q_m c_p(T_1-T_2)=5\times 4.18\times 10^3\times(336-323)=271700 \text{ (W)}$$

336K → 323K　　　$\Delta t_1=336-303=33$ (K)

303K ← 292K　　　$\Delta t_2=323-292=31$ (K)

$\Delta t_1/\Delta t_2 \leqslant 2$，可近似用算术平均值代替对数平均值。

$$\Delta t_{m逆}=\frac{\Delta t_1+\Delta t_2}{2}=\frac{33+31}{2}=32 \text{ (K)}$$

$$K=\frac{Q}{A\Delta t_m}=\frac{271700}{4.2\times 32}=2022 \text{ [W/(m}^2\cdot\text{K)]}$$

2. 用串联热阻计算 K 值

前述确定 K 值的方法比较简单，但影响传热系数 K 值的因素很多，例如，换热器的结构（类型），流体的性质、流速，换热过程有无相变化及相变的种类等。在很多时候会因为具体条件不完全符合所设计的情况，无法得到可靠的 K 值，通过对传热过程的理论分析，建立计算 K 值的定量式是十分必要的。这样可将理论计算值与生产过程的经验值、现场测定值相互核对、相互补充，得出一个比较符合客观实际的 K 值。

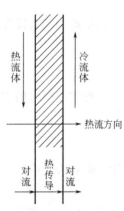

图 4-13　流体通过传热壁的传热过程

如图 4-13 所示，以列管式换热器为例，两流体通过传热壁的传热包括以下过程。

① 热量以对流的方式从热流体传递到管壁一侧。
② 热量以传导的方式从管壁一侧传递到另一侧。
③ 热量以对流的方式从管壁另一侧传递给冷流体。

上述三个过程的传热速率分别表示为

$$Q_1=\alpha_1 A_1(T-T_W)=\frac{\Delta t_1}{\dfrac{1}{\alpha_1 A_1}}$$

$$Q_2=\frac{\lambda A_m}{\delta}(T_W-t_W)=\frac{\Delta t_2}{\dfrac{\delta}{\lambda A_m}}$$

$$Q_3=\alpha_2 A_2(t_W-t)=\frac{\Delta t_3}{\dfrac{1}{\alpha_2 A_2}}$$

对于稳定传热过程 $Q_1=Q_2=Q_3=Q$，上述三式相加可得

$$Q=\frac{T-t}{\dfrac{1}{\alpha_1 A_1}+\dfrac{\delta}{\lambda A_m}+\dfrac{1}{\alpha_2 A_2}}=\frac{\text{总推动力}}{\text{总热阻}}$$

由于

$$Q=KA\Delta t_m=\frac{\Delta t_m}{\dfrac{1}{KA}}=\frac{\text{总推动力}}{\text{总热阻}}$$

可见

$$\frac{1}{KA}=\frac{1}{\alpha_1 A_1}+\frac{\delta}{\lambda A_m}+\frac{1}{\alpha_2 A_2}$$

当传热壁面为圆筒壁时，$A_1\neq A_2\neq A_m$，以不同的传热面为计算基准，同时考虑换热器

操作一段时间后的污垢热阻,可得:

以内表面为计算基准的 K 值计算式为

$$K=\frac{1}{\frac{1}{\alpha_1}+R_{s1}+\frac{\delta d_1}{\lambda d_m}+R_{s2}+\frac{d_1}{\alpha_2 d_2}} \tag{4-22a}$$

以外表面为计算基准的 K 值计算式为

$$K=\frac{1}{\frac{d_2}{\alpha_1 d_1}+R_{s1}+\frac{\delta d_2}{\lambda d_m}+R_{s2}+\frac{1}{\alpha_2}} \tag{4-22b}$$

以平均表面为计算基准的 K 值计算式为

$$K=\frac{1}{\frac{d_m}{\alpha_1 d_1}+R_{s1}+\frac{\delta}{\lambda}+R_{s2}+\frac{d_m}{\alpha_2 d_2}} \tag{4-22c}$$

工程常用简化的 K 值计算式为(若 $d_1 \approx d_2$,即管壁很薄时)

$$K=\frac{1}{\frac{1}{\alpha_1}+R_{s1}+\frac{\delta}{\lambda}+R_{s2}+\frac{1}{\alpha_2}} \tag{4-22d}$$

式中 d_1、d_2、d_m——传热管的内直径、外直径、平均直径,m;

α_1——管内流体的对流传热膜系数,W/(m²·K);

α_2——管外流体的对流传热膜系数,W/(m²·K);

R_{s1}——管内污垢的热阻,m²·K/W;

R_{s2}——管外污垢的热阻,m²·K/W;

δ——传热管的壁厚,m;

λ——传热管的热导率,W/(m·K)。

3. 污垢热阻

换热器运行一段时间后,其传热表面常有污垢积存,对传热形成了附加热阻。污垢层很薄,但热阻很大,在计算总传热系数时一般不可忽略。工程计算时,通常根据经验选用污垢热阻的数据,参见表 4-10。

表 4-10 介绍了污垢热阻的大致范围。对易结垢的流体,或换热器使用时间过长,生成的污垢很厚时,污垢热阻超过表 4-10 中的值,结果导致传热速率严重下降,影响换热器的运行,在生产上应尽量防止和减少污垢的形成。

表 4-10 常见流体的污垢热阻

流 体	污垢热阻 /(m²·K/kW)	流 体	污垢热阻 /(m²·K/kW)
水(流速<1m/s,t<320K)		劣质、不含油	0.09
蒸馏水	0.09	往复机排出	0.176
海水	0.09	**液体**	
清净的河水	0.21	处理过的盐水	0.264
未处理的凉水塔用水	0.58	有机物	0.176
已处理的凉水塔用水	0.26	燃料油	1.056
已处理的锅炉用水	0.26	焦油	1.76
硬水、井水	0.58	**气体**	
水蒸气		空气	0.26~0.53
优质、不含油	0.052	溶剂蒸气	0.14

【例题 4-11】 一列管式换热器，原油流经管内，管外为饱和水蒸气加热，管束由 $\phi53\text{mm}\times1.5\text{mm}$ 钢管组成。已知：管外膜系数 $\alpha_2=10000\text{W}/(\text{m}^2\cdot\text{K})$，管内膜系数 $\alpha_1=100\text{W}/(\text{m}^2\cdot\text{K})$，钢的热导率 $\lambda=46.5\text{W}/(\text{m}\cdot\text{K})$。求：(1) 总传热系数 K；(2) 换热器使用一段时间后管内壁形成污垢层，其热阻 $R_{s1}=0.001\text{m}^2\cdot\text{K}/\text{W}$，此时的总传热系数 K（利用工程常用简化式计算）。

解 (1) 无污垢层时的总传热系数 K

$$K=\frac{1}{\frac{1}{\alpha_1}+R_{s1}+\frac{\delta}{\lambda}+R_{s2}+\frac{1}{\alpha_2}}=\frac{1}{\frac{1}{100}+\frac{0.0015}{46.5}+\frac{1}{10000}}=\frac{1}{0.010132}$$

则 $K=98.7\text{W}/(\text{m}^2\cdot\text{K})$

(2) 生成污垢层后的总传热系数 K

$$K=\frac{1}{\frac{1}{\alpha_1}+R_{s1}+\frac{\delta}{\lambda}+R_{s2}+\frac{1}{\alpha_2}}=\frac{1}{\frac{1}{100}+0.001+\frac{0.0015}{46.5}+\frac{1}{10000}}=\frac{1}{0.011132}$$

则 $K=89.8\text{W}/(\text{m}^2\cdot\text{K})$

六、传热面积的计算

传热面积是换热器设计计算的核心内容，也是选择换热器的重要依据。

根据传热方程式 $Q=K A\Delta t_m$，得

$$A=\frac{Q}{K\Delta t_m} \tag{4-23}$$

【例题 4-12】 一列管式换热器由 $\phi25\text{mm}\times2\text{mm}$ 的不锈钢管组成。CO_2 在管内流动，流量为 10kg/s，由 50℃ 冷却到 38℃。冷却水在管外与 CO_2 呈逆流流动，流量为 3.68kg/s，冷却水进口温度为 25℃。试求传热系数及换热面积。已知管内侧的 $\alpha_1=50\text{W}/(\text{m}^2\cdot\text{℃})$，管外侧 $\alpha_2=5000\text{W}/(\text{m}^2\cdot\text{℃})$，$\lambda=17\text{W}/(\text{m}\cdot\text{℃})$。取 CO_2 侧污垢热阻 $R_{s1}=0.5\times10^{-3}\text{m}^2\cdot\text{℃}/\text{W}$，水侧污垢热阻 $R_{s2}=0.2\times10^{-3}\text{m}^2\cdot\text{℃}/\text{W}$，忽略热损失。

解 传热系数（以外表面为计算基准）

$$K_2=\frac{1}{\frac{d_2}{\alpha_1 d_1}+R_{s1}+\frac{\delta d_2}{\lambda d_m}+R_{s2}+\frac{1}{\alpha_2}}=\frac{1}{\frac{25}{50\times21}+0.5\times10^{-3}+\frac{0.002\times25}{17\times23}+0.2\times10^{-3}+\frac{1}{5000}}$$

$$=40.3[\text{W}/(\text{m}^2\cdot\text{℃})]$$

传热面积（外表面积）

$$Q=K_2 A_2 \Delta t_m$$

$$Q=Q_{热}=Q_{冷}$$

$$Q_{热}=Q_{CO_2}=q_m c_p \Delta T=10\times0.9\times10^3\times(50-38)=1.08\times10^5 \text{ (W)}$$

由热量衡算式 $Q_{H_2O}=Q_{CO_2}$ 确定冷却水的出口温度。

$$1.08\times10^5=3.68\times4.18\times(t_2-25)\times10^3$$

解得 $t_2=32\text{℃}$

逆流传热

$$50\rightarrow38 \quad\quad \Delta t_1=18\text{K}$$
$$32\leftarrow25 \quad\quad \Delta t_2=13\text{K}$$

$$\Delta t_m=\frac{\Delta t_1+\Delta t_2}{2}=\frac{13+18}{2}=15.5 \text{ (K)}$$

$$A_2=\frac{Q}{K_2\Delta t_m}=\frac{1.08\times10^5}{40.3\times15.5}=172.9 \text{ (m}^2\text{)}$$

第六节　传热过程的强化与削弱

随着科学技术的进步和生产的发展，特别是对低品位能源的回收利用和新能源开发等过程，要求换热器能够在很小的传热温差和很高的传热速率条件下进行操作；为节能降耗，对设备及管路的保温等操作均涉及传热过程的强化与削弱。

一、传热过程的强化

所谓强化传热，就是设法提高换热器的传热速率。从传热基本方程 $Q=KA\Delta t_m$ 可以看出，增大传热面积 A，提高传热推动力 Δt_m，以及提高传热系数 K 都可以达到强化传热的目的，但应从技术经济的角度进行具体分析，提高哪个因素更有利。

1. 增大传热面积

增大传热面积，可以提高换热器的传热速率。若靠简单地增大设备尺寸来实现增大传热面积是不可取的，因为这样会使设备的体积增大，金属耗用量增加，相应增加了设备的投入费用。实践证明，从改进设备的结构入手，增加单位体积的传热面积，可以使设备更加紧凑，结构更加合理。目前出现的一些新型换热器，如螺旋板式换热器等，其单位体积的传热面积便大大超过了列管换热器。同时，还研制并成功使用了多种高效能传热面，将光滑管改为带翅片或异形表面的传热管，它们不仅使传热表面有所增加，而且强化了流体的湍动程度，提高了对流传热系数，使传热速率显著提高。

2. 增大传热平均温度差

增大传热平均温度差，即提高传热推动力，可以提高换热器的传热速率。平均传热温度差的大小取决于两流体的温度及流动形式。物料的温度由工艺条件所决定，一般不能随意变动，而加热剂或冷却剂的温度则因选择的介质不同而异。

降低冷却剂的出口温度可以提高平均传热温度差，但要增加冷却水的用量，必然使日常操作费用增加，并且在水源紧缺的地区是难以实现的。提高加热剂的进口温度可以提高平均传热温度差，但必须考虑技术上的可能性和经济上的合理性。在一般的化工企业，温度不超过180℃的加热介质比较容易提供，可选用水蒸气；而要提供温度高于180℃的加热介质，所需投入锅炉的设备费用或选用其他加热介质带来的安全技术等问题是比较难以解决的。

当两种流体在传热过程中均发生温度变化时，采用逆流操作亦可增大平均温度差。当平均温度差增大，会使有效能损失增大，从节能的角度考虑，应使平均温度差减小。

综上所述，通过增大平均温度差这一手段来强化传热过程是有一定限度的。

3. 增大传热系数

增大传热系数，可提高换热器的传热速率。增大传热系数，实际上就是降低传热的热阻。因为传热的热阻是各分热阻的串联，各项分热阻所占比例不同，所以，应首先分析哪一项热阻是该过程的控制热阻，再设法使之减小，从而达到强化传热的目的。

从总传热系数计算式

$$K=\frac{1}{\dfrac{1}{\alpha_1}+R_{s1}+\dfrac{\delta}{\lambda}+R_{s2}+\dfrac{1}{\alpha_2}}$$

可以看出，提高 α_1、α_2、λ 或降低 R_{s1}、R_{s2}、δ 都可以使 K 值增大。一般来说，在金属换热器中，壁面较薄且热导率高，不会成为控制热阻；污垢热阻是一个可变因素，在换热器刚投入使用时，污垢热阻很小，可不予考虑，但随着使用时间的加长，污垢逐渐增加，便可能成为阻碍传热的主要因素；对流传热过程的热阻一般是传热过程的控制热阻，必须重点考虑。

提高 K 值的具体措施应从以下几个方面考虑。

(1) 对流传热控制　当 $\alpha_1 \approx \alpha_2$ 时，应同时提高 α_1 和 α_2；当 $\alpha_1 \ll \alpha_2$ 时，此时的 K 值与 α_1 接近，应设法提高 α_1 的值；当 $\alpha_2 \ll \alpha_1$ 时，此时的 K 值与 α_2 接近，应设法提高 α_2 的值。提高对流传热膜系数 α 的主要途径有：增加流体流速，增大湍动程度。例如，列管式换热器中增加的管程数，壳体内加折流挡板，管内放入麻花铁、金属丝片等添加物；板式换热器的板片表面压制成各种凹凸不平的沟槽面等，均可提高 α 值，但流体阻力会相应增大。尽量采用有相态变化的载热体，可得到较大的 α 值。

(2) 污垢控制　当壁面两侧对流传热膜系数都很大，即两侧的对流传热热阻都很小，而污垢热阻很大时，欲提高 K 值，则必须设法减缓污垢的形成，同时及时清除污垢。减小污垢热阻的具体措施有：提高流体的流速和扰动，以减弱污垢层的沉积；控制冷却水出口温度，加强水质处理，尽量采用软化水；加入阻垢剂，防止和减缓污垢层形成；定期采用机械或化学的方法清除污垢。

【例题 4-13】　热空气在 $\phi 25\text{mm} \times 2.5\text{mm}$ 的钢管外流过，对流传热膜系数为 $50\text{W}/(\text{m}^2 \cdot \text{K})$，冷却水在管内流过，对流传热膜系数为 $1000\text{W}/(\text{m}^2 \cdot \text{K})$。钢管的热导率为 $45\text{W}/(\text{m} \cdot \text{K})$。管内、外污垢热阻分别为 $0.5\text{m}^2 \cdot \text{K}/\text{kW}$、$0.58\text{m}^2 \cdot \text{K}/\text{kW}$。试求：①传热系数；②若管外对流传热膜系数增大一倍，传热系数如何变化；③若管内对流传热膜系数增大一倍，传热系数如何变化（均利用工程简化式近似计算）。

解　已知：$\alpha_1 = 1000\text{W}/(\text{m}^2 \cdot \text{K})$，$\alpha_2 = 50\text{W}/(\text{m}^2 \cdot \text{K})$，
$$R_{s1} = 0.5\text{m}^2 \cdot \text{K}/\text{kW}, \quad R_{s2} = 0.58\text{m}^2 \cdot \text{K}/\text{kW}$$

① 传热系数

$$K = \frac{1}{\frac{1}{\alpha_1} + R_{s1} + \frac{\delta}{\lambda} + R_{s2} + \frac{1}{\alpha_2}} = \frac{1}{\frac{1}{1000} + 0.5 \times 10^{-3} + \frac{0.0025}{45} + 0.58 \times 10^{-3} + \frac{1}{50}}$$
$$= 45.2 [\text{W}/(\text{m}^2 \cdot \text{K})]$$

② 若管外对流传热膜系数增大一倍时的传热系数

$$K = \frac{1}{\frac{1}{\alpha_1} + R_{s1} + \frac{\delta}{\lambda} + R_{s2} + \frac{1}{\alpha_2}} = \frac{1}{\frac{1}{1000} + 0.5 \times 10^{-3} + \frac{0.0025}{45} + 0.58 \times 10^{-3} + \frac{1}{50 \times 2}}$$
$$= 82.4 [\text{W}/(\text{m}^2 \cdot \text{K})]。\text{传热系数提高了 } 82.3\%。$$

③ 若管内对流传热膜系数增大一倍时的传热系数

$$K = \frac{1}{\frac{1}{\alpha_1} + R_{s1} + \frac{\delta}{\lambda} + R_{s2} + \frac{1}{\alpha_2}} = \frac{1}{\frac{1}{1000 \times 2} + 0.5 \times 10^{-3} + \frac{0.0025}{45} + 0.58 \times 10^{-3} + \frac{1}{50}}$$
$$= 46.2 [\text{W}/(\text{m}^2 \cdot \text{K})]。\text{传热系数提高了 } 2.2\%。$$

以上计算表明，设法提高空气侧的对流传热膜系数，对总传热系数的提高更为有效。

在实际生产中，欲有效提高 K 值，必须设法减小主要热阻，即设法提高较小一侧的对流传热膜系数。这样使生产过程经济合理。

二、传热过程的削弱

削弱传热就是降低传热速率。在化工生产中，只要设备及管道与周围空气存在温度差，就会有热损失（或冷损失）出现，温度差越大，热损失也就越大。为了提高热能的利用率，节约能源，就要设法降低换热设备与环境之间的传热速率，即削弱传热。凡是表面温度在 $50°\text{C}$ 以上的设备或管道及制冷系统的设备和管道，都必须进行保温或保冷，具体方法是在设备或管道的表面上包裹热导率较小的材料（称为隔热材料），以增加传热的热阻，达到降低

传热速率、削弱传热的目的。

保温材料、保温结构及保温层的厚度等问题，详见本章第二节相关内容。

第七节 工业加热与冷却、冷凝

加热、冷却和冷凝是化工生产中最常见的传热操作。加热指使物体温度升高使其变热的过程；冷却指使热物体的温度降低而不发生相变化的过程；冷凝则指使热物体的温度不变而发生相变化的过程，通常指物质从气态变成液态的过程。本节介绍加热剂与冷却剂的种类及生产中采用的加热、冷却和冷凝方法。

一、加热剂与冷却剂

1. 加热剂

在传热过程中起加热作用的物质称之为加热剂。常见的加热剂有：饱和水蒸气和热水，其加热温度可达到 100~140℃；机油；锭子油；二苯混合物（73.5%二苯醚和26.5%联苯）；熔盐（7%硝酸钠、40%亚硝酸钠和53%硝酸钾）；金属熔融物等，其加热温度一般可达到 230~540℃，最高可达 1000℃。

2. 冷却剂

在传热过程中起冷却或冷凝作用的物质称之为冷却剂。常用的冷却剂有冷水、盐水及空气等。一般情况下，冷水所达到的冷却效果不低于 0℃；浓度约为 20%盐水的冷却效果为 0~-15℃。

二、加热方法

在化工生产中，当加热温度低于 180℃时，一般采用饱和水蒸气加热法；若加热温度在 500℃以上，则多采用烟道气加热；若加热温度在 180~500℃之间，则可用其他加热方法。

1. 饱和水蒸气及热水加热法

水蒸气加热在化工生产中应用非常广泛，尤其以饱和水蒸气加热居多。用饱和水蒸气加热时，依其作用方式分为直接加热和间接加热两种。

直接蒸汽加热是将蒸汽导入液体表面以下的开口管子，或是经过鼓泡器直接送入被加热的液体中。

如果被加热物料的性质或操作情况下不允许用直接蒸汽加热时，则采用间接蒸汽加热，即经过间壁进行加热，用蒸汽间接加热时，蒸汽放出的潜热通过间壁传递给被加热的流体，蒸汽冷凝成水后再降温放出显热。间接蒸汽加热时须注意以下两个问题：一是冷凝水必须不断地通过汽水分离器排除，否则冷凝水积于器内，占据一部分传热面，致使传热效果降低，且妨碍加热的正常进行。二是蒸汽中尚存有少量的不凝性气体，不凝性气体必须自蒸汽室排出，否则会降低冷凝时对流传热膜系数，从而降低换热器的生产能力。

饱和水蒸气加热法的优点是温度与压力之间一一对应，通过压力的调节就能很方便地控制加热温度，同时饱和水蒸气冷凝时的对流传热膜系数较大，传热效果好；此外，加热物料均匀，水蒸气的输送方便。其缺点是加热温度通常不宜超过 180℃（相应压力为 1003kPa）。若加热温度再升高，对应的饱和水蒸气压力则急剧上升，如 250℃的饱和水蒸气对应的压力为 3976kPa。显然，在较高温度时，水蒸气的应用受到了限制。

因热水的对流传热膜系数不很高，加热温度很有限，热水加热法的工业应用受到限制。一般用于利用饱和水蒸气的冷凝水和废热水的余热及某些需要缓慢加热的场合。

2. 矿物油加热法

由于水蒸气加热的温度受到一定的限制，当物料加热需要超过 180℃时，可考虑采用矿物油加热。生产上常用高温 45 号机油和高温 60 号机油，其加热温度可达 250℃。矿物油的饱和蒸气压比水的低，其饱和蒸气来源较容易；但黏度较大，其对流传热膜系数较小，热稳定性差，存在安全隐患（高于 250℃易分解、易燃）。

3. 有机载热体加热法

由于上述两种加热法的局限，有时采用二苯混合物及其他有机物的低熔点混合物作加热剂。有机载热体一般具有沸点高，饱和蒸气压较低，以及化学性质稳定等优点。在 250℃和 350℃时的蒸气压力约为同温度下水蒸气压力的 1/47 和 1/30，且黏度较小，其对流传热膜系数较大，传热效果好。

4. 烟道气加热法

烟道气加热法，又称炉灶加热法。这种加热方法是利用燃料在热炉中燃烧所产生的火焰和烟道气直接加入物料中进行加热。加热温度可达 1000℃以上。通常以 500～1000℃较为适宜。

烟道气容易获取且能产生高温，其缺点是温度不易控制，被加热物料易变质，且大部分热量被废气带走，烟道气的对流传热膜系数很小，烟道气的用量很大，输送比较困难，特别注意不能用于加热易燃易爆物料。

5. 电加热法

电加热法是将电能转变为热能加热物料。电加热的特点是清洁，方便，利用率高，加热温度可以精确调节。这种加热方法通常用于 1000℃以上。

在化工生产中最常用的电加热是电阻加热和电感加热。电感加热在化工生产中应用较多，因其取材容易，施工方便，又无明火，所以在防火防爆的环境中使用较电阻加热安全。其缺点是能量利用率不高，成本高。

除以上几种加热方法外，还有熔盐加热、液态金属加热、红外线加热及微波加热等。

三、冷却方法

常用的冷却方法有直接冷却法和间接冷却法。直接冷却法通常是将冰或冷水直接加入被冷却的物料中，方法简便，收效迅速；此法只能用于允许与水混合的物料。另一直接冷却法为自动汽化冷却法。如将被冷却的液体置于敞口槽中或喷洒于空气中，因表面部分液体汽化带走热量，从而达到液体被冷却的目的，如冷却塔，洗涤塔等。间接冷却法通常在间壁换热器中进行。

四、冷凝方法

直接冷凝法就是将冷水直接喷淋于蒸汽中，使蒸汽与冷却水互相混合，于是蒸汽冷凝而使冷却水温升高，一般用于水蒸气冷凝。由于冷水与蒸汽接触，故传热效率高。间接冷凝是在间壁冷凝器中进行，蒸汽在间壁的一侧冷凝，而冷却剂（通常为冷水）在间壁的另一侧流动。冷凝操作时，尤其是在减压情况下，须特别注意蒸汽方不凝性气体的排除。

第八节 换 热 器

化工生产中换热器的使用十分普遍，由于物料的性质、传热的要求各不相同，换热器的种类很多。了解各种换热器的特点，根据工艺要求正确选用适当类型的换热器是非常重要的。

按照热量交换的方法不同，分为间壁式换热器、直接接触式换热器、蓄热式换热器三种。间壁式换热器是在冷、热两流体间用一金属壁（亦可用非金属）隔开，两种流体不相混合而进行热量传递，如列管式、蛇管式、夹套式、套管式、螺旋板式、平板式、板翅式、翅片管式、热管式等。

直接接触式换热器中，冷、热两流体以直接混合的方式进行热量的交换。这对于工艺上允许两种流体混合的情况十分方便有效，所用设备也较简单。化工生产上常用于气体冷却或水蒸气的冷凝。

蓄热式换热器又称蓄热器，主要由蓄热室构成，室中可充填热容量较大的耐火砖等填料，热流体通过蓄热室时将室内填料加热，冷流体通过蓄热室时则将热量带走，从而达到换热的目的。这类换热器结构较为简单，且可耐高温，故常用于高温气体热量的利用或冷却。其缺点是体积较大，难免两种流体在一定程度上相混合。

化工生产中绝大多数情况下不允许冷、热两流体在传热的过程中发生混合，间壁式换热器的使用最为广泛。下面介绍常见的间壁式换热器。

一、列管式换热器

列管式换热器是目前化工生产中使用最广泛的一种换热器。它的结构简单，坚固，取材范围广，处理能力大，适应性强，操作弹性较大，尤其在高压、高温和大型装置中使用更为普遍。但其传热效率、设备的紧凑性及单位传热面积的金属消耗量等不及某些新型换热器。

1. 列管式换热器的结构

如图 4-14 所示，列管式换热器主要由壳体、管板、管束、封头等部件组成。壳体内装有管束，管束两端固定在管板上。管子固定在管板上的方法可用胀接法或焊接法等。冷、热两种流体在列管式换热器内进行换热时，一种流体通过管内，其行程称为管程；另一种流体在管外流动，其行程称为壳程。管束的表面积即为传热面积。

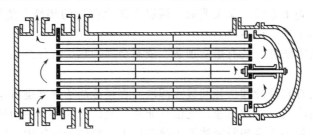

图 4-14 管方 4 程、壳方 2 程的列管式换热器

换热器管内的流体每通过一次管束称为一个管程。当换热器的传热面积较大时，则需要的管子数目较多，为提高管程的流体流速，可将管子分成若干组，使流体依次通过每组管子，在换热器内往返多次通过，称为多管程。管程数多有利于提高对流传热膜系数，但也使能量损失增加，传热温度差减小。所以，程数不宜过多，以 2、4、6 程最为多见。

流体每通过壳体一次称为一个壳程，为了提高壳程流体的流速，在壳体内安装横向或纵向折流挡板，从而提高壳程流体的对流传热系数。常用的横向折流挡板多为圆缺形挡板（亦称弓形挡板），也可用盘环形挡板。

2. 列管式换热器的热补偿装置

列管式换热器操作时，由于冷、热两流体温度不同，使壳体和管束受热不同，其热膨胀程度亦不同。若两者温差大于 50℃，就可能引起设备变形，或使管子弯曲，从管板上松脱，甚至毁坏整个换热器。因此，必须从结构上考虑消除或减少热膨胀的影响，采用的补偿办法有浮头补偿、补偿圈补偿和 U 形管补偿等。依照不同的热补偿措施，可将列管式换热器分为以下三类。

（1）固定管板式换热器——补偿圈补偿 图 4-15 所示为补偿圈（或称膨胀节）补偿，当管与壳之间存在温度差时，依靠补偿圈的弹性变形，来适应外壳与管子间的不同热膨胀。

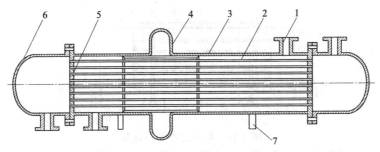

图 4-15 具有补偿圈的固定管板式换热器
1—接管；2—管束；3—壳体；4—补偿圈；5—管板；6—封头；7—支腿

这种结构通常适用于管与壳的温度差在 60~70℃ 之间，壳程压力小于 600kPa 的情况。

(2) 浮头式换热器——浮头补偿 如图 4-16 所示，这种换热器两端的管板，有一端不与壳体相连，可以沿管长方向自由浮动。当壳体与管束因温度不同而引起膨胀时，管束连同浮头一起在壳体内沿轴向自由伸缩，可以完全消除热应力。清洗和检修时整个管束可从壳体中拆出。这类换热器结构比较复杂，金属耗量多，造价也较高，但因其优点突出，仍是生产中应用较多的一种换热器。

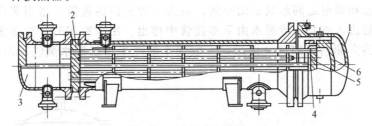

图 4-16 浮头式换热器
1—壳盖；2—固定管板；3—隔板；4—浮头勾圈法兰；5—浮动管板；6—浮头盖

(3) U 形管式换热器——U 形管补偿 如图 4-17 所示，换热器中每根管子都弯成 U 形，两端固定在同一块管板上，每根管子都可自由伸缩，从而解决了热补偿问题。其结构较简单，质量轻，但弯管制造麻烦，为了满足管子有一定的弯曲半径，管板的利用率较差，管程不易清洗。该换热器宜于在高温、高压下使用。

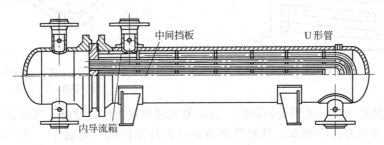

图 4-17 U 形管式换热器

二、蛇管式换热器

1. 喷淋式蛇管换热器

如图 4-18 所示，为一喷淋式蛇管换热器，冷水由最上面管子的喷淋装置中淋下，沿管表面下流，而被冷却的流体自最下面管子流入，由最上面管子中流出，与外面的冷流体进行热交换，传热效果比沉浸式蛇管换热器好，且便于检修和清洗。其缺点是占地面积较大，水滴溅洒影响周围环境，喷淋不易均匀。

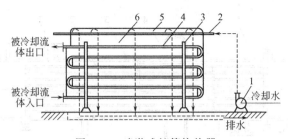

图 4-18　喷淋式蛇管换热器

1—冷却水泵；2—淋水管；3—支架；4—蛇管；5—淋水管盖板；6—淋水板

2. 沉浸式蛇管换热器

蛇管指弯绕成蛇形，或制成适应容器需要形状的金属管子，沉浸在容器中，冷、热流体分别在管内、外进行换热，如图 4-19 所示。此种换热器的主要优点是结构简单，便于制造，便于防腐，且能承受高压。主要缺点是管外流体的对流传热膜系数较小。为了提高传热效果可增设搅拌装置。

三、夹套式换热器

如图 4-20 所示，这种换热器结构简单，主要用于反应器的加热或冷却。夹套装在容器外部，在夹套和器壁之间形成密闭空间，成为一种流体的通道。当用蒸汽进行加热时，蒸汽由上部接管进入夹套，冷凝水由下部接管中排出。用于冷却时，冷却水由下部进入，上部流出。因为夹套内部的清洗困难，一般用不易产生垢层的水蒸气、冷却水等作为载热体。

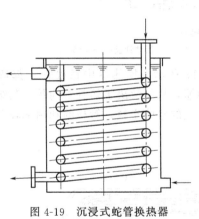

图 4-19　沉浸式蛇管换热器

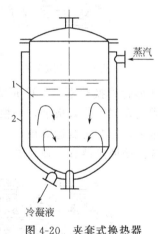

图 4-20　夹套式换热器

1—容器；2—夹套

夹套式换热器的传热面积受到限制，当需要及时移走大量热量时，则应在容器内部加设蛇管冷却器，管内通入冷却水，及时取走热量以保持器内的一定温度。当夹套内通冷却水时，为提高其对流传热膜系数，可在夹套内加设挡板，这样既可使冷却水流向一定，又可提高流速，从而增大总传热系数。

四、套管式换热器

将两种直径大小不同的标准管子装成同心套管，根据换热要求，可将几段套管连接起来组成的换热器称为套管式换热器，如图 4-21 所示。每一段套管称为一程，每程的内管依次与下一程的内管用 U 形管连接，而外管之间也由管子连接。换热器的程数可以根据所需传热面积的大小增减。换热时一种流体在内管中流动，另一种流体在套管的环隙中流动，两种流体可始终保持逆流流动。适当选择套管的规格可以使内管与环隙间的流体呈湍流状态，使之具有较高的总传热系数，同时减少污垢层的形成。这种换热器的优点是：结构简单，能耐高压，制造方便，应用灵便，传热面易于增减。其缺点是：单位传热面的金属消耗量很大，占地面积较大。一般适用于流量不大、所需传热面不大及高压场合。

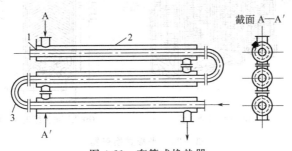

图 4-21　套管式换热器
1—内管；2—外管；3—U形管

五、螺旋板式换热器

螺旋板式换热器由两张互相平行的钢板，卷制成互相隔开的螺旋形流道，两钢板之间的定距柱维持着流道的间距。冷、热流体分别在流道内流动，通过螺旋板进行热量的交换。如图 4-22 所示。

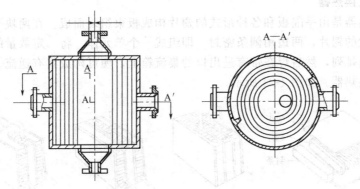

图 4-22　螺旋板式换热器

螺旋板式换热器的优点是：结构紧凑；单位体积设备提供的传热面积大，约为列管式换热器的 3 倍；流体在换热器内做严格的逆流流动，可在较小的温差下操作，能充分利用低温能源；由于流向不断改变，且允许选用较高流速，故传热系数大，约为列管式换热器的 1～2 倍；又由于流速较高，同时有惯性离心力的作用，污垢不易沉积。其缺点是：制造和检修都比较困难；流动阻力大，在同样物料和流速下，其流动阻力为直管的 3～4 倍；操作压强和温度不能太高，一般在压强为 2MPa 以下，温度为 400℃ 以下操作；流体阻力较大，不易检修。

六、平板式换热器

平板式换热器主要由一组长方形的薄金属板平行排列构成，用框架将板片夹紧组装于支架上，如图 4-23 所示。两相邻板片的边缘衬以垫片（橡胶或压缩石棉等）压紧，达到密封。板片四角有圆孔，形成流体的通道。冷、热流体交替地在板片两侧流过，通过板片进行换热。板片通常被压制成各种槽形或波纹形的表面，这样既增强了刚度，不致受压变形，同时增强流体的湍动程度，增大传热面积，亦利于流体的均匀分布。

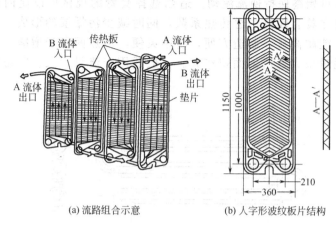

(a) 流路组合示意　　(b) 人字形波纹板片结构

图 4-23　平板式换热器

平板式换热器的主要优点是：板面被压制成波纹或沟槽，可使流体在低流速下达到湍流，故总传热系数高，且流体阻力增加不大，污垢热阻亦较小。结构紧凑，单位体积设备提供的传热面积大；操作灵活性大，可以根据需要调节板片数目以增减传热面积。其加工制造容易、检修清洗方便、热损失小。主要缺点是：允许操作压力较低，不宜超过 2MPa，否则容易造成渗漏。操作温度不能太高，受到垫片耐热性能的限制。

七、板翅式换热器

板翅式换热器是由平隔板和各种形式的翅片构成板束组装而成。在两块平隔板间夹入波纹状或其他形状的翅片，两边用侧条密封，即组成一个单元体。将一定数量的单元体组合起来，并进行适当排列，然后焊在带有进出口的集流箱上，便可构成具有逆流、错流或错逆流等多种形式的换热器。如图 4-24 所示。

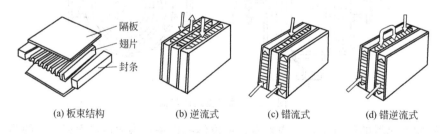

(a) 板束结构　　(b) 逆流式　　(c) 错流式　　(d) 错逆流式

图 4-24　板翅式换热器

板翅式换热器的优点是：结构紧凑，单位体积设备具有的传热面积大；一般用铝合金制造，轻巧牢固；由于翅片促进了流体的湍动，其传热系数很高；由于所用铝合金材料，在低温和超低温下仍具有较好的导热性和抗拉强度，故可在 $-273 \sim 200$℃ 范围内使用；因翅片对隔板有支撑作用，其允许操作压力可达 5MPa。其缺点是：易堵塞，流动阻力大；清洗检修困难。板翅式换热器因其轻巧、传热效率高等许多优点，其应用已从航空、航天、电子等领域逐渐发展到化工等行业。

八、翅片管式换热器

翅片管式换热器的换热管外或管内有许多金属翅片，翅片可用缠绕、嵌入或焊接等方法固定在管材上，其结构如图 4-25 所示。翅片管式换热器主要用于气体的加热或冷却，在换热管的气体侧增加翅片，增强了气体流动时的湍动程度，使气体的膜系数得以提高，同时又扩大了传热面积，使传热效果显著提高。

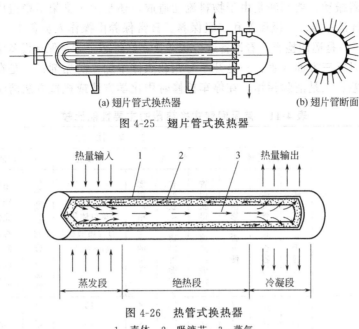

(a) 翅片管式换热器　　　(b) 翅片管断面

图 4-25　翅片管式换热器

图 4-26　热管式换热器
1—壳体；2—吸液芯；3—蒸气

九、热管式换热器

热管式换热器是用一种称为热管的新型换热元件组合而成的换热装置。热管的种类很多，但其基本结构和工作原理基本相同，如吸液芯热管主要由密封管子、吸液芯及蒸气通道三部分组成，如图 4-26 所示。热管沿轴向可分成三段：蒸发段（热端）、冷凝段（冷端）和绝热段。蒸发段的作用是使热量从管外热源传给管内的工作液，工作液吸热后蒸发，产生的蒸气沿管子轴线流向冷凝段。冷凝段的作用是使蒸气冷凝放出的热量传给管外的冷源。绝热段的作用是当热源与冷源隔开时，使管内的载热介质不与外界交换热量。当热流体从管外流过时，热量通过管壁传给工作液，使其汽化，蒸气沿管子轴流向冷端，向冷流体放出潜热而凝结，冷凝液在吸液芯内流回热端，再从热流体处吸收热量。如此反复循环，热量便不断地从热流体传递给冷流体。

热管式换热器的传热特点是：热量传递使工作液汽化、蒸气流动和冷凝三步进行；由于汽化和冷凝的对流强度都很大，在低温差下也能有效传热，热效率高；没有动作部件，使用寿命长；不需循环泵，不受热源类型的限制；还具有质量轻，经济耐用等特点，具有广阔的应用前景。

十、各种换热器的比较

随着化学工业的不断发展，热交换的应用日益广泛。在选择换热器形式时，物料的压力、温度、腐蚀等问题均需考虑。现将常见间壁式换热器的主要性能进行列表比较，见表 4-11，为选择换热器形式时提供参考。

十一、换热器的日常维护

换热器的日常维护主要有检查、保养及防垢三项工作。

检查包括查泄漏、查腐蚀损坏、查松动。查各个静密封点有无泄漏，如法兰螺栓是否松动，填料、密封垫是否损坏；有无隐含的泄漏，如砂眼、裂纹等。要特别注意换热器内部有没有泄漏，这种情况不能直接看到，要通过工艺上的异常现象分析判断。细心查看由于腐蚀、锈蚀、冲刷造成的损伤，有无老化、脆化、变形、传热壁减薄等现象。检查有无异常振动，如整个换热器振动，要判断是由于物料流动造成，还是由于支架不稳造成。

保养工作有日常保养、一级保养和二级保养。日常保养由操作人员负责，每天都要进行。日常保养的要求：一是巡回检查，看设备运行状态及完好状态；二是保持设备清洁，稳固。

防垢工作从以下三方面入手：一是开车时在载热体中加入防垢剂；二是在操作时控制好流速、温度和温差；三是清除污垢，在停车检修时用化学方法或机械方法清洗。

表 4-11　常见间壁式换热器的主要性能比较

换热器的形式	操作性能			效　率			紧凑性	加工性能		金属耗量
	清洗管内是否容易	清洗管外是否容易	检修是否方便	管内获得高速的可能性	管外获得高速的可能性	实现严格逆流的可能性	单位体积的传热面积/ (m^2/m^3)	用钢或塑料制造的可能性	用铸铁及脆性材料制造的可能性	单位传热面积的金属耗量 /(kg/m^2)
沉浸蛇管式	×	√	√	√	○	×	15	√	√	100
喷淋蛇管式	○	√	√	√	○	×	16	√	√	60
不可拆卸的套管式	×	×	×	√	√	√	20	√	×	150
可拆卸的套管式	√	√	√	√	√	√	20	√	×	150
刚性结构的列管式	√	×	○	√	○	○	40～150	√	×	30
有补偿圈的列管式	√	×	○	√	○	○	40～150	√	×	30
管束可取的列管式	√	○	√	√	○	○	40～150	√	○	30
螺旋板式	○	○	○	√	√	√	100	√	×	50
平板式	√	√	√	○	○	○	250～1500	√	×	16
板翅式	×	×	×	○	○	√	250～4370	√	×	—

注：符号意义：√表示完全满足要求；○表示部分满足要求；×表示不满足要求。

思　考　题

4-1　联系实际说明传热在化工生产中的应用。

4-2　传热有哪几种基本方式？简述它们各自的特点。

4-3　在实际生产中的沸腾传热，为什么要尽可能保持在泡核沸腾阶段？

4-4　分析保温瓶的保温原理，从传热的角度分析保温瓶需要除垢吗？

4-5　冬季有风的日子里，为什么人们觉得更冷？

4-6　为什么生产中用的隔热材料必须采取防潮措施？

4-7　常用的加热剂和冷却剂有哪些？各自的适用场合是怎样的？

4-8　为什么换热器投产时不能骤然升高温度？

4-9　换热器在冬季与夏季操作有什么不同？

4-10　为什么工程上的换热器不都采用逆流传热？

4-11　什么叫强化传热？强化传热可采取哪些措施？

4-12　什么叫做热负荷？试说明热负荷与传热速率之间的关系。

4-13　在列管式换热器中，采用多管程结构的目的是什么？怎样来确定其管程数？

4-14　固定管板式列管换热器在结构上有什么特点？为什么要采用温差补偿装置？目前工程上采取了哪些热补偿措施？

4-15　设备热损失的大小与哪些因素有关？有人说"保温层厚度越大，对保温绝热越有利。"你怎样看待这种说法？

习　题

4-16　求下列情况下载热体的换热量：
(1) 2000kg/h 的硝基苯从 380K 冷却至 320K；
(2) 压强为 1655kPa 的饱和水蒸气，流量为 100kg/h，冷凝后又冷却至 323K；
(3) 373K 的水汽化为 373K 的饱和蒸汽，质量流量为 80kg/h。

[答：(1) 53.0kW；(2) 71.77kW；(3) 50.18kW]

4-17　有一个用 10mm 钢板制成的平底反应器，其底面积为 $2m^2$，内、外表面温度分别为 110℃和 100℃，求每秒从反应器底部散失于外界的热量为多少？　　　　　　　　　　　　　　[答：90kW]

4-18　某平壁工业炉的耐火砖厚度为 0.213m，炉墙热导率为 1.038W/(m·K)。其外用热导率为 0.07W/(m·K) 的绝热材料保温。炉内壁温度为 980℃，绝热层外壁温度为 38℃，如允许最大热损失量为 $950W/m^2$，求：
(1) 绝热层的厚度；
(2) 耐火砖与绝热层的分界面温度。　　　　　　　　　　　[答：(1) 0.05m；(2) 785℃]

4-19　有一 ϕ108mm×4mm 的管路内通以 200kPa 的饱和蒸汽。已知其外壁温度为 110℃，内壁温度以蒸汽温度计。试求每米管长的导热量。　　　　　　　　　　　　　　　　[答：$3.71×10^4$W]

4-20　有一 ϕ170mm×5mm 的蒸汽管路外面包有两层绝热材料。第一层绝热材料的厚度为 20mm，第二层绝热材料的厚度为 40mm，其热导率分别为 0.175W/(m·K) 和 0.0932W/(m·K)。蒸汽管的热导率为 58.3W/(m·K)，其内表面温度为 570K，第二层绝热材料外表面的温度为 320K。试求每米管长的热损失。　　　　　　　　　　　　　　　　　　　　　　　　　　　　　　[答：1009.76W/m]

4-21　在实验室的加热炉上。有一高 0.5m、宽 1m 的铸铁炉门，其温度为 873K，已知室内温度为 300K。试求单位时间里因炉门辐射而散失的热量。已知总辐射系数为 5.67W/(m·K)，角系数为 0.78。

[答：1.27kW]

4-22　水在一圆形直管内呈强制湍流时，若流量及物性均不变。现将管内径减小为原来的一半，则管内对流传热膜系数为原来的多少倍？　　　　　　　　　　　　　　　　　　　[答：3.18 倍]

4-23　在一精馏塔的塔顶冷凝器中，用 30℃的冷却水将 100kg/h 的乙醇-水蒸气（饱和状态）冷凝成饱和液体，其中乙醇-水混合物的汽化潜热为 959kJ/kg，冷却水的出口温度为 40℃。试求冷却水的消耗量。

[答：2290kg/h]

4-24　在一釜式列管换热器中，用 280kPa 的饱和水蒸气加热并汽化某液体（水蒸气仅放出冷凝潜热）。液体的比热容为 4.0kJ/(kg·K)，进口温度为 50℃，其沸点为 88℃，汽化潜热为 2200kJ/kg，液体的流量为 1000kg/h。忽略热损失，求加热蒸汽消耗量。　　　　　　　[答：1083.8kg/h]

4-25　一列管式换热器用热水来加热某溶液，拟订水走管程，溶液走壳程。已知溶液的平均比热容为 3.05kJ/(kg·K)，进、出口温度分别为 35℃和 60℃，其流量为 500kg/h；水的进、出口温度分别为 90℃和 70℃。若热损为热流体放出热量的 5%，试求热水的消耗量和该换热器的热负荷。

[答：0.133kg/s；10.59kW]

4-26　用一套管换热器冷却某物料，冷却剂在管内流动，进口温度为 25℃，出口温度为 60℃；热物料在套管的环隙中流动，进口温度为 120℃，出口温度为 60℃。试分别计算并流和逆流操作时的平均温度差。　　　　　　　　　　　　　　　　　　　　　　　　　　　　　[答：0℃；16.38℃]

4-27　用一单壳程四管程的列管式换热器来加热某溶液，使其从 30℃加至 50℃，加热剂由 120℃下降至 45℃。试求换热器的平均温度差。　　　　　　　　　　　　　　　　　　　[答：32.14℃]

4-28　某一列管换热器，管子为 ϕ25mm×2.5mm 的钢管，管内、外流体的对流传热膜系数分别为 200W/(m^2·K) 和 2500W/(m^2·K)，不计污垢热阻。试求：
(1) 此时的传热系数；
(2) 将管内流体的对流传热膜系数提高一倍时（其他条件不变）的传热系数；
(3) 将管外流体的对流传热膜系数提高一倍时（其他条件不变）的传热系数；

(4) 比较计算结果并得出结论。

[答：(1) 147W/(m²·K)；(2) 270W/(m²·K)；(3) 151W/(m²·K)；(4) 略]

4-29 在[例题 4-13]中，换热器使用一段时间后，产生了污垢，两侧污垢热阻均为 1.72m²·K/kW，若其他条件维持不变。试求：

(1) 此时的传热系数；

(2) 污垢形成后传热系数下降的百分比。 [答：(1) 40.82W/(m²·K)；(2) 14%]

4-30 为了测定套管式甲苯冷却器的传热系数，测得实验数据如下：冷却器传热面积为 3.0m²，甲苯的流量为 2000kg/h，由 80℃ 冷却到 40℃；冷却水从 20℃ 升高到 30℃，两流体呈逆流流动。试求：

(1) 所测得的传热系数为多少？

(2) 水的流量为多少？ [答：(1) 0.1167kW/(m²·K)；(2) 0.978kg/s]

4-31 一单程列管式换热器，其传热面积为 3m²，列管规格为 $\phi 25mm \times 2.5mm$。用初温为 10℃ 的水将机油由 200℃ 冷却至 100℃，水走管程，油走壳程。已知水和机油的流量分别为 1000kg/h 和 1200kg/h，机油的比热容为 2.0kJ/(kg·K)，水侧和油侧的对流传热膜系数分别为 2000W/(m²·K) 和 250W/(m²·K)，两流体呈逆流流动，忽略管壁和污垢热阻。问：

(1) 通过计算说明该换热器是否适用？

(2) 在夏天水的初温达到 30℃，而油和水的流量、油的冷却程度等参数不变时，该换热器是否适用？

[答：(1) 2.73m² 适用；(2) 3.35m² 不适用]

4-32 在并流换热器中用水冷却油，水的进、出口温度为 15℃ 和 40℃；油的进、出口温度为 120℃ 和 90℃，换热管长度为 1.5m。如油和水的流量及进口温度不变，需要将油的出口温度降至 70℃，则换热器的换热管应增长多少才可达到要求？ [答：4.17m]

第五章 蒸 发

学习目标

- 掌握 单效蒸发过程及计算，如水分蒸发量、加热蒸汽消耗量与蒸发器的传热面积计算；温度差损失的由来及估算；影响蒸发器生产强度的因素。
- 理解 真空蒸发的特点及其应用；多效蒸发流程及蒸发操作效数的限度。
- 了解 蒸发操作的特点及其在工业上的应用；各种蒸发器的特点、性能及适用场合。

第一节 概 述

一、蒸发的目的

工业上把溶液加热至沸腾状态下，并不断移出汽化了的溶剂蒸气的单元操作称为蒸发。蒸发操作广泛应用于化工、轻工、医药、食品等工业生产中，其主要目的在于以下几个方面。

1. 制取浓溶液

利用蒸发操作浓缩稀溶液直接制取产品或将浓溶液再处理（冷析结晶）制取固体产品，如电解烧碱液的浓缩、食糖水溶液的浓缩等。

2. 回收溶剂

通过蒸发操作浓缩溶液的同时，回收溶剂，如有机磷农药苯溶液的浓缩脱苯、中药生产中酒精浸出液的蒸发等。

3. 获取纯净溶剂

由蒸发操作将溶剂蒸发，继而将蒸气冷凝、冷却，以达到纯化溶剂的目的，如海水淡化等。

二、蒸发的基本概念

工业生产中的蒸发过程，只是把溶液中的溶剂汽化而分离出来，溶质原保留在溶液中，故蒸发操作是溶液中的挥发性溶剂和不可挥发性溶质的分离过程。由于溶剂的汽化潜热一般很大，蒸发时需要消耗大量的热能，故蒸发操作的必要条件是：不断地加入热量使溶剂汽化；同时还要不断地移出汽化了的溶剂蒸气。

被蒸发的溶液大多数是水溶液，那么蒸发操作就成了用水蒸气作为加热剂，去加热被蒸发的溶液而产生水蒸气。为便于区分，把作为热源的水蒸气称作加热蒸汽或一次蒸汽（或生蒸汽），把从溶液中溶剂汽化成的蒸汽称为二次蒸汽。由于溶剂的汽化是加热蒸汽的加热作用而发生的，故蒸发操作属于传热过程，蒸发设备为传热设备。

图 5-1 所示为一典型的单效蒸发流程。料液在加热室内受热蒸发，加热室为一管壳式换热器，加热蒸汽走壳程，料液走管程。由壳程加热蒸汽（一般为饱和蒸汽）冷凝释放出热量，将管程料液加热至沸腾产生二次蒸汽，被蒸发出的二次蒸汽经蒸发室上方的捕雾器分离

去除雾沫后，再进入冷凝器冷凝，冷凝水由冷凝器下部经水封排出，少量不凝性气体由真空泵顶部排出。不凝性气体主要来自系统中原存空气和减压操作时漏入的空气或被蒸发溶液中溶解的气体。

1. 蒸发的分类

蒸发操作一般可按加热方式、操作方式、蒸发器的效数和操作压力进行分类。

① 按加热方式可分为间接加热和直接加热。间接加热是热量通过间壁式换热器传递给被蒸发溶液，从而使溶剂汽化。工业蒸发操作多数是间接加热方式；直接加热是将高温火焰或烟道气直接喷

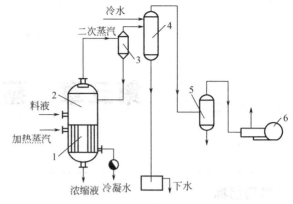

图 5-1 单效蒸发流程
1—加热室；2—蒸发室；3—分离室；4—混合冷凝器；5—真空缓冲罐；6—真空泵

入被蒸发的溶液中，使溶剂汽化。其优点是：传热速率高，金属消耗量小。但因应用范围受被蒸发物料和蒸发要求的限制。本章只讨论间接加热蒸发过程。

② 按操作方式可分为间歇蒸发和连续蒸发。间歇蒸发为一次进料，一次出料。排出的浓溶液称为完成液。在整个蒸发操作过程中，溶液的浓度和沸点均随时间而变化，因此其传热温度差、传热系数等参数均随时间而变；连续蒸发，连续进料，完成液连续排出。工业大规模生产过程通常采用连续蒸发。

③ 按蒸发器的效数可分为单效蒸发和多效蒸发。单效蒸发，其特点是蒸发装置中只有一个蒸发器，蒸发时产生的二次蒸汽不再利用，直接进入冷凝器冷凝后排放掉，主要应用在小批量间歇生产的情况下。多效蒸发，其特点是将几个蒸发器串联操作，使加热蒸汽的热能得到多次利用。一般是把前一个蒸发器产生的二次蒸汽引到后一个蒸发器中作为加热蒸汽使用，蒸发器串联的个数称为效数，最后一效产生的二次蒸汽进入冷凝器冷凝后排放掉。这种蒸发过程称为多效蒸发。

④ 按操作压力可分为常压、加压和真空蒸发。常压蒸发的特点是蒸发器分离室的操作压力略高于大气压力或采用敞口设备，二次蒸汽和不凝性气体直接排放到大气中；加压蒸发的特点是操作压力大于大气压的条件下进行。目的是为了提高二次蒸汽的温度，从而提高热能的利用率。适合于高黏度溶液的蒸发；真空蒸发的特点是操作压力在低于大气压的条件下进行。需要用真空泵维持系统的真空度和不凝性气体的排放。其目的是为了降低溶液的沸点和有效利用热源。真空蒸发与常压蒸发相比具有以下优势，在相同加热蒸汽压力下，可提高蒸发时的传热温度差，增大蒸发器的生产能力；加之，溶液沸点较低，有利于蒸发热敏性物料，并可降低蒸发器的热损失，所以，真空蒸发广泛用于单效、多效蒸发时的末效或后几效，也都是在真空下操作。由于真空蒸发需增加真空泵并消耗部分能量，同时随着压力的减小，溶液沸点降低，黏度增大，沸腾传热系数减小。

2. 蒸发的特点

常见的蒸发过程实质上是间壁两侧分别有蒸汽（气）冷凝和溶液沸腾的恒温传热过程。但是蒸发操作与一般传热过程相比，蒸发操作具有以下特点。

① 由于溶液含有不挥发性溶质。在相同温度下，其蒸气压比纯溶剂的要小，就是说，在相同压力下，溶液的沸点比纯溶剂的沸点要高，其浓度越高，这种影响越明显。这是蒸发操作时需要考虑的一个问题。

② 蒸发溶液本身具有的特性。有些物料的溶质或杂质在浓缩时可能结垢或析出结晶，

影响传热；有些热敏性物料在高温下易分解变质；还有些物料具有较强的腐蚀性或较大黏性等。应根据物料的这些特性和工艺要求，选择合适的蒸发方法和设备。

③ 蒸发操作汽化的溶剂量是较大的。由于溶剂汽化潜热很大，故蒸发过程是大量消耗加热蒸汽的单元操作。应充分利用热量，提高加热蒸汽的经济性。因此，节能是蒸发操作考虑的另一个问题。

第二节 单 效 蒸 发

对于连续定常操作的单效蒸发，可根据生产任务提出的热负荷、运用物料衡算、热量衡算及传热速率方程式，计算单效蒸发操作中的溶剂蒸发量，加热蒸汽消耗量和蒸发器的传热面积。

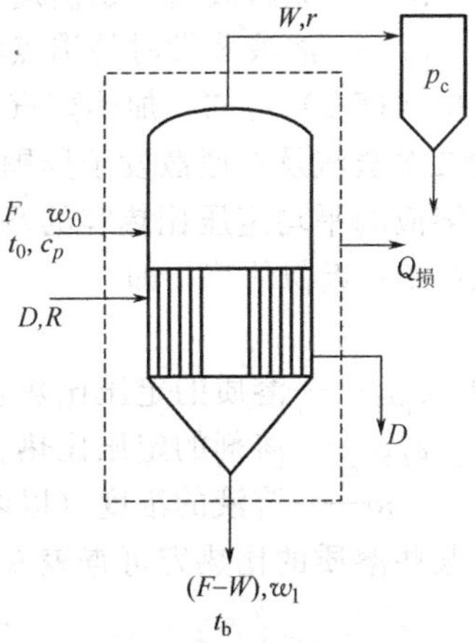

一、单效蒸发计算

1. 溶剂蒸发量

根据物料衡算和热量衡算的要求，先画出过程衡算示意图如图 5-2 所示，并注明进、出衡算范围各物料和物料变量。取 1h 为物料衡算基准。

设溶质在蒸发前、后其质量不变，对蒸发器作溶质的物料衡算，可得溶剂蒸发量（或水分蒸发量）

$$W = F\left(1 - \frac{w_0}{w_1}\right) \quad (5-1)$$

式中　F——原料液量，kg/h；
　　　w_0——原料液中溶质的质量分数；
　　　w_1——完成液中溶质的质量分数；
　　　W——溶剂蒸发量（或水分蒸发量，二次蒸汽量），kg/h。

图 5-2　单效蒸发的物料衡算和热量衡算示意图

【例题 5-1】 在浓缩烧碱生产操作中，采用一单效连续蒸发器，将 10^4 kg/h 的 NaOH 水溶液由 10% 浓缩至 42%（均为质量分数），试求所蒸发的水分量。

解 已知 $F=10^4$ kg/h，$w_0=0.10$，$w_1=0.42$，按式 (5-1) 得

$$W = F\left(1 - \frac{w_0}{w_1}\right) = 10000\left(1 - \frac{0.10}{0.42}\right) = 7619 \text{ (kg/h)}$$

2. 加热蒸汽消耗量

在蒸发操作中，单位时间内加热蒸汽的消耗量是根据热量衡算来确定的。如图 5-2 所示，为连续定常流动单效蒸发器的热量衡算式。

输入蒸发器的热量＝输出蒸发器的热量

输入蒸发器的热量如下。
① 原料液带入蒸发器的热量。
② 加热蒸汽带入蒸发器的热量。
输出蒸发器的热量如下。
① 二次蒸汽带走的热量。
② 完成液带走的热量。
③ 加热蒸汽冷凝水带走的热量。
④ 蒸发设备散发于周围空气的热量。
若忽略溶液的浓缩热时，作热量衡算：

$$D = \frac{Wr + Fc_p(t_b - t_0) + Q_{损}}{R} \tag{5-2}$$

式中　D——加热蒸汽消耗量，kg/h；
　　　W——溶剂蒸发量（二次蒸汽量），kg/h；
　　　F——原料液量，kg/h；
　　　c_p——原料液的平均定压比热容，kJ/(kg·K)；
　　　r——二次蒸汽的汽化潜热，kJ/kg；
　　　R——加热蒸汽的冷凝潜热，kJ/kg；
　　　$Q_{损}$——蒸发器散发于周围空气的热量，kJ/h；
　　　t_0——原料液的初始温度，K；
　　　t_b——溶液蒸发时的沸点温度，K。

由式(5-2)可知，加热蒸汽的热量通常用于将溶液加热至沸点，预热原料液和将水分蒸发为二次蒸汽及补偿散发于周围空气的热量。

溶液的平均定压比热容的数值随溶液的性质和浓度而不同，可从有关手册中查取，也可按式(5-3)近似估算，即

$$c_p = c_{p质}w + c_{p剂}(1-w) \tag{5-3}$$

式中　$c_{p质}$——溶质的定压比热容，kJ/(kg·K)；
　　　$c_{p剂}$——溶剂的定压比热容，kJ/(kg·K)；
　　　w——溶液的浓度（以溶质的质量分数计）。

某些溶质的比热容可查表 5-1。

表 5-1　某些无水物的比热容

物　质	$CaCl_2$	KCl	NH_4Cl	$NaCl$	KNO_3
比热容/[kJ/(kg·K)]	0.687	0.679	1.52	0.838	0.926
物　质	$NaNO_3$	Na_2CO_3	$(NH_4)_2SO_4$	糖	甘油
比热容/[kJ/(kg·K)]	1.09	1.09	1.42	1.295	2.42

如果进入蒸发器的原料液为沸点温度，即 $t_0 = t_b$，并忽略蒸发器散发于周围空气的热量（$Q_{损} = 0$），则式(5-2)为

$$D = W \frac{r}{R} \quad \text{或写成} \quad \frac{D}{W} = \frac{r}{R} \tag{5-4}$$

式(5-4)中的 D/W 称为单位蒸汽消耗量，即每蒸发 1kg 溶剂（通常为水分）需耗用加热蒸汽的质量（kg）。在实际蒸发操作中，$Q_{损}$ 不等于零，通常可认为

$$\frac{D}{W} \approx 1.1 \tag{5-5}$$

式(5-5)表明，通常蒸发 1kg 的水，实际上需耗用大约 1.1kg 的加热蒸汽，这对在生产中估算蒸发器的加热蒸汽消耗量是非常有用的。

【例题 5-2】 用一单效蒸发器，欲将含量为 20%、流量为 4×10^3 kg/h 的 KCl 水溶液蒸发浓缩至 40%，加热蒸汽压强为 415.6kPa，蒸发器内操作压强为 57.9kPa，溶液沸点为 393K，无水 KCl 的比热容为 0.679kJ/(kg·K)，蒸发器的热损失不计。试分别求出原料液进料温度为 303K、393K 和 423K 时，加热蒸汽消耗量，并比较其经济性。

解　首先应计算出其溶剂蒸发量，由式(5-1) 得

$$W = F\left(1 - \frac{w_0}{w_1}\right) = 4000 \times \left(1 - \frac{0.2}{0.4}\right) = 2000 \text{ (kg/h)}$$

由附录查得压强为 415.6kPa 和 57.9kPa 时，饱和水蒸气的汽化潜热分别为 2137.5kJ/kg 和 2295.3kJ/kg。

原料液的平均定压比热容，由式(5-3)得

$$c_p = c_{p质}w + c_{p剂}(1-w) = 0.679 \times 0.2 + 4.18 \times (1-0.2) = 3.48 \; [kJ/(kg \cdot K)]$$

① 原料液进料温度为 303K 时，加热蒸汽消耗量由式(5-2)得

$$D = \frac{Wr + Fc_p(t_b - t_0) + Q_损}{R} = \frac{2000 \times 2295.3 + 4000 \times 3.48 \times 90}{2137.5} = 2734 \; (kg/h)$$

$$\frac{D}{W} = \frac{2734}{2000} = 1.37$$

②

$$D = \frac{Wr}{R} = \frac{2000 \times 2295.3}{2137.5} = 2148 \; (kg/h)$$

$$\frac{D}{W} = \frac{2148}{2000} = 1.074$$

③ $D = \frac{Wr + Fc_p(t_b - t_0)}{R} = \frac{2000 \times 2295.3 + 4000 \times 3.48 \times (-30)}{2137.5} = 1952 \; (kg/h)$

$$\frac{D}{W} = \frac{1952}{2000} = 0.976$$

由上例可见，在相同的溶剂蒸发量时，原料液进料温度低于沸点时，加热蒸汽消耗量最大，原因是一部分加热蒸汽用来将溶液预热至沸点；如果原料液进料温度等于其沸点温度，加热蒸汽消耗量将比低于沸点进料时为少；再如果是原料液进料温度高于其沸点温度时，加热蒸汽消耗量最少，原因是由于进料液温度高于溶液沸点温度，使溶液在蒸发器内有自蒸发现象，由于自蒸发的二次蒸汽不需消耗加热蒸汽。所以，在实际生产操作中，凡有条件可利用的各种废热量，均可用来预热待蒸发的原料液，目的是减少加热蒸汽的消耗，降低蒸发操作费用。

3. 蒸发器的传热面积

因为蒸发器的加热室就是一个间壁式换热器，其传热过程可认为是恒温传热，故可根据恒温传热方程计算传热面积为

$$A = \frac{Q}{K(T - t_b)} \tag{5-6}$$

式中 A——蒸发器的传热面积，m^2；

K——蒸发器的总传热系数，$W/(m^2 \cdot K)$；

Q——蒸发器的热负荷（或传热速率），W，由热量衡算求出；

T——加热蒸汽温度，K；

t_b——溶液沸点温度，K。

利用式(5-6)计算传热面积 A 时，其中 K 值一般可参考经验数据选择。应注意选择与操作条件相近的数值，尽可能选用的 K 值合理。表 5-2 中列出不同类型蒸发器的 K 值范围，以供参考选用。

表 5-2 蒸发器的总传热系数 K 值经验数据范围

蒸发器的形式	总传热系数/[W/(m²·K)]	蒸发器的形式	总传热系数/[W/(m²·K)]
标准式（自然循环）	600~3000	外加热式（强制循环）	1200~7000
标准式（强制循环）	1200~6000	升膜式	600~6000
悬筐式	600~3500	降膜式	1200~3500
外加热式（自然循环）	1200~6000		

如果加热蒸汽的冷凝液在饱和温度下排出,且忽略热损失,蒸发器的热负荷为

$$Q=DR \tag{5-7}$$

由式(5-6)计算出的传热面积 A,应根据具体情况选用适当的安全系数加以校正。$(T-t_b)$ 是加热蒸汽温度与溶液沸点之间的差值,称为有效温度差。实际上有效温度差的计算关键是求出 t_b,因影响 t_b 的因素有溶液浓度、蒸发压力、液位高度等,计算时应考虑这些因素。

【例题 5-3】 欲将每小时进料 1×10^3 kg 的甘油水溶液由 40% 浓缩到 90%,沸点进料,加热蒸汽压力为 300kPa,蒸发室操作压力为 40kPa,该操作条件下的总温度差损失 5K,传热系数为 800W/(m²·K),热损失忽略不计。试求蒸发器所需的传热面积。

解 查得 40kPa,$T=348$K,$r=2312$kJ/kg;300kPa,$T=406.3$K

水分蒸发量由式(5-1)得

$$W=F\left(1-\frac{w_0}{w_1}\right)=1000\times\left(1-\frac{0.4}{0.9}\right)=555.6 \text{ (kg/h)}$$

沸点进料 $Q=Wr$,溶液的沸点,$t_b=348+5=353$ (K)

所以 $A=\dfrac{Q}{K(T-t_b)}=\dfrac{555.6\times2312\times10^3}{800(406.3-353)\times3600}=\dfrac{1284547.2\times10^3}{153504\times10^3}=8.4$ (m²)

二、温度差损失

1. 溶液浓度的影响

水溶液中因含有不挥发性溶质,在相同条件下,其蒸气压比纯水的低,所以溶液的沸点就比纯水的要高,两者之差称为因溶液蒸气压下降而引起的沸点升高。例如,常压下 7.4% 的 NaOH 水溶液的沸点为 375K,而水的为 373K,此时溶液沸点升高 2K。一般稀溶液和有机溶液的沸点升高值较小,无机盐溶液的沸点升高值较大,甚至可达几十度。

沸点升高现象对蒸发操作的有效温度差不利,例如,用 393K 饱和水蒸气分别加热 7.4% NaOH 水溶液和纯水,并使之沸腾,有效温度差分别为

7.4% NaOH 水溶液 393-375=18 (K)

纯水 393-373=20 (K)

因有沸点升高现象,使相同条件下蒸发的有效温度差下降 2K,下降的度数称为温度差损失,以 Δ' 表示。常压下各种溶液的沸点由实验确定,也可由有关手册或本书附录查询。

如果蒸发操作在加压或真空条件下进行时,其沸点升高 Δ' 值可用式(5-8)近似计算,即

$$\Delta'=f\Delta'_{常} \tag{5-8}$$

式中 Δ'——操作条件下的溶液沸点升高值,K;

$\Delta'_{常}$——常压下的溶液沸点升高值,K;

f——校正系数。

$$f=0.0162\frac{T'^2}{r} \tag{5-9}$$

式中 T'——操作压力下二次蒸汽的饱和温度,K;

r——操作压力下二次蒸汽的汽化潜热,kJ/kg。

2. 液柱静压头的影响

某些蒸发器的加热管内在操作时需维持一定的液位,那么液面下的压力比液面上的压力高,就是说液面下的沸点比液面上的高,两者的差值称为液柱静压头引起的温度差损失,以 Δ'' 表示,一般取液柱中部的压力进行计算。由静力学方程得

$$p=p_0+\frac{\rho g h}{2} \tag{5-10}$$

式中 p——液柱中部的平均压力,Pa;

p_0——液面的压力（二次蒸汽的压力），Pa；
h——液层高度，m；
ρ——溶液的平均密度，kg/m³；
g——重力加速度，m/s²。

计算时常根据液柱中部的平均压力 p 查出纯水的相应沸点 t_p 和在 p_0 下的沸点 t_{p_0} 后可得 Δ''

$$\Delta'' = t_p - t_{p_0} \tag{5-11}$$

式中 t_p——平均压力 p 相对应的纯水的沸点，K；

t_{p_0}——二次蒸汽压力 p_0 相对应水的沸点，K。

3. 管路阻力的影响

蒸发器的二次蒸汽由分离室到冷凝器，因管路流动阻力，造成二次蒸汽的压力有所下降，其温度相应地也下降，一般约降低1K，此下降温度值称为因管路流动阻力而引起的温度差损失 Δ'''。Δ''' 一般取1K。

综上所述，蒸发器中总的温度差损失 Δ 为

$$\Delta = \Delta' + \Delta'' + \Delta''' \tag{5-12}$$

由此计算出溶液的沸点 t_b 为

$$t_b = T' + \Delta \tag{5-13}$$

应当指出，溶液的温度差损失不仅是计算沸点所必需的，而且对选择加热蒸汽的压强也是很重要的。

【例题 5-4】 在中央循环管式蒸发器中，将 10% NaOH 水溶液浓缩至 25%。冷凝器内绝对压力不超过 15kPa。已知加热管内液层高度为 1.6m，25% NaOH 水溶液的密度为 1230kg/m³，二次蒸汽因流动阻力引起的温度差损失为 1K。试求总温度差损失和溶液的沸点温度。

解 查得 15kPa 下 $t_{p_0} = 326.5$K，$T' = 326.5 + 1 = 327.5$K，$r = 2367.6$kJ/kg

查得 25% NaOH $\Delta'_{常} = 13$K 校正系数 f 为：$f = 0.0162 \frac{T'^2}{r} = 0.0162 \times \frac{327.5^2}{2367.5} = 0.734$

$$\Delta' = f\Delta'_{常} = 0.734 \times 13 = 9.54 \text{（℃）}$$

$$p = p_0 + \frac{\rho g h}{2} = 15.4 + \frac{1230 \times 9.8 \times 1.6}{2 \times 1000} = 25.0 \text{ (kPa)}$$

根据 25.0kPa 查得 $t_p = 336.4$K

$$\Delta'' = t_p - t_{p_0} = 336.4 - 327.5 = 8.9 \text{ (K)}$$

$$\Delta = \Delta' + \Delta'' + \Delta''' = 9.54 + 8.9 + 1 = 19.44 \text{ (K)}$$

溶液沸点 $\quad t_b = T' + \Delta = 327.5 + 19.44 = 346.94$ (K)

第三节 多效蒸发简介

如前所述，蒸发是能耗较大的单元操作，通常把能耗作为评价其优劣的重要指标。多效蒸发其目的就是为提高加热蒸汽的经济性。因只有第一效用加热蒸汽，其后各效均使用前一效的二次蒸汽作为热源，这样便大大地提高加热蒸汽的利用率，同时还降低了冷凝器的负荷，减少了冷凝水量，节约了操作费用。

一、多效蒸发流程

按照加料方式不同，常见的多效蒸发流程有以下三种。

1. 并流流程

并流流程如图 5-3 所示，该流程中因溶液和加热蒸汽的流向相同，都是由第一效顺序流至末效，故称为并流加料法。

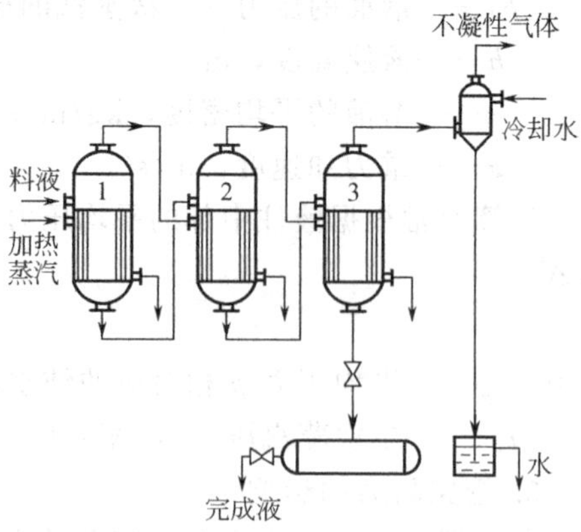

并流流程的优点是：溶液借助于各效蒸发压力依次降低的特点，靠相邻两效的压差溶液自动地从前一效流入后一效，不需用泵输送；因后一效的蒸发压力低于前一效，其沸点也较前一效低，故溶液进入后一效时便会产生自蒸发，多蒸发出一些水蒸气。这种流程的操作也较简便。但其缺点是：传热系数逐效下降，原因是后序各效溶液浓度增高，而沸点逐效降低，造成溶液黏度逐效增大。

2. 逆流流程

逆流流程如图 5-4 所示，该流程中的原料液从末效进入，用泵依次输送至前效，完成液从第一效底部取出。而加热蒸汽仍从第一效依次至末效。因原料液和加热蒸汽的流动方向相反，故称为逆流加料法。

图 5-3 并流加料三效蒸发流程（并流流程）

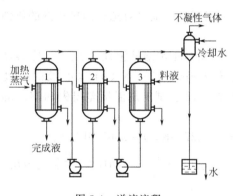

图 5-4 逆流流程

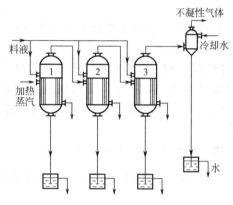

图 5-5 平流流程

逆流流程的优点是：当溶液浓度增高时，溶液的温度也增高，各效溶液黏度相差不大，传热系数大体相同。缺点是：前效较后效压力高，需用泵输送，能耗增大，再则没有自蒸发，不适用于高温下易分解的溶液。

3. 平流流程

平流流程如图 5-5 所示，该流程中各效同时加入原料液和取出完成液，加热蒸汽的流向从第一效至末效逐效依次流动，故称平流加料法。

平流流程适用于蒸发操作中伴有结晶析出的溶液。

二、多效蒸发的效数限度

1. 溶液的温度差损失

由于蒸发操作中有温度差损失，使有效温差降低，当效数越多，则总的温度差损失越大，各效所分配的有效温差越小。如图 5-6 所示，图中表示单效和多

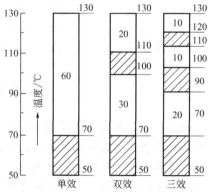

图 5-6 单效、双效、三效蒸发的有效温差及温度差损失

效蒸发的操作条件相同，图总高代表加热蒸汽温度与冷凝器中蒸汽温度总温度差（即130－50＝80℃），阴影部分代表因多种原因引起的温度差损失，空白部分代表有效温度差。由图可见，多效蒸发中的温度差损失较单效大，效数越多，温度差损失将越大。

2. 多效蒸发效数的限度

采用多效蒸发目的是为节约加热蒸汽用量。由表5-3可知，加热蒸汽消耗量随效数的增加而减少，使操作费用降低，节省的加热蒸汽量也减少。由于蒸发器效数增多，使设备投资费用增大。虽然多效蒸发可提高加热蒸汽的利用率（经济程度），但不能提高生产能力，说明采用多效蒸发操作是用增加蒸发设备来换取节省加热蒸汽的消耗量（若不考虑沸点上升），所以多效蒸发的效数应从以上两方面的经济核算确定，一般取2～3效。

表 5-3　不同效数蒸发的单位蒸汽消耗量

单位蒸汽消耗量	单效	双效	三效	四效	五效
$(D/W)_{min}$的理论值	1	0.5	0.33	0.25	0.2
$(D/W)_{min}$的实际值	1.1	0.57	0.4	0.3	0.27

第四节　蒸发器的生产能力和生产强度

一、蒸发器的生产能力

蒸发器的生产能力用单位时间内蒸发水分量表示，其单位为 kg/h。而生产能力的大小仅取决于蒸发器的传热速率 Q，因此可用蒸发器的传热速率衡量其生产能力。

依传热速率方程，单效蒸发时的传热速率为

$$Q = KA\Delta t_m = KA(T - T') \tag{5-14}$$

如果蒸发器的各种热损失不计，且原料液为沸点进料，由热量衡算可知，通过传热面所传递的热量全部用于蒸发水分，这时蒸发器的生产能力和传热速率成正比。从式(5-14)可见，蒸发器的生产能力与蒸发器的传热面积、温度差及传热系数有关。若原料液在高于沸点下进入蒸发器，则由于部分溶液的自蒸发，使得蒸发器的生产能力有所增加。但是如果原料液在低于沸点下进料，需要消耗部分热量将冷溶液加热到沸点，因此降低了蒸发器的生产能力。

二、蒸发器的生产强度

在评价蒸发器的性能优劣时，往往不用蒸发器的生产能力，通常用蒸发器的生产强度作为衡量标准。蒸发器的生产强度是指单位传热面积上单位时间内所蒸发的水分量，用符号 U 表示，单位为 $kg/(m^2 \cdot h)$，即

$$U = \frac{W}{A} \tag{5-15}$$

若原料液为沸点进料，且忽略蒸发器各种热损失，式(5-15)改写为

$$U = \frac{K\Delta t_m}{r} \tag{5-16}$$

由式(5-16)可看出，要提高蒸发器的生产强度，在操作中可采取两个方面的措施：一是设法提高蒸发器的传热温度差；二是提高蒸发器的传热系数。另外，要注意不凝性气体的排放。

蒸发可认为是恒温传热，其温度差 $\Delta t_m = T - T'$，即传热温度差取决于加热蒸汽和冷凝器的操作压力。加热蒸汽压力越高，其饱和温度也越高，但是加热蒸汽压力受工厂锅炉压力

限制,一般为 300~500kPa,高的为 600~800kPa。如降低冷凝器的操作压力,势必要提高其真空度,这样会使溶液的沸点降低,但溶液黏度增大,还要增加真空泵的功率消耗,造成沸腾传热系数下降,因此一般冷凝器中的压力为 10~20kPa。另外,为了控制沸腾操作在泡核沸腾状态下,不宜采用过高的传热温度差。由此可知,传热温度差的提高有一定的限度。

通常来说,增大总传热系数是提高蒸发器生产强度的主要途径。总传热系数 K 值取决于对流传热膜系数和污垢热阻。一般地蒸汽冷凝对流传热膜系数要比管内溶液沸腾对流传热膜系数大得多。由强化传热途径可知,热阻往往在对流传热膜系数较小的一侧,而提高对流传热膜系数的主要操作措施是增大溶液的流动速度和湍动程度。应当指出,蒸汽冷凝的热阻虽不占主要地位,若蒸汽中含有少量不凝性气体时,它将会占据传热空间,使对流传热膜系数大幅度下降。当蒸汽中含有 1% 的不凝性气体,总传热系数 K 下降 60%。因此,在蒸发器的实际操作中应该定时排放不凝性气体。

在蒸发操作中,管壁热阻很小,可略去不计,但由于在处理易结晶或结垢的料液时,管壁上可形成污垢层,且污垢层热阻很大,造成传热速率急剧降低。所以,在蒸发生产中要求定期清洗蒸发器,增大溶液的循环速度或在溶液中加入晶种,使污垢层由壁面转移到晶种上,而不在壁面上形成污垢层,如海水淡化时加入无水石膏晶种。

总之,蒸发操作时应依溶液的性质和结垢程度、热敏性、腐蚀性及设备的结构形式等,对蒸发强度的影响,按照工艺条件权衡采取相应的措施,强化蒸发器生产强度,以达到优化蒸发操作的目的。

第五节　蒸　发　器

一、蒸发器的结构

工业生产中蒸发器有多种结构形式,但均主要由加热室、分离室及流动(或循环)管路组成。按加热室的结构和操作时溶液的流动情况,将间接加热蒸发器分为循环型(非膜式)和单程型(膜式)两大类。

1. 循环型蒸发器

(1) 自然循环型蒸发器

① 中央循环管式(标准式)蒸发器　如图 5-7 所示,它是由加热室、蒸发室、中央循环管、除沫器及外壳组成。其加热室由许多细小直径的加热管和中央循环的大直径管构成,由于其截面积为加热管束总截面积的 40%~100%。造成两管内的溶液受热程度的不同,形成加热管内溶液密度减小而上升,中央循环管内溶液密度较大而下降,使溶液在加热管和中央循环管间进行自然循环流动。溶液的循环速度与其密度差和管束长度有关,密度差越大,加热管越长,循环速度越大。

中央循环管式蒸发器具有溶液循环较好、结构简单、紧凑、制作方便、操作可靠、投资少等特点,故应用广泛,有标准蒸发器之称。但因结构的限制,溶液的循环速度较低,大约为 0.5m/s 以下,传热系数较小,清洗和检修麻烦。适用于溶液黏度不大,不易结垢,腐蚀性较小,以及有少量结晶的蒸发场合。

② 悬筐式蒸发器　如图 5-8 所示,它的加热室犹如篮筐,悬挂在蒸发器壳体的下部,作用原理与标准式相同。加热蒸汽总管由壳体上部进入加热室管间,管内为溶液。加热室外壁与壳体内壁间形成环形循环通道,环形循环通道截面积为加热管总截面积的 100%~150%。溶液在加热室管内上升,由环形循环通道下降,形成自然循环,因加热室内的溶液温度较环形循环通道中的溶液温度高得多,故其循环速度较标准式的大,一般为 1~1.5m/

s。优点是：热损失较小，清洗和检修时，可将加热室由顶部取出，较标准式方便。缺点是：结构复杂，单位传热面上金属耗量大。适用于易结晶溶液的蒸发，因可增设析盐器，以方便析出的晶体与溶液分离。

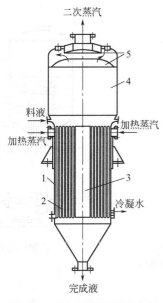

图 5-7 中央循环管式蒸发器
1—外壳；2—加热室；3—中央循环管；4—蒸发室；5—除沫器

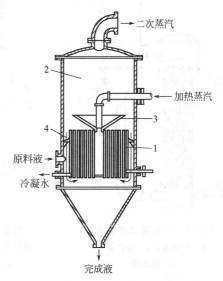

图 5-8 悬筐式蒸发器
1—加热室；2—分离室；3—除沫器；4—环形循环通道

③ 外加热式蒸发器 如图 5-9 所示，它主要是将加热室与分离室分开安装。这样，由于循环管不被加热，增大了循环管内与加热管内溶液的密度差，使溶液的自然循环速度加快，可达 1.5m/s，有利于提高传热效果和减少结垢。还可降低设备整体高度，同时便于蒸发器清洗、检修和更换部件。

④ 列文式蒸发器 如图 5-10 所示，这种蒸发器是自然循环蒸发器中比较先进的一种。它的结构特点是在加热室的上部增设了直管段作为沸腾室。使加热室内的溶液受到附加液柱静压力的作用，使溶液不在加热管中沸腾。当溶液上升到沸腾室时，其所受压力降低后才开始沸腾。在沸腾室内装有隔板以防止气泡增大，保持小气泡均匀地与溶液混合，以达较大的流速。在隔板上方装有倾斜的挡液板，使向上冲的气液混合物得到分离。液体流回到壳体下部，与溶液一起流向循环管。另外，循环管在加热室的外部，且高度一般为 7~8m，其截面积为加热管总截面积的 200%~300%，溶液流动时的阻力较小，循环速度大大提高，可高达 2~3m/s。

该蒸发器的优点是：可以避免在加热管中析出晶体，且能减轻加热管表面上污垢层的形成，从而可在较长时间内不需清洗，传热效果较好。其缺点是：设备庞大，金属耗量大。因液柱静压力引起的温度差损失较大，为保持一定的有效温度差，要求加热蒸汽有较高的压力。它适用于处理易生泡沫的溶液。

(2) 强制循环蒸发器 如图 5-11 所示，以上各种蒸发器都是自然循环型，它们共同的不足之处是溶液的循环速度低，传热效果较差。在处理黏度大、易结垢和易结晶的溶液时，可采用强制循环蒸发器，因其溶液的循环是利用外加能量进行的，如用泵迫使溶液沿一定方向流动，而产生循环，循环速度为 1.5~3.5m/s，其传热系数较自然循环蒸发器为大。缺点是动力消耗大，通常为 $0.4~0.8kW/m^2$（传热面）。适用于高黏度和易产生泡沫溶液的蒸发。

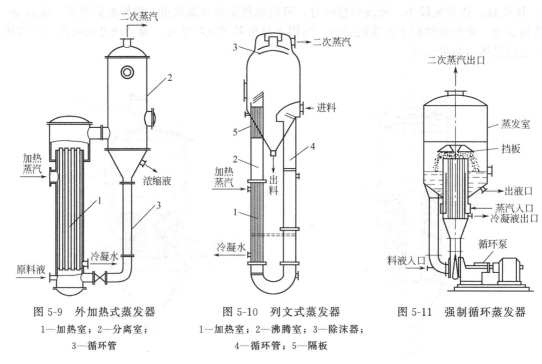

图 5-9　外加热式蒸发器　　　图 5-10　列文式蒸发器　　　图 5-11　强制循环蒸发器
1—加热室；2—分离室；　　1—加热室；2—沸腾室；3—除沫器；
3—循环管　　　　　　　　4—循环管；5—隔板

2. 单程型蒸发器

循环式蒸发器的主要缺点是溶液在加热室内滞留量大，停留时间长，特别不适合于处理热敏性物料。而单程型（膜式）蒸发器的特点是溶液只通过加热室一次，不作循环流动便可达到所需要的浓度，停留时间仅为数秒或十余秒。操作过程中溶液沿加热管壁呈传热效果最好的膜状流动，故习惯上称为液膜式蒸发器。

（1）升膜式蒸发器　如图 5-12 所示，其加热室由许多根垂直长管所组成，常用的加热管的直径为 25～50mm，管长与管径之比为 100～150。原料液经预热达到或接近沸点后，由加热室底部引入管内，蒸汽在管外冷凝。溶液在管内受热沸腾后迅速汽化，生成的二次蒸汽在管内高速上升。溶液被上升蒸汽所带动，沿壁面边呈膜状流动，边进行蒸发，在加热管顶部可达到所需的浓度，完成液由分离器底部排出。二次蒸汽在加热管内的速度不应小于 10m/s，一般在常压下操作时气速为 20～50m/s，减压下操作时气速可达 100～160m/s 或更高。

若将常温下的液体直接引入加热管，则加热室势必有一部分面积用于加热溶液，使其达到沸点后才能汽化，溶液在这部分加热面上不能呈膜状流动，而在各种流动状态中，又以膜状流动效果最好，故溶液应预热到沸点，或接近沸点后再引入蒸发器。这种蒸发器适用于处理蒸发量较大的稀溶液、热敏性及易生泡沫的溶液；不适用于高黏度、有晶体析出或结垢的溶液。

（2）降膜式蒸发器　如图 5-13 所示，它与升膜式蒸发器的区别是原料液由加热室顶部加入，借重力作用经分布器分布后沿管壁呈膜状向下流动，并进行蒸发。气液混合物由加热管底部进入分离器，完成液由分离器底部排出。

为使溶液能在管壁上均匀成膜，且防止二次蒸汽由加热管顶部直接窜出，每根加热管顶部装有加工精细的液体分布器，如图 5-14 所示。

图 5-14(a) 所示的分布器是有螺旋形沟槽的圆柱体，使流体均匀分布到内管壁上；图 5-14(b) 所示的分布器是下端为圆锥体，且底面为凹面，以防止沿锥体斜面下流的液体向中

央聚集；图 5-14(c) 所示的分布器是将管端周边加工成齿缝形，使液体通过齿缝分布到加热器内壁成膜状向下流动。

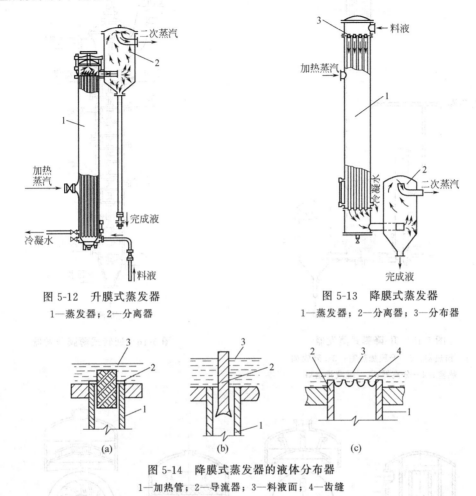

图 5-12　升膜式蒸发器
1—蒸发器；2—分离器

图 5-13　降膜式蒸发器
1—蒸发器；2—分离器；3—分布器

图 5-14　降膜式蒸发器的液体分布器
1—加热管；2—导流器；3—料液面；4—齿缝

降膜式蒸发器适用于处理热敏性物料、黏度较大、浓度较高的溶液，但不适合处理易结晶和易结垢的溶液。因这种溶液难以形成均匀液膜。

(3) 升-降膜式蒸发器，如图 5-15 所示，将升膜式蒸发器和降膜式蒸发器装在一个外壳中，蒸发器的底部封头内有一隔板，将加热管一分为二。原料液经预热达到或接近沸点后，先经升膜式蒸发器上升，然后由降膜式蒸发器下降，在分离器中完成气液分离，完成液由分离器的底部排出。这种蒸发器一般用于浓缩过程中黏度变化大的溶液，或厂房高度有一定限制的场合。若被蒸发溶液浓缩时黏度变化大，推荐采用常压操作。

(4) 回转式薄膜蒸发器　如图 5-16 所示，它是一种适应性很强的新型蒸发器。加热管是一根垂直的空心圆管，圆管外有夹套，夹套内通加热蒸汽。圆管内装有可旋转的刮板，刮板边缘与管内壁的间隙为 0.5～1.5mm。原料液经预热后由蒸发器上部沿切线方向进入管内，在重力和旋转刮板的作用下分布在圆管内壁形成下降薄膜，并不断蒸发浓缩，完成液由底部排出，二次蒸汽由顶部排出。在某些场合下，该蒸发器可将溶液蒸干，在底部直接得到固体产品。

这种蒸发器适用于高黏度、易结晶、易结垢及热敏性溶液的蒸发浓缩。缺点是结构复杂（制造、安装和维修工作量大），动力消耗大（约 3kW/m² 传热面），传热面积较小（一般为 3～4m²/台），处理能力不大。

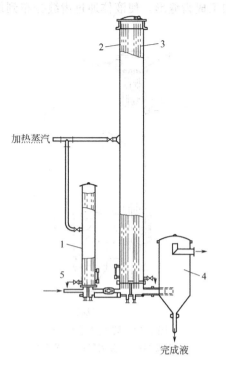 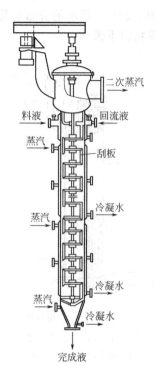

图 5-15　升-降膜式蒸发器　　　　图 5-16　回转式薄膜蒸发器
1—预热器；2—升膜加热室；3—降膜加
热室；4—分离器；5—凝液排出口

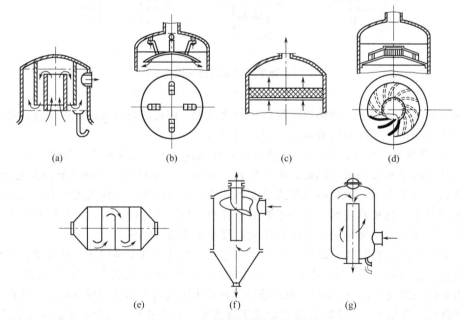

图 5-17　几种除沫器的结构形式

二、除沫器和冷凝器

1. 除沫器

蒸发操作时产生的二次蒸汽，在分离器与液体分离后仍夹带大量液滴，尤其是处理易产生泡沫的液体,夹带更为严重。为防止产品损失、污染冷却水和堵塞管路,常在蒸发器内或外设置除沫器。图 5-17 所示为几种除沫器的结构形式。图中 (a)～(d) 所示的除沫器直接安装在蒸发器内顶部,图中 (e)～(g) 所示的除沫器安装在蒸发器外部。

2. 冷凝器

蒸发器产生的二次蒸汽如不再利用,必须加以冷凝。冷凝器有间接式和直接接触式两种。除二次蒸汽为有价值的产品需要回收或严重污染水源时,则应采用间接式冷凝器。在蒸发操作中,大多采用汽液直接接触的混合式冷凝器来冷凝二次蒸汽。常见的逆流高位冷凝器结构如图 5-18 所示。蒸汽自进气口进入,冷却水自上部进水口进入,依次经淋水板小孔和溢流堰向下,在和底部进入并逆流上升的二次蒸汽接触过程中,将蒸汽冷凝。不凝性气体经分离罐由真空泵抽出。冷凝液沿气压管排出。因蒸汽冷凝时会形成真空,冷凝器必须设置得足够高(气压管足够长),才能使管中的冷凝水靠重力的作用而排出,并有液封。

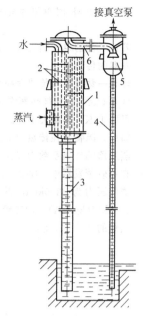

图 5-18 逆流高位冷凝器
1—外壳;2—淋水板;3,4—气压管;5—分离罐;6—不凝性气体

无论采用哪一种冷凝,均需在冷凝器后设真空装置。应注意蒸发器中真空度主要是由于二次蒸汽冷凝所致,而真空装置仅是抽吸蒸发系统漏入的空气及冷却水中溶解的不凝性气体和饱和水蒸气,以维持蒸发操作的真空度,常用的有喷射真空泵、水环真空泵、旋转式真空泵和往复式真空泵等。

思 考 题

5-1 什么是蒸发操作?其目的有哪三个方面?属于何过程?
5-2 蒸发的必要条件是什么?蒸发操作中蒸汽怎样称谓?
5-3 蒸发操作按哪四种方式进行分类?各种方式有何特点?
5-4 单效和多效蒸发在操作上有何区别?
5-5 溶剂蒸发量和加热蒸汽消耗量的计算依据是什么?
5-6 蒸发器的传热面积计算依据什么传热过程?
5-7 蒸发操作中的温度差损失有哪三方面?如何确定其值和计算溶液的沸点温度?
5-8 多效蒸发有哪三种加料流程?其各流程有何特点?
5-9 多效蒸发的效数受哪两种因素影响?
5-10 蒸发器的生产能力和生产强度有何区别?提高其生产强度有哪些途径?如何优化蒸发操作?
5-11 自然循环蒸发器有哪些类型?各适用于何种场合?
5-12 强制循环蒸发器有何特点?
5-13 膜式蒸发器有哪几种类型?其成膜原因是什么?适用于何种场合?
5-14 除沫器的作用是什么?其有几种形式?各适用于何种情况?
5-15 冷凝器有何作用?其上的气压管有何作用?真空泵起何作用?

习 题

5-16 在单效蒸发器中,将浓度为 23.08%,流量为 3×10^3 kg/h 的 NaOH 水溶液经蒸发浓缩至 48.32%,加热蒸汽压力为 600kPa,蒸发操作的平均压力为 60kPa,溶液的沸点为 403K,无水 NaOH 的比热容为 1.31kJ/(kg·K)。热损失略去不计。试计算:(1) 单位时间内的水分蒸发量;(2) 分别计算

293K、403K 时单位时间内所需的加热蒸汽消耗量。并分析其经济性。

[答：(1) 1566kg/h；(2) 293K，$D=2348$kg/h；(3) 403K，$D=1773$kg/h]

5-17 若在上例的单效蒸发器中，原料液的温度为 293K，蒸发器的传热系数为 1200W/(m^2·K)。试求蒸发器的传热面积。　　　　　　　　　　　　　　　　　　　　　　　　　　　　　　[答：39.6m^2]

5-18 现有一蒸发器其传热面积为 12m^2，将某溶液由 10% 浓缩至 45%，沸点进料，要求每小时得到完成液 400kg，已知加热蒸汽压力为 300kPa，蒸发室的操作压力为 30kPa，此操作条件下的温度差损失可取 10K，热损失不计。试求：(1) 开始投入使用时，此蒸发器传热系数为多少？(2) 操作一段时间后，因物料在传热面上结垢，为完成相同生产任务，需将加热蒸汽的压力提高至 400kPa，问此时蒸发器的传热系数为多少？　　　　　[答：(1) 1331.7W/(m^2·K)；(2) 1130.6W/(m^2·K)]

5-19 在单效蒸发器中，将 3×10^3kg/h 的 NaOH 水溶液由 10% 浓缩至 42%。原料液的温度为 323K，冷凝器的压力为 33.5kPa，器内溶液的深度为 2m，溶液密度为 1290kg/m^3，无水 NaOH 的比热容为 1.31kJ/(kg·K)。加热蒸汽压力为 150kPa，蒸发器 K 值为 2000W/(m^2·K)。热损失为加热蒸汽放热量的 5%，查得：$\Delta'_{常}=3$K。试求单位蒸汽消耗量和蒸发器的传热面积。　　　[答：167.8m^2]

第六章 蒸　馏

学习目标
- 掌握　全塔物料衡算；回流比对精馏操作的影响；温度压力组成变化的影响。
- 理解　精馏过程的特点及其在化工生产中的应用；进料状况对精馏操作的影响；热量平衡。
- 了解　蒸馏的相关概念；依据、类型与应用；操作线方程的意义与作用；恒摩尔流和理论板假定；总板效率；塔板数的确定方法；精馏塔、冷凝器、再沸器等在精馏中的作用；精馏塔的结构、性能特点及适应性。

第一节　概　　述

一、蒸馏的基本概念

蒸馏操作就是利用液体混合物中各组分的挥发性（沸点）的差别，将互溶的液体混合物分离提纯的单元操作。将液体混合物加热部分汽化时所生成的气相组成与液相组成必将有差异，利用这一差异，就可将液体混合物分离。例如，加热苯和甲苯的混合液，使之部分汽化，由于苯的沸点较低，其挥发性较甲苯强，故苯较甲苯易于从液相中汽化出来，将部分汽化所得的蒸气全部冷凝，可得到苯含量高于原料的产品，从而使苯和甲苯得以初步分离。它是目前使用最广的液体混合物分离方法。习惯上，混合液中的易挥发组分称为轻组分，难挥发组分则称为重组分。

二、蒸馏在化工生产中的应用

对于均相液体混合物，最常用的分离方法是蒸馏。例如，从发酵的酒液提炼饮料酒，石油的炼制中分离汽油、煤油、柴油，以及空气的液化分离制取氧气、氮气等，都是蒸馏完成的。由蒸馏原理可知，对于大多数混合液，各组分的沸点相差越大，其挥发能力相差越大，则用蒸馏方法分离越容易。反之，两组分的挥发能力越接近，则越难用蒸馏分离。必须注意，对于恒沸液，组分沸点的差别并不能说明溶液中组分挥发能力是一样的，这类溶液不能用普通蒸馏方式分离。

三、蒸馏的分类

（1）**按操作方式**　可分为间歇蒸馏和连续蒸馏。生产中以连续蒸馏为主，间歇蒸馏只是应用于小规模生产或某些有特殊要求的场合。

（2）**按蒸馏方法**　可分为简单蒸馏、精馏和特殊精馏等。简单蒸馏适用于一般易分离的或是分离要求不高的物系；精馏适用于分离各种物系以得到较纯的产品，是工业应用最广的蒸馏方法；特殊精馏适用于较难分离的或普通精馏不能分离的物系。

（3）**按操作压强**　可分为常压、加压和减压蒸馏。一般情况，大都采用常压蒸馏，对于沸点较高且又是热敏性的混合液，则可采用减压蒸馏。对于沸点低的混合物系，常压、常温下呈气态，或者常压下的沸点甚低、冷凝较困难者，则应采用加压蒸馏，如空气分离等。

(4) 按待分离混合液中组分的数目　可分为双组分精馏和多组分精馏。化工生产中大部分为多组分精馏。多组分精馏和双组分精馏的基本原理、计算方法并无本质的区别。

本章主要讨论常压下双组分连续精馏。

第二节　汽-液平衡关系

一、相组成表示方法

混合物中相的组成有多种表示方法，在讨论蒸馏的过程与计算中常用的有质量分数和摩尔分数。

1. 质量分数

混合物中某组分 i 的质量 m_i 占总质量 m 的比值，称作该组分的质量分数。用符号 w_i 表示

$$w_i = m_i/m \tag{6-1}$$

显然，任何一个组分的质量分数都小于1，而所有组分的质量分数之和等于1。对于 n 个组分组成的混合物，则

$$w_1 + w_2 + \cdots + w_n = 1 \tag{6-2}$$

2. 摩尔分数

混合物中某组分 i 的物质的量 n_i 与总物质的量 n 的比值，称为该组分的摩尔分数

$$x_i = n_i/n \tag{6-3}$$

混合物中任何一个组分的摩尔分数均小于1，而所有组分的摩尔分数之和等于1。对于 n 个组分组成的混合物，则

$$x_1 + x_2 + \cdots + x_n = 1 \tag{6-4}$$

在工程计算方法中，理想气体混合物中某一组分的摩尔分数与该组分在混合气相中的压力分数、体积分数均相等。

3. 质量分数和摩尔分数的换算

设混合物中组分 i 的摩尔质量为 M_i

因为 $n_i = m_i/M_i$，且 $m_i = w_i m$，所以 $n_i = w_i m/M_i$

因为 $n = \sum n_i = m \sum w_i/M_i$，所以 $x_i = n_i/n = \dfrac{w_i}{M_i} \bigg/ \sum \dfrac{w_i}{M_i}$ (6-5)

同理

$$w_i = \frac{M_i x_i}{\sum M_i x_i} \tag{6-6}$$

二、理想溶液和非理想溶液汽-液平衡关系

1. 双组分理想溶液汽-液平衡方程

(1) 溶液的汽-液平衡状态　密闭容器中装有苯-甲苯混合液，设易挥发组分苯为A，难挥发组分甲苯为B，保持一定温度，由于苯和甲苯都在不断地挥发，液面上方的蒸气中也存在苯和甲苯两种组分；同时，汽相中的两种分子也不断地凝结，回到液相中。当汽化速度和凝结速度相等时，汽相和液相中的苯和甲苯分子都不再增加和减少，汽、液两相达到了动态平衡，这种状态称为汽-液平衡状态，也叫饱和状态。这时，液面上方的蒸气称为饱和蒸气，蒸气的压力称为饱和蒸气压，溶液称为饱和液体，相应的温度称为饱和温度。平衡状态下汽-液相之间的组成关系，称为汽-液（相）平衡关系。

(2) 双组分理想溶液的汽-液平衡关系　理想溶液是指溶液中不同组分分子之间的吸引力完全相等，而且在形成溶液时既无体积变化，也无热效应产生的溶液，它是一种假设的溶

液。实验表明，理想溶液的汽-液平衡关系遵循拉乌尔定律，即：在一定温度条件下，溶液上方蒸气中某一组分的分压，等于该纯组分在该温度下的饱和蒸气压和该组分在溶液中的摩尔分数的乘积，用数学式表达为

$$p_A = p_A° x_A \tag{6-7}$$

$$p_B = p_B° x_B = p_B°(1-x_A) \tag{6-8}$$

式中 p_A，p_B——液相上方 A、B 组分的平衡分压；

x_A，x_B——溶液中 A、B 组分的浓度，摩尔分数；

$p_A°$，$p_B°$——在溶液温度（t）下纯组分 A、B 的饱和蒸气压。

对于理想溶液上方的蒸气，可以看作是理想气体。根据道尔顿分压定律，理想气体在汽-液两相平衡时，溶液上方的蒸气总压等于各组分蒸气分压之和。因此混合液的沸腾条件是各组分的液面分压之和等于外压，即用数学表达为

$$p_A + p_B = p \tag{6-9}$$

式中 p——汽相的总压。

设 y_A，y_B 为组分 A、B 在汽相中的摩尔分数，并根据混合气体中每一组分的分压等于总压与该组分摩尔分数的乘积，则

$$y_A = p_A/p = p_A° x_A/p \tag{6-10}$$

$$y_B = p_B/p = p_B° x_B/p = p_B°(1-x_A)/p \tag{6-11}$$

这样，利用上面两个定律，可以得出求汽-液相组成的基本方法。

若将式(6-7)、式(6-8)代入式(6-9)，可得

$$p = p_A° x_A + p_B°(1-x_A) \tag{6-12}$$

整理得

$$x_A = \frac{p - p_B°}{p_A° - p_B°} \tag{6-13}$$

再将式(6-12)代入式(6-10)得

$$y_A = p_A° x_A/p = \frac{p_A° x_A}{p_A° x_A + p_B°(1-x_A)} \tag{6-14}$$

式(6-13)和式(6-14)清楚地表示了理想二元溶液汽-液平衡关系。利用这两个式子，可以求得在一定操作温度和压力下，各个组分在液相和汽相的所有平衡组成。

2. 双组分理想溶液的汽-液平衡相图

(1) 沸点-组成图 蒸馏操作通常在一定的外压下进行，溶液的沸点随组成而变。因此，在总压一定的条件下，将互成平衡的汽、液相组成与沸点 t 的关系，在直角坐标中标绘成如图 6-1 所示的曲线，称为沸点-组成图，也可称为 t-x-y 图。溶液的沸点-组成图是分析蒸馏原理的理论基础。

图 6-1 为总压 p = 101.33kPa 下，苯-甲苯混合液的沸点-组成图。图中以温度 t 为纵坐标，以液相组成 x 或汽相组成 y（均以易挥发组分的摩尔分数表示）为横坐标。图中有两条曲线，上方曲线为 t-y 线，表示混合液的沸点和与液相平衡的汽相组成 y 之间的关系，此曲线称为饱和蒸气线。下方曲线为 t-x 线，表示混合液的沸点和平衡液相组成 x 之间的关系，此曲线称为饱和液体线。上述两条曲线将 t-x-y 图分成了三个区域。饱和液体线以下的区域代表未沸腾的液体，称为液相区（也称为冷凝区）；饱和蒸气线以上区域代表过热蒸气，称为

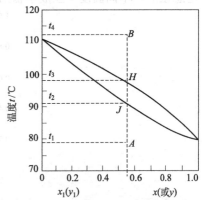

图 6-1 苯-甲苯的沸点-组成图

过热蒸气区；两条曲线所包围的区域表示汽、液两相同时存在，称为汽-液共存区。

若将温度为 t_1，组成为 x_1（图中点 A 所示）的混合液加热，当温度升高到 t_2（点 J）时，溶液开始沸腾，此时产生第一个气泡，相应的温度称为泡点温度，因此饱和液体线又称为泡点线。同理，若将温度为 t_4、组成为 y_1（点 B）的过热蒸气冷却，当温度降到 t_3（点 H）时，混合蒸气开始冷凝产生第一滴液体，相应的温度称为露点温度，因此饱和蒸气线又称为露点线。通常 t-x-y 关系的数据由实验测定。对于理想溶液，也可用纯组分的饱和蒸气压数据按拉乌尔定律及理想气体分压定律进行计算。

【例题 6-1】 苯（A）和甲苯（B）的饱和蒸气压和温度的关系数据如表 6-1 所示。试根据表中数据作 $p=101.33\text{kPa}$ 下，苯-甲苯混合液的 t-x-y 图。该溶液可视为理想溶液。

表 6-1 ［例题 6-1］附表 1

温度/℃	80.1	85	90	95	100	105	110.6
p_A°/kPa	101.33	116.9	135.5	155.7	179.2	204.2	240.0
p_B°/kPa	40.0	46.0	54.0	63.3	74.3	86.0	101.33

解 因苯-甲苯溶液为理想物系，故可应用式(6-13)和式(6-14)。

即可按以下两式进行计算：

$$x_A = p - p_B^\circ / p_A^\circ - p_B^\circ \tag{1}$$

$$y_A = p_A^\circ x_A / p \tag{2}$$

由于总压 p 为定值，故可任选一温度 t，查得该温度下各纯组分的饱和蒸气压 p_A°、p_B°，再由式(1)计算出液相组成 x_A，即为标绘 t-x 线的一个数据点；同时可由式(2)算出汽相组成 y_A，即为标绘 t-y 线的一个数据点。以 $t=100\text{℃}$ 时为例，计算过程如下：

$$x_A = p - p_B^\circ / p_A^\circ - p_B^\circ = \frac{101.33 - 74.3}{179.2 - 74.3} = 0.258$$

$$y_A = p_A^\circ x_A / p = 179.2 \times 0.258 / 101.33 = 0.456$$

依次类推，其他温度下的计算结果列于表 6-2 中。

表 6-2 ［例题 6-1］附表 2

t/℃	80.1	85	90	95	100	105	110.6
x	1.000	0.780	0.581	0.411	0.258	0.130	0
y	1.000	0.900	0.777	0.632	0.456	0.262	0

根据以上计算结果，可标绘如图 6-1 所示的图。

（2）汽-液平衡图 在蒸馏计算中，一般常利用汽-液平衡数据作出 y-x 图，它表示在一定总压下，不同温度下互成平衡的汽-液两相组成 y 与 x 的关系，也称为平衡曲线图。图 6-2

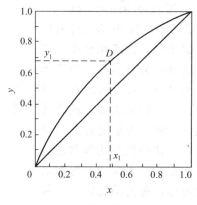

图 6-2 苯-甲苯混合液的 y-x 图

为苯-甲苯混合液在 $p=101.33\text{kPa}$ 下的 y-x 图，是根据表 6-2 中互成平衡的 y 与 x 的数据，以 x 为横坐标、以 y 为纵坐标绘制而成。曲线上任意点 D，表示组成为 x_1 的液相与组成为 y_1 的汽相互成平衡，且表示点 D 具有一确定的状态。图中对角线为 $y=x$ 直线，称为辅助线，供作图时参考用。对于大多数溶液，两相达平衡时，y 总是大于 x，故平衡线位于对角线上方，平衡线偏离对角线越远，表示该溶液越容易分离。

实验表明，总压对平衡曲线的影响不大。例如，总压变化范围为 $20\%\sim30\%$，y-x 曲线的变动不超过 2%。因此，当总压变化不大时，外压的影响可忽略。但是，t-x-y 图却随外压变化较大，由此可见，蒸馏中使用 y-x 图较 t-x-y 图更为方便。

3. 双组分非理想溶液的汽-液平衡

实际生产中遇到的溶液多数都是与理想溶液有差别的非理想溶液，这是由于不同种分子间的吸引力与同种分子间吸引力不相等所造成的。在非理想溶液中，各组分的蒸气压与它在液相中浓度的关系，不像理想溶液那样符合拉乌尔定律，而是存在一定的偏差。按照偏差的情况，非理想溶液有以下两种。

(1) 具有正偏差的非理想溶液　具有正偏差的非理想溶液是指混合液中不同种分子间的作用力小于同种分子间作用力的溶液。在这种溶液中不同种分子间存在相互排斥的倾向，因而同温度下，溶液上方各组分的蒸气分压值均高于拉乌尔定律的计算值，故称为有正偏差。这种溶液上方的蒸气压在较低温度下即能与外界压力相等，于是溶液沸腾，沸点降低，在 t-x-y 图上则表现为泡点曲线比理想溶液的低。乙醇-水溶液就属于这类。当不同组分分子间的排斥倾向大到一定程度时，会出现最高蒸气压和相应最低沸点。图 6-3 所示为乙醇-水溶液的 t-x-y 图，图中的 M 点，就是该溶液的最低沸点，它低于任一组分的沸点。这个点在总压 $p=101.3\text{kPa}$ 下乙醇的组成 $x_M=0.894$（摩尔分数），温度为 351K。图 6-4 是上述溶液的 y-x 图，图中的平衡线大部分在对角线之上，到 M 点附近则在对角线以下，M 点叫拐点。在 M 点，汽相组成与液相组成相同，沸腾温度不变，故该点称为共沸点，也叫恒沸点，汽-液相组成称为共沸组成，这种组成下的混合液称为共沸物。显然，由于共沸物沸腾时汽-液相组成相同，故不能用一般的蒸馏方法使这种混合物分离。

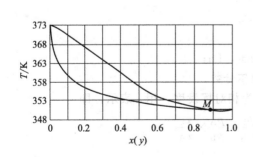

图 6-3　常压下乙醇-水溶液的 t-x-y 图

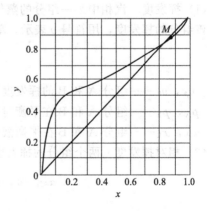

图 6-4　常压下乙醇-水溶液的 y-x 图

(2) 具有负偏差的非理想溶液　具有负偏差的非理想溶液是指混合液中不同种分子间的作用力大于同种分子间作用力的溶液。这种溶液中不同种分子存在互相吸引的倾向，使组分的分子难于汽化。因而，同温度下溶液上方各组分的蒸气分压值均低于拉乌尔定律的计算值，故称其为负偏差。在 t-x-y 图上，则表现为泡点曲线比理想溶液的高。如硝酸-水溶液即属于这类。同理，当不同组分分子间的吸引倾向大到一定程度时，也会出现最低蒸气压和相应的最高共沸点。图 6-5 为硝酸-水溶液的 t-x-y 图,图中的 E 点就是该溶液的最高共沸点,也叫恒沸点。此点在 $p=101.3$kPa 下,硝酸的(摩尔分数)$x_E=0.383$,温度为 395K,其组成称为共沸组成。在图 6-6(y-x 图)上,E 点是相平衡线与对角线的交点,平衡线有一部分在对角线以下,E 点为对应的拐点。和具有正偏差溶液的情况一样,该溶液也不能用一般的蒸馏方法使之分离。

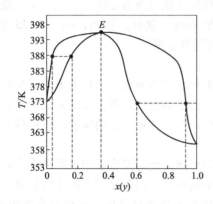
图 6-5 常压下硝酸-水溶液的 t-x-y 图

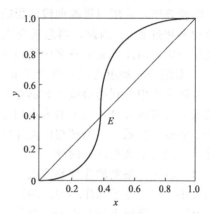
图 6-6 常压下硝酸-水溶液的 y-x 图

总之,具有最大正偏差或最大负偏差的溶液,若采用普通精馏,浓度只能提高到共沸点。到了共沸点,其组分直至蒸干也不会改变,因平衡时汽、液两相已没有组成差,即 $y_A=x_A$。这种共沸物,只有通过改变物系压力或加入第三组分的方法,才能将其分离成纯组分。

三、相对挥发度及汽-液平衡方程

1. 挥发度和相对挥发度

用相对挥发度概念能够确切、简便地表示汽-液平衡关系,并可用以判别混合液分离的难易程度。

(1) 挥发度 汽相中某一组分的蒸气分压和它在与汽相平衡的液相中的摩尔分数之比,称为该组分的挥发度,用符号 v 表示,单位为 Pa。即

$$v_A = p_A / x_A$$
$$v_B = p_B / x_B$$

式中 v_A,v_B——组分 A 和 B 的挥发度,Pa;

p_A,p_B——组分 A 和 B 在平衡时的汽相分压,Pa;

x_A,x_B——组分 A 和 B 在平衡液相中的摩尔分数。

(2) 相对挥发度 两个组分的挥发度之比称为相对挥发度,用 α 表示,即

$$\alpha_{AB} = v_A / v_B = \frac{p_A}{x_A} \bigg/ \frac{p_B}{x_B} = \frac{p_A}{p_B} \times \frac{x_B}{x_A}$$

当汽相服从道尔顿分压定律时,$\alpha_{AB} = \dfrac{y_A}{y_B} \times \dfrac{x_B}{x_A}$

理想溶液服从拉乌尔定律,因为

$$v_A = p_A^\circ x_A / x_A = p_A^\circ$$
$$v_B = p_B^\circ x_B / x_B = p_B^\circ$$

则
$$\alpha_{AB} = v_A / v_B = p_A^\circ / p_B^\circ$$

即理想溶液中两组分的相对挥发度等于两纯组分的饱和蒸气压之比。用相对挥发度可以

判别混合液分离的难易程度。以理想溶液为例，当 $\alpha>1$ 或 $\alpha<1$ 时，说明 p_A^0 与 p_B^0 相差较大，即两组分的沸点相差较大，这种液体混合物能够分离。当 $\alpha=1$ 时，$y_A=x_A$，无法用普通蒸馏方法分离。α 值越大，说明两组分的沸点差越大，越容易分离；α 值越接近 1，则越难分离。

2. 用相对挥发度表示的汽-液平衡方程

对一般双组分溶液，当总压不高时，以 $y_B=1-y_A$，$x_B=1-x_A$ 代入式 $\alpha_{AB}=\dfrac{y_A}{y_B}\times\dfrac{x_B}{x_A}$，并略去下标 A 可得

$$y=\dfrac{\alpha x}{1+(\alpha-1)x}$$

上式称为汽-液平衡方程，当值 α 为已知时，可用该式求得物系达平衡时汽-液两相中易挥发组分浓度 y 与 x 的对应关系。

第三节 简单蒸馏与精馏原理

一、简单蒸馏的原理及流程

使混合液在蒸馏釜中逐渐地部分汽化，并不断地将蒸气导出并冷凝成液体，按不同馏分收集起来，从而使液体混合物初步分离，这种方法称为简单蒸馏。下面介绍两种简单蒸馏的原理及流程。

1. 一次部分汽化的简单蒸馏

从图 6-7(a) t-x-y 图中可以看出一次部分汽化的简单蒸馏原理。将组成为 x_f 的混合液加热，在温度 T_b 时部分汽化，产生互成平衡的组成为 y_1（汽相）和 x_1（液相）。这时把蒸气引入冷凝器中冷凝，就得到易挥发组分含量较高的馏出液；而与之平衡的液相中所含易挥发组分相应减少，难挥发组分较高，这就是一次部分汽化简单蒸馏的原理。如果不把蒸气引出，继续升温，到 C 点时则全部汽化，汽相组成 y_2 与原始组成 x_f 相同，即 $y_2=x_f$，这说明全部汽化不可能达到分离混合物的目的。故必须及时将蒸气引出，实现部分汽化。图 6-7(b)是一种常用的一次部分汽化的简单蒸馏装置。操作时，将混合液在密闭的蒸馏釜 1 中加热，使溶液沸腾，部分汽化，产生的蒸气通过管道引入冷凝器 2，冷凝成液体，再送入馏出液储槽 3 储存，残液从釜底排出。由于不断地将蒸气移出，釜中液相易挥发组分浓度逐渐

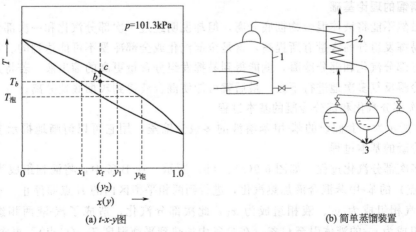

(a) t-x-y图　　　　　　　　　(b) 简单蒸馏装置

图 6-7　一次部分汽化的简单蒸馏原理

1—蒸馏釜；2—冷凝器；3—馏出液储槽

降低,所得馏出液的浓度也逐渐减小,故需分槽储存不同组成范围的馏出液。

但一次部分汽化的简单蒸馏不可能得到高纯度的馏出液,因为馏出液的最高浓度也不会超过料液泡点时的汽相浓度 $y_泡$。因此,一次部分汽化的简单蒸馏在工业上只适用于沸点相差较大、分离程度要求不高的双组分混合液的分离,如原油或煤焦油的粗馏。

2. 具有分凝器的简单蒸馏

为了提高分离效果,工业上常在上述简单蒸馏的蒸馏釜上方安装一个分凝器,如图 6-8(a) 所示,将一次部分汽化得到的组成为 y_1 的蒸气先在分凝器中进行部分冷凝。当冷凝至 E 点时就得到互成平衡的组成为 y_2 的汽相和组成为 x_2 的液相(x_2 与 x_f 重合),从图 6-8(b) 可以看出,部分冷凝后汽相中易挥发组分的浓度得到进一步提高,即 $y_2 > y_1 > x_f$,从而使所得馏出液的浓度又一次提高。

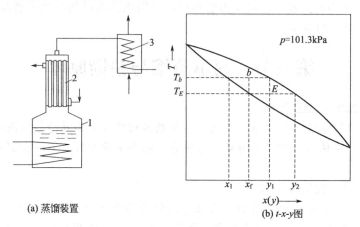

(a) 蒸馏装置

(b) t-x-y 图

图 6-8 具有分凝器的简单蒸馏原理
1—蒸馏釜;2—分凝器;3—冷凝器

以上两种简单蒸馏的区别是:一次部分汽化的简单蒸馏没有进行部分冷凝(其冷凝方式为全凝);具有分凝器的简单蒸馏则进行了一次部分汽化和一次部分冷凝。由此看来,同时一次部分汽化和一次部分冷凝,比单纯一次部分汽化的分离效果要好,但仍不可能得到高纯度的馏出液。只有通过多次部分汽化和多次部分冷凝,才能将液体混合物进行较彻底的分离。

二、精馏的理论基础

蒸馏虽然不能将液体混合物彻底分离,但却说明经过一次部分汽化和一次部分冷凝能使馏出液中易挥发组分的含量有所提高,这是全部汽化或全部冷凝不可能达到的。如果将此馏出液再进行部分汽化和部分冷凝,就能得到易挥发组分含量更高的馏出液。若将这种部分汽化、部分冷凝反复多次地进行下去,最后就可能使混合液得到较彻底地分离。

1. 多次部分汽化和部分冷凝的基本过程

图 6-9 所示为一套假设的苯-甲苯溶液的多级蒸馏釜,用它可以清晰地揭示多次部分汽化和部分冷凝的基本过程。

(1) 多次部分汽化过程 如图 6-9(a)、(b) 所示,在 B 釜中,将液相组成为 x_f、温度为 T_f(A 点)的苯-甲苯混合液加热汽化,进行到两相平衡区内的 B 点即停止。这时平衡温度为 T_1,汽相组成为 y_1、液相组成为 x_1,此次部分汽化,造成了汽-液两相组成差,即 $y_1 > x_1$ 把组成为 x_1 的液体引至 C 釜,在 C 釜中加热到平衡温度 T_2(C 点),再次部分汽化,得到残液中的易挥组分再次降低($x_2 < x_1$)。再将组成为 x_2 的残液引至 D 釜,仍照此进行,

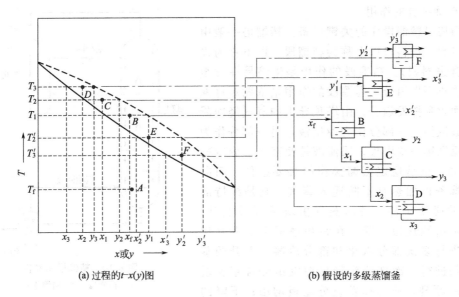

(a) 过程的 $t-x(y)$ 图　　　　　(b) 假设的多级蒸馏釜

图 6-9　多次部分汽化和部分冷凝的基本过程示意图

得到易挥发组分含量更低的残液（$x_3 < x_2$）。依此类推，部分汽化反复多次，直到液相中易挥发组分含量降至很低，釜底可得到近乎纯净的难挥发组分甲苯。

（2）多次部分冷凝过程　若将在 B 釜加热汽化产生的组成为 y_1 的气体引到 E 釜，进行部分冷凝，温度降至平衡温度 T_2'（E 点）时中止。此时液相组成为 x_2'，汽相中易挥发组分含量增多，即 $y_2' > y_1$。再将组成为 y_2 的气体引入 F 釜，照此继续进行部分冷凝。这样的部分冷凝反复多次后，汽相中易挥发组分的含量越来越多，最后可以得到接近纯净的易挥发组分苯。

2. 精馏操作的实现

这种将部分汽化与部分冷凝分开进行的多釜蒸馏，虽能将液体混合物进行高纯度分离，但在工业上难以实现。因这种方法设备庞杂，能耗很大，并且要抽出很多中间馏分，最终产品的收率很低。如将部分汽化所产生的温度较高的蒸气与相应的部分冷凝所产生的温度较低的液体直接混合，使部分汽化与部分冷凝在一个釜内同时进行。从图 6-9 可见，每个釜汽化产生蒸气的温度，总高于上一釜冷凝产生液体的温度，将上述蒸气与液体引入同一个釜直接混合，进行传热，则高温蒸气的热量就能加热低温液体，使其部分汽化；而蒸气同时被部分冷凝。以 E 釜为例，下一釜 B 产生的组成为 y_1 的蒸气，温度为 T_1；上一釜 F 产生的组成为 x_3' 的液体，温度为 T_3'，$T_1 > T_3'$。将以上汽、液两相在 E 釜直接混合，则组成为 y_1 的气体将组成为 x_3' 的液体加热、汽化，该气体也同时被冷凝。这样就使部分汽化与部分冷凝由原来的分开进行变为同时进行，不仅利用过程中产生的热量作为汽化与冷凝所需的能源，节省了许多加热冷却设备，解决了设备庞杂和能耗大的问题；而且还使中间馏分得到充分利用，不再抽出，解决了最终产品收率低的问题。其次，将分散的多级釜集中成为整体的精馏塔。精馏塔内有多层塔板，每块塔板就相当于一个蒸馏釜。图 6-10 的中间部分就如同图 6-9 中各个蒸馏釜集中构成的几块塔板。操作时，每块塔板上都有适当高度的液层。来自上一板的回流液体和来自下一板的上升蒸气在每块塔板上汇合，同时发生上升蒸气部分冷凝和回流液体部分汽化的传热过程，以及易挥发组分由液相转到汽相和难挥发组分由汽相转入液相的传质过程。如果汽、液相在同一块塔板上接触良好，汽、液两相可达到平衡。有足够的板数，混合液就可得到较完全的分离。使精馏操作在工业上得到实现。

3. 精馏装置的作用

精馏塔是精馏操作的关键设备。精馏塔一般由塔中部进料，进料口以上称为精馏段，以下称为提馏段（含进料板）。精馏段的作用是浓缩易挥发组分并回收难挥发组分，提馏段的作用是浓缩难挥发组分并回收易挥发组分。由塔顶导出的蒸气经冷凝器冷凝成液体，一部分作为馏出液，另一部分作为回流液返回第一块塔板。回流液是使蒸气部分冷凝的冷却剂，也是稳定蒸馏操作的必要条件；而向塔底蒸馏釜的加热管不断通入蒸汽，则是维持部分汽化的必要条件。塔内蒸气由塔釜逐板上升，回流液由塔顶逐板下降，在每块塔板上二者互相接触，进行多次部分汽化和部分冷凝。上升的蒸气根据每进行一次部分冷凝易挥发组分含量就增加一次的原理，使易挥发组分逐板增浓；下降的回流液，则在多次部分汽化过程中使难挥发组分逐板增浓。

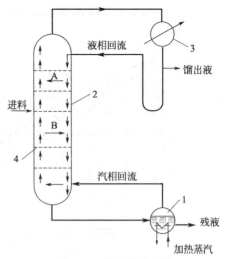

图 6-10　精馏塔示意图
1—再沸器；2—精馏塔；
3—冷凝器；4—塔板

在塔板数足够多的情况下，塔顶可得到较纯的易挥发组分，塔釜可得到较纯的难挥发组分。

综上所述，精馏塔的操作过程是：由再沸器产生的蒸气自塔底向塔顶上升，回流液自塔顶向塔底下降，原料液自加料板流入。在每层塔板上，汽、液两相互相接触，汽相多次部分冷凝，液相多次部分汽化。这样，易挥发组分逐渐浓集到汽相，难挥发组分逐渐浓集到液相。最后，将塔顶蒸气冷凝，得到符合要求的馏出液；将塔底的液体引出，得到相当纯净的残液。精馏和简单蒸馏的区别在于：精馏有液体回流，简单蒸馏则没有；精馏采用塔设备，简单蒸馏采用蒸馏釜；精馏发生多次部分汽化和多次部分冷凝，简单蒸馏一般只发生一次；精馏的馏出液和残液纯度很高，简单蒸馏则较低。

三、精馏流程

工业上的精馏可以间歇进行，也可连续进行。现将这两种流程分述如下。

1. 间歇精馏

如图 6-11 所示，液体混合物在蒸馏釜 1 加热至沸腾，产生的蒸气进入精馏塔 2，蒸气由下而上在各层塔板（或填料）上与回流液接触。易挥发组分逐板提浓后由塔顶进入冷凝器 3 冷凝，其中一部分作为回流液进入塔内，另一部分经冷却器 4 进一步冷却后流入馏出液储槽 6。蒸馏后的残液返回至蒸馏釜，蒸馏到一定程度后排出残液。

间歇精馏的原料是一次加入釜内的，在精馏过程中釜内易挥发组分逐渐减少。如果回流比不变，则塔内各部位的温度逐步上升，馏出液纯度逐步降低。如果保持各部位温度稳定，就要逐步加大回流比。在实际生产中，往往根据物料的性质及分离要求，保持一定的回流比，分段截取不同沸点的馏分，分别送进几个储罐。由于间歇精馏操作不稳定，处理量小，纯度不高，设备利用率低，所以只是用在分离少量物料或不便采用连续精馏的情况。

2. 连续精馏

在工业生产中，要求将大量混合液进行较为彻底的分离时，必须采用连续精馏。连续精馏流程如图 6-12 所示。原料液经原料预热器加热到指定温度，进入精馏塔的中部，在塔内进行精馏。连续精馏操作稳定，塔内各部分的温度及组成均可保持不变，自动化程度高，处理能力大，在大规模生产中普遍采用。

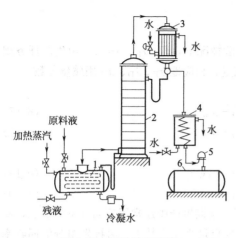

图 6-11 间歇精馏流程
1—蒸馏釜；2—精馏塔；3—冷凝器；4—冷却器；
5—观测罩；6—馏出液储槽

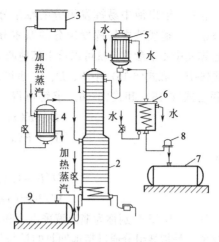

图 6-12 连续精馏流程
1—精馏段；2—提馏段；3—高位槽；4—原料预热器；
5—冷凝器；6—冷却器；7—馏出液储槽；8—观测罩；
9—残液储槽

第四节 精馏塔的物料衡算——操作线方程

精馏是利用多次部分汽化和多次部分冷凝分离液体混合物的过程，那么要进行多少次部分汽化和部分冷凝才能符合要求？也就是说，精馏塔应设多少块塔板才能既满足需要又经济合理？要解决这一问题，须在精馏物料衡算的基础上进行计算，精馏物料衡算是工艺设计的依据。计算的一般步骤如下。

① 进行精馏塔的物料衡算，要从全塔物料衡算入手，分别对精馏段和提馏段进行物料衡算，建立精馏段和提馏段操作线方程。

② 在操作线方程的基础上，计算出理论上的塔板数，再根据塔板效率，算出实际塔板数。

③ 根据塔板数计算出塔高、塔径。

④ 确定出最适宜的进料板位置和最适宜的回流比，以及其他工艺条件。

精馏物料衡算是优化操作的基础。随时掌握精馏塔物料平衡情况是对精馏操作者的基本要求。否则就会使塔内失衡，造成运行不稳定；只有进行物料衡算，才能随时了解塔内物料平衡情况，及时准确调整，保持运行稳定。

一、全塔物料衡算

全塔的进、出料情况如图 6-13 所示，连续精馏过程中，塔顶和塔底产品的流量与组成，是和进料的流量与组成有关的。可通过全塔物料衡算求得。衡算范围见图 6-13 虚线所示。

总物料平衡：　　　$F = D + W$　　　(6-15)

易挥发组分平衡：　　$Fx_F = Dx_D + Wx_W$　　(6-16)

式中　F——原料液摩尔流量，kmol/h；

　　　D——馏出液摩尔流量，kmol/h；

　　　W——釜残液摩尔流量，kmol/h；

　　　x_F——料液中易挥发组分的摩尔分数；

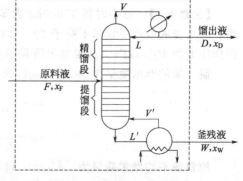

图 6-13 全塔物料衡算图

x_D——馏出液中易挥发组分的摩尔分数；

x_W——釜残液中易挥发组分的摩尔分数。

已知其中 4 个参数，就可以求出其他两个参数。一般情况下，F、x_F、x_D、x_W 由生产任务规定。式(6-15) 和式(6-16) 中 F、D、W 也可采用质量流量，相应地 x_F、x_D、x_W 用质量分数。

联立式(6-15) 和式(6-16) 求解可得

$$D = F(x_F - x_W)/(x_D - x_W) \tag{6-17}$$

$$W = F(x_D - x_F)/(x_D - x_W) \tag{6-18}$$

或

$$D/F = (x_F - x_W)/(x_D - x_W) \tag{6-19}$$

$$W/F = (x_D - x_F)/(x_D - x_W) \tag{6-20}$$

式中，D/F、W/F 分别称为馏出液采出率和残液采出率。精馏生产中还常用到回收率的概念，所谓回收率，是指某组分通过精馏回收的量与其在原料中的总量之比。其中，易挥发组分的回收率为 $\dfrac{Dx_D}{Fx_F}$，难挥发组分的回收率为 $\dfrac{W(1-x_W)}{F(1-x_F)}$，全塔物料衡算方程目的在于研究出精馏塔塔顶馏出液、塔底釜液及原料液之间的关系，方程虽然简单，但对指导精馏生产却是至关重要的。实际生产中，精馏塔的进料组成 x_F 为定值。由式(6-19)、式(6-20) 可知，塔的产品产量和组成是相互制约的。工业精馏分离指标一般有以下几种形式。

① 规定馏出液与釜残液组成 x_D、x_W，此种情况下 D/F、W/F 为定值，该塔的产率已经确定，不能任意选择。

② 规定馏出液组成 x_D 和采出率 D/F，此时塔底产品的采出率 W/F 和组成 x_W 也不能自由选定，反之亦然。

③ 规定某组分在馏出液中的组成和它的回收率，由于回收率不超过 100%，即 $Dx_D \leqslant Fx_F$，或 $D/F \leqslant x_F/x_D$，因此采出率 D/F 是有限制的，当 D/F 取得过大时，即使此精馏塔有足够大的分离能力，塔顶也无法获得高纯度的产品。

【例题 6-2】 每小时将 20kmol 含乙醇 40% 的酒精水溶液进行精馏，要求馏出液中含乙醇 89%，残液中含乙醇不大于 3%（以上均为摩尔分数），试求每小时馏出液量和残液量。

解 根据题意，由式(6-15) 和式(6-16) 全塔物料衡算式得

$$20 = D + W \tag{1}$$

$$20 \times 0.4 = 0.89D + 0.03W \tag{2}$$

联立方程式(1)、式(2)，得

$$馏出液量\ D = 8.6\ \text{kmol/h}$$

$$残液量\ W = 11.4\ \text{kmol/h}$$

【例题 6-3】 每小时将 15000kg 含苯 40% 和甲苯 60% 的溶液，在连续精馏塔中进行分离，要求釜底残液中含苯不高于 2%（以上均为质量分数），塔顶轻组分的回收率为 97.1%，操作压力为 101.3kPa。试求馏出液和釜底残液的流量及组成。以摩尔流量及摩尔分数表示。

解 苯的摩尔质量为 78kg/kmol，甲苯的摩尔质量为 92kg/kmol

$$x_F = \frac{40/78}{40/78 + 60/92} = 0.44$$

$$x_W = \frac{2/78}{2/78 + 98/92} = 0.0235$$

原料液平均摩尔质量为 $M_F = 0.44 \times 78 + 0.56 \times 92 = 85.8$ （kg/kmol）

则 $F = 15000/85.8 = 175$ （kmol/h）

$$\frac{Dx_D}{Fx_F} = 0.971$$

$$Dx_D = 0.971 \times 175 \times 0.44$$

由全塔物料衡算式得

$$D + W = 175 \text{ (kmol/h)}$$

$$Dx_D + 0.0235W = 175 \times 0.44$$

解得

$$W = 95 \text{kmol/h}$$

$$D = 80 \text{kmol/h}$$

$$x_D = 0.935$$

二、精馏段操作线方程

在对精馏塔的操作分析中，必须掌握塔内相邻两层塔板间的汽、液相浓度之间的数量关系，这种关系称为操作线关系，由精馏段物料衡算可得出精馏段的操作线方程，对提馏段物料衡算可得出提馏段的操作线方程。

1. 恒摩尔流假设

为简化计算，引入汽、液恒摩尔流的基本假设如下。

(1) 恒摩尔汽化　在精馏过程中，精馏段内每层板上升的蒸气摩尔流量相等，以 V 表示。提馏段内也如此，以 V' 表示。但两段的上升蒸气摩尔流量不一定相等。

(2) 恒摩尔溢流　在精馏过程中，精馏段内每层板下降的液体摩尔流量相等，以 L 表示。提馏段内也如此，以 L' 表示。但两段的液体摩尔流量不一定相等。

若塔板上汽-液两相接触时，有 1kmol 的蒸气冷凝，相应就有 1kmol 的液体汽化，恒摩尔溢流的假定即成立。为此，必须满足以下条件。

① 各组分的摩尔汽化潜热相等。
② 汽-液两相接触时，因温度不同而交换的显热可以忽略。
③ 精馏塔保温良好，热损失可以忽略。

在精馏操作时，恒摩尔溢流虽是一项假设，但很多物系，尤其是结构相似、性质相近的组分构成的物系，与上述条件基本符合。例如，乙醇-水系统的汽化潜热列于表 6-3 中，本章研究的对象均可按符合假定处理。

表 6-3　乙醇-水系统汽化潜热

组　　分	汽化潜热/(kJ/kg)	相对分子质量	摩尔汽化潜热/(kJ/kmol)
乙醇	854.1	46	39288.9
水	2260.9	18	40695.7
70%(质量分数)乙醇-水溶液	1276.9	31.4	40096.9

2. 精馏段操作线方程

精馏段操作线方程可由图 6-14 所示的虚线范围（包括精馏段第 $i+1$ 层板以上塔段及冷凝器）作物料衡算。图中对浓度下标的规定如下：来自哪一块塔板就用该塔板的编号作下标。塔板号码自上而下从第 1 号开始顺序编号。浓度皆以摩尔分数表示。

总物料平衡　　　　　$V = L + D$

易挥发组分平衡　　　$Vy_{i+1} = Lx_i + Dx_D$

联立二式得

$$y_{i+1} = \frac{L}{L+D}x_i + \frac{Dx_D}{L+D} \tag{6-21}$$

令 $R = L/D$，R 称为回流比，是塔顶回流液量与塔顶产品量的比值，它是精馏操作中很重要的操作参数。后面将对其进行讨论。则

$$y_{i+1} = \frac{R}{R+1}x_i + \frac{x_D}{R+1} \tag{6-22}$$

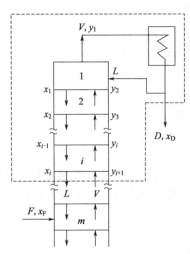 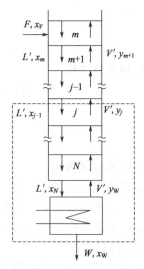

图 6-14 精馏段操作线方程的推导　　图 6-15 提馏段操作线方程的推导

式(6-22)中，由于第 i 块板是任选的，只要在精馏段即能满足。因此可去掉下标，得

$$y = \frac{R}{R+1}x + \frac{x_D}{R+1} \tag{6-23}$$

式(6-21)~式(6-23)皆称为精馏段的操作线方程，其意义表示在一定操作条件下，精馏段内任意两块相邻塔板间，从上一块塔板下降的液体组成与从下一块塔板上升蒸气组成之间的关系。其中式(6-23)用得比较普遍。

三、提馏段操作线方程

如图 6-15 所示，在提馏段第 j 层板以下，包括再沸器这一虚线范围作物料衡算：

总物料平衡　　　　　　　　　$L' = V' + W$

易挥发组分平衡　　　　　　　$L'x_{j-1} = V'y_j + Wx_W$

联立二式得

$$y_j = \frac{L'}{L'-W}x_{j-1} - \frac{Wx_W}{L'-W} \tag{6-24}$$

因第 j 块板是任意选取的，故可去掉下标，则

$$y = \frac{L'}{L'-W}x - \frac{Wx_W}{L'-W} \tag{6-25}$$

式(6-24)和式(6-25)称为提馏段操作线方程。其意义表明在一定操作条件下，在提馏段内任一 $(j-1)$ 层板流到下一 (j) 层板的液相组成 x_{j-1} 与从下一 $(j+1)$ 层板上升到 (j) 层板上的汽相组成 (y_j) 之间的关系。

应该说明，提馏段的下降液体流量 L' 和上升蒸汽流量 V' 不像精馏段的 L 和 V 那样容易求得，因为 L' 除了与 L 有关外，还受进料量 F 及进料热状况的影响。

四、进料状况对操作线的影响

1. 进料状况的影响

在生产中，加入精馏塔中的原料可能有以下五种热状态。

① 冷液体进料。原料液温度低于泡点的冷液体。
② 饱和液体进料。原料液温度为泡点的饱和液体，又称泡点进料。
③ 汽-液混合物进料。原料温度介于泡点和露点之间的汽-液混合物。
④ 饱和蒸气进料。原料温度为露点的饱和蒸气，又称露点进料。
⑤ 过热蒸气进料。原料温度高于露点的过热蒸气。

进料热状态不同，影响精馏段和提馏段的液体流量 L 与 L' 间的关系及上升蒸气 V 与 V' 之间的关系。图 6-16 定性地表示出在不同进料热状态下对进料板上、下各股流量的影响。

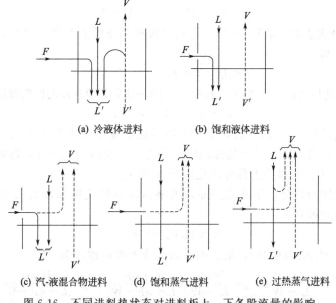

图 6-16 不同进料热状态对进料板上、下各股流量的影响

由此可见，精馏塔中两段的汽、液摩尔流量间的关系受进料量及进料热状态的影响，通用的定量关系可由进料板上的物料衡算和热量衡算求得。精馏段与提馏段液体摩尔流量与进料量及进料热状态参数的关系为

$$L' = L + qF \tag{6-26}$$

精馏段与提馏段气体摩尔流量与进料量及进料热状态参数的关系为

$$V = V' + (1-q)F \tag{6-27}$$

式中，q 称为进料热状态参数。可由热量衡算决定。令进料、饱和蒸气、饱和液体的焓（摩尔焓）分别为 I_F、I_V、I_L（kJ/kmol，从 0℃ 的液体算起），因进料带入的总焓为其中汽、液两相各自带入的焓之和，即

$$FI_F = (qF)I_L + (1-q)FI_V$$

对于 1 kmol 进料，将上式除以 F 得

$$I_F = qI_L + (1-q)I_V$$

可解出 $\quad q = (I_V - I_F)/(I_V - I_L)$

$\quad\quad$ = 1kmol 原料变为饱和蒸气所需热量/原料液的千摩尔潜热

式中 I_F，I_V，I_L ——分别为原料液、进料板上饱和蒸气、饱和液体的焓；kJ/kmol。

q 值的意义：以 1kmol/h 进料为基准时，q 值即提馏段中的液体流量较精馏段中增大的摩尔流量值。对于饱和液体、汽-液混合物进料而言，q 值即等于进料中的液体分数。根据 q 的定义可得出如下结论。

(1) 冷液进料（$q>1$） 原料液的温度低于泡点，入塔后由提馏段上升的蒸气有部分冷凝，放出的潜热将料液加热到泡点。此时，提馏段下降液体流量 L' 由三部分组成，即精馏段回流液流量 L、原料液流量 F、提馏段蒸气冷凝液流量。

由于部分上升蒸气的冷凝，致使上升到精馏段的蒸气流量 V 比提馏段的 V' 要少，其差额即为蒸气冷凝量。由此可见

$$L'>L+F, V'>V$$

(2) 饱和液体进料（$q=1$） 此时加入塔内的原料液全部作为提馏段的回流液，而两段上升的蒸气流量相等，即

$$L'=L+F \qquad V'=V$$

(3) 汽-液混合物进料（q 为 $0\sim1$） 进料中液相部分成为 L' 的一部分，而其中蒸气部分成为 V 的一部分，即

$$L<L'<L+F \qquad V'<V$$

(4) 饱和蒸气进料（$q=0$） 整个进料变为 V 的一部分，而两段的回流液流量则相等，即

$$L'=L \qquad V=V'+F$$

(5) 过热蒸气进料（$q<0$） 过热蒸气入塔后放出显热成为饱和蒸气，此显热使加料板的液体部分汽化。此情况下，进入精馏段的上升蒸气流量包括三部分，即提馏段上升蒸气流量 V'、原料的流量 F、加料板上部分汽化的蒸气流量。

由于这部分液体的汽化，下降到提馏段的液体流量将比精馏段的 L 要少，其差额即为汽化的液体量。由此可见，

$$L'<L, V>V'+F$$

若将式(6-26)代入式(6-24)，则提馏段操作线方程可改写为

$$y_j = \frac{L'}{L'-W}x_{j-1} - \frac{Wx_W}{L'-W} = \frac{L+qF}{L+qF-W}x_{j-1} - \frac{Wx_W}{L+qF-W} \qquad (6-28)$$

【例题 6-4】 在连续精馏塔中分离苯-甲苯混合液。原料液的流量为 12000kg/h，其中苯的质量分数为 0.46，要求馏出液中苯的回收率为 97.0%，釜残液中甲苯的回收率不低于 98%。若塔顶为饱和液体回流，操作回流比为 2.5。试求：(1) 馏出液和釜残液的流量与组成，以摩尔流量和摩尔分数表示；(2) 精馏段汽-液相流量及操作线方程；(3) 泡点进料与 40℃进料时提馏段的汽-液相流量及操作线方程。

操作条件下的汽-液平衡组成及对应的平衡温度列于表 6-4 中。

表 6-4　[例题 6-4] 附表

$t/℃$	80.1	85	90	95	100	105	110.6
x	1.00	0.780	0.581	0.412	0.258	0.130	0
y	1.00	0.897	0.773	0.633	0.461	0.269	0

解 (1) 全塔物料衡算

苯和甲苯的摩尔质量分别为 78kg/kmol 和 92kg/kmol，进料组成为 $x_F = \dfrac{0.46/78}{0.46/78+0.54/92} = 0.501$

进料平均摩尔质量

$$M_m = x_F M_A + (1-x_F)M_B = 0.501 \times 78 + (1-0.501) \times 92 = 85 \text{ (kg/kmol)}$$

则 $\qquad F = 12000/85 = 141.2 \text{ (kmol/h)}$

由题意知 $\qquad \dfrac{Dx_D}{Fx_F} = 0.97$

或 $\qquad Dx_D = 0.97 Fx_F = 0.97 \times 141.2 \times 0.501 = 68.62 \text{ (kmol/h)} \qquad (1)$

同理 $\qquad \dfrac{W(1-x_W)}{F(1-x_F)} = 0.98$

或 $\qquad W(1-x_W) = 0.98 \times 141.2 \times (1-0.501) = 69.05 \text{ (kmol/h)} \qquad (2)$

全塔物料衡算，得

$$D+W=F=141.2\,\text{kmol/h} \tag{3}$$
$$Dx_D+Wx_W=Fx_F=141.2\times 0.501=70.74\,\text{kmol/h} \tag{4}$$

联解式(1)~式(4)，得到
$$D=70.01\,\text{kmol/h}$$
$$W=71.19\,\text{kmol/h}$$
$$x_D=0.97$$
$$x_W=0.03$$

(2) 精馏段的汽-液相流量及操作线方程

精馏段的汽-液相流量由馏出液流量及回流比决定，即
$$V=(R+1)D=(2.5+1)\times 70.01=245.0\ (\text{kmol/h})$$
$$L=RD=2.5\times 70.01=175.0\ (\text{kmol/h})$$

精馏段操作线方程由式(6-22)计算，
$$y_{i+1}=\frac{R}{R+1}x_i+\frac{x_D}{R+1}=\frac{2.5}{2.5+1}x_i+\frac{0.98}{2.5+1}=0.71x_i+0.28$$

(3) 提馏段的汽-液相流量及操作线方程

在其他操作参数一定的前提下，提馏段的汽-液相流量及操作线方程受加料状况参数的影响。为此，需先求得不同进料温度下的 q 值，并用式(6-28)计算提馏段的操作线方程。

泡点进料 $q=1$，则
$$L'=L+qF=175.0+1\times 141.2=316.2\ (\text{kmol/h})$$
$$V'=V=245.0\,\text{kmol/h}$$
$$y_j=\frac{L+qF}{L+qF-W}x_{j-1}-\frac{Wx_W}{L+qF-W}=\frac{316.2}{316.2-71.19}x_{j-1}-\frac{71.19\times 0.03}{316.2-71.19}=1.29\,x_{j-1}-0.0087$$

40℃冷液进料
$$q=\frac{\text{原料(kmol)变为饱和蒸气所需热量}}{\text{原料液的千摩尔潜热}}=\frac{I_V-I_F}{I_V-I_L}$$
$$q=[r_m+c_{pm}(t_b-t_F)]/r_m \tag{5}$$

式中 r_m——原料液的平均摩尔汽化潜热，kJ/kmol；

c_{pm}——原料液的平均摩尔比热容，kJ/(kmol·℃)；

t_b——原料液的泡点，℃；

t_F——进料温度，℃。

由表 6-4 可知，原料液的泡点约为 92.4℃。

在平均温度为 $\frac{1}{2}(40+92.4)=66.2$℃ 下，苯和甲苯的汽化潜热分别为 390kJ/kg 及 360kJ/kg，二者的比热容为 1.83kJ/(kg·℃)（近似相同），二者的摩尔质量分别为 78kg/kmol 和 92kg/kmol，则
$$r_m=0.501\times 78\times 390+0.499\times 92\times 360=3.1770\times 10^4\ (\text{kJ/kmol})$$
$$c_{pm}=x_A c_{pA}+x_B c_{pB}=0.501\times 1.83\times 78+0.499\times 1.83\times 92=155.6\ [\text{kJ/(kmol·℃)}]$$

将有关数据代入式(5)，即
$$q=\frac{3.1770\times 10^4+155.6\times (92.4-40)}{3.1770\times 10^4}=1.257$$
$$L'=L+qF=175.0+1.257\times 141.2=352.5\ (\text{kmol/h})$$
$$V'=V-(1-q)F=245.0-(1-1.257)\times 141.2=281.3\ (\text{kmol/h})$$

$$y_j = \frac{L+qF}{L+qF-W}x_{j-1} - \frac{Wx_W}{L+qF-W}$$

$$= \frac{352.5}{352.5-71.19}x_{j-1} - \frac{71.19}{352.5-71.19} \times 0.03 = 1.253\,x_{j-1} - 0.0076$$

从以上计算可看出,从泡点进料改为40℃冷液进料,将使提馏段的汽-液相流量增加,提馏段操作线方程的斜率变小,截距变大。

2. 进料方程(或 q 线方程)

将精馏段操作线方程与提馏段操作线方程联立,便得到精馏段操作线与提馏段操作线交点的轨迹,此轨迹方程称为 q 线方程,也称作进料方程。当进料热状态参数及进料组成确定后,在 x-y 图上可以首先绘出 q 线,然后便可方便地绘出提馏段操作线,同时利用 q 线方程分析进料热状态对精馏塔设计及操作的影响。由式(6-21)和式(6-28)并省略下标得

$$y = \frac{L}{V}x + \frac{D}{V}x_D \tag{6-29}$$

$$y = \frac{L'}{V'}x - \frac{W}{V'}x_W \tag{6-30}$$

两线交点的轨迹应同时满足以上二式。再将 $L' = L+qF, V = V'+(1-q)F$ 及 $Wx_W = Fx_F - Dx_D$ 代入式(6-30),消去 L'、V' 及 Wx_W,并整理得

$$[V-(1-q)F]y = (L+qF)x - Fx_F + Dx_D \tag{6-31}$$

由式(6-29)得 $Dx_D = Vy - Lx$

将上式代入式(6-31)中并整理,可得

$$y = \frac{q}{q-1}x - \frac{x_F}{q-1} \tag{6-32}$$

式(6-32)称为 q 线方程。在进料热状况及进料组成确定的条件下,q 及 x_F 为定值,则式(6-32)为一直线方程。当 $x = x_F$ 时,由式(6-32)计算出 $y = x_F$,则 q 线在 y-x 图上是过对角线上 $e(x_F, x_F)$ 点,以 $q/(q-1)$ 为斜率的直线。根据不同的 q 值,将5种不同进料热状况下的 q 线斜率值及其方位标绘在图6-17中,并列于表6-5中。

表 6-5 q 线斜率值及在 x-y 图上的方位

进料热状况	q 值	q 线斜率 $q/(q-1)$	q 线在 y-x 图上的方位
冷进料	$q>1$	+	ef_1 (↗)
饱和液体	$q=1$	∞	ef_2 (↑)
汽-液混合物	$0<q<1$	−	ef_3 (↖)
饱和蒸气	$q=0$	0	ef_4 (←)
过热蒸气	$q<0$	+	ef_5 (↙)

五、操作线在 y-x 图上的作法

1. 精馏段操作线的作法

由于精馏段操作线方程省略下标时 $y = \frac{R}{R+1}x + \frac{x_D}{R+1}$,该式在 y-x 直角坐标图上为直线,其斜率为 $R/(R+1)$,截距为 $x_D/(R+1)$,由方程式知,当 $x = x_D$ 时 $y = x_D$,即该点位于 y-x 图的对角线上,如图6-18中的点 a;又当 $x = 0$ 时,$y = x_D/(R+1)$,即该点位于 y 轴上,如图中点 b,则直线 ab 即为精馏段操作线。

2. 提馏段操作线的作法

提馏段操作线方程为

$$y_j = \frac{L'}{L'-W}x_{j-1} - \frac{Wx_W}{L'-W} = \frac{L+qF}{L+qF-W}x_{j-1} - \frac{Wx_W}{L+qF-W}$$

此式在 y-x 相图上为直线，该线的斜率为 $L'/(L'-W)$，截距为 $-Wx_W/(L'-W)$。由方程式可知，省略下标时，当 $x=x_j$ 时，$y=x_W$，即该点位于 y-x 图的对角线上，如图 6-18 中的 c 点；当 $x=0$ 时，$y=-Wx_W/(L'-W)$，该点位于 y 轴上，如图 6-18 中点 g，则直线 cg 即为提馏段操作线。由图 6-18 可见，精馏段操作线和提馏段操作线相交于点 d。

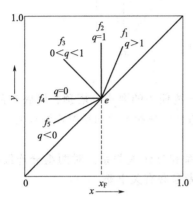
图 6-17　x-y 图上的 q 线位置

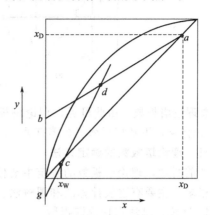
图 6-18　精馏塔的操作线

第五节　精馏过程的计算

一、理论板的概念

如前所述，精馏操作涉及汽、液两相的传质和传热。塔板上两相间的传热速率和传质速率不仅取决于物系的性质和操作条件，而且还与塔板结构有关，因此它们很难用简单方程加以描述。引入理论板的概念，可使问题简化。

所谓理论板，是指在塔板上汽、液两相都充分混合，且传热及传质阻力均为零的理想化塔板。因此不论进入理论板的汽、液两相组成如何，离开该板时汽-液两相组成达到平衡状态，即两相温度相等，组成互成平衡。

实际上，由于塔板上汽、液间的接触面积和接触时间是有限的，因而通常的塔板上汽、液两相都难以达到平衡状况，也就是说难以达到理论板的传质分离效果。理论板仅作为衡量实际板分离效率的依据和标准。在生产中，先求得理论板层数，用塔板效率予以校正，即可求得实际塔板层数。引入理论板的概念，对精馏过程的分析和计算是十分有用的。

二、理论塔板数的确定原则

下面以图 6-19(a) 表示塔内既非加料，又无出料的一块普通塔板的操作，图 6-19(b) 表示加料板的操作。若将精馏塔内的每一块塔板都假设为理论板时，由于理论板是汽、液两相能充分接触并达到平衡后离开的塔板，则 (a) 图中的 y_n 与 x_n 互为相平衡，(b) 图中的 y_m 与 x_m 互为相平衡，可依照相平衡线或相平衡方程由汽相组成得出同一块板上的液相组成。另由操作线方程的意义可知，图 6-19(a) 中的 x_{n-1}～y_n 之间、x_n～y_{n+1} 之间，图 6-19(b) 中的 x_{m-1}～y_m 之间、x_m～y_{m+1} 之间属于操作关系。因此可依照操作线或操作线方程，由上层板下降的液相组成得出下层板上升的汽相组成。

综上所述，对任意第 n 层塔板有：离开该理论板的液、汽相浓度 (x_n, y_n) 点必满足相平衡关系；该板之上（或之下）的液、汽相浓度 (x_n, y_{n+1}) 点必符合操作线关系。这样便可从塔顶组成 x_D 开始，交替使用相平衡关系和操作线关系逐级向下进行计算，一直计算至塔底组成 x_W 为止。每使用一次相平衡关系即表明经过一块理论板，计算过程中使用相平衡的次数即

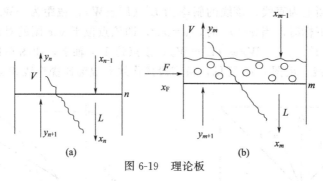

图 6-19 理论板

代表总理论塔板数。由此可见,理论塔板数的多少与分离任务的要求(塔顶、塔底产品的质量)、操作条件下及相平衡关系等有关,还与回流比和进料的热状况及加料位置等有关。

三、理论塔板数的确定方法

如前所述,理论塔板数的确定主要依据相平衡关系和操作线关系。对两组分连续精馏,求法很多,主要有逐板计算法和图解法。其他方法读者参阅有关书籍。

1. 逐板计算法求理论塔板数

理论塔板数的求法仍以塔内恒摩尔流为前提,在计算理论塔板数时,当已知进料组成,规定分离程度即塔顶、塔底产品的质量要求,并选定操作压强、操作回流比和进料的热状态后,待分离物系的相平衡关系和操作线方程等也随之确定。由此可见,完成精馏任务必须在精馏塔内进行,而精馏塔内需安装一定数量的塔板来满足分离要求。前述的操作线及物系的相平衡线,具备对于一定操作条件及分离要求确定所需塔板数的基础条件,可应用相平衡方程和操作线方程计算或作图得出理论塔板数。由于理论板仅是作为衡量实际塔板分离效率的一个标准,工程实际中需考虑实际塔板操作时传质情况的复杂性,由实际塔板与理论塔板的差别引入总板效率,以确定实际所需的塔板数。

2. 图解法求理论塔板数

以逐板计算法的基本原理为基础,在 y-x 相图上,用平衡曲线和操作线代替平衡方程和操作线方程,用简便的图解法求理论板层数,在两组分精馏计算中得到广泛应用。如图 6-20 所示,图解法的基本步骤如下。

① 在 y-x 图上作出相平衡线和对角线。

② 作精馏段操作线。精馏段操作线过点 $a(x_D, x_D)$ 及 $b(0, x_D/R+1)$,连接此两点,可作出精馏段操作线,斜率为 $R/(R+1)$。

③ 作提馏段操作线。提馏段操作线由交点 $c(x_W, x_W)$ 和其斜率 $L'/(L'-W)$ 而作出。提馏段操作线和精馏段操作线相交于点 d,交点 d 取决于进料的热状况。提馏段操作线也可通过连接 d、c 两点得到。

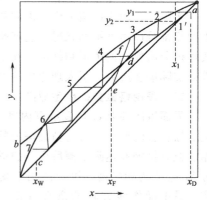

图 6-20 图解法求理论塔板数

④ 从 a 点开始在精馏段操作线和平衡线之间作水平线和垂线组成的梯级,当梯级跨过点 d,改在平衡线和提馏段操作线之间画梯级,直至梯级跨过 c 点为止;每一级水平线表示应用一次汽-液平衡关系,即代表一层理论板,每一根垂线表示应用一次操作线关系,梯级的总数即为理论塔板总数。由于塔釜作为一块理论板,因此,理论塔板总数为总梯级数减去1。越过两操作线交点 d 的那一块理论板为适宜的加料板位置。

【例题 6-5】 需用一常压连续精馏塔分离含苯 40% 的苯-甲苯混合液，要求塔顶产品含苯 97% 以上，塔底产品含苯 2% 以下（以上均为质量分数）。采用的回流比 $R=3.5$，进料为饱和液体。求所需的理论塔板数。

解 现应用图解法求所需的理论塔板数。由于相平衡数据是用摩尔分数，故需将各个组成从质量分数换算成摩尔分数。换算后得到：$x_F=0.44$，$x_D \geqslant 0.974$，$x_W \leqslant 0.0235$，现按 $x_D=0.974$，$x_W=0.0235$ 进行图解。

① 在 y-x 图上作出苯-甲苯的平衡线和对角线如图 6-21 所示。

② 在对角线上定点 $a(x_D, x_D)$、点 $e(x_F, y_F)$ 和点 $c(x_W, x_W)$ 三点。

③ 绘精馏段操作线，依精馏段操作线截距 $=x_D/(R+1)=0.217$，在 y 轴上定出点 b，连 a、b 两点间的直线即得，如图 6-20 中所示 ab 直线。

④ 绘提馏段操作线

对于饱和液体进料，提馏段操作线方程

$$y_j = \frac{L'}{L'-W}x_{j-1} - \frac{Wx_W}{L'-W} = \frac{L+qF}{L+qF-W}x_{j-1} - \frac{Wx_W}{L+qF-W}$$

中省略下标后令 $x=x_F$，则提馏段操作线方程变成

$$y = \frac{L'}{L'-W}x_F - \frac{Wx_W}{L'-W} = \frac{RD+F}{RD+F-W}x_F - \frac{Wx_W}{RD+F-W} = \frac{Rx_F+x_D}{R+1}$$

此时与精馏段操作线方程相同，说明两条操作线必相交，且其交点的横坐标为 x_F，因此提馏段操作线与精馏段操作线之交点 d 可由 e 点向上作垂线得到。由点 d 与点 c 相连即得提馏段操作线，如本题附图 6-21 中 dc 直线所示。

⑤ 绘梯级线，自图 6-21 中点 a 开始在平衡线与精馏段操作线之间绘梯级，跨过点 d 后改在平衡线与提馏段操作线之间绘梯级，直到跨过 c 点为止。由图中的梯级数得知，全塔理论板层数共 12 层，减去相当于一层理论板的再沸器，共需 11 层，其中精馏段理论层数为 6，提馏段理论板层数为 5，自塔顶往下数第 7 层理论板为加料板。

四、加料板位置

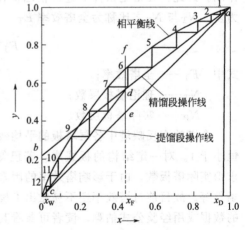

图 6-21 [例题 6-5] 附图

进料位置一般应在塔内液相或汽相组成与进料组成相近或相同的塔板上。由上例可见，当采用图解法计算理论塔板数时，适宜的进料位置应为跨越两操作线交点所对应的阶梯。对于一定的分离任务，如此作图所需理论塔板数为最少，跨过两操作线交点后继续在精馏段操作线与平衡线之间作阶梯，或没有跨过交点过早更换操作线，都会使所需理论塔板层数增加。对于已有的精馏装置，在适宜进料位置进料，可获得最佳分离效果。在实际操作中，如果进料位置不当，将会使馏出液和釜残液不能同时达到预期的组成。进料位置过高，使馏出液的组成偏低（难挥发组分含量偏高）；反之，进料位置偏低，使釜残液中易挥发组分含量增高，从而降低馏出液中易挥发组分的收率。有的精馏装置上，在塔顶安装分凝器，使从塔顶出来的蒸气先在分凝器中部分冷凝，冷凝液作为回流，未冷凝的蒸气作为塔顶产品。离开分凝器的汽、液两相可视为互相平衡，即分凝器起到一层理论板的作用，故精馏段的理论塔板层数应比相应的阶梯数减少一个。

五、单板效率和塔效率

1. 单板效率

单板效率 E_M，又称默弗里（Murphree）效率。它表示汽相或液相经过一层实际塔板前后的组成变化与经过一层理论板前后的组成变化之比值，即

$$E_{MV}=(y_n-y_{n+1})/(y_n^*-y_{n+1}) \tag{6-33}$$

$$E_{ML}=(x_{n-1}-x_n)/(x_{n-1}-x_n^*) \tag{6-34}$$

式中　E_{MV}——汽相单板效率；

　　　E_{ML}——液相单板效率；

　　　y_n^*——与 x_n 成平衡的汽相组成；

　　　x_n^*——与 y_n 成平衡的液相组成。

应予指出，单板效率可直接反映该层塔板的传质效果，但各层塔板的单板效率通常不相等。即使塔内各板效率相等，全塔效率（塔效率）在数值上也不等于单板效率。这是因为两者定义的基准不同，全塔效率是基于所需理论塔板数的概念，而单板效率基于该板理论增浓程度的概念。

2. 塔效率

以上所讨论的为理论板，即离开各层塔板的汽、液两相达到平衡状态。但实际上，除再沸器相当于实际存在的一层理论塔板外，塔内其余各板由于汽、液两相接触时间有限，使得离开塔板的蒸气与液体，一般不能达到平衡状态，即每一层塔板实际上起不到一层理论板的作用。因此，在指定条件下进行精馏操作所需要的实际塔板数（N_P）较理论塔板数（N_T）为多。N_T 与 N_P 之比称为全塔效率 E_T

$$E_T=\frac{N_T}{N_P}\times 100\% \tag{6-35}$$

式中　E_T——全塔效率；

　　　N_T——理论塔板层数；

　　　N_P——实际塔板层数。

全塔效率反映塔中各层塔板的平均效率，因此它是理论塔板层数的一个校正系数，其值恒小于 1。对一定结构的板式塔，若已知在某种操作条件下的全塔效率，便可由式(6-35)求得实际塔板数。由于影响塔效率的因素很多且复杂，如物系性质、塔板形式与结构和操作条件等。故目前对塔效率还不易做出准确的计算。实际计算时一般采用来自生产及中间实验的数据或用经验公式估算，读者可参看其他书籍。

第六节　回　流　比

一、回流比对精馏塔塔板数的影响

回流是精馏过程的必要条件，回流比的大小是影响精馏操作的重要因素，它表示塔顶回流的液体量与馏出液流量的比值，回流比通常以 R 表示，即

$$R=L/D \tag{6-36}$$

式中　L——单位时间内塔顶回流液量，kg/h；

　　　D——单位时间内塔顶采出液量，kg/h。

如图 6-22 所示，所以回流比是精馏过程中的重要参数。回流比越大，所需的理论塔板数越少；反之，回流比越小，所需的理论塔板数越多。

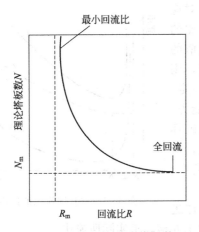
图 6-22 回流比与理论塔板数

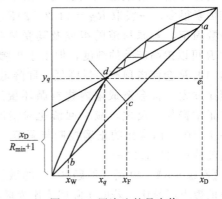
图 6-23 回流比的最小值

二、全回流和最少理论塔板数

在精馏操作中,当塔顶冷凝器不采出产品,全部作为回流液返回塔顶时,称为全回流。当全回流时,为维持塔内物料平衡,进料量必须为 0,塔顶出料量 D 也必然为 0。回流比 $R=L/D=\infty$,精馏段操作线的斜率极限近似为 1,因此精馏段操作线和对角线重合,提馏段操作线也必和对角线重合,精馏塔无精馏段和提馏段之分,此时平衡线和操作线之间的跨度最大,所需的理论塔板数最少。全回流时既不加料,也无产品出料,但对科研、稳定生产和精馏开车均具有重要意义。全回流不仅操作方便,而且是精馏开车的必要阶段。

三、最小回流比

在规定的分离要求下,回流比 R 从全回流逐渐减小时,所需的理论塔板数也就逐渐增加。当回流比减少到某一数值时,精馏段操作线和提馏段操作线的交点 d 逐渐向平衡线靠近,当回流比减小到使 d 点落在平衡线上时,液相和汽相处于平衡状态,传质推动力为零,不论画多少梯级都不能越过交点 d,即所需理论塔板数为无数块,如图 6-23 所示。此时的回流比称为最小回流比,以 $R_{\min}$ 表示。

对正常的相平衡关系,由精馏段操作线方程可知

$$R_{\min}/(R_{\min}+1)=\frac{x_D-y_q}{x_D-x_q}$$

因此
$$R_{\min}=\frac{x_D-y_q}{y_q-x_q} \tag{6-37}$$

式中 x_q, y_q——q 线和平衡线交点的坐标。

由回流比 R 的两个极限值可知,全回流和最小回流比都是无法正常生产的,实际操作的回流比 R 必须大于 $R_{\min}$,计算时应根据经济核算确定最佳 R 值。

四、操作回流比的确定

精馏过程的费用包括操作费用和设备费用两方面。操作费用主要是再沸器中加热蒸汽的消耗量和冷凝器中冷却水的用量及动力消耗。在加料量和产量一定的条件下,随着 R 的增加,V 与 V' 均增大,因此,加热蒸汽、冷却水消耗量均增加,使操作费用增加,由图 6-24 中曲线 2 表示。精馏装置的设备包括精馏塔、再沸器和冷凝器。当回流比为最小回流比时,需无穷多块理论板,精馏塔无限高,故费用无限大。回流比略增加,所需的理论塔板数便急剧下降,设备费用迅速回落,随着 R 的进一步增大,V 和 V' 加大,要求塔径增大,再沸器和冷凝器的传热面积需要增加,其关系曲线如图 6-24 中曲线 1 所示。总费用为设备费用和

操作费用之和，由图 6-24 中曲线 3 所示，其最低点对应的回流比为相应的最适宜回流比。由于最适宜回流比的影响因素很多，一般取 $R_{宜}=(1.2\sim2)R_{\min}$。当精馏塔的塔板数固定，若原料液的组成及其受热状况也一定，则加大 R 可以提高产品的纯度，但由于再沸器的负荷一定，此时加大 R 会使塔顶产品量降低，即降低塔的生产能力。回流比过大，将会造成塔内物料循环量过大，甚至破坏塔的正常操作。反之，减小回流比时情况正好相反。所以在生产中，回流比的正确控制与调节，是优质、高产、低消耗的重要因素之一。

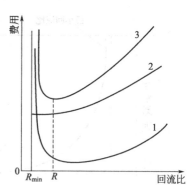

图 6-24　适宜回流比的确定

【例题 6-6】 根据［例题 6-5］的数据求饱和液体进料时的最小回流比。若取实际回流比为最小回流比的 1.6 倍，求实际回流比。

解　依式(6-37) $R_{\min}=(x_D-y_q)/(y_q-x_q)$
饱和液体进料时，由［例题 6-5］附图（6-21）中查出 q 线与平衡线的交点坐标为
$$x_q=x_F=0.44, y_q=0.66$$
所以
$$R_{\min}=(0.974-0.66)/(0.66-0.44)=1.43$$
得
$$R=1.6R_{\min}=1.6\times1.43=2.29$$

第七节　连续精馏的热量衡算

精馏装置主要包括精馏塔、再沸器和冷凝器。通过精馏装置的热量衡算，可求得冷凝器和再沸器的热负荷及冷却介质和加热介质的消耗量。

如图 6-25 所示的精馏塔进行热量衡算，以单位时间为基准，并忽略热损失。

进入精馏塔的热量有两项：原料代入的热量 Q_F，kJ/h；加热蒸汽代入的热量 Q_B，kJ/h。

离开精馏塔的热量有三项：塔顶馏出液带出的热量 Q_D，kJ/h；塔釜残液带出热量 Q_W，kJ/h；塔顶冷剂带出的热量 Q_C，kJ/h。

故全塔热量衡算式为
$$Q_F+Q_B=Q_D+Q_W+Q_C \tag{6-38}$$

1. 塔釜加热蒸汽消耗量的计算

精馏的加热方式分为直接蒸汽加热与间接蒸汽加热两种方式。直接蒸汽加热时加热蒸汽的消耗量可通过精馏塔的物料衡算求得，而间接蒸汽加热时加热蒸汽消耗量可通过全塔或再沸器的热量衡算求得。

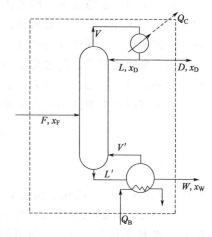

图 6-25　精馏塔的热量衡算

对图 6-25 所示的再沸器作热量衡算，以单位时间为基准，则
$$Q_B=V'I_{VW}+WI_{LW}-L'I_{Lm}+Q_L \tag{6-39}$$

式中　Q_B——再沸器的热负荷，kJ/h；
　　　Q_L——再沸器的热损失，kJ/h；
　　　I_{VW}——再沸器中上升蒸气的焓，kJ/kmol；
　　　I_{LW}——釜残液的焓，kJ/kmol；

I_{Lm}——提馏段底层塔板下降液体的焓，kJ/kmol。

若取 $I_{LW} \approx I_{Lm}$，且因 $V' = L' - W$，则

$$Q_B = V'(I_{VW} - I_{LW}) + Q_L \tag{6-39a}$$

加热介质消耗量可用式(6-40)计算，即

$$W_h = Q_B / (I_{B1} - I_{B2}) \tag{6-40}$$

式中　W_h——加热介质消耗量，kg/h；
　　　I_{B1}，I_{B2}——加热介质进、出再沸器的焓，kJ/kg。

若用饱和蒸汽加热，且冷凝液在饱和温度下排出，则加热蒸汽消耗量可按式(6-40a)计算，即

$$W_h = Q_B / r \tag{6-40a}$$

式中　r——加热蒸汽的汽化潜热，kJ/kg。

2. 塔顶冷却水消耗量的计算

精馏塔的冷凝方式有全凝器冷凝和分凝器-全凝器冷凝两种。工业上采用前者为多。对图 6-25 所示的全凝器作热量衡算，以单位时间为基准，并忽略热损失，则

$$Q_C = VI_{VD} - (LI_{LD} + DI_{LD}) \tag{6-41}$$

因 $V = L + D = (R+1)D$，代入式(6-41)并整理得

$$Q_C = (R+1)D(I_{VD} - I_{LD}) \tag{6-41a}$$

式中　Q_C——全凝器的热负荷，kJ/h；
　　　I_{VD}——塔顶上升蒸气的焓，kJ/kmol；
　　　I_{LD}——塔顶馏出液的焓，kJ/kmol。

冷却介质可按式(6-42)计算，即

$$W_C = \frac{Q_C}{c_{pC}(t_2 - t_1)} \tag{6-42}$$

式中　W_C——冷却介质消耗量，kg/h；
　　　c_{pC}——冷却介质的比热容，kJ/(kg·℃)；
　　　t_1，t_2——分别为冷却介质在冷凝器的进、出口处的温度，℃。

第八节　特殊蒸馏简介

精馏操作除了采用前面所讨论的常见的连续精馏外，还可采用水蒸气蒸馏和恒沸精馏等特殊方式的蒸馏。

一、水蒸气蒸馏

水蒸气蒸馏常用于热敏物料的蒸馏或高沸点物质与杂质的分离，但这些物质必须与水不互溶。严格地说，完全互不相溶的液体是不存在的，但是，如果两种液体之间相互溶解度非常之小，可忽略不计，则这种液体混合物可近似地看作为互不相溶的体系。例如，水和烷烃，水与芳香烃所形成的双组分体系。对于这样的体系，各组分的蒸气压和它在纯态时的饱和蒸气压一样，而与另一组分的存在与否及其量的多少无关。因此，根据道尔顿分压定律，混合液液面上方的蒸气压等于该温度下各组分的饱和蒸气压之和。即 $p = p_A° + p_B°$。由此可见，在一定温度下，互不相溶的两种液体形成的体系，其蒸气总压大于任一纯组分的蒸气压。因此，在一定压强下，这种体系的沸点也就低于任一组分的沸点。例如，当外压为 101.3kPa 时，水的沸点为 100℃，氯苯的沸点为 130℃，而两者混合物的沸点则降到 91℃。

工业上利用这一原理分离提纯容易分解的高沸点有机化合物。让水蒸气以气泡的形式通

过有机液体，利用水蒸气的分压"补足"有机液体的低蒸气分压，当两者的总和达到101.3kPa时，就可以在低于100℃的温度下把有机化合物蒸馏出来，从而避免了热稳定性差的有机化合物的分解。把馏出物冷凝分为两层，弃去水层即得产品。这种提纯物质的方法称为水蒸气蒸馏。

二、恒沸精馏

由精馏原理可知，对于相对挥发度 $\alpha=1$ 的恒沸物，是不能用普通精馏方法分离的。此外，当物系的相对挥发度 α 值过低时，虽然可以用普通精馏方法分离，但由于此时所需的理论塔板数或回流比过大，使得设备投资及操作费用都大幅度增高。生产中往往采用恒沸精馏。

恒沸精馏是在被分离的混合液中加入第三组分，用以改变原溶液中各组分间的相对挥发度而达到分离的目的。如图6-26所示。

如果双组分溶液 A、B 的相对挥发度很小，或具有恒沸物，可加入某种添加剂 C（又称夹带剂），夹带剂 C 与原溶液中的一个或两个组分形成新的恒沸物（AC 或 ABC），新恒沸物与原组分 B（或 A）及原来的恒沸物之间的沸点差较大，从而可较容易地通过精馏获得纯 B（或 A），这种方法便是恒沸精馏。如分离乙醇-水恒沸物以制取无水酒精便是一个典型的恒沸精馏过程，它是以苯作为夹带剂，苯、乙醇和水能形成三元恒沸物，其恒沸组成的摩尔分数分别为苯 0.554、乙醇 0.230、水 0.226，此恒沸物的恒沸点为 64.6℃。由于新恒沸物与原恒沸物间的沸点相差较大，因而可用精馏分离并进而获得纯乙醇。

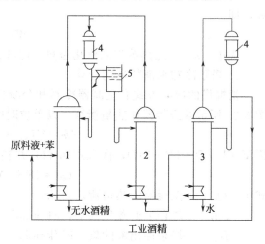

图 6-26 恒沸精馏流程示意图
1—恒沸精馏塔；2—苯回收塔；3—乙醇回收塔；
4—冷凝器；5—分层器

第九节 精馏设备——板式塔

精馏装置包括精馏塔、再沸器和冷凝器等设备。其中主要设备是精馏塔，其基本功能是为气、液两相提供充分接触的机会和场合，使传热和传质过程迅速而有效地进行；并且使气、液两相及时分开，互不夹带。根据塔内气、液接触部件的结构形式，精馏塔可分为板式塔和填料塔两大类型，在本节中主要讨论板式塔。

一、板式塔的基本结构和类型

1. 板式塔的基本结构

板式塔通常是由一个呈圆柱形的壳体及沿塔高按一定的间距水平设置的若干层塔板所组成，如图 6-27 所示。在操作时，液体靠重力作用由顶部逐板流向塔底并排出，在各层塔板的板面上形成流动的液层；气体则在压力差推动下，由塔底向上经过均布在塔板上的开孔依次穿过各层塔板由塔顶排出。塔内以塔板作为气、液两相接触传质的基本构件。

工业生产中的板式塔，常根据塔板间有无降液管沟通而分为有降液管及无降液管两大类，用得最多的是有降液管式的板式塔，如图 6-27 所示，它主要由塔体、溢流装置和塔板构件等组成。

（1）塔体 通常为圆柱形，常用钢板焊接而成，有时也将其分成若干塔节，塔节间用法兰盘连接。

(2) 溢流装置 包括出口堰、降液管、进口堰、受液盘等部件。

① 出口堰。为保证气、液两相在塔板上有充分接触的时间，塔板上必须储有一定量的液体。为此，在塔板的出口端设有溢流堰，称出口堰。塔板上的液层厚度或持液量由堰高决定。生产中最常用的是弓形堰，小塔中也有用圆形降液管升出板面一定高度作为出口堰的。

② 降液管。降液管是塔板间液流通道，也是溢流液中所夹带气体分离的场所。正常工作时，液体从上层塔板的降液管流出，横向流过塔板，翻越出口，进入该层塔板的降液管，流向下层塔板。降液管有圆形和弓形两种，弓形降液管具有较大的降液面积，气、液分离效果好，降液能力大，因此生产上广泛采用。

为了保证液流能顺畅地流入下层塔板，并防止沉淀物堆积和堵塞液流通道，降液管与下层塔板间应有一定的间距。为保持降液管的液封，防止气体由下层塔板进入降液管，此间距应小于出口堰高度。

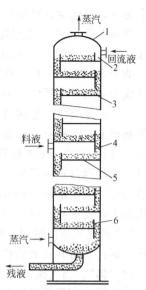

图 6-27 板式塔的结构
1—塔体；2—进口堰；
3—受液盘；4—降液管；
5—塔板；6—出口堰

③ 受液盘。降液管下方部分的塔板通常又称为受液盘，有凹型及平型两种，一般较大的塔采用凹型受液盘，平型则就是塔板面本身。

④ 进口堰。在塔径较大的塔中，为了减少液体自降液管下方流出的水平冲击，常设置进口堰。可用扁钢或 $\phi 8 \sim 10mm$ 的圆钢直接点焊在降液管附近的塔板上而成。

为保证液流畅通，进口堰与降液管间的水平距离不应小于降液管与塔板的间距。

(3) 塔板及其构件 塔板是板式塔内气、液接触的场所，操作时气、液在塔板上接触得好坏，对传热、传质效率影响很大。在长期的生产实践中，人们不断地研究和开发出新型塔板，以改善塔板上的气、液接触状况，提高板式塔的效率。目前工业生产中使用较为广泛的塔板类型有泡罩塔板、筛孔塔板、浮阀塔板等几种，但泡罩塔已越来越少。

2. 板式塔的类型

(1) 泡罩塔 泡罩塔是应用最早的塔型，其结构如图 6-28 所示。塔板上的主要元件为泡罩，泡罩尺寸一般为 80、100、150 三种，可根据塔径的大小来选择，泡罩的底部开有齿缝，泡罩安装在升气管上，从下一块塔板上升的气体经升气管从齿缝中吹出，升气管的顶部应高于泡罩齿缝的上沿，以防止液体从中漏下，由于有升气管，泡罩塔即使在很低的气速下操作，也不至于产生严重的漏液现象。不足是结构复杂、压降大、造价高，已逐渐被其他的塔型取代。

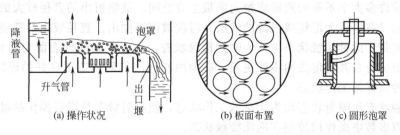

图 6-28 泡罩塔
(a) 操作状况 (b) 板面布置 (c) 圆形泡罩

(2) 筛板塔 筛板塔出现略迟于泡罩塔，与泡罩塔的差别在于取消了泡罩与升气管，直接在板上开很多的小直径的筛孔。操作时，气体高速通过小孔上升，板上的液体不能从小孔中落下,只能通过降液管流到下层板,上升蒸气或泡点的条件使板上液层成为强烈搅动的泡沫层。筛板用不锈钢板制成,孔的直径约 $\phi 3 \sim 8mm$。筛板塔结构简单、造价低、生产能力大、板效率高、压降低,随着对其性质的深入研究,已成为应用最广泛的一种。

(3)浮阀塔 浮阀塔是一种新型塔。其特点是在筛板塔的基础上,在每个筛孔处安装一个可以上下浮动的阀体,当筛孔气速高时,阀片被顶起而上升,气速(气流孔速)低时,阀片因自重而下降。阀体可随上升气量的变化而自动调节开度,可使塔板上进入液层的气速不至于随气体负荷的变

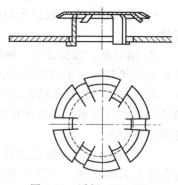

图 6-29 浮阀 (F-1 型)

化而大幅度变化,同时气体从阀体下水平吹出加强了气、液接触。浮阀的形式很多。其中 F-1 型研究和推广较早,如图 6-29 所示。F-1 型阀孔直径为 39mm,阀片有三条带钩的腿,插入阀孔后将其腿上的钩扳转 90°,可防止被气体吹走;此外,浮阀边沿冲压出三块向下微弯的"脚"。当气速低,浮阀降至塔板时,靠这三只"脚"使阀片与塔板间保持 2.5mm 左右的间隙;在浮阀再次升起时,浮阀不会被粘住,可平稳上升。浮阀塔的特点是生产能力大,操作弹性大,板效率高。

二、塔板上的流体力学现象

1. 塔板上气、液接触状况

(1)鼓泡接触状态 当上升蒸气流量较低时,气体在液层中吹鼓泡的形式是自由浮升,塔板上存在大量的返混液,气液比较小,汽、液相接触面积不大。此时,塔板上两相呈鼓泡接触状态。塔板上清液多,气泡数量少,两相的接触面积为气泡表面。因气泡表面的湍动程度不大,所以鼓泡接触状态的传质阻力大。

(2)蜂窝状接触状况 随气速增加,气泡的形成速度大于气泡浮升速度,上升的气泡在液层中积累,气泡之间接触,形成气泡泡沫混合物。因为气速不大,气泡的动能还不足以使气泡表面破裂,是类似蜂窝状泡结构。因气泡直径较大,很少搅动,在这种接触状态下,板上清液会基本消失,从而形成以气体为主的气液混合物,又由于气泡不易破裂,表面得不到更新,所以这种状态对于传质、传热不利。

(3)泡沫状接触状态 气速连续增加,气泡数量急剧增加,气泡不断发生碰撞和破裂,此时,板上液体大部分均以膜的形式存在于气泡之间,形成一些直径较小、搅动十分剧烈的动态泡沫,两板间传质面为面积很大的液膜,而且此液膜处在高度湍动和不断更新之中,为两相传质创造了良好的流体力学条件,是一种较好的塔板工作状态。

(4)喷射接触状态 当气速再连续增加时,动能很大的气体以射流形式穿过液层,将板上液体破碎成许多大小不等的液滴而抛向塔板上方空间。被喷射出的直径较大的液滴受重力作用,落下后又在塔板上汇集成很薄的液层并再次被破碎抛出。直径较小的液滴,被气体带走形成液沫夹带,此种接触状态被称为喷射接触状态,由于液滴的外表面为两相传质面积。液滴的多次形成与合并使传质面不断更新,亦为两相间的传质创造了良好的流体力学条件。所以也是一种较好的工作状态。

泡沫接触状态与喷射状态均为优良的工作状态,但喷射状态是塔板操作的极限,液沫夹带较多,所以多数塔操作均控制在泡沫接触状态。

2. 塔板上的不正常现象

(1)漏液 当上升气流小到一定程度时,因其动能太小,不能阻止液体从塔板上小孔直接下流,导致液体从塔板上的开孔处下落,此种现象称为漏液。严重漏液会使塔板上建立不

起液层，会导致分离效率的严重下降。

（2）**液沫夹带和气泡夹带** 当气速增大时，无论是鼓泡型还是喷射型操作，当气流穿过塔板上的液层时，会产生大量大小不一的液滴，这些液滴一部分会被气流裹挟至上层塔板。此种现象称为液沫夹带。产生液沫夹带有两种情况：一种是上升的气流将较小的液滴带走；另一种是由于气体通过开孔上的速度较大。前者与空塔气速有关，后者主要与板间距和板开孔上方的气速有关。由于它是一种与液相主流方向相反的液体流动，其结果是低浓度液相进入高浓度液相内，对传质不利，塔板提浓能力下降。气泡夹带则是指在一定结构的塔板上，与气流充分接触后的液体，在翻越溢流堰流入降液管时仍含有大量气泡，因液体流量过大使溢流管内的液体的流量过快，导致液体在降液管内停留时间不够，使溢流管中液体所夹带的气泡等不及从管中脱出，气泡将随液流进入下一层塔板的现象，由于与汽相主流方向相反的气体流动，其结果是汽相由高浓度区进入低浓度区，对传质不利，塔板提浓能力下降。

（3）**液泛现象** 液沫夹带的结果将使塔板上和降液管内的实际液体流量增加，塔板上液层厚度随之增加，液层上方空间减少，相同气速下夹带量将进一步增加，导致板上液层厚度又进一步增加的恶性循环；当液体流量一定时，气速越大，夹带量越多，液层越厚，夹带越严重，也将导致板上液层厚度增加的恶性循环。由于板上液层不断增厚而不能自衡，最终将导致液体充满全塔，并随气流通道从塔顶溢出，此种现象称为夹带液泛。塔板上开始出现液层增厚恶性循环的气流孔速称为液泛气速。液体流量越大，液泛气速越低。

当塔内回流液量增加，液体流经降液管阻力损失增加，液流在降液管内流动受阻，将出现降液管内液面上升；回流液量增加，塔底加热量将增加，上升蒸气量增加，气流通过塔板的压降增加，塔板上、下空间压差增加（塔内压强上低、下高），液体经降液管向下流动困难，降液管内液面也将上升。

上述两方面的影响导致液体无法下流，板上开始积液，最终使全塔充满液体，此种现象称为溢流液泛（又称降液管液泛）。生产运行过程中，当气相流量不变而塔板压降持续上升时，预示液泛可能发生。液泛使整个塔内的液体不能正常下流，物料大量返混，严重影响塔的操作，在操作中需要特别注意和防止。

三、辅助设备

精馏装置的辅助设备主要是各种形式的换热器，包括塔底溶液再沸器、塔顶蒸气冷凝器、料液预热器、产品冷却器、流体输送设备等。其中，再沸器和冷凝器是保证精馏过程能连续进行、稳定操作所必不可少的两个换热设备。

① 再沸器的作用是将塔内最下面的一块塔板流下的液体进行加热，使其中一部分液体发生汽化变成蒸气而重新回流入塔，以提供塔内上升的气流，从而保证塔板上汽、液两相的稳定传质。

② 冷凝器的作用是将塔顶上升的蒸气进行冷凝，使其成为液体，之后将一部分冷凝液从塔顶回流入塔，以提供塔内下降的液流，使其与上升气流进行逆流传质接触。

再沸器和冷凝器在安装时应根据塔的大小及操作是否方便而确定其安装位置。对于小塔，冷凝器一般安装在塔顶，这样冷凝液可以利用位差而回流入塔；再沸器则可安装在塔底。对于大塔（处理量大或塔板数较多时），冷凝器若安装在塔顶部则不便于安装、检修和清理，此时可将冷凝器安装在较低的位置，回流液则用泵输送入塔；再沸器一般安装在塔底外部。安装于塔顶或塔底的冷凝器、再沸器均可用夹套式或内装蛇管、列管的间壁式换热器，而安装在塔外的再沸器、冷凝器则多为卧式列管换热器。

四、塔板负荷性能图和负荷上、下限

板式塔内汽、液在塔板上充分接触，发生激烈的搅动，以实现热、质的传递。

以筛板塔为例，如前所述，气、液在板上的接触状态大致有三种，如图 6-30 所示。生产实际运行的筛板塔中，两相接触主要是泡沫状态或喷射状态。显然，要造成这种良好的接触状态，汽、液相负荷均需维持在一定的范围内。对于一定结构的板式塔，当处理物系确定后，其操作状况的好坏主要取决于塔内的汽、液相负荷，而操作状况的好坏又决定塔的分离效率。综上所述，由于汽、液相负荷的变化而引起的板式塔不正常操作现象可归纳为如下几方面。

① 夹带包括液沫夹带和气泡夹带两方面。生产运行过程中完全不发生夹带是不可能的，为保持过程的高效率应防止严重夹带，一般要求 1kg 上升气体夹带液体量不能超过 0.1kg。可采取的主要操作措施是控制汽相流率，以限制孔内的气流速度。

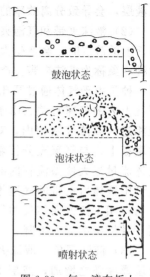

图 6-30　气、液在板上的接触状态

② 液泛包括夹带液泛和溢流液泛（降液管液泛）。显然，液泛的发生，破坏了塔的正常操作。为防止液泛发生，板式塔内的汽、液相负荷也必须控制在一定范围内。

③ 漏液。生产运行中塔板绝对不漏液是不可能的，但大量漏液将导致塔板效率下降。因为所漏液体均是未经汽、液充分接触实现传质的液体。一般控制漏液量不大于液流量的 10%。为确保漏液量不太大，气速的最小值受到限制，即上升蒸气量不能太小。

1. 塔板负荷性能图

由此可见，为确保板式塔的正常操作——夹带量少、不发生液泛、漏液不严重，要求操作过程中严格控制气、液相流量在一定范围内。即生产运行中板式塔内的气、液相负荷只允许在一定范围内波动。这个范围常用负荷性能图表示。负荷性能图系由设计者根据塔板结构、物料性质及避免发生不正常操作现象等因素，运用一系列经验数据、经验公式计算而得。为板式塔的操作提供了流体力学方面的依据。

2. 负荷上、下限

不同塔板的负荷性能图不同，一般只按平均数据作出精馏段、提馏段两个负荷性能图。图 6-31 所示为某塔精馏段塔板负荷性能图。图中有五条线。

（1）极限液沫夹带线　此线规定了气速上限，当气速超过此上限时，液沫夹带量将超过 0.1kg 液滴/1kg 干气体。

（2）溢流液泛线　操作时汽、液相负荷若超过此线所对应数值，将发生液流液泛。

（3）液相负荷上限线　为确保液相在降液管内有足够的停留时间，液流量不能超过此线所对应的数值。

（4）漏液线（又称气相下限线）　为保证不发生严重漏液，气相负荷不能小于此线对应数值。

（5）液相负荷下限线　为确保塔板上有一定厚度的液层并均布于板上，液相负荷不能小于此线对应数值。

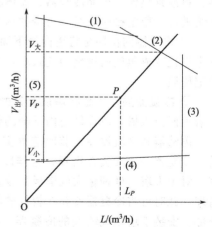

图 6-31　塔板负荷性能图

五条线所包围的区域即为塔板的适宜操作范围,生产运行中,应严格控制塔内气、液相负荷的波动不越出此范围。

若塔精馏段内实际汽相负荷为 V_P（m³/h）,液相负荷为 L_P(m³/h),则图中 P 点称为此精馏段的操作点（设计点）,OP 即为操作线。OP 线与（2）线交点的纵坐标值为 $V_大$,OP 线与（4）线交点的纵坐标值为 $V_小$,则 $V_大/V_小$ 称为此精馏段的操作弹性。

当其他条件相同时,负荷性能图上五条线所包围区域越大越好,说明操作弹性越大,因为此时该塔允许汽、液负荷波动范围大,易操作,不易发生不正常操作现象。

思 考 题

6-1 精馏过程的基本依据是什么？精馏过程为什么必须要有回流？

6-2 进料量对塔板的数目有无影响？为什么？

6-3 精馏塔的操作线关系与平衡关系有何不同？有何实际意义及作用？

6-4 用图解法求理论板时,为什么一个梯级代表一层理论板？

6-5 如何克服精馏塔操作中的不正常操作现象？

6-6 根据高产、优质、节能、降耗的原则,生产中应采用何种进料热状况最为合适？

6-7 若精馏塔加料偏离适宜位置（其他操作条件均不变）,将会导致什么结果？

6-8 塔顶温度发生变化时,说明什么问题？如何处理？

6-9 在连续精馏塔的操作中,由于上工序原因使加料组成 x_F 降低,问可采取哪些措施保证塔顶产品的质量（即保持馏出液组成 x_D 不降）？与此同时釜残液的组成 x_W 将如何变化？

6-10 若有 A、B、C、D 四种组分的混合液,用精馏方法将它们全部分开,四种组分的沸点依次升高,组分 D 有腐蚀性,组分 B 与 C 的含量较少,两者的沸点差小,最难分离,试问应采用怎样的精馏流程？

习 题

6-11 含乙醇 12%（质量分数）的水溶液,试求:（1）乙醇的摩尔分数;（2）乙醇水溶液的平均相对分子质量。〔答:（1）0.0568;（2）19.59〕

6-12 今有正庚烷与正辛烷的混合液,已知在总压 101.33kPa、温度为 110℃ 条件下,正庚烷的饱和蒸气压为 140kPa、正辛烷的饱和蒸气压为 64.50kPa,试求该溶液的相对挥发度、正庚烷与正辛烷在液相和气相中的组成。〔答:$x_A=0.486$、$x_B=0.514$、$y_A=0.673$、$y_B=0.327$、$\alpha_{AB}=2.177$〕

6-13 某连续精馏操作的精馏塔,每小时蒸馏 5000kg 含乙醇 15%（质量分数,下同）的水溶液,塔底残液内含乙醇 1%。试求每小时可获得多少千克含乙醇 95% 的馏出液及残液量？乙醇的回收率是多少？〔答:$D=745$kg/h;$W=4255$kg/h;94%〕

6-14 将含 24%（摩尔分数,下同）易挥发组分的某混合液送入连续操作的精馏塔,要求馏出液中含 95% 的易挥发组分,残液中含 3% 易挥发组分。塔顶每小时送入全凝器 850kmol 蒸气,而每小时从冷凝器流入精馏塔的回流量为 670kmol。试求每小时能抽出多少千摩尔残液量,回流比为多少？〔答:$W=608.6$kmol/h;$R=3.72$〕

6-15 欲设计一连续操作的精馏塔,在常压下分离含苯与甲苯各 50% 的料液。要求馏出液中含苯 96%,残液中含苯不高于 5%（以上均为摩尔分数）。饱和液体进料,操作时所用回流比为 3,平衡数据见表 6-2。试用图解法求所需的理论塔板层数与加料板位置。〔答:$N_T=10$ 块（含再沸器）;由塔顶往下数第 5 块理论板为加料板（见图 6-32）〕

6-16 在常压下欲用连续操作精馏塔将含甲醇 35%、含水 65% 的混合液分离,以得到含甲醇 95% 的馏出液与含甲醇 4% 的残液（以上均为摩尔分数）,操作回流比为 2.5,饱和液体进料。试用图解法求理论塔板层数（常压下甲醇-水的相平衡数据见附表）。〔答:$N_T=5$ 块（含再沸器）;由塔顶往下数第 3 块理论板为加料板（见图 6-33）〕

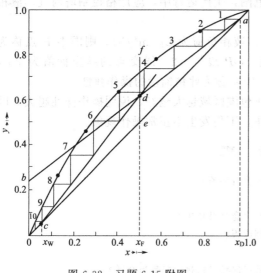

图 6-32 习题 6-15 附图

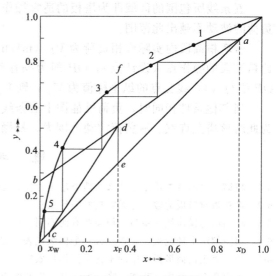

图 6-33 习题 6-16 附图

6-17 设上题中所述的精馏塔的总板效率为 65%，试确定其实际塔板数。　　　　　　　　　　　[答：$N_P=7$ 块]

6-18 在常压操作的连续精馏塔中，分离含甲醇 0.4（摩尔分数，下同）、含水 0.6 的溶液，要求塔顶产品含甲醇 0.95 以上，塔底含甲醇 0.035 以下，物料流量 15kmol/s，采用回流比为 3。试求以下各种进料状况下的 q 值及精馏段和提馏段的汽、液相流量。[答：$V=23.93$kmol/h；$L=17.95$kmol/h；提馏段的为 (1) $q=1.08$；$V'=25.12$kmol/h；$L'=34.15$kmol/h；(2) $q=1$；$V'=23.93$kmol/h；$L'=32.95$kmol/h；(3) $q=0$　$V'=8.93$kmol/h；$L'=17.95$kmol/h]

(1) 进料温度为 40℃；(2) 饱和液体进料；(3) 饱和蒸气进料。

6-19 今欲在连续精馏塔中将甲醇 40% 与水 60% 的混合液在常压下加以分离，以得到含甲醇 95%（均为摩尔分数）的馏出液。若进料为饱和液体，试求最小回流比。若取回流比为最小回流比的 1.5 倍，求实际回流比 R。　　[答：$R=2.17$]

6-20 在常压连续精馏塔中，每小时将 182kmol 含乙醇摩尔分数（以下同）为 0.144 的乙醇水溶液进行分离。要求塔顶产品中乙醇浓度不低于 0.86，釜中乙醇浓度不高于 0.012，进料为 20℃ 冷料，其 q 值为 1.135，回流比为 4，再沸器内采用 1.6kgf/cm² 水蒸气加热。试求每小时蒸汽消耗量。釜液浓度很低，其物理性质可认为与水相同。　　　　　　　　　　　　　　　　　　　　　　　　　　　　[答：$q_m=3038.9$kg/h]

第七章 吸 收

学习目标
- 掌握 吸收速率方程及吸收过程的计算和填料的类型。
- 理解 吸收的气-液平衡关系,相组成的表示方法和吸收的依据、机理、双膜理论、亨利定律。
- 了解 吸收单元操作的基本概念,吸收在工业上的应用及吸收的分类。

第一节 概 述

一、吸收单元操作的基本概念

吸收是利用气体混合物各组分在液体中溶解度的差别,用液体吸收剂分离气体混合物的单元操作,也称气体吸收。气体混合物与作为吸收剂的液体充分接触时,溶解度大的一个或几个组分溶解于液体中,溶解度小的组分则仍留在气相,从而实现了气体混合物的分离,这就是基本的吸收过程。吸收所用的液体称为吸收剂或溶剂,气体混合物中被吸收的组分称为吸收质或溶质,不被吸收的组分称为惰性气体,吸收后得到的液体称为吸收液或溶液。例如,用碱液处理空气,就是利用空气中二氧化碳在碱液中的溶解度比氮、氧、氢大的特点而除去的。在此过程中,原来的碱液为吸收剂,二氧化碳为吸收质,氮、氧、氢等组分为惰性气体,吸收了二氧化碳的碱液为吸收液。

二、吸收在工业上的应用

在化工生产中,吸收操作广泛地应用于混合气体的分离,其具体应用大致有以下几种。

(1) 回收混合气体中有价值的组分 如用硫酸处理焦炉气以回收其中的氨,用液态烃处理裂解气以回收其中的乙烯、丙烯等。

(2) 除去有害组分以净化气体 如用水或碱液脱除合成氨原料气中的二氧化碳,用丙酮脱除裂解气中的乙炔等。

(3) 制备某种气体的溶液 如用水吸收二氧化氮以制造硝酸,用水吸收甲醛以制取福尔马林,用水吸收氯化氢以制取盐酸等。

(4) 工业废气的治理 在工业生产所排放的废气中常含有二氧化硫、一氧化氮、氟化氢等有害的成分,其含量一般都很低,但若直接排入大气,则对人体和自然环境的危害都很大。因此,在排放之前必须加以治理,这样既得到了副产品,又保护了环境。如磷肥生产中,放出含氟的废气具有强烈的腐蚀性,即可采用水及其他盐类制成有用的氟硅酸钠、冰晶石等;又如硝酸厂尾气中含氮的氧化物,可以用碱吸收制成硝酸钠等有用物质。

三、解吸的基本概念

吸收过程是混合气中的溶质溶解于吸收剂中而得到一种溶液,即溶质由气相转移到液相的相际传质过程。解吸过程是使溶质从吸收液中释放出来，以便得到纯净的溶质或使吸收剂再生后循环使用。

四、气体吸收的分类

按照不同的分类依据，气体吸收可以分为以下 3 种。

（1）按溶质与溶剂是否发生显著的化学反应　可分为物理吸收和化学吸收。例如，水吸收二氧化碳、用洗油吸收芳烃等过程属于物理吸收；用硫酸吸收氨、用碱液吸收二氧化碳属于化学吸收。

（2）按被吸收组分数目的不同　可分为单组分吸收和多组分吸收。如用碳酸丙烯酯吸收合成气（含氮气、氢气、一氧化碳、二氧化碳）中的二氧化碳属于单组分吸收；如用洗油处理焦炉气时，气体中的苯、甲苯、二甲苯等几种组分在洗油中都有显著的溶解，则属于多组分吸收。

（3）按吸收体系（主要是液相）的温度是否显著变化　可分为等温吸收和非等温吸收。

本章重点讨论单组分低组成等温物理吸收过程。

第二节　吸收过程的相平衡关系

一、气-液平衡关系及其意义

1. 气相和液相组成的表示方法

在吸收操作中，气体总量和溶液总量都随吸收的进行而改变，但惰性气体和吸收剂的量则始终保持不变，因此，常采用物质的量比表示相的组成，以简化吸收过程的计算。

物质的量比是指混合物中一组分物质的量与另一组分物质的量的比值，用 X 或 Y 表示液相和气相组成。

吸收液中吸收质 A 对吸收剂 S 的物质的量比（摩尔比）可以表示为

$$X_A = \frac{n_A}{n_S} \tag{7-1}$$

物质的量比与摩尔分数的换算关系为

$$X_A = \frac{x_A}{1 - x_A} \tag{7-2}$$

式中　X_A——吸收液中组分 A 对组分 S 的物质的量比；

n_A, n_S——组分 A 与 S 的物质的量，kmol；

x_A——吸收液中组分 A 的摩尔分数。

混合气体中吸收质 A 对惰性组分 B 的物质的量比可以表示为

$$Y_A = \frac{n_A}{n_B} = \frac{y_A}{1 - y_A} \tag{7-3}$$

式中　Y_A——混合气中组分 A 对组分 B 的物质的量比；

n_A, n_B——组分 A、B 的物质的量，kmol；

y_A——混合气中组分 A 的摩尔分数。

【例题 7-1】 某混合气中含有氨和空气。其总压为 100kPa，氨的体积分数为 0.1，试求氨的分压、摩尔分数和物质的量比。

解　氨的分压可用道尔顿分压定律确定，即 $p_A = P_总 \cdot y_A$，其中 $P_总$ 为 100kPa，y_A 为氨在混合气中的摩尔分数，它在数值上等于其体积分数，则氨的分压为

$$p_A = P_总 \cdot y_A = 100 \times 0.1 = 10 \text{ (kPa)}$$

氨对空气的物质的量比为

$$Y_A = y_A/(1-y_A) = 0.1/(1-0.1) = 0.11$$

2. 气体在液体中的溶解度

在一定温度和压强下，气体和液体接触，气体中的溶质组分便溶解在液体之中，随着吸收过程的进行，溶质气体在液体中的溶解量逐渐增大，与此同时，已进入液相的溶质气体又不断的返回到气相发生解吸过程。显然，在气、液两相接触初期，过程以吸收为主；但经过一定时间后，溶质气体吸收速度等于解吸速度，气相和液相的组成都不再改变，此时气、液两相达到动态平衡，这种状态称为平衡状态。平衡时，溶质气体在液相中的浓度称为平衡溶解度，简称溶解度。溶解度的单位一般以 1000g 溶剂中溶解溶质的质量（克）表示，单位符号为 g（溶质）/1000g（溶剂）。溶解度是吸收过程的极限。平衡时，溶液上方气相中溶质组分的分压，称为平衡分压。

气体在液体中的溶解度与气体、液体的种类、温度、压强有关。表 7-1 是压强为 101.3kPa 时不同温度下几种气体单独在水中的溶解度。

表 7-1　压强为 101.3kPa 时几种气体单独在水中的溶解度/(g 气体/1000gH_2O)

温度/K	H_2	N_2	O_2	CO_2	H_2S	SO_2	NH_3	HCl
298	0.00145	0.016	0.037	1.37	22.8	115	462	
303								637

从表 7-1 中看出，在上述相同压强和温度下，不同种类气体在水中的溶解度差异很大。HCl、NH_3 溶解度很大，称为易溶气体；H_2S、CO_2 具有中等溶解度；N_2、H_2 溶解度很小，称为难溶气体。不同种类气体溶解度的差异是吸收操作能否分离气体混合物的重要依据。由于 HCl 和 N_2、O_2 的溶解度差异很大，才可能使 HCl 与空气分离，被水吸收成为盐酸。

图 7-1 是根据氨在水中的溶解度绘制的。图中的曲线表示了气-液平衡关系，称为溶解度曲线或平衡曲线。由图可见，一般情况下，气体的溶解度随温度升高而减小，随压强升高而增大。因此提高压强，降低温度，对吸收过程有利；反之，则不利于吸收，而对解吸过程有利。所以说溶解度是吸收操作过程的基础。

3. 气-液平衡关系

（1）亨利定律　当气、液相处于平衡状态时，溶质气体在两相中的浓度存在着一定的分布关系，这种关系可以用亨利定律所示的简单数学式来表明。

在一定温度和总压不超过 506.5kPa 的情况下，多数气体溶解后所形成的溶液为稀溶液，在达到溶解平衡时，其溶质气体在液相中的溶解度与其在气相中的平衡分压成正比，这个规律称为亨利定律。用数学式表达如下：

$$p^* = Ex \quad \text{或} \quad p = Ex^* \qquad (7-4)$$

式中　p^*, p——溶质在气相中的平衡分压、实际分压，Pa；

　　　x, x^*——溶质在液相中的实际浓度、平衡浓度（均为摩尔分数）；

　　　E——亨利系数，其数值与物系及温度有关，Pa。

【例题 7-2】　一种含氨 3%（体积分数）的混

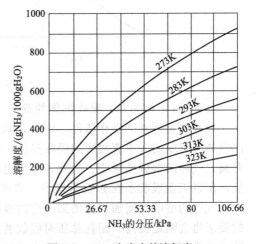

图 7-1　NH_3 在水中的溶解度

合气体,在填料塔中为水吸收,试求氨溶液的最大浓度。塔内操作压力为202.6kPa,气-液平衡关系为 $p^*=267x$。

解 氨吸收质的实际分压:
$$p=P_{总}y=202.6\times 0.03=6.078\text{（kPa）}$$

氨溶液的最大浓度选用 $p=267x^*$ 的气-液平衡关系求取
$$x^*=p/267=6.078/267=0.0228$$

溶液中氨的最大浓度为 0.0228（摩尔分数）。

对于给定物系,亨利系数 E 随温度升高而增大。在同一溶剂中,易溶气体的 E 值很小,而难溶气体的 E 值很大。常见物系的亨利系数可从手册中查到。

由于气液两相组成可采用不同的表示法,因而亨利定律有不同的表达形式。

$$Y^*=\frac{mX}{1+(1-m)X} \tag{7-5}$$

式中 Y^*——平衡时溶质在气相中的物质的量比;

m——相平衡常数,$m=\dfrac{E}{p}$,无量纲。

对于一定的物系,相平衡常数与温度和压力有关。温度越高,m 越大;压力越高,m 越小。易溶性气体的 m 值小,难溶性气体的 m 值大。

对于极稀溶液,式(7-5)可以简化为

$$Y^*=mX \tag{7-6}$$

(2) 吸收平衡线 吸收平衡线是表明吸收过程气-液平衡关系的图线。将式(7-5)的关系绘于 X-Y 直角坐标系中,得到的图线为一条通过原点的曲线,如图 7-2(a) 所示,此线即为吸收平衡线。显然,式(7-6)所表示的吸收平衡线,为一条过原点的直线,斜率为 m,如图 7-2(b) 所示。

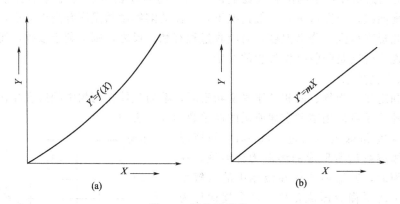

图 7-2 吸收平衡线

4. 气-液平衡关系对吸收操作的意义

(1) 确定适宜的操作条件 吸收是利用各组分溶解度不同而分离气体混合物的操作,因此气体溶解度的大小直接影响吸收操作。同一物系,气体的溶解度与温度和压力有关。温度升高,气体的溶解度减小。因此,降低温度对吸收有利,但由于低于常温操作时需要制冷系统,所以工业吸收多在常温下操作。当吸收过程放热明显时,应该采取冷却措施。压力增加,气体的溶解度增加。故增加压力对吸收有利,但压力增高,动力消耗就会增大,对设备的要求也会随之提高。而且总压对吸收的影响相对较弱。所以,工业吸收多在常压下操作,除非在常压下溶解度太小,或工艺本身就是高压系统,采用加压吸收。

(2) 判明过程进行的方向和限度 当气体混合物与溶液相接触时，吸收过程能否发生，以及过程进行的限度，可由相平衡关系判定，如图 7-3 所示。当溶质在气相中实际分压大于溶质的平衡分压时，即 $p > p^*$ 时，发生吸收过程。从相图上看，实际状态点位于平衡曲线上方。随着吸收过程的进行，气相中被吸收组分的含量不断降低，溶液浓度不断上升，其平衡分压也随着上升，当气相中溶质的实际分压等于溶质的平衡分压时，吸收达到平衡，宏观吸收速率为零。从相图上看，实际状态点落在平衡曲线上。

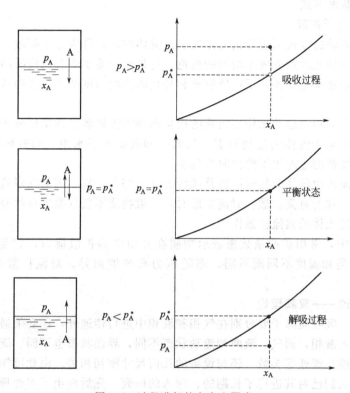

图 7-3 过程进行的方向和限度

读者可以类似分析解吸过程发生的条件，并比较吸收与解吸的不同。

【例题 7-3】 在总压为 1200kPa、温度为 303K 的条件下，含二氧化碳 5%（体积分数）的气体与含二氧化碳 1.0g/L 的水溶液接触，试判断二氧化碳的传递方向。已知 $E = 1.88 \times 10^5$ kPa。

解 判断二氧化碳的传递方向（吸收还是解吸），实际上是比较溶质在气相中的实际分压与平衡分压的大小。

二氧化碳在气相中的实际分压为

$$p = P_{总} y = 1200 \times 0.05 = 60 \text{ (kPa)}$$

二氧化碳在气相中的平衡分压则由亨利定律求取。由于溶液很稀，其摩尔质量及密度认为与水相同。查本书附录得水在 303K 时，密度为 996kg/m³，摩尔质量为 18kg/kmol，二氧化碳的摩尔质量为 44kg/kmol。

$$p^* = Ex = 1.88 \times 10^5 \times (1/44) \div (996/18) = 77.3 \text{ (kPa)}$$

由于 $p^* > p$，故二氧化碳必由液相传递到气相进行解吸。

(3) 判断吸收操作的难易程度 当物系的状态点落在平衡曲线上方时，发生吸收过程。显然，状态点距平衡线的距离越远，气、液接触的实际状态偏离平衡状态的程度越远，吸收的推动力就越大，在其他条件相同的条件下，吸收越容易进行；反之，吸收越难进行。

(4) 确定过程的推动力　在吸收过程中，通常把气、液接触的实际状态偏离平衡状态的程度称作吸收推动力。推动力常以浓度差来表示，比如 $p-p^*$、$Y-Y^*$、c^*-c、X^*-X 等。可以利用图 7-3 求取推动力 $p-p^*$，其他形式的推动力也可以由类似方法确定。

二、传质的基本方式

1. 流体中的分子扩散

物质以分子运动的方式通过静止流体或层流流体的转移称为分子扩散。如向静止的水中滴一滴蓝墨水，一会儿水就变成了均匀的蓝色，这是由于墨水中有色物质的分子扩散到水中的结果。分子扩散速率主要决定于扩散物质和静止流体的温度及其某些物理性质。

2. 涡流扩散

通过流体质点的相对运动来传递物质的现象称为涡流扩散。通常比分子扩散速率快，涡流扩散速率主要决定于流体的流动形态。如滴一滴蓝墨水于水中，同时加以强烈的机械搅拌，可以看到水变蓝的速度比不搅拌时快得多。

应该指出，流体中的物质传递往往是两种方式的综合过程，因为在涡流扩散时，分子扩散是不能避免的，称为对流扩散。对流扩散时，扩散物质不仅依靠本身的分子扩散作用，更主要的是依靠湍流流体的涡流扩散作用。

在吸收操作中，常用扩散系数来表示物质在介质中的扩散能力，它是物系特性之一。其值随物系的种类和温度不同而不同，亦随压力和浓度而异，对流扩散时还与湍动程度有关。

三、吸收机理——双膜理论

吸收过程中，吸收质除了要分别在气相和液相中进行传递外，还必须通过气、液接触界面才能由气相进入液相，而气、液两相流动状态不同，界面状态也不同。流体流动状态不仅决定于流体的物性、流速等参数，还与设备的几何尺寸密切相关。由此可知，吸收过程的机理是很复杂的，人们已对其进行了长期的、深入的研究，先后提出了多种理论。目前比较公认的仍是双膜理论，其应用较广，也简明易懂。

双膜理论的要点如下。

① 吸收过程进行时，气、液两相之间存在一个稳定的相界面（自由界面），自由界面的两侧分别存在着做层流流动的气膜和液膜，膜外才是气、液相主体。吸收质以分子扩散的方式先后通过气膜和液膜而进入液相。由于两层膜在任何情况下均呈层流，故又称层流膜。两相流体的流动状况仅影响膜的厚度。

② 无论气、液相主体中吸收质的浓度是否达到平衡，自由界面上两相的浓度是互成平衡的。如用下标 i 表示界面处，则 $Y_i = f(X_i)$，对于符合亨利定律的体系，$Y_i = mX_i$。

③ 在膜外的气、液相主体中，由于流体充分湍动，吸收质的浓度是均匀的。也即在气、液相主体中都不存在浓度差，过程阻力全部集中在两膜内。

按照双膜理论的假定，吸收过程的机理如下。

吸收质通过气膜的分子扩散-界面处溶解-通过液膜的分子扩散。非常类似于热、冷两流体通过器壁进行的换热过程。

将上述双膜理论的要点表达在一个坐标图上，即可得到描述气体吸收过程的物理模型——双膜理论模型，如图 7-4 所示。

根据双膜理论，在吸收过程中溶质从气相主体中以对流扩散的方式到达气膜边界，再以分子扩散的方式通过气膜到达气、液界面，在界面上溶质溶解在液相中，然后又以分子扩散的方式穿过液膜到达液膜界面上，最后以对流扩散方式转移到液相主体。在以上的传质过程中，溶质在界面上及气、液主体中的传质阻力很小，其阻力主要集中在气膜和液膜中。双膜理论由此而来。因此降低溶质在气膜和液膜内的扩散阻力，提高扩散速率，就能有效地提高吸收速率。根据流体力学原理可知，流体速度越大，气膜和液膜的厚度越薄，所以增大流速，可以减少传质阻力，提高吸收速率。生产实践证明，增大流速是强化吸收过程的有效措施之一。

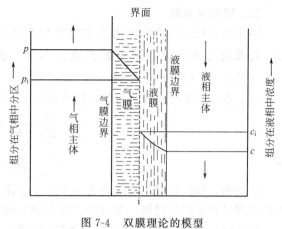

图 7-4　双膜理论的模型

第三节　吸收速率方程及吸收总系数

一、吸收速率方程

吸收速率是指单位时间内通过单位传质面积所吸收溶质的量。它是反应吸收快慢的物理量，与传热等其他传递过程一样，吸收过程的速率关系也可用"过程速率＝过程推动力/过程阻力"的形式表示，或表示为"过程速率＝系数×推动力"的形式。由于吸收的推动力可以用各种不同形式的浓度差来表示，所以吸收速率方程式也有多种形式。

气膜吸收速率方程为

$$N_A = k_Y(Y_A - Y_i) \tag{7-7}$$

式中　N_A——吸收速率，$mol/(m^2 \cdot s)$；
　　　k_Y——气膜吸收分系数，$mol/(m^2 \cdot s)$；
　　　Y_A——气相主体吸收质的物质的量比；
　　　Y_i——相界面处气相中吸收质的物质的量比。

液膜吸收速率方程为

$$N_A = k_X(X_i - X_A) \tag{7-8}$$

式中　k_X——液膜吸收分系数，$mol/(m^2 \cdot s)$；
　　　X_i——相界面处，液相中吸收质的物质的量比；
　　　X_A——液相主体内吸收质的物质的量比。

气相或液相的吸收总速率方程式为

$$N_A = K_Y(Y_A - Y_A^*) \tag{7-9}$$

$$N_A = K_X(X_A^* - X_A) \tag{7-10}$$

$$N_A = K_G(p_A - p_A^*) \tag{7-11}$$

式中　K_Y——气相吸收总系数，$mol/(m^2 \cdot s)$；
　　　K_X——液相吸收总系数，$mol/(m^2 \cdot s)$；
　　　Y_A^*——与液相浓度 X_A 成平衡的气相物质的量比；
　　　X_A^*——与气相浓度 Y_A 成平衡的液相物质的量比；
　　　K_G——气相吸收总系数，$mol/(m^2 \cdot Pa \cdot s)$。

二、吸收总系数

膜速率方程式中的推动力为主体浓度与界面浓度之差,如 (Y_A-Y_i) 和 (X_i-X_A) 等,而吸收总速率方程式中的推动力为气、液两相主体的浓度之差,如 $(Y_A-Y_A^*)$、$(X_A^*-X_A)$ 和 $(p_A-p_A^*)$ 等。

以上各式如果写成推动力除以阻力的形式,经推导可得吸收的总阻力表达式为

$$\frac{1}{K_Y}=\frac{1}{k_Y}+\frac{m}{k_X} \tag{7-12}$$

或

$$\frac{1}{K_X}=\frac{1}{mk_Y}+\frac{1}{k_X} \tag{7-13}$$

这表明,吸收过程的总阻力也等于各分过程阻力的叠加,与传热过程颇相似。具有相似性的过程呈现相似的规律,在过程研究中能起到触类旁通的效果,值得读者借鉴。

影响吸收速率的因素主要是气-液接触面积、吸收系数、吸收推动力。

1. 提高吸收系数

吸收阻力包括气膜阻力和液膜阻力。由于膜内阻力与膜的厚度成正比,因此加大气、液两流体的相对运动速度,使流体内产生强烈的搅动,都能减小膜的厚度,从而降低吸收阻力,增大吸收系数。对溶解度大的易溶气体,相平衡常数 m 很小。由式(7-12)简化可得 $K_Y=k_Y$,表明易溶气体的液膜阻力小,气膜阻力远大于液膜阻力,吸收过程的速率主要是受气膜阻力控制;反之,对于难溶气体,液膜阻力远大于气膜阻力,吸收阻力主要集中在液膜上,即吸收速率主要受液膜阻力控制。表 7-2 中列举了一些吸收过程的控制因素。

表 7-2 吸收过程的控制因素

气 膜 控 制	液 膜 控 制	气膜和液膜同时控制
用氨水或水吸收氯气	用水或弱碱吸收二氧化碳	用水吸收二氧化硫
用水或稀盐酸吸收氯化氢	用水吸收氧气或氢气	用水吸收丙酮
用碱液吸收硫化氢	用水吸收氯气	用浓硫酸吸收二氧化氮

要提高液膜控制的吸收速率关键在于加大液体流速和湍动程度,减少液膜厚度。如当气体鼓泡穿过液体时,气泡中湍动相对较少,而液体受到强烈的搅动,因此液膜厚度减小,可以降低液膜阻力,这适用于受液膜控制的吸收过程。

要提高气膜控制的吸收速率关键在于降低气膜阻力,增加气体总压,加大气体流速,减小气膜厚度。如当液体分散成液滴与气体接触时,液滴内湍动相对较少,而液滴与气体做相对运动,气体受到搅动,气膜变薄,适用于受气膜控制的吸收过程。

由以上讨论可知,要想提高吸收速率,应该减小起控制作用的阻力才是有效的。这与强化传热完全类似,这就是前面所说的相似性。

【例题 7-4】 在填料塔中用清水吸收混于空气中的甲醇蒸气。若操作条件下 (101.3kPa、293K) 平衡关系符合亨利定律,相平衡常数 $m=0.2750$。塔内某截面处的气相组成 $Y=0.03$,液相组成 $X=0.0065$,气膜吸收分系数 $k_Y=0.058$kmol/(m^2·h),液膜吸收分系数 $k_X=0.076$kmol/(m^2·h)。试求该截面处的吸收速率,通过计算说明该吸收过程的控制因素。

解 ① 该截面处的吸收速率

$$N_A=K_Y(Y_A-Y_A^*)$$

$$Y_A=0.03$$

$$Y_A^*=mX_A=0.2750\times0.0065=0.0018$$

$$1/K_Y=1/k_Y+m/k_X$$

$$1/K_Y = 1/0.058 + 0.275/0.076$$
$$K_Y = 0.048$$
$$N_A = 0.048 \times (0.03 - 0.0018) = 0.0014 \; [\text{kmol}/(\text{m}^2 \cdot \text{h})]$$

② 气膜阻力为　　　　　　　$1/k_Y = 1/0.058 = 17.24$
总阻力为　　　　　　　　$1/K_Y = 1/0.048 = 20.83$
气膜阻力占总阻力的百分数为　　$17.24/20.83 \times 100\% = 82.8\%$
通过计算说明该吸收过程为气膜控制。

2. 增大吸收推动力

增大吸收推动力（$p - p^*$），可以通过两种途径，即提高吸收质在气相中的分压 p，或降低与液相平衡的气相中吸收质的分压 p^* 来实现。然而提高吸收质在气相中的分压常与吸收的目的不符，因此应采取降低与液相平衡的气相中吸收质的分压的措施，即选择溶解度大的吸收剂，降低吸收温度，提高系统压力都能增大吸收的推动力。

3. 增大气、液接触面积

增大气、液接触面积的方法有增大气体或液体的分散度、选用比表面积大的高效填料等。

以上的讨论就影响吸收速率的某一方面来考虑。由于影响因素之间还存在互相制约、互相影响，因此对具体问题要作综合分析，选择适宜条件。例如，降低温度可以增大推动力，但低温又会影响分子扩散速率，增大吸收阻力。又如，将吸收剂喷洒成小液滴可增大气、液接触面积，但液滴小，气、液相对运动速度小，气膜和液膜厚度增大，也会增大吸收阻力。此外，在采取强化吸收措施时，应综合考虑技术上的可行性及经济上的合理性。

第四节　吸收过程的计算

相平衡关系描述的是气、液两相接触传质的极限状态，而吸收操作时塔内气、液两相的操作关系则需要通过物料衡算来分析，同时确定出塔溶液浓度和吸收剂用量及塔截面传质推动力的变化情况。

一、全塔物料衡算

在工业生产中，吸收一般采用逆流连续操作。当进塔混合气中的溶质浓度不高（3%～10%）时，为低浓度气体吸收，如图 7-5 所示。

图中，V 表示单位时间内通过吸收塔的惰性气体量，kmol/h；

L 表示单位时间内通过吸收塔的吸收剂量，kmol/h；

Y、Y_1、Y_2 表示分别为任一截面气体组成以及进塔、出塔气体的组成，kmol 吸收质/kmol 惰性气；

X、X_1、X_2 表示分别为任一截面液体组成以及进塔、出塔液体的组成，kmol 吸收质/kmol 吸收剂。

在稳态操作下，对全塔作物料衡算，依据进塔的吸收质量等于出塔的吸收质量，可得

$$VY_1 + LX_2 = VY_2 + LX_1 \tag{7-14}$$

或依据混合气体中减少的吸收质量等于溶液中增加的吸收质量，可得

$$N_A = V(Y_1 - Y_2) = L(X_1 - X_2) \tag{7-15}$$

式中　N_A——吸收塔的吸收负荷，反映了单位时间内吸收塔吸收溶

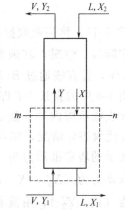

图 7-5　逆流吸收塔操作示意图

质的能力。

一般情况下，进塔混合气的组成与流量是由吸收任务规定的，而吸收剂的初始组成和流量往往根据生产工艺要求确定，如果吸收任务又规定了吸收率（指经过吸收塔被吸收的吸收质的量与进塔气体中吸收质量的总量之比），则气体出塔时的组成 Y_2 为

$$Y_2 = Y_1(1-\phi) \tag{7-16}$$

式中 ϕ——吸收率。

【例题 7-5】 用纯水吸收混合气中的丙酮。如果吸收塔混合气进料 V_h 为 200kg/h，丙酮摩尔分数为 10%，纯水进料为 1000kg/h，操作在 293K 和 101.3kPa 下进行，要求得到无丙酮的气体和丙酮水溶液。设惰性气体不溶于水（$M_B=29$kg/kmol），试问吸收塔溶液出口浓度为多少？若吸收塔混合气进料为 140m³/h，其他条件不变，则溶液出口浓度又为多少？

解 ① 进塔气体组成 $Y_1 = y_1/(1-y_1) = 0.1/0.9 = 0.11$
出塔气体组成 $Y_2 = 0$（尾气中无丙酮）
进塔吸收剂组成 $X_2 = 0$（纯水）

吸收剂水的摩尔流量 $L = 1000/18 = 55.56$ （kmol/h）

塔内惰性气体摩尔流量 $V = $ 混合气摩尔流量 $-$ 吸收质摩尔流量

$$M_M = M_A y_A + M_B y_B = 58 \times 0.1 + 29 \times 0.9 = 31.9 \text{ (kg/kmol)}$$

$$V = \frac{200}{31.9} \times (1-0.1) = 5.64 \text{ (kmol/h)}$$

吸收塔溶液出口浓度由全塔物料衡算求得

$$V(Y_1 - Y_2) = L(X_1 - X_2)$$

即 $X_1 = 5.64 \times (0.11-0)/55.56 + 0 = 0.011$

② 由于其他条件不变，改变的只是惰性气体的摩尔流量

$$V = \frac{pV_h(1-y_1)}{RT} = \frac{101.3 \times 140 \times (1-0.1)}{8.31 \times 293} = 5.24 \text{ (kmol/h)}$$

则 $X_1 = 5.24 \times (0.11-0)/55.56 + 0 = 0.010$

故溶液出口浓度为 0.010。

二、吸收操作线方程

在塔内任取 $m-n$ 截面与塔底进行物料衡算（见图 7-5），得

$$Y = \frac{L}{V}X + \left(Y_1 - \frac{L}{V}X_1\right) \tag{7-17}$$

式(7-17)称为吸收操作线方程式，它表明塔内任一截面上的气相组成与液相组成之间的实际接触情况，其函数关系为直线关系，直线的斜率为 L/V，且直线通过 $B(X_1, Y_1)$ $T(X_2, Y_2)$ 两点。标绘在图 7-6 中的直线 BT 即为操作线。操作线上的任意一点，代表吸收塔内某一截面上的气、液相组成 Y 及 X。端点 B 代表塔底情况，端点 T 代表塔顶情况。用气相浓度差表示的塔底推动力为 $(Y_1 - Y_1^*)$，用液相浓度差表示的推动力为 $(X_1^* - X_1)$；用气相浓度差表示的塔顶推动力为 $(Y_2 - Y_2^*)$，用液相浓度差表示的推动力为 $(X_2^* - X_2)$。可见，在吸收塔内推动力的变化规律是由操作线与平衡线共同决定的。

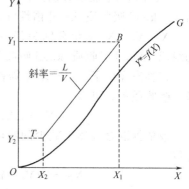

图 7-6 操作线与平衡线

操作线是由物料衡算导出，与系统的平衡关系、吸收塔的形式、相际接触状况，以及温度、压力等条件无关。由于吸收操作时溶质在气相中的实际浓度总是大于与液相平衡的气相浓度，故操作线总是位于平衡线的上方。反之，解吸过程的操作线总是位于平衡线的下方。

【例题 7-6】 用清水吸收混合气体中的氨，进塔气体中含氨 6%（体积分数，下同），吸收后离塔气体含氨 0.4%，溶液出口含量 $X_1=0.012$，此系统平衡关系 $Y^*=2.52X$，求气体进出口处推动力是多少？

解 进塔气体实际含量　　$Y_1=y_1/(1-y_1)=0.06/0.94=0.064$

出塔气体实际含量　　$Y_2=y_2/(1-y_2)=0.004/0.996=0.004$

进塔气体平衡含量　　$Y_1^*=2.52X_1=2.52\times0.012=0.030$

出塔气体平衡含量　　$Y_2^*=2.52\times0=0$

气体进口处推动力　　$\Delta Y=Y_1-Y_1^*=0.034$

气体出口处推动力　　$\Delta Y_2=Y_2-Y_2^*=0.004$

三、吸收剂用量的确定

在吸收塔计算中，通常所处理的气体流量、气体的初始和最终组成及吸收剂的初始组成由吸收任务决定。如果吸收液的浓度也已经规定，则可以通过物料衡算求出吸收剂用量，否则，必须综合考虑吸收剂对吸收过程的影响，合理选择吸收剂用量。

1. 液气比

操作线斜率 L/V 称为液气比，它是吸收剂与惰性气体摩尔流量之比，反映了单位气体处理量的吸收剂消耗量的大小。当气体处理量一定时，确定吸收剂用量就是确定液气比。液气比对于吸收来说，是一个重要的控制参数。

2. 最小液气比

由于 X_2、Y_2 是给定的，所以操作线的端点 T 已固定，另一端点 B 则可在 $Y=Y_1$ 的水平线上移动。B 点的横坐标将取决于操作线的斜率，亦即随吸收剂用量的不同而变化。当 V 值一定时，吸收剂用量减少，操作线斜率将变小，点 B 便沿水平线 $Y=Y_1$ 向右移动，其结果是使出塔吸收液的组成增大，吸收的推动力相应减小，吸收将变得困难。当吸收剂用量继续减小，使 B 点移至水平线与平衡线的交点 F 时，如图 7-7(a) 所示，塔底流出液组成与刚进塔的混合气组成达到平衡，此时吸收过程的推动力为零。为达到最高组成，两相接触的时间无限长，相际接触面积无限大，吸收塔需要无限高的填料层。此种状况下吸收操作线的斜率称为最小液气比，以 $(L/V)_{min}$ 表示。即在液气比下降时，只要塔内某一截面处气、液两相趋于平衡，达到指定分离要求所需的塔高为无穷大，此时的液气比即为最小液气比。液气比的这一限制来自规定的分离要求，并非吸收塔不能在更低的液气比下操作。液气比小于此

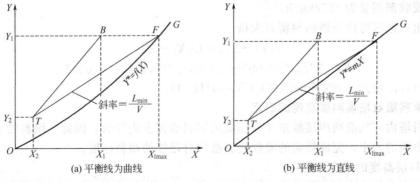

图 7-7　操作线与平衡线相交时的最小液气比

最低值，规定的分离要求将不能达到。

最小液气比可用图解法求得。如果平衡曲线与操作线相交或相切，只要读出交点的横坐标，就可根据操作线斜率求得最小液气比。

若平衡关系符合亨利定律，则可直接计算最小液气比。即

$$(L/V)_{min} = (Y_1 - Y_2)/(X_1^* - X_2) \qquad (7-18)$$

3. 吸收剂用量

吸收剂用量的选择是设备费用和操作费用在经济上的优化问题。当 V 值一定的情况下，吸收剂用量减小，液气比减小，操作线靠近平衡线，吸收过程的推动力减小，吸收速率降低，在完成同样生产任务的情况下，吸收塔必须增高，设备费用增多；吸收剂用量增大，操作线离平衡线越远，吸收过程的推动力越大，吸收速率越大，在完成同样生产任务的情况下，设备尺寸可以减小。但吸收剂用量并不是越大越好，因为吸收剂用量越大，操作费用也越大，而且，造成塔底吸收液浓度的降低，将增加解吸的难度。

在工业生产中，吸收剂用量或液气比的选择、调节、控制主要从以下几方面考虑。

① 为了完成指定的分离任务，液气比不能低于最小液气比。

② 为了确保填料层的充分湿润，喷淋密度（单位时间内，单位塔截面积上所接受的吸收剂量）不能太小。

③ 当操作条件发生变化时，为达到预期的吸收目的，应及时调整液气比。

④ 适宜的液气比应使设备折旧费及操作费用之和最小。根据生产实践经验，一般情况下取适宜的液气比为最小液气比的 1.1～2.0 倍，即

$$L/V = (1.1 \sim 2.0)(L/V)_{min} \qquad (7-19)$$

【例题 7-7】 在填料吸收塔中用水洗涤某混合气，以除去其中的 SO_2。已知混合气中含 SO_2 为 9%（摩尔分数），进入吸收塔的惰性气体量为 37.8 kmol/h，要求 SO_2 的吸收率为 90%，作为吸收剂的水不含 SO_2，取实际吸收剂用量为最小用量的 1.2 倍，操作条件下 $X_1^* = 0.032$，试计算每小时吸收剂用量，并求溶液出口浓度。

解 气体进口组成 $\quad Y_1 = y_1/(1-y_1) = 0.09/(1-0.09) = 0.099$

气体出口组成 $\quad Y_2 = Y_1(1-\phi) = 0.099 \times (1-90\%) = 0.0099$

吸收剂进口组成 $\quad X_2 = 0$

惰性气体摩尔流量 $\quad V = 37.8$ kmol/h

最小吸收剂用量

$$(L/V)_{min} = (Y_1 - Y_2)/(X_1^* - X_2) = (0.099 - 0.0099)/(0.032 - 0) = 2.78$$

则 $\quad L_{min} = 37.8 \times 2.78 = 105.2$ (kmol/h)

$$L = 1.2 L_{min} = 1.2 \times 105.2 = 126.2 \text{ (kmol/h)} = 126.2 \times 18 \text{kg/h} = 2272 \text{kg/h}$$

实际吸收剂用量为 2272 kg/h。

溶液出口浓度可由全塔物料衡算求得

$$V(Y_1 - Y_2) = L(X_1 - X_2)$$

即 $\quad X_1 = 37.8 \times (0.099 - 0.0099)/126.2 + 0 = 0.0267$

溶液出口浓度为 0.0267 kmol(SO_2)/kmol(H_2O)。

四、填料吸收塔填料层高度的确定

在填料塔内，气液两相接触是在被润湿的填料表面上进行的，因此，填料的多少直接关系到传质面积的大小，完成指定的吸收任务必须有足够的填料高度。

1. 填料层高度的确定原则

填料层高度的确定原则是以达到指定的分离要求为依据的。分离要求通常有两种表达方

式：其一，以除去气体中的有害物为目的，一般直接规定吸收后气体中有害溶质的残余摩尔比 Y_2；其二，以回收有价值物质为目的，通常规定溶质的吸收率。为达到指定的分离要求，填料层高度受以下几方面因素的影响。

(1) 两流体的流向　在吸收塔内，气液两相既可做逆流也可做并流流动。当两相进、出口组成相同的情况下，逆流时的平均推动力必大于并流，故就吸收过程而言逆流优于并流。但是，就吸收设备而言，逆流操作时流体的向下流动受到上升气体的作用力；这种阻力过大时会妨碍液体的顺利流下，因而限制了吸收塔所允许的液体流量和气体流量，这是逆流的缺点。

(2) 吸收剂进口含量及其最高允许含量　吸收剂进口溶质含量增加，吸收过程的推动力减小，所需的填料层高度增加。若选择的进口含量过低，则对吸收剂的再生提出了过高的要求，使再生设备和再生费用加大。此外，吸收剂的进口含量必须低于与塔顶出口气相浓度相平衡的液相含量才有可能达到规定的分离要求，即对于规定的分离要求，吸收剂进口含量存在技术上的上限和经济上的最适宜数值。

(3) 吸收剂用量　前已讲述，此处略。

(4) 塔内返混　吸收塔内气液两相可因种种原因造成少量流体发生与主体方向相反的流动，这一现象称为返混。传质设备的任何形式的返混都将使传质推动力下降、效率降低或填料层高度增加。

(5) 吸收剂是否再循环　当吸收剂再循环使用时，由于出塔液体的一部分返回塔顶与新鲜吸收剂相混，如图 7-8 所示，从而降低了吸收推动力，使填料层高度加大。但当喷淋密度不足以保证填料的充分润湿时，必须采用溶剂再循环。

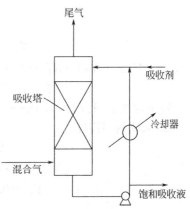

图 7-8　吸收剂再循环流程示意图

2. 填料层高度的基本计算式

计算填料塔的塔高，首先必须计算填料层的高度。填料层高度可用式(7-20)计算，即

$$Z = V/\Omega = A/(a\Omega) \tag{7-20}$$

式中　V——填料层体积，m^3；

A——吸收所需的两相接触面积，m^2；

Ω——塔的截面积，m^2；

a——单位体积填料层所提供的有效比表面积，m^2/m^3。

有效吸收比表面积的数值总小于填料的比表面积，应根据有关经验式校正，只有在缺乏数据的情况下，才近似取填料的比表面积计算。

根据式(7-20)，首先要求出吸收过程所需传质面积 A，A 必须通过吸收速率方程式求取。

3. 填料层高度的计算

仅以平均推动力法说明填料层高度的计算过程。对于平衡线近似为一直线（$Y^* = mX + b$）的物系，可采用平均推动力法计算填料层高度。当用气相组成表示时，此法计算填料层高度的计算式为

$$Z = \frac{4V(Y_1 - Y_2)}{\pi D^2 K_Y \Delta Y_m a} \tag{7-21}$$

$$\Delta Y_m = \frac{\Delta Y_1 - \Delta Y_2}{\ln(\Delta Y_1 / \Delta Y_2)}$$

当 $0.5 \leqslant \Delta Y_1/\Delta Y_2 \leqslant 2$ 时，平均推动力可用算术平均值代替。

【例题 7-8】 在直径为 0.8m 的填料塔中用洗油吸收焦炉气中的芳烃。混合气体进塔组成为 0.02kmol 氨/kmol 惰性气，要求芳烃的吸收率不低于 95%，进入吸收塔顶的洗油中不含有芳烃，每小时进入的惰性气体流量为 35.6kmol/h，实际吸收剂用量为最小用量的 1.4 倍。操作条件下的平衡关系为 $Y^* = 0.75X$，体积吸收总系数 $K_Y a = 0.0088 \text{kmol}/(\text{m}^3 \cdot \text{s})$。求每小时的吸收剂用量及所需的填料层高度。

解 ① 求吸收剂用量

$$Y_1 = 0.02$$
$$Y_2 = Y_1(1-\phi) = 0.02 \times (1-0.95) = 0.001$$
$$X_2 = 0$$
$$V = 35.6 \text{kmol/h}$$
$$X_1^* = Y_1/m = 0.02/0.75 = 0.0267$$
$$L_{\min} = V(Y_1-Y_2)/(X_1^* - X_2) = 35.6 \times (0.02-0.001)/(0.0267-0) = 25.3 \text{ (kmol/h)}$$
$$L = 1.4 L_{\min} = 1.4 \times 25.3 = 35.4 \text{ (kmol/h)}$$

每小时洗油用量为 35.4kmol

② 求填料层高度

$$V(Y_1-Y_2) = L(X_1-X_2)$$
$$X_1 = 35.6 \times (0.02-0.001)/35.4 + 0 = 0.0191$$
$$Y_1^* = 0.75 X_1 = 0.75 \times 0.0191 = 0.0143$$
$$Y_1^* = 0.75 \times 0 = 0$$
$$\Delta Y_1 = 0.02 - 0.0143 = 0.0057; \Delta Y_2 = 0.001 - 0 = 0.001$$
$$\Delta Y_m = \frac{\Delta Y_1 - \Delta Y_2}{\ln(\Delta Y_1/\Delta Y_2)} = 0.0047/1.7404 = 0.0027$$
$$Z = 4 \times 35.6 \times (0.02-0.001)/(3.14 \times 0.0088 \times 3600 \times 0.0027 \times 0.8^2) = 15.74 \text{ (m)}$$

第五节 解吸和吸收流程

一、解吸流程

1. 基本概念——解吸

从吸收剂中分离出已被吸收的气体吸收质的操作，称为解吸。显然，解吸与吸收是相反的过程。生产中解吸的作用有两个：一个是把吸收剂中吸收的气体重新释放出来，获得高纯度的气体；另一个是使吸收剂释放了被吸收的气体，再返回吸收塔循环使用，节约操作费用。例如，用水吸收了合成氨原料气中的二氧化碳后，经解吸得到纯的二氧化碳，同时水又循环使用。因此，解吸过程又称为吸收剂的再生。

升高温度，降低压强，有利于被吸收的气体从吸收剂中解吸出来，所以解吸过程大部分在减压、加热下进行，也有些在减压、等温下进行。吸收剂解吸了大部分被吸收的气体后，为了使气体进一步解吸完全，有时向解吸塔中通入水蒸气、空气等气体，降低液面上溶质气体的分压，使吸收剂中的溶质气体更完全地解吸出来。这一过程称为汽提，所用的水蒸气、空气等气体称为汽提气。

2. 解吸方法

解吸方法有汽提解吸、减压解吸、加热解吸、加热减压解吸。工程上很少采用单一的解吸方法，往往是先升温再减压至常压，最后采用汽提法解吸。

(1) 汽提解吸　也称为载气解析法。汽提解吸采用的载气是不含溶质的惰性气体或溶剂蒸气，提供与吸收液相成平衡的气相。将溶质从吸收液中吹出。常以空气、氮气、二氧化碳、水蒸气、吸收剂蒸气作为载气。

(2) 减压解吸　当采用加压吸收时，解吸可采用一次或多次减压的方法，使溶质从吸收液中解吸出来。溶质被解析的程度取决于解吸操作的最终压力和温度。

(3) 加热解吸　当气体溶质的溶解度随温度的升高而降低较大时，可采用此方法。如采用"热力脱氧"法处理锅炉用水，就是通过加热使溶解氧从水中逸出。

(4) 加热-减压解吸　将吸收液加热升温之后再减压，加热和减压的结合，能显著提高解吸推动力和溶质被解吸的程度。

二、吸收流程

工业生产中用填料塔进行吸收操作的目的、要求及各种具体条件是多种多样的，虽然主体设备都是填料塔，但气、液进、出塔的安排及各种辅助设备的布置等不相同，构成了多种吸收操作流程。

填料塔内，气、液两相可做逆流也可做并流流动。在两相进、出口浓度相同的情况下，逆流时的平均推动力必大于并流。而且，逆流操作时，塔底引出的溶液在出塔前是与浓度最大的进塔气体接触，使出塔溶液浓度可达最大值；塔顶引出的气体出塔前是与纯净的或浓度较低的吸收剂接触，可使出塔气体的浓度能达最低值。这说明，逆流操作可提高吸收效率和降低吸收剂耗用量。就吸收过程本身而言，逆流优于并流。但逆流操作时，液体的下降受到上升气流的作用力（称阻力），阻力会阻碍液体的顺利下流，从而限制了填料塔所允许的液体流率和气体流率，设备的生产能力受到限制，这又是逆流的缺点。

一般吸收操作均采用逆流，以使过程具有最大的推动力。特殊情况下，如体系的 m 值很小、吸收质极易溶于吸收剂，此时逆流操作的优点并不明显，为提高生产能力，可以考虑采用并流。

根据实际生产的具体要求，工业上常采用的吸收流程有如下几种。

1. 部分吸收剂再循环的吸收流程

如图 7-9 所示。操作时用泵从塔底将溶液抽出，一部分作为产品引出或作为废液排放；另一部分则经冷却器冷却后连同新吸收剂一起再送入塔顶喷淋。

由于部分溶液循环使用，使入塔吸收剂中吸收质组分浓度升高，吸收过程推动力减小，同时还降低了吸收率。另外，部分溶液循环增加了动力消耗，但它可在不增加吸收剂用量的情况下增加喷淋密度，增加气、液接触面，而且可利用循环溶液移走塔内部分热量，降低操作温度，有利于吸收。

此种流程主要用于下列两种情况：吸收剂价格昂贵，要求耗用量少，无法保证填料的充分润湿；吸收过程放热，为保证正常进行，需不断从塔内取走热量。

2. 多塔串联吸收流程

图 7-10 所示为三个逆流吸收填料塔所组成的串联吸收流程。操作时，用泵将上一塔的塔底溶液抽送至下一塔顶部喷淋用，气体流向与液体相反，实际生产中还可根据需要在塔间的液体或气体管路上设置冷却器。

当过程所需填料层太高，或从塔底引出的溶液温度过高时，可将一个高塔分成几个矮塔串联。如果处理的

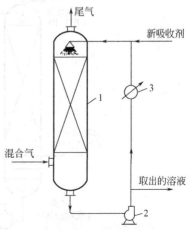

图 7-9　部分吸收剂再循环的吸收流程
1—填料塔；2—泵；3—冷却器

气量很大，或所需塔径太大时，也可考虑由几个小直径塔并联操作，有时也将气体通路串联，液体通路并联，或反之亦可。

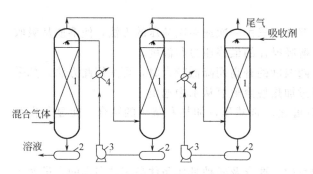

图 7-10　吸收填料塔串联吸收流程
1—填料塔；2—储槽；3—泵；4—冷却器

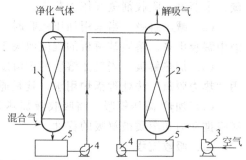

图 7-11　用空气吸收-解吸 H_2S 的联合流程
1—吸收塔；2—解吸塔；3—风机；4—泵；5—储槽

3. 吸收-解吸联合流程

实际工业生产中，吸收与解吸常联合进行，这样既可得到较纯净的吸收质也可回收吸收剂循环使用。

图 7-11 所示为吸收剂重复使用的一种最简单的吸收-解吸联合流程，此流程系用 Na_2CO_3 水溶液净化除去气体中的 H_2S。从吸收塔 1 底部引出的溶液用泵 4 送入解吸塔 2，在此用惰性气流（空气）进行解吸。经解吸后的溶液（吸收剂）再用泵回送至吸收塔顶部喷淋。此流程中，吸收与解吸均在常温下进行，为有效地进行解吸，空气的消耗量很大。这样，从解吸塔顶排出的解吸气中，被解吸的吸收质（H_2S）浓度很低，一般不再回收利用。因此，这种方法仅适用于气体净化以除去回收价值不大且含量很低的组分。如果因组分有毒而不允许向大气排放，则从解吸塔顶排出的解吸气还需净化以除去有毒组分，这种情况下采用此流程进行混合气的净化已无实际意义。如果升高解吸温度（将进入解吸塔的溶液或空气预热）或者使吸收过程的压力大于解吸过程，则上述流程可以得到改善，解吸所消耗的空气量大大减少，解吸气中吸收质的浓度增加，便于回收利用。当吸收质和吸收剂均不与水互溶时，可用过热蒸汽直接通入解吸塔进行解吸，如图 7-12 所示，洗油吸收苯的生产流程即为

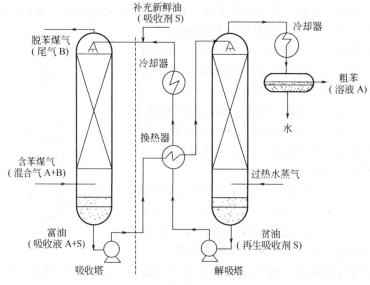

图 7-12　具有吸收剂再生的连续吸收流程

蒸汽直接加热溶液进行解吸。因为在炼焦或制取城市煤气的生产过程中，焦炉煤气内常含有少量的苯和甲苯类化合物的蒸气，应予回收利用。图中虚线左侧为吸收过程，通常在吸收塔中进行。含苯约为 $35g/m^3$ 的常温常压煤气由吸收塔底部引入，洗油从吸收塔顶部喷淋而下，与气体呈逆流流动。在煤气与洗油逆流接触中，苯系化合物蒸气便溶解于洗油中，吸收了粗苯的洗油（又称富油）由吸收塔底排出。被吸收后的煤气由吸收塔顶排出，其含苯量可降至允许值（$<2g/m^3$）以下，从而得以净化。图中虚线右侧所示为解吸过程，一般在解吸塔中进行。从吸收塔排出的富油首先经换热器被加热后，由解吸塔顶引入，在与解吸塔底部通入的过热水蒸气逆流接触过程中，粗苯由液相释放出来，并被水蒸气带出，再经冷凝分层后即可获得粗苯产品。解吸出粗苯的洗油（也称贫油）经冷却后再送回吸收塔循环使用。

第六节 填 料 塔

一、填料塔的结构和工作原理

吸收操作过程是在吸收设备内进行的。吸收设备应满足下列要求：气、液接触良好，吸收速率大，设备阻力小，操作范围宽、稳定，结构简单，维修方便。吸收设备类型很多，常用的有填料塔、板式塔（包括泡罩塔、筛板塔和浮阀塔）、旋流板塔、喷射塔、文丘里吸收器、喷洒塔（是从顶部喷液体的空塔）等，其中填料塔应用最广，将重点介绍。板式塔与精馏过程使用的相同，此处不作介绍。

1. 填料塔的结构

填料塔的结构如图 7-13 所示，它是由塔体、填料、液体分布器、支撑板等部件组成。塔体一般是用钢板制成的圆筒形，在特殊情况下也可用陶瓷或塑料制成。塔内充填有一定高度的填料层，填料的下面为支撑板，填料上面有填料压板及液体分布器，必要时需将填料层分段，段与段间设置液体再分布器。

2. 填料塔的工作原理

操作时，吸收剂由塔顶部的液体分布器分散后，沿填料表面向下流动，湿润填料表面；气体自塔底向上穿过填料层，与吸收剂逆向流动，吸收过程通过填料表面上的液层与气相间的界面进行。因此，填料塔单位容积内吸收面积的大小，主要与填料的结构及液体分布的均匀程度有关。

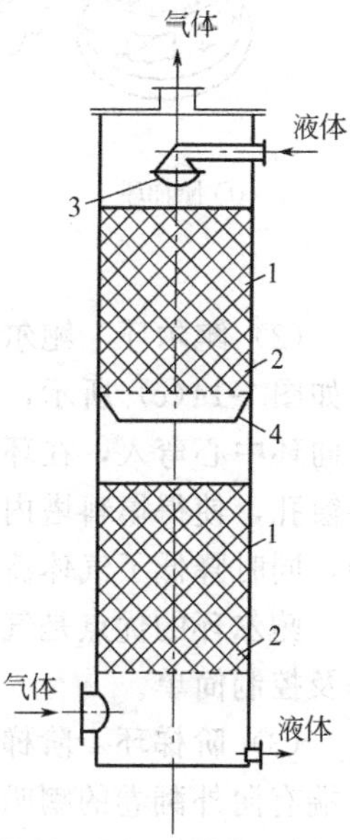

图 7-13 填料塔
1—填料；2—支撑板；3—液体分布器；4—液体再分布器

二、填料的类型和特性

1. 填料的作用

填料的作用是为气、液两相提供充分的接触面积，加快吸收速率。生产中对填料的要求是：具有较大的比表面积，气、液接触面积大；自由空间（单位体积填料所具有的空间，m^3/m^3）大，气体通过填料层的阻力小；具有足够的机械强度；制造容易；具有良好的化学稳定性。

2. 填料的类型

填料一般用陶瓷、不锈钢碳钢、塑料、木材等制成。按形状可分为拉西环、鲍尔环、阶梯环、矩鞍形、弧鞍形、波纹网填料等。

3. 填料的特性

下面分别介绍几种常见的和重点推广的填料。

(1) 拉西环　拉西环是工业上最老的应用最广泛的一种填料。它的构造如图 7-14(a) 所示，是外径和高度相等的空心圆柱。在强度允许的情况下，其壁厚应当尽量减薄，以提高空隙率并减小堆积填料的重度。在填料塔内，由于拉西环堆放的不均匀，而使一部分填料不能和液体接触，形成沟流及壁流，减小了气、液两相实际接触面积，因而效率随塔径及层高的增加而显著下降；对气体流速的变化敏感，操作弹性范围较窄；气体阻力较大等。这些都不能适应工业生产的需要。

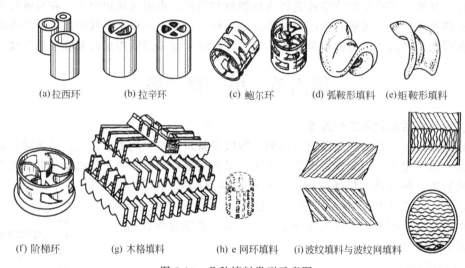

(a) 拉西环　　(b) 拉辛环　　(c) 鲍尔环　　(d) 弧鞍形填料　(e) 矩鞍形填料

(f) 阶梯环　　(g) 木格填料　　(h) e 网环填料　(i) 波纹填料与波纹网填料

图 7-14　几种填料类型示意图

(2) 鲍尔环　鲍尔环是针对拉西环存在的缺点加以改进而研制成功的一种填料。它的构造如图 7-14(c) 所示，在普通拉西环的壁上开上下两层长方形窗孔，窗孔部分的环壁形成叶片向环中心弯入，在环中心相搭，上下两层小窗位置交叉。由于鲍尔环填料在环壁上开了许多窗孔，使得填料塔内的气体和液体能够从窗孔自由通过，填料层内气体和液体分布得到改善，同时降低了气体流动阻力。

鲍尔环的优点是气体阻力小，压强降小，液体分布比较均匀，稳定操作范围比较大，操作及控制简单。

(3) 阶梯环　阶梯环是对鲍尔环进一步改进的产物。阶梯环的总高为直径的 5/8，圆筒一端有向外翻卷的喇叭口，如图 7-14(f) 所示。这种填料的孔隙率大，而且填料个体之间呈点接触，可使液膜不断更新，具有压力降小和传质效率高等特点，是目前使用的环形填料中性能最为良好的一种。阶梯环多用金属及塑料制造。

(4) 矩鞍形填料　如图 7-14(e) 所示，矩鞍形填料是一种敞开型填料，散装于塔内，互相处于套接状态，不容易形成大量的局部不均匀区。

矩鞍形填料的优点是有较大的空隙率，阻力小，效率较高，且因液体流道通畅，不易被悬浮物堵塞，制造也比较容易，并能采用价格便宜又耐腐蚀的陶瓷和塑料等。实践证明，矩鞍形填料是工业上较为理想而且很有发展前途的一种填料。

(5) 波纹填料与波纹网填料　波纹填料是由许多层波纹薄板制成，各板高度相同但长短不等，搭配排列而成圆饼状，波纹与水平方向成 45°倾角，相邻两板反向叠靠，使其波纹倾斜方向互相垂直。圆饼的直径略小于塔壳内径，各饼竖直叠放于塔内。相邻的上下两饼之间，波纹板片排列方向互成 90°角。如图 7-14(i) 所示。波纹填料的特点是结构紧凑，比表面积大，流体阻力小，液体经过一层都得到一次再分布，故流体分布均匀，传质效果好。同时,制作方便,容易加工,可用多种材料制造,以适应各种不同腐蚀性、不同温度和压力的场合。

波纹网填料是用丝网制成一定形状的填料。这是一种高效率的填料,其形状有多种。优点是丝网细而薄,做成填料体积较小,比表面积和空隙率都比较大,因而传质效率高。波纹网填料的缺点是制造价格很高,通道较小,清理不方便,容易堵塞,不适宜于易结垢和含固体颗粒的物料,故它的应用范围受到很大限制。

4. 填料的安装

填料的安装对保证塔的分离效率至关重要。填料在塔内的堆积形式有整砌(规整)和乱堆(散装)两种。实行整砌的主要是各种组合型填料,如实体波纹板、波纹网、平行板等,也有将几何尺寸较大的颗粒状填料进行整砌的。对于直径小于 800mm 的小塔,整砌填料通常做成整圆盘由法兰孔装入。对于直径大于 800mm 的塔,整砌填料通常分成若干块,由人孔装入塔内,在塔内组装。整砌填料装卸费工,但对气体阻力较小。尺寸小的颗粒状填料一般采用乱堆,这是一种无规则的堆积,装填方便,但所形成的填料层阻力较大。容易造成填料填充密度不均,甚至可造成金属填料变形,陶瓷填料破碎,从而引起气液分布不均匀,使分离效率下降。

三、辅助设备

填料塔的辅助设备包括填料支撑装置、液体分布装置、填料压紧装置、液体收集及再分布装置、气(液)体进口及出口装置、除沫装置等塔内件,它与填料及塔体共同构成一个完整的填料塔。所有的塔内件的作用都是为了使气、液在塔内更好地接触,以便发挥填料塔的最大效率和最大生产能力,故塔内件设计的好坏直接影响填料性能的发挥和整个填料塔的性能。

1. 填料支撑装置

填料支撑装置的作用是支撑塔内填料床层。对填料支撑装置的要求是:第一应具有足够的强度和刚度,能承受填料的质量、填料层的持液量及操作中附加的压力等;第二应具有大于填料层空隙率的开孔率,防止在此首先发生液泛,进而导致整个填料层的液泛;第三结构要合理,利于气、液两相均匀分布,阻力小,便于拆装。

常用的填料支撑装置有栅板型、孔管型、驼峰型等,如图 7-15 所示,选择哪种支撑装置,主要根据塔径、使用的填料种类及型号、塔体及填料的材质、气液流量等而定。

(a) 栅板型　　　(b) 孔管型　　　(c) 驼峰型

图 7-15　填料支撑装置

2. 液体分布装置

液体分布装置对填料塔的操作影响很大,若液体分布不均匀,则填料层内的有效润湿面积会减少,并可能出现偏流和沟流现象,影响传质效果。理想的液体分布装置应具备以下条件。

① 与填料相匹配的分液点密度和均匀的分布质量,填料比表面积越大,分离要求越精密,则液体分布器分液点密度应越大。

② 操作弹性较大,适应性好。

③ 为气体提供尽可能大的自由截面，实现气体的均匀分布，且阻力小。
④ 结构合理，便于制造、安装、调整和检修。

液体分布装置的种类多样，有喷头式、盘式、管式、槽式及槽盘式等。喷头式（莲蓬式）液体分布器如图 7-16（a）所示，一般用于直径小于 600mm 的塔中。其优点是结构简单；主要缺点是小孔易于堵塞，因而不适用于处理污浊液体，操作时液体的压头必须维持恒定，否则喷淋半径改变影响液体分布的均匀性，此外当气量较大时，会产生并夹带较多的液沫。

盘式液体分布器如图 7-16(b)、(c) 所示。液体加至分布盘上，盘底装有许多直径及高度均相同的溢流短管，称为溢流管式。在溢流管的上端开有缺口，这些缺口位于同一水平面上，便于液体均匀地流下。盘底开有筛孔的称为筛孔式，筛孔式的分布效果较溢流管式好，但溢流管式的自由截面积较大，且不易堵塞。

管式液体分布器由不同结构形式的开孔管制成。其突出的特点是结构简单，供气体流过的自由截面大，阻力小。但小孔易堵塞，弹性一般较小。管式液体分布器使用十分广泛，多用于中等以下液体负荷的填料塔中。在减压精馏及波纹网填料塔中，由于液体负荷较小，故常用之。管式液体分布器有排管式、环管式等不同形状，如图 7-16(d)、(e) 所示。

槽式液体分布器通常是由分流槽和分布槽构成的，如图 7-16(f) 所示。其特点是具有较

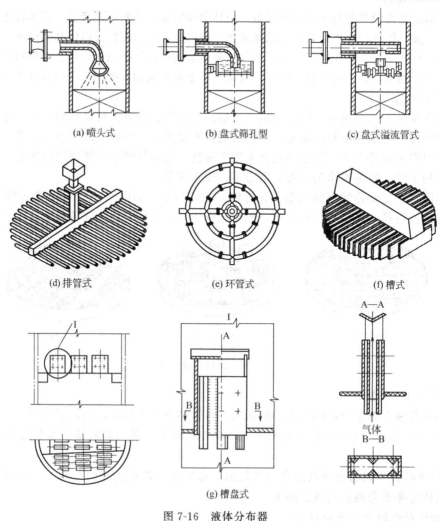

图 7-16　液体分布器

大的操作弹性和极好的抗污堵性，特别适合于大气液负荷及含有固体悬浮物、黏度大的液体的分离场合，应用范围非常广泛。

槽盘式液体分布器是近年来开发的新型液体分布器，它将槽式及盘式分布器的优点有机地结合于一体，兼有集液、分液及分气三种作用，结构紧凑，操作弹性高达10：1。气液分布均匀，阻力较小，特别适用于易发生夹带、易堵塞的场合。槽盘式液体分布器的结构如图7-16(g) 所示。

3. 填料压紧装置

操作中填料床层为一恒定的固定床，必须保持均匀一致的空隙结构，使操作正常、稳定，故填料装填后在其上方要安装填料压紧装置。这样，可以防止在高压降、瞬时负荷波动等情况下填料床层发生松动和跳动。

填料压紧装置分为填料压板和床层限制板两大类，图7-17 中列出了几种常用的填料压紧装置。填料压板自由放置于填料层上端，靠自身重量将填料压紧，它适用于陶瓷、石墨制的散装填料。它的作用是在高气速（高压降）和负荷突然波动时，阻止填料产生相对运动，从而避免填料松动、破损。由于填料易碎，当碎屑淤积在床层填料的空隙间，使填料层的空隙率下降，此时填料压板可随填料层一起下落，紧紧压住填料而不会形成填料的松动，降低填料塔的生产能力及分离效率。

 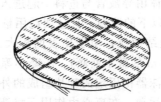 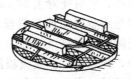

(a) 填料压紧栅板　　　　(b) 填料压紧网板　　　　(c) 大塔用填料压紧器

图 7-17　填料压紧装置

床层限制板用于金属散装填料、塑料散装填料及所有规整填料。它的作用是防止高气速、高压降或塔的操作突然波动时填料向上移动而造成填料层出现空洞，使传质效率下降。由于金属及塑料填料不易破碎，且有弹性，在装填正确时不会使填料下沉，故床层限制板要固定在塔壁上。为不影响液体分布器的安装和使用，不能采用连续的塔圈固定，对于小塔可用螺钉固定于塔壁，而大塔则用支耳固定。

4. 液体收集及再分布装置

液体在乱堆填料层内向下流动时，有一种逐渐向塔壁的流动趋势，即壁流现象。为改善壁流造成的液体分布不均，在填料层中每隔一定高度应设置一液体再分布器。

最简单的液体再分布装置为截锥式再分布器，如图7-18（a）所示。截锥式再分布器结构简单，安装方便，但它只起到将壁流向中心汇集的作用，无液体再分布的功能，一般用于

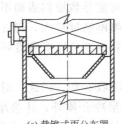 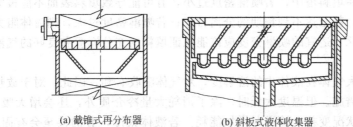

(a) 截锥式再分布器　　　　(b) 斜板式液体收集器

图 7-18　液体收集及再分布装置

直径小于 0.6m 的塔中。

通常将液体收集器与液体分布器同时使用，构成液体收集及再分布装置。液体收集器的作用是将上层填料流下的液体收集，然后送至液体分布器进行液体再分布。常用的液体收集器为斜板式液体收集器，如图 7-18(b) 所示。

5. 气液体进口及出口装置

液体的出口装置既要便于塔内排液，又要防止夹带气体，常用的液体出口装置可采用水封装置。若塔的内外压差较大时，又可采用倒 U 形管密封装置。

填料塔的气体进口装置应具有既能防止塔内下流的液体进入管内，又能使气体在塔截面上分布均匀这两个功能。对于塔径在 500mm 以下的小塔，常见的方式是使进气管伸至塔截面的中心位置，管端做成 45°向下倾斜的切口或向下弯的喇叭口，对于大塔可采用盘管式结构的进气装置。

6. 除沫装置

除沫装置是用来除去由填料层顶部逸出的气体中的液滴，安装在液体分布器上方。当塔内气速不大，工艺过程无要求时，一般可不设除沫装置。

常用的除沫装置有折板除沫器、丝网除沫器、旋流板除沫器等。折板除沫器由 50mm×50mm×3mm 的角钢制成。夹带液体的气体通过角钢通道时，由于碰撞及惯性作用达到碰撞截留及惯性分离。分离下来的液体由导液管与进料一起进入分布器。它的结构简单、不易堵塞、压降小，但只能除去 $50\mu m$ 以下的液滴，且金属耗用量大，造价高，小塔有时使用。丝网除沫器是用金属丝或塑料丝编结而成，由于比表面积大、空隙率大、结构简单、使用方便，以及除沫效率高（可除去 $5\mu m$ 的微小液滴）、压降小等优点，广泛应用于填料塔的除雾沫操作中，但造价高。旋流板除沫器由固定的叶片组成的外向板，形如风车状。夹带液滴的气体通过叶片时产生旋转和离心运动，在离心力作用下将液滴甩至塔壁，实现气液分离，除沫效率可达 99%。其造价比丝网除沫器便宜，除沫效果比折板除沫器好。

四、吸收操作分析

在正常的化工生产中，吸收塔的结构形式、尺寸，吸收质的浓度范围，吸收剂的性质等都已确定，此时影响吸收操作的主要因素有以下几方面。

1. 气流速度

气体吸收是一个气、液两相间进行扩散的传质过程，气流速度的大小直接影响这个传质过程。气流速度小，气体湍动不充分，吸收传质系数小，不利于吸收；反之，气流速度大，有利于吸收，同时也提高了吸收塔的生产能力。但是气流速度过大时，又会造成雾沫夹带甚至液泛，使气液接触效率下降，不利于吸收。因此对每一个塔都应选择一个适宜的气流速度。

2. 喷淋密度

单位时间内，单位塔截面积上所接受的液体喷淋量称为喷淋密度。其大小直接影响气体吸收效果的好坏。在填料塔中，若喷淋密度过小，有可能导致填料表面不能被完全湿润，从而使传质面积下降，甚至达不到预期的分离目标；若喷淋密度过大，则流体阻力增加，甚至还会引起液泛。因此，适宜的喷淋密度应该能保证填料的充分润湿和良好的气液接触状态。

3. 温度

降低温度可增大气体在液体中的溶解度，对气体吸收有利，因此，对于放热量大的吸收过程，应采取冷却措施。但温度太低时，除了消耗大量冷介质外，还会增大吸收剂的黏度，使流体在塔内流动状况变差，输送时增加能耗。若液体太冷，有的甚至会有固体结晶析出，影响吸收操作顺利进行。因此应综合考虑不同因素，选择一个最适宜的温度。

4. 压力

增加吸收系统的压力，即增大了吸收质的分压，提高了吸收推动力，有利于吸收。但过高地增大系统压力，又会使动力消耗增大，设备强度要求提高，使设备投资和经常性生产费用加大。因此一般能在常压下进行的吸收操作不必在高压下进行。但对一些在吸收后需要加压的系统，可以在较高压力下进行吸收，既有利于吸收，又有利于增加吸收塔的生产能力。如合成氨生产中的二氧化碳洗涤塔就是这种情况。

5. 吸收剂的纯度

降低入塔吸收剂中溶质的浓度，可以增加吸收的推动力。因此，对于有溶剂再循环的吸收操作来说，吸收液在解吸塔中的解吸应越完全越好，但必须注意，解吸越完全，解吸费用越高，应从整体上考虑过程的经济性，做出合理选择。

思 考 题

7-1 什么叫吸收？吸收操作在化工生产中有哪些用途？实验室用硫化亚铁与稀盐酸反应制取硫化氢。硫化氢有剧毒，是一种大气污染物。试分析怎样解决这一环境污染问题。

7-2 气体在液体中的溶解度与哪些因素有关？何谓亨利定律？它适用于什么场合？亨利系数和相平衡常数与温度、压力有何关系？如何根据它们的大小判断吸收操作的难易程度？溶解度小的气体（难溶气体）的吸收过程应在加压条件下进行，还是在减压条件下进行？为什么？

7-3 双膜理论的要点是什么？根据双膜理论，如何强化吸收速率？用水吸收混合气体中的氨，是气膜控制还是液膜控制？用什么方法增加水吸收氨的速率？

7-4 何谓吸收推动力？如何表示？

7-5 什么叫吸收率？如何计算？

7-6 什么叫液气比？如何计算？液气比对吸收过程有什么影响？

7-7 用填料塔处理低浓度气体混合物，现因生产要求希望气体处理量增大吸收率不下降，有人说只要按比例增大吸收剂的流量（即液气比不变）就能达到目的，这是否正确？

7-8 影响吸收操作的主要因素有哪些？温度对吸收操作有何影响？生产中调节、控制吸收操作温度的措施有哪些？

7-9 吸收剂的进塔条件有哪三个要素？操作中调节这三个要素，分别对吸收结果有何影响？

7-10 什么叫解吸？解吸的作用是什么？如何判断过程进行的是吸收还是解吸？解吸的方法有几种？如何加快解吸的速度？

7-11 填料塔主要由哪些部件组成？各部件的作用及构造是怎样的？如何保证过程实现？

7-12 常用填料有哪几种？其形状及性能是怎样的？液体分布装置与液体再分布装置有何不同？

7-13 填料吸收塔在正常操作中，应控制好哪些工艺条件？如何控制？

习 题

7-14 空气和二氧化碳的混合气体中含二氧化碳20%（体积分数）。试求二氧化碳的物质的量比。

[答：$0.25 \text{kmol } CO_2/\text{kmol}$ 空气]

7-15 100g纯水中含有2g二氧化硫，试以物质的量比表示该水溶液中二氧化硫的组成。

[答：$0.00563 \text{kmol/kmol} H_2O$]

7-16 在25℃及总压为101.3kPa的条件下，氨水溶液的相平衡关系为 $p^* = 93.9x$ kPa。试求100g水中溶解1g氨时溶液上方氨气的平衡分压和相平衡常数。

[答：0.986kPa；0.927]

7-17 在总压为101.3kPa，温度为30℃的条件下，二氧化硫组成为 $y = 0.100$ 的混合空气与二氧化硫组成为 $x = 0.002$ 的水溶液接触，试判断二氧化硫的传递方向。已知操作条件下气-液平衡关系为 $y^* = 47.9x$。

[答：SO_2 从气相传递到液相——即吸收]

7-18 吸收塔的某一截面上，含氨3%（体积分数）的气体与 $X_2 = 0.018$ 的氨水相遇，若已知气膜吸收分系数为 $k_Y = 0.0005 \text{kmol/(m}^2 \cdot \text{s)}$，液膜吸收分系数为 $k_X = 0.00833 \text{kmol/(m}^2 \cdot \text{s)}$，平衡关系可用亨

利定律表示，平衡常数为 $m=0.753$。求该截面处的气相总阻力和吸收速率。

[答：$2090m^2 \cdot s/kmol$；$0.030kmol/(m^2 \cdot h)$]

7-19 某吸收塔内用清水逆流吸收混合气中的低浓度甲醇，操作条件为 101.3kPa、300K 下于塔内某截面处取样分析知，气相中甲醇分压为 5kPa，液相中甲醇组成为 $X=0.02$，该系统平衡关系为 $Y^*=2.5X$。求该截面处的吸收推动力。 [答：0.0020]

7-20 某工厂欲用水洗塔吸收某混合气体中的 SO_2，原料气的流量为 100kmol/h，SO_2 的含量为 10%（体积分数），并允许尾气中 SO_2 含量大于 1%。试求吸收率和所需设备的吸收负荷。

[答：9.081kmol/h]

7-21 混合气中含丙酮为 10%（体积分数），其余为空气。现用清水吸收其中丙酮的 95%，已知进塔空气量为 50kmol/h。试求尾气中丙酮的含量和所需设备的吸收负荷。 [答：5.27kmol/h]

7-22 从矿石焙烧炉送出气体含 9%（体积分数）SO_2，其余视为空气，冷却后送入吸收塔用清水吸收其中所含 SO_2 的 95%，吸收塔操作温度为 300K，压力为 100kPa，处理的炉气量为 $1000m^3/h$，水用量为 1000kg/h。求塔底吸收液浓度。 [答：$0.0617kmol\ SO_2/kmol\ H_2O$]

7-23 在一填料塔中，用洗油逆流吸收混合气体中的苯。已知混合气体的流量为 $1500m^3/h$，进塔气体中含苯 5%（体积分数），要求吸收率为 90%，洗油中不含苯。操作温度为 298K，操作压力为 101.3kPa，相平衡关系为 $Y^*=26X$，操作液气比为最小液气比的 1.5 倍。求吸收剂用量和出塔洗油中苯的含量。

[答：$0.00135kmol\ 苯/kmol\ 油$]

第八章 干 燥

学习目标

- 掌握 干燥的原理；湿空气的性质；湿空气湿-焓图的构成，用湿-焓图分析干燥过程，查找空气状态参数；干燥过程的物热衡算及其应用。
- 理解 湿物料中水分的性质及分类；干燥速率曲线及其对生产的指导意义；操作条件对干燥的影响及控制。
- 了解 工业干燥器的分类，常用对流干燥器的结构特点及比较。

第一节 概 述

一、干燥的目的

在化工、轻工、食品、医药等工业中，有些固体原料、半成品和成品中含有水分或其他溶剂（统称为湿分）需要除去，通常利用干燥操作来实现。其目的是使物料便于运输、加工处理、储藏、使用及保证产品的质量。例如，聚氯乙烯的含水量须低于 0.2%，否则在其制品中将有气泡生成；抗生素的含水量太高则会影响使用期限等。在其他工农业部门中也得到普遍的应用，如农副产品的加工、造纸、纺织、制革及木材加工中，干燥都是必不可少的操作。

二、干燥的概念

除去物料中湿分的方法很多，其中用加热的方法使水分或其他溶剂汽化，以除去固体物料中湿分的操作，称为固体的干燥。

去湿方法有以下三类。

1. 机械去湿法

通过过滤、压榨、抽吸和离心分离等方法去湿，用于含湿分较高的物料。不能完全除尽湿分。

2. 化学去湿法

利用吸湿性物料（如生石灰、无水氯化钙、硅胶、浓硫酸等）除去固体、液体及气体中的水分，可能伴有化学反应。因为这种方法费用高，操作麻烦，故只适用于小批量固体物料的去湿，或用于除去气体中的水分。

3. 热能去湿法

借热能汽化物料中的湿分，并排除所生成蒸汽的去湿方法（干燥）。可以相当完全地除去物料的湿分。

在化工生产中，为了使去湿操作经济有效，往往先用机械去湿法除去物料中的大部分湿分后再进行干燥，所以干燥操作往往紧跟在结晶、过滤、离心分离等操作过程之后进行，最终得到合格的产品。

三、干燥的分类

按照热能传给湿物料的方式，干燥可分为传导干燥、对流干燥、辐射干燥和介电加热干燥，以及由其中两种或三种方式组成的联合干燥。

1. 传导干燥

载热体通常为加热蒸汽，将热能以传导的方式通过金属壁传给湿物料，使湿物料中的水分汽化，水蒸气（水汽）由周围的气流所带走。传导干燥中的热能利用程度较高，但是，与金属壁面接触的物料在干燥时易过热而变质。

2. 对流干燥

载热体（干燥介质）将热能以对流的方式传给与其直接接触的湿物料，使湿物料中水分不断汽化，并将水蒸气带走。干燥介质通常为热空气，因热空气的温度容易调节，物料不至于被过热。但热空气离开干燥器时，将相当大一部分热量带走，故热能利用程度比传导干燥差。

3. 辐射干燥

热能以电磁波的形式由辐射器发射到湿物料表面被其吸收再转变为热能，将水分加热汽化而达到干燥的目的。辐射源可分为电能和热能两种。

4. 介电加热干燥

将需要干燥的物料置于高频电场内，由于高频电场的交变作用，使物料加热而达到干燥的目的。

目前在工业上应用最普遍的是对流干燥。本章主要讨论以热空气为干燥介质，除去的湿分为水分的对流干燥过程。

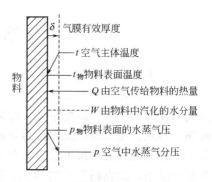

图 8-1　干燥过程的传热与传质

四、对流干燥过程的分析

在对流干燥过程中，干燥介质即热气流将热能传给物料表面，再由表面传至物料的内部，这是一个传热过程；水分从物料内部以液态或气态扩散透过物料层而到达表面，然后，水汽通过物料表面的气膜而扩散至热气流的主体，这是一个传质过程。

可见，物料的干燥过程是一个传热与传质结合的过程。见图 8-1。

第二节　湿空气的性质和湿-焓图

一、湿空气的性质

用于干燥的加热介质——热空气，始终含有一定量的水分，所以，又称为湿空气。将湿空气预热成为热空气后与湿物料进行热量和质量的交换，可见湿空气既是载热体，也是载湿体。在干燥过程中，湿空气的水汽含量、温度及焓等性质都会发生变化。与干燥操作密切相关的湿空气的性质主要包括湿度、相对湿度、比体积、比热容、焓、干球温度、湿球温度、露点及绝热饱和温度等。

湿空气是干空气和水蒸气的混合物，在干燥过程中，湿空气中水汽的质量是变化的，而干空气仅作为载热体和载湿体，其质量或质量流量是不变的。因此，通常采用单位质量干空气作基准进行干燥过程的计算及分析。

1. 湿空气的水汽分压

作为干燥介质的湿空气是不饱和的空气，即空气中水汽的分压低于同温度下水的饱和蒸气压，此时湿空气中的水汽呈过热状态。干燥操作压力下的湿空气，通常可作为理想气体来处理。

根据道尔顿分压定律，湿空气的总压力等于绝干空气的分压 $p_气$ 与水汽的分压 $p_水$ 之和。当总压 P 一定时，空气中水汽的分压 $p_水$ 越大，空气中水汽的含量亦越高。存在下列关系：

$$\frac{n_蒸}{n_气}=\frac{p_水}{p_气}=\frac{p_水}{P-p_水} \tag{8-1}$$

式中　$n_蒸$——湿空气中水蒸气的物质的量，kmol；

　　　$n_气$——湿空气中绝干空气的物质的量，kmol。

2. 湿度

湿度又称为湿含量或绝对湿度。它是湿空气中所含水蒸气的质量与绝干空气质量之比，用符号 H 表示，单位为 kg 水/kg 干空气。

$$H=\frac{湿空气中水蒸气的质量(m_蒸)}{湿空气中绝干空气的质量(m_气)}=\frac{M_蒸 n_蒸}{M_气 n_气}=\frac{18}{29}\times\frac{p_水}{P-p_水}=0.622\frac{p_水}{P-p_水} \tag{8-2a}$$

式中　H——湿空气的湿度，kg 水/kg 干空气；

　　　$M_蒸$——水蒸气的摩尔质量，kg/kmol；

　　　$M_气$——干空气的摩尔质量，kg/kmol；

　　　$p_水$——湿空气中水蒸气的分压，Pa；

　　　P——总压，Pa。

可见，湿度与湿空气的总压及湿空气中所含水蒸气的分压有关，当总压一定时，由水汽的分压决定。

若式(8-2a)中的水汽分压为同温度下水的饱和蒸气压 $p_饱$，则表明湿空气呈饱和状态，此时湿空气的绝对湿度称为饱和湿度 $H_饱$，即

$$H_饱=0.622\frac{p_饱}{P-p_饱} \tag{8-2b}$$

式中　$H_饱$——湿空气的饱和湿度，kg 水/kg 干空气；

　　　$p_饱$——湿空气温度下，纯水的饱和蒸气压，Pa。

3. 相对湿度

在一定温度和总压下，湿空气的水汽分压 $p_水$ 与同温度下的水的饱和蒸气压 $p_饱$ 之比，称相对湿度，通常用百分数表示，符号为 φ。

$$\varphi=\frac{p_水}{p_饱}\times100\% \tag{8-3}$$

相对湿度值随着湿空气中水汽的分压及温度而变，相对湿度越低，则距饱和程度越远，表明该湿空气吸收水汽的能力越强。湿度只能表示出水汽含量的绝对值，而相对湿度值却能反映湿空气吸收水汽的能力。

一定条件下，当相对湿度达到 100%，表示湿空气中的水汽已达饱和，此时水汽的分压为同温度下水的饱和蒸气压，即湿空气中水汽分压的最高值。

4. 湿空气的比体积

湿空气的比体积又称湿容积。它是每单位质量绝干空气中所具有的空气和水蒸气的总容积，用符号 v_w 表示，即

$$v_w=\frac{湿空气中空气和水蒸气的总容积}{湿空气中绝干空气的质量}=\left(\frac{1}{29}+\frac{H}{18}\right)\times22.4\times\frac{t+273}{273}\times\frac{101330}{p}$$

$$= (0.773 + 1.244H) \times \frac{t+273}{273} \times \frac{101330}{p} \qquad (8-4)$$

式中 v_w——湿空气的比体积，m³ 湿空气/kg 干空气；

p——干燥压力，Pa；

t——干燥温度，℃。

总压一定时，湿容积随湿空气的温度和湿度而变化。

5. 湿空气的比热容

湿空气的比热容简称湿热。在常压下，1kg 湿空气的温度升高 1K 所需的热量，称为湿空气的比热容，用符号 c_w 表示。即

$$c_w = c_{\text{气}} + c_{\text{蒸}} H = 1.01 + 1.88H \qquad (8-5)$$

式中 c_w——湿空气的比热容，kJ/(kg·K)；

$c_{\text{气}}$——干空气的比热容，kJ/(kg·K)；

$c_{\text{蒸}}$——水蒸气的比热容，kJ/(kg·K)。

湿空气的比热容仅随空气的湿度而变化。

6. 湿空气的焓

湿空气的焓为干空气的焓与水汽的焓之和，用符号 I_w 表示。即

$$I_w = i_{\text{气}} + i_{\text{蒸}} H = (1.01 + 1.88H)t + 2492H \qquad (8-6)$$

式中 I_w——湿空气的焓，kJ/kg 干空气；

$i_{\text{气}}$——干空气的焓，kJ/kg 干空气；

$i_{\text{蒸}}$——水蒸气的焓，kJ/kg。

上述空气的焓是根据干空气及液态水在 0℃时的焓为零作基准而计算的，因此，对于温度为 t、湿度为 H 的湿空气，其焓包括由 0℃的水变为 0℃水汽所需的潜热与湿空气由 0℃升温至 t℃所需显热之和。

湿空气的温度 t 越高，湿度 H 越大，则焓越大。湿空气的焓值随空气的温度 t 及湿度 H 而变。

7. 干球温度

用普通温度计所测得的空气温度为干球温度，简称为空气的温度，用符号 t 表示。干球温度为空气的真实温度。普通温度计（干球温度计）的感温球暴露在空气中，如图 8-2 所示。

8. 湿球温度

用湿球温度计所测得的空气温度为湿球温度，用符号 t_w 表示。

湿球温度计的感温球用纱布包裹，纱布用水保持润湿，它在空气中所达到的平衡或稳定的温度称为空气的湿球温度。不饱和空气的湿球温度 t_w 低于干球温度 t。

用湿球温度计测定空气湿球温度的原理如图 8-3 所示。设有大量的不饱和空气，其温度为 t，水汽分压为 p，湿度为 H。该空气以较高速度流过湿球温度计的湿纱布表面，若开始时湿纱布中水分的初温高于空气的露点，则湿纱布表面的水蒸气压力比空气中水汽分压高，水汽便从湿纱布表面汽化，并扩散至空气主体中去，汽化水分所需的潜热，首先只能取自湿纱布中水的显热，因而使水温下降。当水温低于空气的干球温度时，热量则由空气传向湿纱布中的水分，其传热速率随着两者温度差的增大而增大，最后，当由空气传入湿纱布的传热速率恰好等于自湿纱布表面汽化水分所需的传热速率时，则两者达到平衡状态，这时湿纱布中的水温保持恒定。这个恒定或平衡的温度就是该空气的湿球温度。因湿空气的流量大，在流过湿纱布表面时，可认为其温度与湿度不变。

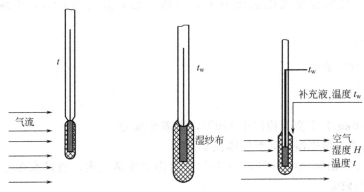

图 8-2 干球温度计　　　　图 8-3 湿球温度计及其测温原理

湿球温度实质上是湿纱布中水分的温度,并不代表空气的真实温度,此温度由湿空气的温度、湿度所决定,它是表明湿空气状态或性质的参数。对于某一特定干球温度的湿空气,其相对湿度越低,湿球温度的值也越低。饱和湿空气的湿球温度与干球温度相等。

9. 露点

将不饱和空气在总压 P 和湿度 H 不变的情况下进行冷却,达到饱和状态时的温度,称为湿空气的露点,用符号 t_d 表示。当达到露点时,空气的湿度为饱和湿度,若对达到露点的空气继续降温,其中的部分水蒸气便会以露珠的形式凝结出来。

总压一定时,湿空气在露点时的饱和蒸气压仅与空气的湿度有关。湿度越大,露点时的饱和蒸气压越大,露点就越高。可以通过测定露点来确定空气的湿度。

10. 绝热饱和温度

将不饱和空气在绝热的情况下降温增湿,达到饱和状态时的温度,称为湿空气的绝热饱和温度,用符号 t_{as} 表示。

图 8-4 所示为一绝热饱和器,设温度为 t,湿度为 H 的不饱和空气在绝热饱和器内与大量的水密切接触,若设备保温良好,则热量只是在气、液两相之间传递,而对周围环境是绝热的。这时可认为水温完全均匀,水向空气中汽化时所需的潜热,只能取自空气中的显热,这样,空气的温度下降,而湿度增加,即空气失去显热,而水汽将此部分热量以潜热的形式带回空气中,故空气的焓值可视为不变(忽略水汽的显热),这一过程为空气的绝热降温增湿过程,也称等焓过程。

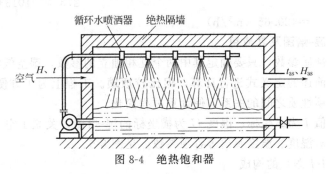

图 8-4 绝热饱和器

应指出的是:虽然绝热饱和温度 t_{as} 与湿球温度 t_w 是两个概念,但是两者都是湿空气状态 (t 和 H) 的函数,对空气-水汽系统,两者在数值上近似相等。湿球温度 t_w 比较容易测定,人们可以根据空气的干球温度 t 和绝热饱和温度 t_{as} ($t_{as}=t_w$),从空气的湿度图中很方便地查出空气的湿度 H 值,这给干燥计算带来很大的方便。

【例题 8-1】 已知湿空气的总压为 101.3kPa，相对湿度为 60%，干球温度为 20℃。试求：

(1) 湿度 H；
(2) 水蒸气分压 $p_水$；
(3) 露点 t_d；
(4) 焓 I_w；
(5) 如将 500kg/h 干空气预热至 120℃，所需热量 Q；
(6) 每小时送入预热器的湿空气体积 V。

解 $P=101.33\text{kPa}$，$\varphi=60\%$，$t=20℃$，由饱和水蒸气表，查得水在 20℃ 时的饱和蒸气压为 $p_饱=2.34\text{kPa}$

(1) 湿度 H

$$H = 0.622\frac{p_水}{P-p_水} = 0.622\frac{\varphi p_饱}{P-\varphi p_饱} = 0.622\frac{0.6\times 2.34}{101.3-0.6\times 2.34}$$
$$= 0.00874 \text{ (kg 水/kg 干空气)}$$

(2) 水蒸气分压 $p_水$

$$p_水 = \varphi p_饱 = 0.6\times 2.34 = 1.404 \text{ (kPa)}$$

(3) 露点 t_d

露点是将不饱和空气在总压 P 和湿度 H 不变的情况下进行冷却，达到饱和状态时的温度，所以可由 $p_水=1.404\text{kPa}$ 查饱和水蒸气表，得到对应的饱和温度 $t_d=11.3℃$

(4) 焓 I_w

$$I_w = (1.01+1.88H)t + 2492H = (1.01+1.88\times 0.00874)\times 20 + 2492\times 0.00874$$
$$= 42.309 \text{ (kJ/kg 干空气)}$$

(5) 预热 500kg/h 干空气至 120℃，所需热量 Q

$$Q = q_m c_w(T_1-T_2) = 500\times(1.01+1.88\times 0.00874)\times(120-20)$$
$$= 51321.56 \text{(kJ/h)} = 14.256 \text{(kW)}$$

(6) 每小时送入预热器的湿空气体积 V

$$V = q_m v_w = 500\times(0.773+1.244H)\times\frac{t+273}{273}\times\frac{101330}{p}$$
$$= 500\times(0.773+1.244\times 0.00874)\times\frac{20+273}{273}\times\frac{101330}{101330}$$
$$= 420.65 \text{ (m}^3\text{/h)}$$

二、湿空气的湿-焓图及其应用

湿空气的各项性质参数，只要确定其中两个互相独立的参数，湿空气状态即被确定。确定参数的方法可用前述的定义式进行计算，但比较烦琐。工程上为了方便起见，常用湿-焓图来表示湿空气各项性质之间的关系，使计算过程简化。

以湿空气的焓值 I 为纵坐标、湿度 H 为横坐标的湿-焓图，关联了空气与水系统的水蒸气分压、湿度、相对湿度、温度及焓等各项参数。见图 8-5。

1. 湿-焓图（H-I 图）的构成

图 8-5 是根据总压 $P=101.33\text{kPa}$ 为基准而标绘的。为了避免图中许多线条挤在一起而难以读取数据，采用两轴斜角坐标系，两轴间夹角为 135°，同时为了便于读取湿度数据，将横轴上湿度 H 的数值投影于与纵轴正交的辅助水平轴上。图上共有五种线，分别叙述如下。

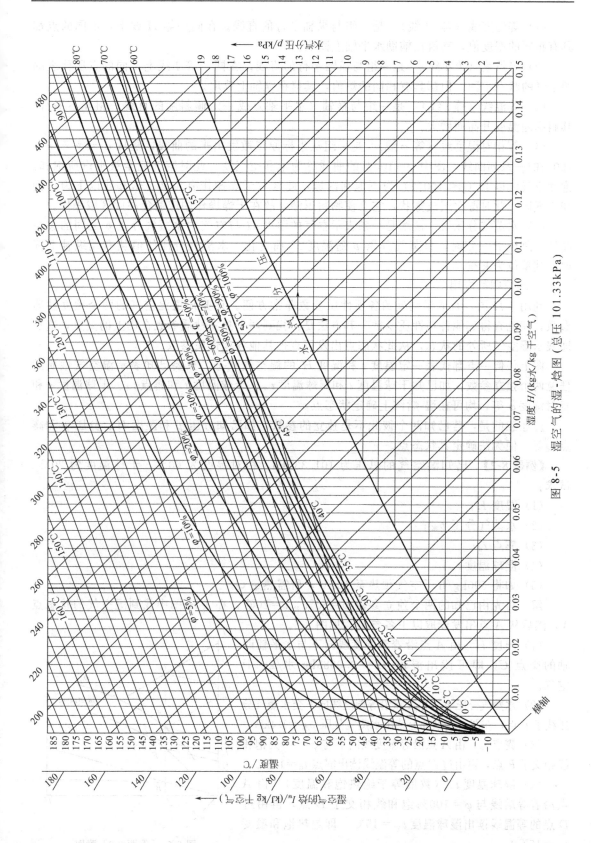

图 8-5 湿空气的湿-焓图（总压 101.33kPa）

(1) 等湿度线（等 H 线） 是一组与纵轴平行的直线。在同一等 H 线上，不同的点都具有相同的湿度值，其值在辅助水平轴上读取。

(2) 等焓线（等 I 线） 是一组与横轴平行的直线。在同一等 I 线上不同的点所代表的湿空气的状态不同，但都具有相同的焓值，其值在纵轴上读取。

(3) 等温线（等 t 线） 是一组与横轴（水平轴）成一定倾斜度的直线，相互不平行，其斜率随温度升高而增大。

(4) 等相对湿度线（等 φ 线） 是一组从坐标原点散发出来的曲线，是从 $\varphi=5\%$ 至 $\varphi=100\%$ 的一系列曲线。图中 $\varphi=100\%$ 的曲线称为饱和空气线，此时空气完全被水汽所饱和。饱和空气线以上（$\varphi<100\%$）为不饱和区域，此区对干燥操作有意义；饱和线以下为过饱和空气区，此时湿空气成雾状，它会使物料返潮，故在干燥操作中应避免在此区域操作。

(5) 水蒸气分压线 该线是一条表示空气的湿度 H 与空气中水蒸气分压 p 之间的关系曲线。总压 P 一定时，水蒸气分压 p 随湿度 H 而变化。水蒸气分压的值从右端纵轴上读取，其单位为 kPa。

2. 湿焓图的应用

利用 I-H 图，查取湿空气的各项性质参数非常方便。只要知道湿空气的两个独立性质参数，就能查得其他各项性质参数。其方法是：找到两个独立性质参数在图上的交点，这点即表示湿空气所处的状态，从此状态点出发可查得其他各项性质参数。

图上任何一点都代表一定温度 t 和湿度 H 的湿空气状态。只要已知表示湿空气性质的任意两个独立参数，如已知干球温度 t 和湿球温度 t_w、干球温度 t 和露点 t_d、干球温度 t 和相对湿度 φ 等，均可在湿-焓图上确定状态点。

应注意的是，若已知两个彼此不是独立的参数，如已知分压 p 和湿度 H、分压 p 和露点 t_d 等，便无法确定其状态点。

【例题 8-2】 已知湿空气的总压为 101.33kPa，相对湿度为 60%，干球温度为 20℃。试求：

(1) 湿度 H；

(2) 水蒸气分压 $p_水$；

(3) 露点 t_d；

(4) 湿球温度 t_w；

(5) 如将 500kg/h 干空气预热至 120℃，所需热量 Q。

解 首先由已知的两个独立参数 $\varphi=60\%$，$t=20℃$，在 I-H 图中找到湿空气的状态点 A，然后从 A 点出发读取以下各参量。见图 8-6。

(1) 湿度 H 由 A 点沿着等湿度线向下与水平辅助轴的交点 C，即可读出湿度 $H=0.0085$ kg 水/kg 干空气。

(2) 水蒸气分压 p 由 A 点沿等湿度线向下交水蒸气分压线于 B 点，在图右端纵轴上读出水蒸气分压 $p_水=1.4$kPa。

(3) 露点 t_d 由 A 点沿等湿度线向下与 $\varphi=100\%$ 饱和线相交于 F 点，再由过 F 点的等温线读出露点 $t_d=11℃$。

(4) 湿球温度 t_w（数值等于绝热饱和温度） 由 A 点沿着等焓线与 $\varphi=100\%$ 饱和线相交于 D 点，再由过 D 点的等温线读出湿球温度 $t_w=15℃$（即绝热饱和温度 $t_{as}=15℃$）。

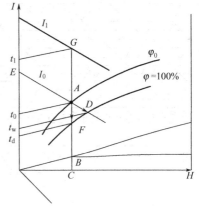

图 8-6 ［例题 8-2］附图

（5）如将 500kg/h 干空气预热至 120℃，所需热量 Q 通过 A 点作等 I 线的平行线，交纵轴于 E 点，读得空气预热前的焓 $I_0 = 40$ kJ/kg 干空气。

湿空气通过预热器加热，未发生水蒸气的传质，其湿度不变，所以可由 A 点沿等 H 线向上与 $t = 120℃$ 线相交于 G 点，读得 $I_1 = 145$ kJ/kg 干空气（即湿空气离开预热器的焓值）。将 500kg/h 干空气预热至 120℃，所需热量 $Q = q_m(I_1 - I_0) = 500 \times (145 - 40) = 52500$ (kJ/h) = 14.6 (kW)

通过［例题 8-2］及［例题 8-1］的比较，采用湿-焓图求取湿空气的各项参数，与用数学式计算相比，不仅计算迅速简便，而且物理意义也较明确。

第三节 干燥过程的物热衡算

一、对流干燥操作流程

对流干燥操作流程如图 8-7 所示，空气经预热器加热至一定温度后进入干燥器与被干燥的湿物料接触，热空气将热量以对流的方式传给湿物料，湿物料表面的水分被加热汽化成蒸汽，蒸汽被空气由干燥器的另一端带出。湿空气进入干燥器之前必须先经预热器预热以提高温度，目的在于提高空气的焓值使其作为载热体，同时降低了空气的相对湿度，提高其除湿能力以作为载湿体。

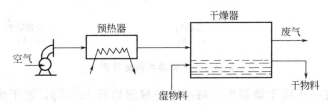

图 8-7 对流干燥操作流程

二、物料含水量的表示方法与物料衡算

对于干燥器的物料衡算而言，通常已知的条件是单位时间（或每批量）物料的质量、物料在干燥前后的含水量、湿空气进入干燥器时的状态（温度、湿度等）。通过物料衡算可以确定将湿物料干燥到指定含水量时应该蒸发的水分量及使水分汽化所消耗的空气量。

1. 物料含水量的表示方法

物料中含水量的表示方法有湿基含水量和干基含水量两种。

（1）湿基含水量 指湿物料中水分的质量占湿物料总质量的质量分数。用 w 表示，单位为 kg 水/kg 湿物料，即

$$w = \frac{\text{湿物料中水分的质量}}{\text{湿物料的总质量}} \times 100\% \tag{8-7}$$

（2）干基含水量 指湿物料中水分的质量与湿物料中绝干物料（绝干料）的质量之比。用 X 表示，单位为 kg 水/kg 绝干料。不含水分的物料常被称为绝干物料或干料，即

$$X = \frac{\text{湿物料中水分的质量}}{\text{湿物料中绝干物料的质量}} \tag{8-8}$$

在工业生产中，通常是以湿基含水量来表示物料中所含水分的多少。由于湿物料的质量在干燥过程中因失去水分而逐渐减少，用湿基含水量表示时，不能将干燥前后物料的含水量直接相减以表示干燥过程中所除去的水分。而绝干物料的质量在干燥过程中不发生变化，用干基含水量计算较为方便。这两种含水量之间的换算关系如下：

$$X = \frac{w}{1-w} \tag{8-9}$$

2. 物料衡算

见图 8-8，对进、出连续干燥器的水分进行衡算，以 1h 为基准，得

$$G_干 X_1 + LH_1 = G_干 X_2 + LH_2$$

水分蒸发量
$$W = G_干(X_1 - X_2) = G_1 \frac{w_1 - w_2}{1 - w_2} = G_2 \frac{w_1 - w_2}{1 - w_1} \qquad (8\text{-}10a)$$

绝干空气消耗量
$$L = \frac{W}{H_2 - H_1} \qquad (8\text{-}10b)$$

式中　W——水分蒸发量，kg 水汽/h；
　　　G_1——进干燥器的湿物料的质量流量，kg/h；
　　　G_2——出干燥器的产品的质量流量，kg/h；
　　　$G_干$——湿物料中绝干物料的质量流量，kg/h；
　X_1，X_2——进、出干燥器物料的干基含水量，kg 水/kg 绝干料；
　　　L——进、出干燥器的干空气质量流量，kg 干空气/h；
　H_1，H_2——进、出干燥器的湿空气的湿度，kg 水/kg 干空气。

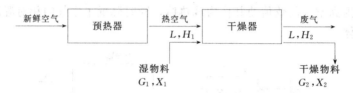

图 8-8　干燥器物料衡算图

【例题 8-3】 在一连续干燥器中，每小时处理湿物料 1000kg，经干燥后物料含水量由 10% 降到 2%（均为湿基含水量）。以热空气为加热介质，初始湿度为 0.008kg 水/kg 干空气，离开干燥器的湿度为 0.05kg 水/kg 干空气。假设干燥过程无物料损失。试求：(1) 水分蒸发量；(2) 湿空气消耗量；(3) 干燥产品量。

解　(1) 水分蒸发量

$$W = G_1 \frac{w_1 - w_2}{1 - w_2} = 1000 \times \frac{0.1 - 0.02}{1 - 0.02} = 81.63 \text{ (kg 水汽/h)}$$

(2) 湿空气消耗量

绝干空气消耗量 $L = \dfrac{W}{H_2 - H_1} = \dfrac{81.63}{0.05 - 0.008} = 1943.57$ （kg 干空气/h）

湿空气消耗量 $L' = L + LH_1 = 1943.57 \times (1 + 0.008) = 1959.12$ （kg 湿空气/h）

(3) 干燥产品量

$$G_2 = G_1 - W = 1000 - 81.63 = 918.37 \text{ (kg/h)}$$

三、热量衡算与干燥热效率

对干燥过程进行热量衡算，目的在于确定干燥过程的耗热量及各项热量的分配，以明确干燥效率；确定空气预热器的传热面积及加热介质消耗量。

1. 对整个干燥系统的热量衡算

见图 8-9，对整个干燥系统作热量衡算，设输入预热器的热量为 $Q_预$，在干燥器中补充的热量为 $Q_补$，过程损失的热量为 $Q_损$。

$$\sum Q_{输入} = \sum Q_{输出}$$

$$Q_预 + Q_补 = L(I_2 - I_0) + G_干(I_2' - I_1') + Q_损$$

可以导出干燥过程的热量衡算式：

$$Q_{预}+Q_{补}=1.01L(t_2-t_0)+W(2492+1.88t_2)+G_{干}\,c_{m2}(\theta_2-\theta_1)+Q_{损} \tag{8-11}$$

式中　t_0、t_2——空气进入预热器、出干燥器的温度,℃；

θ_1、θ_2——物料进、出干燥器的温度,℃；

c_{m2}——出干燥器物料的比热容,kJ/(kg·℃)；

L——进入干燥器的干空气的流量,kg 干空气/s；

W——干燥过程单位时间汽化的水分量,kg 水汽/s。

从整个干燥系统热量衡算的结果可见，输入干燥系统的热量主要用于以下四个方面：

蒸发水分消耗热量，$Q_1 \approx W(2492+1.88t_2)$；

物料升温消耗热量，$Q_2 = G_{干}\,c_{m2}(\theta_2-\theta_1)$；

加热空气消耗热量，$Q_3 = 1.01L(t_2-t_0)$；

补偿热损失，$Q_4 = Q_{损}$。

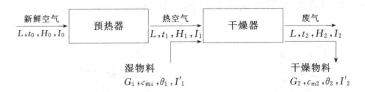

图 8-9　干燥过程热量衡算图

2. 对预热器的热量衡算

$$Q_{预}=L(I_1-I_0)=Lc_H(t_1-t_0)=L(1.01+1.88H_0)(t_1-t_0) \tag{8-12}$$

式中　I_0，I_1——空气预热前、后的焓值,kJ/kg 干空气；

c_H——湿空气的比热容（$c_H=1.01+1.88H_0$）,kJ/(kg 干空气·℃)；

H_0——空气预热前的湿度,kg 水/kg 干空气。

3. 干燥热效率

通常用干燥热效率来反映干燥过程的热量利用情况，干燥操作的目的在于汽化湿物料中的湿分，因此，通常用蒸发水分消耗的热量 Q_1 占输入干燥系统的总热量 $Q_{预}+Q_{补}$ 之比来表示，即

$$\eta = \frac{蒸发水分所消耗的热量(Q_1)}{输入干燥系统的总热量(Q_{预}+Q_{补})} \times 100\% \tag{8-13}$$

蒸发水分消耗热量，$Q_1 \approx W(2492+1.88t_2)$；一般情况下，在干燥器中不再补充热量，$Q_{补}=0$，此时有

$$\eta = \frac{W(2492+1.88t_2)}{L(1.01+1.88H_0)(t_1-t_0)} \times 100\%$$

干燥热效率反映了干燥器性能的优劣，η 值越大，说明其热利用率越好。提高干燥效率的有效途径有：利用废热预热空气及对湿物料预干燥。注意干燥设备即管道的保温，减少热损失。

四、干燥器出口空气状态的确定

通过干燥过程的物料衡算和热量衡算，计算干空气用量和干燥过程所需热量时，首先确定空气离开干燥器时的状态 t_2、H_2，而 t_2、H_2 值由空气通过干燥器以后的状态变化来决定。

空气在干燥过程的状态变化情况是：空气在预热器中被加热后，其温度升高（由 t_0 升至 t_1），湿度不变（$H_1=H_0$），空气离开预热器的状态（t_1 和 H_1）很容易确定。空气通过干燥器时，与湿物料之间不仅进行了热量的传递，还进行了质量的传递，空气的温度降低、

湿度增大,加之干燥器中补充加热及热损失的影响,空气通过干燥器的变化过程很复杂。空气离开干燥器时的状态较难确定,通常,依照空气在干燥过程中焓的变化情况,分为等焓干燥过程和非等焓干燥过程。

1. 等焓干燥过程

若 $I_2=I_1$,则为等焓干燥过程,又称为理想干燥过程、绝热干燥过程。

据热量衡算关系可知,等焓干燥过程的条件如下。

① 干燥器内不补充热量,即 $Q_{补}=0$。

② 干燥器的热损失忽略不计,即 $Q_{损}=0$。

③ 湿物料进、出干燥器的焓相等,即 $I'_2=I'_1$。

在实际生产中,不存在严格的等焓干燥过程;若干燥器内不再补充热量,干燥器的保温良好,湿物料进、出干燥器的温度变化很小,则可近似处理为等焓干燥过程。等焓干燥过程的干燥器出口空气状态可由作图法确定,见图 8-10(a)。

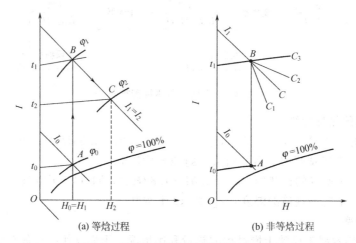

图 8-10 干燥过程湿空气状态变化示意图

空气的初始状态如图中 A 点所示,通过预热器发生了等湿升温的变化过程,如图中 AB 线所示。进入干燥器后,若为等焓干燥过程,空气的状态由 B 点沿等焓线变化,出口状态为图中 C 点所示,可读出状态点 C 的空气湿度、温度等。

2. 非等焓干燥过程

若 $I_2 \neq I_1$,则为非等焓干燥过程,即非绝热干燥过程。非等焓干燥过程通常分为以下两种情况。

(1) 若干燥器内不补充热量 即 $Q_{补}=0$,但热损失及物料进、出干燥器的焓差均不能忽略,则 $I_2<I_1$,即空气通过干燥器后焓值降低,干燥器中空气的状态沿图 8-10(b) 中 BC_1 线变化,在 BC 线的下方。出口状态为图中 C_1 点所示。

(2) 若干燥器中补充的热量 干燥器中补充的热量大于热损失及物料带走的热量,则 $I_2>I_1$,即空气通过干燥器后焓值增大,此时干燥器空气的状态沿图 8-10(b) 中 BC_2 或 BC_3 线变化,在 BC 线的上方。出口状态点为图中 C_2 或 C_3 点所示。

干燥操作中,BC、BC_1、BC_2、BC_3 称为干燥过程的操作线。

【例题 8-4】 采用气流干燥器干燥某种湿物料,在热空气以一定的速度吹送湿物料的同时,湿物料即被干燥。已知操作条件如下。(1) 空气状况。进预热器前 $t_0=15℃$;$H_0=0.0073$kg 水/kg 干空气;进干燥器前 $t_1=90℃$,出干燥器后 $t_2=50℃$。(2) 物料状况。进干燥器前 $\theta_1=15℃$,$X_1=0.15$kg 水/kg 绝干料;出干燥器后 $\theta_2=40℃$,$X_2=0.01$kg 水/kg

绝干料。(3) 干燥器的生产能力为 250kg/h (按干燥产品计)。假设为等焓干燥过程,求:(1) 空气消耗量;(2) 预热器的传热量;(3) 干燥热效率。

解 (1) 空气消耗量

$$G_{干} = \frac{G_2}{1+X_2} = \frac{250}{1+0.01} = 247.52 \text{ (kg 绝干料/h)}$$

$$W = G_{干料}(X_1 - X_2) = 247.52 \times (0.15 - 0.01) = 34.65 \text{ (kg 水汽/h)}$$

已知进干燥器时空气的 $t_1 = 90℃$,$H_1 = H_0 = 0.0073$ kg 水/kg 干空气;出干燥器时空气的 $t_2 = 50℃$ 按等焓干燥过程处理,由湿-焓图可查取出干燥器时空气的 $H_2 = 0.0235$ kg 水/kg 干空气。

$$L = \frac{W}{H_2 - H_1} = \frac{W}{H_2 - H_0} = \frac{34.65}{0.0235 - 0.0073} = 2138.89 \text{ kg 干空气/h}$$

(2) 预热器的传热量

根据进预热器的空气状态 $t_0 = 15℃$,$H_0 = 0.0073$ kg 水/kg 干空气,由湿-焓图可查取出其焓 $I_0 = 33$ kJ/kg 干空气;根据出预热器的空气状态 $t_1 = 90℃$,$H_1 = 0.0073$ kg 水/kg 干空气,由湿-焓图可查取出其焓 $I_1 = 110$ kJ/kg 干空气。

$$Q_{预} = L(I_1 - I_0) = 2138.89 \times (110 - 33) = 164694.53 \text{ (kJ/h)} = 45.75 \text{ (kW)}$$

(3) 干燥热效率

$$\eta = \frac{\text{蒸发水分所消耗的热量}(Q_1)}{\text{输入干燥系统的总热量}(Q_{预} + Q_{补})} \times 100\%$$

$$= \frac{W(2492 + 1.88 t_2)}{Q_{预}} \times 100\% = \frac{34.65 \times (2492 + 1.88 \times 50)}{164694.53} \times 100\% = 54.41\%$$

第四节 干燥速率

干燥的操作对象是湿物料,干燥过程中所除去的水分是由物料内部扩散到表面,然后汽化到空气主体中。干燥过程中,水分在气体和物料间的平衡关系、干燥速率和干燥时间均与物料中所含水分的性质有关。

一、物料中所含水分的性质

物料内部的结构复杂多样,物料中所含水分与物料本身结合方式有多种形式,干燥的难易程度,与物料的种类,以及物料中所含水分的性质关系很大。

物料中所含的水分可能是纯液态或水溶液。根据水分在物料中的位置不同,物料中的水分可分为吸附水分、毛细管水分、溶胀水分及化学结合水分,但化学结合水分不属于干燥操作除去的范围。

吸附水分是附着在湿物料外表面上的水分。这种水分与纯态水一样,在任何温度下,它的蒸气压等于同温度下纯水的饱和蒸气压。毛细管水分是多孔性物料的孔隙中所含的水分。孔隙较大的非吸水性物料,其所含水分的蒸气压等于同温度下水的饱和蒸气压;孔隙较小的吸水性物料,其所含水分的蒸气压小于同温度下水的饱和蒸气压。因为存留的水分大多是在更小的毛细管之中,毛细管水分的蒸气压随着干燥过程的进行而下降。溶胀水分是物料组成的一部分,它渗透进入物料的细胞壁内,溶胀水分的存在使物料的体积增大。

1. 平衡水分与自由水分

根据物料在一定干燥条件下,其所含水分能否用干燥方法除去来划分,可分为平衡水分与自由水分。

当一定温度和相对湿度的未饱和湿空气流过某湿物料表面时,由于湿物料表面水的蒸气压大于空气中水蒸气分压，湿物料的水分向空气中汽化，直到物料表面水的蒸气压与空气中水蒸气分压相等时为止，即物料中的水分与该空气中水蒸气达到平衡状态，此时，物料的含水量称为该空气条件下物料的平衡水分。平衡水分随空气状态（t,φ）不同而异。如图8-11所示，在同一温度下的几种物料的平衡水分曲线。

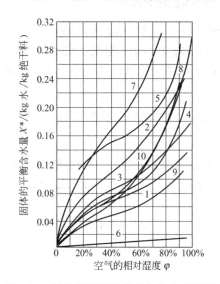
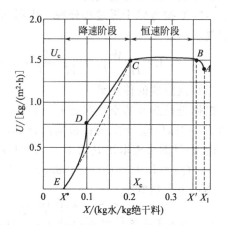

图 8-11　某些物料的平衡水分曲线（25℃）
1—新闻纸；2—羊毛、毛织物；3—硝化纤维；
4—丝；5—皮革；6—陶土；7—烟叶；
8—肥皂；9—牛皮胶；10—木材

图 8-12　干燥速率曲线

一定空气状态下，不同物料的平衡水分相差很大；对于同一物料，当空气温度一定，改变其湿度值，可得不同的平衡水分。平衡水分表示一定空气状态下，物料可能干燥的最大限度。

自由水分是指物料的含水量与平衡水分之差。理论上讲，自由水分是在一定空气状态下能用干燥方法完全除去的水分，但在实际生产中，干燥很难达到物料的平衡水分，因此，自由水分也只能部分被除去。

2. 结合水分与非结合水分

根据物料与水分结合力的状况，即除去水分的难易程度，将物料中所含水分分为结合水分与非结合水分。

结合水分是干燥过程较难除去的水分。结合水分包括物料细胞壁内的水分、毛细管中的水分及以结晶水的形态存在于固体物料之中的水分等。这种水分是借化学力或物理化学力与物料相结合的，由于结合力强，其蒸气压低于同温度下纯水的饱和蒸气压，致使干燥过程的传质推动力降低，除去结合水分较困难。

非结合水分是干燥过程较易除去的水分。非结合水分包括机械地附着于固体表面的水分，如物料表面的吸附水分、较大孔隙中的水分等。物料中的非结合水分与物料的结合力弱，其蒸气压与同温度下纯水的饱和蒸气压相等，除去非结合水分较容易。

二、干燥速率及其影响因素

1. 干燥速率和干燥速率曲线

干燥速率是指单位时间内在单位干燥面积上汽化的水分量，单位为 $kg/(m^2 \cdot s)$，用符号 U 表示，即

$$U = \frac{M_\text{水}}{A\tau} \tag{8-14}$$

式中 $M_\text{水}$——物料表面汽化的水分量，kg；

A——被干燥物料表面积，m^2；

τ——干燥时间，s。

由于物料的干燥过程很复杂，目前研究尚不够充分，所以干燥速率的数据多取自实验测定值。为了简化影响因素，测定干燥速率的实验是在恒定条件下进行的。如用大量的空气干燥少量的湿物料时，可以认为接近于恒定干燥情况。

干燥速率曲线是指物料干燥速率 U 与物料含水量 X 的关系曲线，如图 8-12 所示。干燥过程分为恒速干燥和降速干燥两个阶段。

(1) 恒速干燥阶段　恒速干燥阶段的干燥速率如图 8-12 中 BC 段所示。在这一干燥阶段中，由于物料内部的水分能及时扩散到物料表面，使物料表面始终非常湿润，其表面有一层非结合水分，很容易除去。在恒速干燥阶段，物料内部水分扩散速率大于表面水分汽化速率，恒速干燥阶段的干燥速率取决于表面水分汽化速率，主要决定于空气的状态，与物料中所含水分量关系不大，所以恒速干燥阶段又可称为表面汽化控制阶段。AB 段为原料的预热段，因时间很短，一般并入 BC 段内考虑。

(2) 降速干燥阶段　第一降速干燥阶段如图 8-12 中 CD 段所示。降速干燥阶段物料内部水分扩散到表面的速率已小于表面水分在湿球温度下的汽化速率，这时物料表面不能维持全部润湿而形成"干区"，由于水分汽化表面向物料内部移动，实际汽化面积减小，使热、质传递途径加长，阻力增大，造成干燥速率下降。降速干燥阶段的干燥速率主要决定于物料本身的结构、形状和大小，与空气的性质关系很小。降速干燥阶段又称为内部扩散控制阶段。图中 DE 段为第二降速干燥阶段，当物料全部外表面都成为干区后，水分的汽化逐渐向物料内部移动，使热、质传递路径加长，造成干燥速率下降。

当物料被干燥到达 E 点时，物料的含水量已降到平衡含水量 X^*（即平衡水分），物料的干燥达到了极限程度，再继续干燥亦不可能降低物料的含水量。

恒速干燥与降速干燥阶段的转折点（C 点）称为临界点，该点的干燥速率仍等于恒速阶段的干燥速率，与该点对应的物料含水量，称为临界含水量 X_c。当物料的含水量降到临界含水量以下时，物料的干燥速率逐渐降低。

综上所述，当物料中的含水量大于临界含水量 X_c 时，属于表面汽化控制阶段，即恒速干燥阶段；当物料含水量小于临界含水量 X_c 时，属于内部扩散控制阶段，即降速干燥阶段。当达到平衡含水量 X^* 时，干燥速率为零。实际上，在工业生产中，物料不会被干燥到平衡含水量，而是被干燥到临界含水量和平衡含水量之间的某一点，干燥产品的含水量应根据工艺要求和经济核算确定。

2. 影响干燥速率的因素

影响干燥速率的因素很复杂，目前还没有统一的较准确的计算方法来求取干燥速率。影响干燥速率的因素主要有三个方面，即湿物料、干燥介质和干燥设备。这三者相互关联，具体讨论如下。

(1) 物料的性质和形状　湿物料的化学组成、物理结构、形状和大小、物料层的厚薄，以及水分与物料的结合方式等，都会影响干燥速率。在恒速干燥阶段，尽管物料的性质对干燥速率影响很小，但物料的形状、大小、物料层的厚薄等将影响物料的临界含水量。在降速干燥阶段，物料的性质和形状对干燥速率有决定性的影响。

(2) 物料的温度　物料的温度越高，干燥速率越大。但干燥过程中，物料的温度取决于干燥介质的温度和湿度。

(3) 物料的含水量　物料的最初、最终和临界含水量决定干燥过程所需时间的长短。

(4) 干燥介质的温度和湿度　在不损坏物料的原则下，干燥介质温度越高、湿度越低，则恒速干燥阶段的干燥速率越大。在干燥热敏性物料时，需特别注意控制干燥介质的温度。有些干燥设备采用分段中间加热的方式，可以避免介质温度过高而损坏物料。

(5) 干燥介质的流速与流向　在恒速干燥阶段提高气速，可以提高干燥速率。介质的流动方向垂直于物料表面时的干燥速率比平行流过时要大。在降速干燥阶段，气速和流向对干燥速率影响不大。

(6) 干燥器的构造　上述各项因素通常是通过干燥器的构造来实现的，许多新型干燥器就是针对于某些影响因素而设计的。

第五节　对流干燥设备

一、常见对流干燥设备

工业上由于被干燥物料的性质、干燥程度的要求、生产能力的大小等各不相同，所采用的干燥器的形式和干燥的操作程序多种多样。为确保优化生产、提高效益，对干燥器提出以下基本要求。

(1) 能满足生产工艺要求　工艺要求主要指：达到规定的干燥程度；干燥均匀；保证产品具有一定的形状和大小等。由于不同物料的物化性质及其外观形状等差异很大，对干燥设备的要求也就各不相同，干燥器必须根据物料的这些不同特征而确定不同的结构。干燥过程的通用设备很难符合优化、经济的原则，这与其他单元操作过程有很大区别。一般而言，干燥小批量、多品种的产品时才采用通用干燥设备。

(2) 生产能力要大　干燥器的生产能力取决于物料达到规定干燥程度所需的时间。干燥速率越快，所需的干燥时间越短，同样大小设备的生产能力越大。许多干燥器，如气流干燥器、流化床干燥器、喷雾干燥器就能够使物料在干燥过程中处于分散、悬浮状态，增大气-固接触面积并不断更新，加快了干燥速率，缩短了干燥时间，因而具有较大的生产能力。

(3) 热效率要高　热效率是干燥过程的主要技术经济指标。在对流干燥中，提高热效率的主要途径是减少废气带走的热量。干燥器的结构应有利于气-固接触，有较大的传热和传质推动力，以提高热能的利用率。

(4) 其他　干燥系统的流动阻力要小以降低动力消耗；操作控制方便；劳动条件良好；附属设备简单。

以下介绍几种常见的对流干燥器。

1. 厢式干燥器

图 8-13 为厢式干燥器的结构示意。它主要由外壁绝热的厢形干燥室和放在小车支架上的物料盘等组成。厢式干燥器为一种古老的间歇式干燥设备。图中物料盘分为上、中、下三组，每组有若干层，盘中物料层厚度一般为 10～100mm。空气加热至一定程度后，由风机送入干燥室，沿图中的箭头指向进入下部的几层物料盘，再经中间加热器加热后进入中部几层物

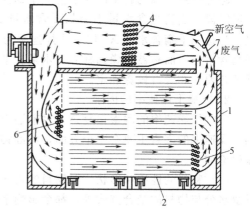

图 8-13　厢式干燥器
1—干燥室；2—小车；3—风机；
4～6—加热器；7—碟形阀

料盘，最后经另一中间加热器加热后进入上部几层物料盘。废气一部分排出，另一部分则经上部加热器加热后循环使用。空气分段加热和废气的部分循环使用，可使厢内空气温度均匀，热量利用率增大。

厢式干燥器结构简单，适应性强，可用于干燥小批量的粒状、片状、膏状物料，不宜干燥粉状和较贵重的物料。其干燥程度可以通过改变干燥时间和干燥介质的状态来调节；但厢式干燥器具有物料不能翻动、干燥不均匀、装卸劳动强度大、操作条件差等缺点，主要用于实验室和小规模生产。

2. 转筒干燥器

图 8-14 所示为一连续式转筒干燥器示意。转筒干燥器的干燥室是一个与水平面稍成倾角的钢制转筒。转筒外壁装有两个滚圈，整个转筒的质量支撑在两个滚圈上。转筒由腰齿轮带动缓缓旋转，转速一般为 1～8r/min；在转筒的内壁面上装有许多与转筒轴平行的抄板。

湿物料由转筒较高的一端加入，随着转筒的转动，不断被抄板抄起并均匀地洒下，以便湿物料与干燥介质能够均匀地接触，同时物料在重力作用下不断地向出料口移动。干燥介质一般由出料口和干燥介质进口进入，与物料呈逆流接触，废气从进料口排出。

转筒干燥器的生产能力大，气体阻力小，操作方便，操作弹性大，可用于干燥粒状和块状物料。其缺点是钢材耗用量大，设备笨重，基建费用高。主要用于干燥硫酸铵、硝酸铵、复合肥及碳酸钙等物料。

3. 沸腾床干燥器

图 8-15 所示为沸腾床干燥器示意。沸腾床干燥器又称流化床干燥器，是固体流态化技术在干燥中的应用。干燥器内用垂直挡板分隔成 4～8 个室，垂直挡板与水平空气分布板之间留有一定间隙（一般为几十毫米），使物料能够逐室通过。湿物料由第一室加入，依次流过各室，最后越过溢流堰板排出。热空气通过空气分布板进入前面几个室，通过物料通道，并使物料处于流化状态，由于物料上下翻滚，互相混合，与热空气接触充分，从而使物料能够得到快速干燥。当物料通过最后一室时，与下部通入的冷空气接触，产品得到迅速冷却，以便包装储存。

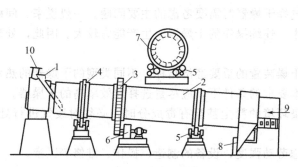

图 8-14 转筒干燥器
1—进料口；2—转筒；3—腰齿轮；4—滚圈；5—托轮；6—变速箱；
7—抄板；8—出料口；9—干燥介质进口；10—废气

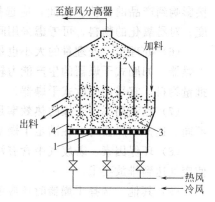

图 8-15 沸腾床干燥器
1—空气分布板；2—垂直挡板；
3—物料通道；4—溢流堰板

沸腾床干燥器结构简单，造价和维修费用较低；物料在干燥器内的停留时间的长短可以调节；气-固两相接触好，干燥速率快，热能利用率高，能得到较低的最终含水量；空气的流速较小，物料与设备的磨损较轻，压降较小。多用于干燥粒径在 0.003～6mm 的物料。

沸腾床干燥器优点较多，适应范围较广，在生产中得到广泛应用。

二、干燥器的比较和选择

干燥器的形式多种多样，按照加热方式不同，可将干燥器分为对流干燥器、传导干燥器、辐射干燥器及介电加热干燥器。由于对流干燥器的形状及操作条件不同，又可分为厢式干燥器、转筒干燥器、气流干燥器、沸腾床干燥器、喷雾干燥器等。通常，可根据被干燥物料的性质和工业要求选择几种适合的干燥器，然后对所选干燥器的设备费用和操作费用进行技术经济分析，最终确定干燥器的类型。

1. 选择干燥器类型需要考虑的因素

选择干燥器类型时，需要考虑的因素主要有湿物料的形态和特性、对产品的要求、处理量及环境要求、热源及热效率等。

（1）物料的形态　选择干燥器时，首先要考虑对产品形态的要求。例如，陶瓷制品和饼干等食品，若在干燥过程中，失去了应有的几何形状，也就失去了其商品价值。不同的干燥器可以满足对物料形态的要求。

（2）物料的干燥程度　达到要求的干燥程度，需要一定的干燥时间，物料不同，所需的干燥时间可能相差很大。对干燥时间很短的干燥器，如气流干燥器，仅适用于干燥临界含水量很低的易于干燥的物料。对于吸湿性物料或临界含水量很高的物料应选择干燥时间长的干燥器。

（3）物料的热敏性　物料的热敏性决定了干燥过程中物料温度的控制上限，同时物料承受温度的能力还与干燥时间的长短有关。对于某些热敏性物料，如果干燥时间很短，即使在较高温度下进行干燥，产品也不会因此而变质。气流干燥器和喷雾干燥器就比较适合于热敏性物料的干燥。

（4）物料的黏性　物料的黏性关系到干燥器中物料的流动及传热与传质的进行。应充分考虑物料湿度的变化对黏性的影响，以便选择合适的干燥器。

（5）产品的特定质量要求　干燥药品、食品等不能受污染的物料，所用干燥介质必须纯净，或采用间接加热方式干燥。有的产品不仅要求有一定的几何形状，而且要求有良好的外观，这些物料在干燥过程中，若干燥速度太快，可能会使产品表面硬化或严重收缩发皱，直接影响到产品的价值。因此，应选择适当的干燥器，确定适宜的干燥条件，缓和其干燥速度。对易氧化的物料，可考虑采用间接加热的干燥器。

（6）处理量　处理量的大小也是选择干燥器时需要考虑的主要问题。一般说来，间歇式干燥器，如厢式干燥器的生产能力较小；连续操作的干燥器，生产能力较大。因此，处理小批量物料，宜采用间歇式干燥器。

（7）热利用率　干燥的热效率是干燥装置的重要经济指标。不同类型的干燥器的热效率不同。选择干燥器时，在满足干燥基本要求的条件下，应尽量选择热效率高的干燥器。

（8）环保因素　若废气中含有污染环境的粉尘甚至有毒成分时，必须对废气进行处理，使废气达到排放要求。

（9）其他　选择干燥器时还应考虑劳动强度，设备的制造、操作、维修等因素。

2. 干燥器的比较

表 8-1 是各类干燥器对不同物料的适用情况进行比较，供选择干燥器时参考。

三、干燥过程的调节控制

选择了合适的干燥器，还必须确定最佳的工艺条件，在操作中注意控制和调节，才能完成干燥任务，同时达到优质、高产、低耗。工业生产中的对流干燥，由于所采用的干燥介质不同，干燥的物料多种多样，干燥设备类型很多，干燥机理复杂，至今仍主要依靠实验手段和经验来确定干燥过程的最佳条件。在此仅介绍人们通过长期生产实践总结出来的对干燥过程进行调节和控制的一般原则。

表 8-1　干燥器适用情况的比较

加热方式	干燥器	物　料							
		溶液	泥浆	膏糊状	粒径100目以下	粒径100目以上	特殊形状	薄膜状	片状
		无机盐类、牛奶、萃取液、橡胶乳液等	颜料、纯碱、洗涤剂、碱、石灰、高岭土等	滤饼、沉淀物、淀粉、染料等	离心机滤饼、颜料、黏土、水泥等	合成纤维、结晶、矿砂、合成橡胶等	陶瓷、砖瓦、木材、填料等	塑料薄膜、玻璃纸、纸张、布匹等	薄板、泡沫塑料、照相底片、印刷材料、皮革、三夹板等
对流加热	气流	不适合	"可用"	"可用"	"能用"	适合	不适合	不适合	不适合
	沸腾床	不适合	"可用"	"可用"	"能用"	适合	不适合	不适合	不适合
	喷雾	适合	适合	"能用"	不适合	不适合	不适合	不适合	不适合
	转筒	不适合	不适合	"可用"	适合	适合	适合	不适合	不适合
	厢式	不适合	"能用"	适合	适合	适合	适合	适合	适合
传导加热	耙式真空	"能用"	适合	适合	适合	适合	不适合	不适合	不适合
	滚筒	适合	适合	"能用"	"能用"	不适合	不适合	多滚筒适合	不适合
	冷冻	(适合)	(适合)	(适合)	(适合)	(适合)	不适合	不适合	不适合
辐射加热	红外线	(适合)	(适合)	(适合)	(适合)	(适合)	适合	适合	适合
介电加热	微波	(适合)	(适合)	(适合)	(适合)	(适合)	适合	(适合)	(适合)

注：(适合) 表示经费许可时才适合；"可用" 表示在特定条件下适合；"能用" 表示在适当条件下可应用。

对于一个特定的干燥过程，干燥器和干燥介质已选定，同时，湿物料的含水量、水分性质、温度及要求的干燥质量也一定。这样，能调节的参数只有干燥介质的流量 L、进出干燥器的温度 t_1 和 t_2 及出干燥器时废气的湿度 H_2 四个参数，这四个参数相互关联和影响，当规定其中的任意两个参数时，另外两个参数也就确定了，即在对流干燥操作中，只有两个参数可以作为自变量而加以调节。在实际操作中，通常调节的参数是进入干燥器的干燥介质的温度 t_1 和流量 L。

1. 干燥介质的进口温度和流量的调节

为强化干燥过程，提高其经济性，在物料允许的最高温度范围内，干燥介质预热后的温度应尽可能高一些。同一物料在不同类型的干燥器中干燥时，允许的介质进口温度不同。例如，在转筒、沸腾、气流等干燥器中，由于物料在不断翻动，表面更新快，干燥过程均匀、速率快、时间短，因此，介质的进口温度可较高。而在厢式干燥器中，由于物料处于静止状态，加热空气只与物料表面直接接触，容易使物料过热，应控制介质的进口温度不能太高；增加空气的流量可以增大干燥过程的推动力，提高干燥速率。但空气流量的增加，会造成热损失增加，热量利用率下降，同时还会使动力消耗增加；气速的增加，会造成产品回收负荷增加。生产中，要综合考虑温度和流量的影响，合理选择。

2. 干燥介质的出口温度和湿度的影响

当干燥介质的出口温度增加时，废气带走的热量多，热损失大；如果干燥介质的出口温度太低，则含有相当多水汽的废气可能在出口处或后面的设备中达到露点，析出水滴，这将破坏干燥的正常操作。实践证明，对于气流干燥器，应使介质的出口温度比物料的出口温度高 10～30℃ 或较其进口时的绝热饱和温度高 20～50℃，否则，可能会导致干燥产品的返潮，并造成设备的堵塞和腐蚀。

干燥介质出口时的相对湿度增加，可使一定量的干燥介质带走的水汽量增加，操作费用降低。但相对湿度增加，会导致过程推动力减小，完成相同干燥任务所需的干燥时间增加或干燥器尺寸增大，可能使总的费用增加。因此，必须全面考虑，并根据具体情况分别对待。对气流干燥器，由于物料在设备内的停留时间短，为完成干燥任务，要求有较大的推动力以提高干燥速率，一般控制出口介质中的水汽分压低于出口物料表面水汽分压的50%；对转筒干燥器，出口介质中的水汽分压可高些，可达与之接触的物料表面水汽分压的50%~80%。

对于一台干燥设备，干燥介质的最佳出口温度和湿度应通过操作实践来确定，并根据生产进行调节。生产上控制、调节介质的出口温度和湿度主要是通过控制、调节介质的预热温度和流量来实现。例如，对同样的干燥任务，加大介质的流量或提高其预热温度，可使介质的相对湿度降低，出口温度上升。在有废气循环使用的干燥装置中，通常将循环的废气与新鲜空气混合进入预热器加热后，再送入干燥器，以提高传热和传质系数，减少热损失，提高热能的利用率。但循环气的加入，使进入干燥器的湿度增加，将使过程的传质推动力下降。因此，采用循环废气操作时，应根据实际情况，在保证产品质量和产量的前提下，调节适宜的循环比。

干燥操作的目的是把物料中的含水量降至规定的指标以下，且不出现龟裂、焦化、变色、氧化和分解等物理和化学性质上的变化。干燥过程的经济性主要取决于热能消耗及热能的利用率。因此，必须从生产实际出发，综合考虑，选择适宜的操作条件，以达到优质、高产、低耗的目标。

思 考 题

8-1 常用的去湿方法有哪几种？工业干燥的含义是什么？对流干燥的实质是什么？
8-2 湿空气的性质有哪些？
8-3 为什么湿空气要经预热后再送入干燥器？
8-4 对同样的干燥要求，冬季与夏季哪一个季节空气消耗量大？为什么？
8-5 要想获得绝干物料，干燥介质应具备什么条件？实际生产中能否实现？为什么？
8-6 在一定条件下，当物料已经被干燥到接近其平衡含水量时，若继续进行干燥，物料的含水量有何变化？
8-7 什么叫理想干燥过程？其基本特征是什么？
8-8 干燥过程所消耗的热量主要用于哪几个方面？其中哪些消耗是无意义的？
8-9 说明热空气对湿物料的干燥过程。
8-10 分析干燥速率曲线对实际生产的指导意义。
8-11 湿空气的湿-焓图中有哪些图线？如何应用？
8-12 采用废气循环的目的是什么？废气循环对干燥操作会带来什么影响？
8-13 干燥器出口气体温度是否可任意确定？为什么？
8-14 影响干燥操作的主要因素有哪些？实际生产中如何进行干燥的调节控制？
8-15 对干燥设备的基本要求是什么？常用的对流干燥器有哪些？各有什么特点？

习 题

8-16 湿空气的总压为101.33kPa。试求：
(1) 空气在40℃和$\varphi=65\%$时的焓和湿度；
(2) 已知湿空气中水蒸气分压为7kPa，求该空气在50℃时的相对湿度和湿度。

[答：(1) 119.72kJ/kg干空气；0.0309kg水/kg干空气；(2) 56.86%；0.0462kg水/kg干空气]

8-17 空气的总压为101.33kPa，温度为60℃，相对湿度为60%。试求湿空气的比热容和比体积。

[答：1.166kJ/(kg·K)；1.069m³/kg干空气]

8-18 已知两个独立的空气性质，利用 I-H 图，填充下表的空白。

干球温度/℃	湿球温度/℃	湿度/(kg水/kg干空气)	相对湿度/%	焓/(kJ/kg 干空气)	水汽分压/kPa	露点/℃
50	30					
40						20
20			60			
		0.04		160		
30					1.5	

[答：略]

8-19 在去湿设备中将空气中的部分蒸汽除去，操作压力为 101.33kPa。空气进口温度为 20℃，水蒸气分压为 6.62kPa，出口处水蒸气分压为 1.4kPa。试计算每 100m³ 进口空气所除去的水分量。

[答：3.917kg 水]

8-20 用一干燥器干燥某物料，已知湿物料处理量为 1000kg/h，含水量由 40% 干燥至 5%（均为湿基）。试计算干燥水分量和干燥收率为 95% 时的产品量。　　[答：350kg 水/h；617.5kg 产品/h]

8-21 有一干燥器，将湿物料由含水量 40% 干燥至 5%（均为湿基），干燥器的生产能力为 400kg 绝干料/h。空气的干球温度为 20℃，相对湿度为 40%，经预热至 100℃ 进入干燥器，饱和至 $\varphi=60\%$ 排出。若干燥器内空气经等焓干燥过程，试求所需空气量及预热器供应的热量。

[答：10921.1kg/h；248.8kW]

8-22 在常压干燥器中，将某物料从含水量 5% 干燥到 0.5%（湿基）。干燥器的生产能力为 7200kg 绝干料/h。已知物料进口温度为 25℃，出口温度为 65℃。干燥介质为空气，其初温为 20℃，经预热器加热至 120℃，湿度为 0.007kg 水/kg 干空气进入干燥器，出干燥器的温度为 80℃。干物料的比热容为 1.8kJ/(kg·K)，若不计热损失，试求干空气的消耗量及空气离开干燥器时的湿度。

[答：25969.7kg 干空气/h；0.015kg 水/kg 干空气]

8-23 在 25℃ 下，含水量为 0.04kg 水/kg 绝干料的烟叶长期放置于相对湿度为 40% 的空气中。试求烟叶最终的含水量。烟叶在这样的环境下是吸湿还是被干燥？吸收或除去了多少水分？

[答：17%；吸湿；0.0068kg 水/kg 绝干料]

第九章 冷 冻

学习目标

- 掌握 实际冷冻循环的四个基本过程，冷冻系数、冷冻能力和冷冻循环的计算及影响因素（冷冻控制参数），选择适宜的冷冻操作条件。T-S 图的结构及在冷冻操作和计算中的应用。
- 理解 冷冻单元操作的概念，冷冻剂和冷冻盐水的选择原则，冷冻机的标准，冷冻能力的条件。
- 了解 压缩蒸气冷冻机装置中各个设备的作用、结构，冷冻的分类及在工业生产上的应用。

第一节 概 述

一、冷冻单元操作的概念

冷冻操作，是指将物料的温度降低到比周围空气和水这些天然冷却剂的温度还要低的一种单元操作。冷冻操作人为地分为普通冷冻（简称冷冻，123K 以上）和深度冷冻（123K 以下）。本章只讨论普通冷冻。

冷冻操作在现代工业生产和其他国民经济部门，有着广泛的应用。例如，在化学工业生产中空气的分离、低温化学反应、精馏、结晶等；食品工业中用于冷饮品的制造、食品的冷藏；医药工业中一些抗生素剂、疫苗、血清等的低温储存；建筑业中用冷冻法来挖掘矿井、隧道、建造堤坝；乃至核工业中用来控制核反应速度、吸收核反应过程中放出的热量等。由此可见，冷冻技术的应用将展示出无限广阔的前景。

制冷的方法很多，大致可分为物理方法和化学方法两类。而绝大多数的制冷方法属于物理方法。在普通制冷范围内，应用最广泛的物理方法有相变制冷、气体膨胀制冷。其相变制冷是利用某些物质在发生相变时的吸热效应进行制冷的方法。因为物质在发生相变过程中，当物质分子重新排列和分子运动速度改变时就要吸收或放出热量，即相变潜热。在普通冷冻中，主要是利用冷冻剂液体在低压下的汽化过程来制取冷量。像压缩蒸气制冷、吸收制冷、蒸气喷射制冷等均属于相变制冷。

在化工生产中，常用的普通冷冻方法是利用液氨、液态乙烷等在常压下具有低沸点的液体作为冷冻剂。当冷冻剂在低沸点下汽化时，它将从被冷冻物料中吸取热量，以使物料温度降至低温。例如，液氨在 40.9kPa 下蒸发时，可达 223K；液态乙烷在 53kPa 下蒸发时，可达 173K。可见，用冷冻剂从被冷冻的物料中取走热量，就会使被冷冻物料的温度低于周围环境的温度，同时将热量传给周围的水或空气的操作。

二、冷冻的实质

普通冷冻属于热力过程，但又区别于第四章讨论的传热过程。传热是高温物体将热量传递给低温物体，并且可以自动进行热量传递。而冷冻操作过程中，热量必须由被冷冻物料输出，然后才能达到所要求的低温。例如，为获得人造冰，必须将水中的热量取出，才能将水的温度降低到冰点或冰点以下。从低温物体取出的热量，还必须传递给另一比低温物体温度高的物体，并由其带走，才有可能达到使低温物体温度不断降低的目的。要实现冷冻操作，即将热量从低温物体传递给高温物体，因该过程不可能自动进行，所以需从外界向体系补充能量，并利用某中间介质来完成这种热量传递过程。可见，普通冷冻的实质，就是由压缩机做功，通过中间介质（冷冻剂）从低温物体不断取出热量，传递到高温的环境中去。这一过程类似用泵将水从低处送到高处。冷冻剂在制冷系统中循环使用。

第二节 压缩蒸气冷冻机

一、压缩蒸气冷冻机的工作过程

在获得低温的众多方法中，压缩蒸气冷冻机是目前应用最广泛的人工制冷方法之一。压缩蒸气制冷所需的机器设备紧凑，操作管理方便，应用范围广泛，具有较高的循环效率。冷冻操作需从外界补充能量，用于补充能量的机器称为压缩机或冷冻机、冰机。

压缩蒸气冷冻机的冷冻循环简图如图 9-1 所示，它是以冷冻循环的四大设备为主体，即以下四类热力设备。

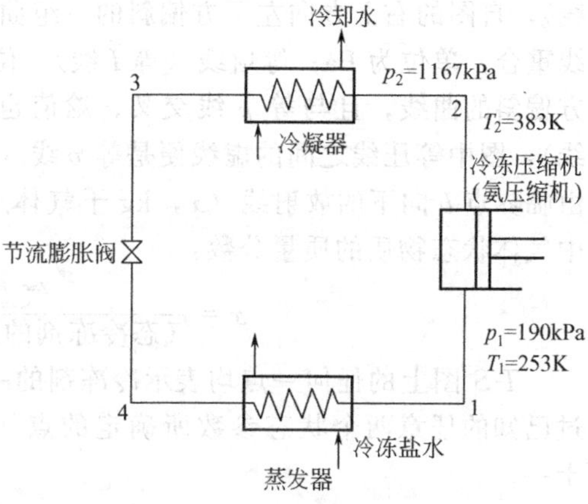

(1) 冷冻压缩机　冷冻剂干饱和蒸气在压缩机内进行绝热压缩，使其压力和温度同时升高，成为过热蒸气。

(2) 冷凝器　冷冻剂过热蒸气进入冷凝器，先放出显热冷却成饱和蒸气，继而放出潜热再冷凝成饱和液体，最后还放出少量显热而成为稍过冷液体，以防止冷冻剂在进入膨胀阀前汽化。

(3) 节流膨胀阀　从冷凝器出来的过冷液体，通过节流阀进行节流膨胀，膨胀后的冷冻剂减压、降温并部分汽化，形成气液混合物。

图 9-1　压缩蒸气冷冻机的冷冻循环

(4) 蒸发器　膨胀后的冷冻剂气液混合物进入蒸发器内，从被冷物料（如冷冻盐水）中吸热而全部汽化，并稍微过热，以防止冷冻剂液滴进入压缩机。

实际冷冻循环是上述四个基本过程周而复始地进行。这种冷冻操作过程称为有过冷的干法操作。

现以氨为冷冻剂讨论压缩蒸气冷冻过程。在图 9-1 中，液氨在 190kPa 的压力下蒸发，蒸发温度为 253K，从被冷冻物料（冷冻盐水）取得热量，从而使被冷冻物料降温。同时液氨汽化为稍过热的氨蒸气，汽化后的氨蒸气进入压缩机，压缩机对氨加压做功，使氨气的压力和温度升高至 $p_2=1167\text{kPa}$，$T_2=383\text{K}$（绝热压缩时）左右的氨过热蒸气。然后氨过热蒸气进入冷凝器，用水将此气体冷却、冷凝至 303K，并使之冷凝成液氨，进一步降温过冷到 298K 左右。最后经过一个节流膨胀阀，使液氨压力降到 190kPa，温度降至 253K，并汽化成气、液混合物，再送到蒸发器中吸取被冷冻物料的热量而蒸发。在整个冷冻循环过程中，氨作为冷冻剂，完成由低温的被冷冻物料不断吸取热量转交给高温物料（冷却水）的任务。

二、温-熵图

在进行冷冻循环过程的分析和计算时,常常需要知道冷冻剂的有关热力学参数,比如压力 p、温度 T、焓 I、熵 S 等,将这四个参数的相互关系绘制成热力学图,在实际应用上,非常方便。应用最广泛的热力学图便是温-熵图(T-S 图)。温-熵图是分析冷冻过程和计算冷冻能力等的一个非常重要的工具,应用温-熵图计算比较简便易行。

1. 温-熵图的构造

图 9-2 是温-熵(T-S)图的示意,横坐标表示特定物质如氨的熵值 [kJ/(kg·K)],因熵是相对值,所以氨的温-熵图有两种基准:一种以 $T=273K$ 的饱和液氨的熵 $S=4.187$kJ/(kg·K);另一种以 $T=233K$ 的饱和液氨的熵 $S=0$。本书附图中氨的 T-S 图(参见附录二十一)的基准是前一种。垂直于横坐标的直线为等熵线($S=$常数)。纵坐标是冷冻剂的温度 T,单位是 K 或℃,水平线是等温线($T=$常数)。图 9-2 中 abc 曲线称为饱和曲线,b 点为临界点,在临界点左侧 ab 线是饱和液体线,右侧 bc 线是饱和蒸气线。过临界点的等温线是临界温度线。由饱和蒸气线和临界温度线将 T-S 图分成三个区域;折线 $T_c bc$ 以上区域是过热蒸气区;折线 $T_c ba$ 包围的区域是过冷液体区;饱和曲线 abc 下方区域是气、液两相区。在 T-S 图中,除等 T 线和等 S 线两组直线以外,还应该有四组曲线:等压曲线(等 p 线),自图的右上方向左下方偏斜的一组曲线,进入气、液两相区后成为水平直线,与等温线重合,单位为 Pa;等焓线(等 I 线),位于气相区和气、液两相区的一组自左上方向右下方偏斜的曲线,且与等 p 线交叉。焓值也具有相对性,单位为 kJ/kg;等比体积线(等 v 线),图中等压线之间的虚线便是等 v 线(参见附录二十一);等干度线,在气、液两相区内由临界点 b 向下的放射线(x, kg 干气体/kg 气液混合物)。它表示冷冻剂的气、液混合物中气体状态物质的质量分数:

$$x=\frac{\text{气态冷冻剂的质量}}{\text{气态冷冻剂的质量}+\text{液态冷冻剂的质量}}$$

T-S 图上的任何一点均表示冷冻剂的一个状态:S、T、p、I、v、x,它们的数值可通过已知的任意两个状态参数所确定的点从各组线上读得。氨的 T-S 图可参见本书附录二十一。

2. 温-熵图的应用

实际压缩蒸气冷冻过程在温-熵图上的表示,如图 9-3 所示。

因 T-S 图上的任何一点都表示冷冻剂的一个状态;任何一条曲线均表明冷冻剂的状态变化过程。所以,在 T-S 图上定出冷冻剂的状态点后,就可由图求出它的热力学参数。还能在 T-S 图上画出封闭曲线,说明实际冷冻操作的循环过程。

(1) 冷冻剂的干饱和蒸气状态　点 1 表示进入压缩机前冷冻剂的状态(p_1、T_1)。

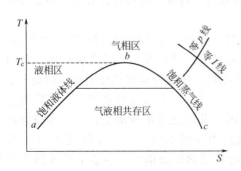

图 9-2　温-熵图

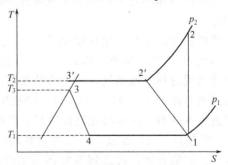

图 9-3　有过冷的干法操作过程曲线

(2) 绝热压缩过程 如图 1-2 线段为冷冻剂由点 1（p_1、T_1）被压缩到点 2（p_2、T_2）状态的绝热压缩过程。

(3) 过热蒸气在冷凝器中的冷却、冷凝和过冷过程 如图 2—2′—3′—3 的过程，过热蒸气先放出显热而成饱和蒸气（即 2—2′）；然后放出潜热成饱和液体（即 2′—3′）；最后再放出少量显热而成为过冷液体（即 3′—3）。

(4) 节流阀中的节流膨胀过程 如图中 3—4 的过程，过冷液体通过节流阀节流膨胀，减压降温并部分汽化而到达状态点 4（p_4、T_4）。该过程绝热而不对外做功。

(5) 蒸发器中的蒸发过程 如图中 4—1 的过程，冷冻剂的气液混合物进入蒸发器，在等压和等温下汽化成干饱和蒸气的过程。

如已知蒸发温度 T_1、冷凝温度 T_2 和过冷温度 T_3，可在 T-S 图上作出有过冷的干法操作的冷冻循环过程曲线。还能从 T-S 图中读取冷冻剂各状态的焓值，以便于计算使用。

三、压缩蒸气冷冻机的计算

压缩蒸气冷冻机的计算包括确定冷冻机的冷冻能力和冷冻机所需要的压缩功等。计算时需首先确定冷冻的种类和操作温度（T_1、T_2），并用该冷冻剂的 T-S 图表示相应的过程曲线，查出各状态点的焓值（I_1、I_2 和 I_3 等）；然后进行计算。现分别讨论如下。

1. 冷冻能力的计算

冷冻能力是冷冻装置产生制冷量的标志。它是在一定条件下，冷冻机中冷冻剂能从被冷物料取出的热量，称为冷冻能力。用符号 Q_1 表示，单位是 W 或 kW。

(1) 单位质量冷冻剂的冷冻能力 1kg 冷冻剂经过蒸发器时从被冷冻物料取出的热量，用符号 q_1 表示，单位为 kJ/kg，即

$$q_1 = \frac{Q_1}{q_m} = I_1 - I_4 \tag{9-1}$$

式中 q_m——冷冻剂的质量流量或循环量，kg/s；

I_1——冷冻剂离开蒸发器时的焓，kJ/kg；

I_4——冷冻剂进入蒸发器时的焓，kJ/kg。

则冷冻剂的循环量

$$q_m = \frac{Q_1}{q_1} = \frac{Q_1}{I_1 - I_4} \tag{9-2}$$

或

$$q_m = \frac{q_V}{v} = q_V \rho \tag{9-3}$$

式中 q_V——进入压缩机时的冷冻剂蒸气的体积流量，m³/s；

ρ——进入压缩机时的冷冻剂蒸气的密度，kg/m³；

v——进入压缩机时的冷冻剂蒸气的比体积，m³/kg。

(2) 单位体积冷冻剂的冷冻能力 1m³ 进入压缩机的冷冻剂蒸气的冷冻能力，称单位体积冷冻能力，用符号 q_2 表示，单位为 kJ/m³。

$$q_2 = \frac{Q_1}{q_V} = \frac{q_1}{v} = q_1 \rho \tag{9-4}$$

或

$$q_2 = \frac{q_m q_1}{q_V} \tag{9-5}$$

(3) 冷冻能力 设冷冻剂的质量流量是 q_m，kg/s，则冷冻能力

$$Q_1 = q_m q_1 = q_V q_2 \tag{9-6}$$

(4) 标准冷冻能力 在标准操作温度下的冷冻能力，称为标准冷冻能力，用符号 Q_s 表示，单位为 W 或 kW。

按国际人工制冷会议规定，当进入压缩机的冷冻剂是干饱和蒸气时，任何冷冻机的标准操作温度是：蒸发温度 $T_1=258K$，冷凝温度 $T_2=303K$，过冷温度 $T_3=298K$。一般出厂的冷冻机所标的冷冻能力都是指标准冷冻能力。

由于冷冻机的实际操作温度是由生产工艺条件决定的，因此很难与标准操作温度相同，那么就需要把实际生产条件下的冷冻能力换算成标准冷冻能力才能选用合适的冷冻机。反之，要核算实际操作中的冷冻机冷冻能力能否满足生产需求的冷冻能力时，需把冷冻机铭牌上标明的标准冷冻能力换算成实际操作温度下的冷冻能力，才可进行比较。

同一台冷冻机的实际冷冻能力 Q_1 和标准冷冻能力的换算关系如下：

$$\frac{Q_1}{Q_s}=\frac{\lambda_1 q_2}{\lambda_s q_{2s}} \tag{9-7}$$

式中　Q_s、Q_1——分别为标准、实际冷冻能力，kW；

　　　q_{2s}、q_2——分别为标准、实际单位体积冷冻能力，kJ/m^3；

　　　λ_s、λ_1——分别为标准、实际冷冻机的送气系数。

2. 冷冻循环的计算

(1) 蒸发器的传热速率　等于冷冻机的冷冻能力。若被冷冻物料量为 q_m，kg/s；温度由 t_1 冷却至 t_2；其定压比热容为 c_p，则冷冻能力为

$$Q_1=q_m c_p(t_1-t_2) \tag{9-8}$$

冷冻系统通常处在低于环境温度条件下运行，冷冻剂不可避免地要吸取环境的热量，就会造成冷冻系统的冷量损失。因此，蒸发器的冷冻能力应在满足生产工艺要求以外，另加大10%～25%，依具体情况而定。

(2) 冷凝器的传热速率　等于冷冻剂在冷凝器中所放出的热量，为

$$Q_2=q_m(I_2-I_3) \tag{9-9}$$

(3) 往复压缩机的理论功率　绝热压缩时，压缩机的理论功率为

$$P_{理}=q_m(I_2-I_1) \tag{9-10}$$

(4) 冷冻系数　冷冻能力与所需功率之比，用符号 ε 表示为

$$\varepsilon=\frac{Q_1}{P_{理}}=\frac{q_m(I_1-I_4)}{q_m(I_2-I_1)}=\frac{I_1-I_4}{I_2-I_1} \tag{9-11}$$

ε 是衡量冷冻循环优劣、循环效率高低的重要参数。ε 越大，说明外加功被利用的越完善，循环效率越高。式(9-11) 计算出的 ε 是理论值。因 $P_{实}>P_{理}$，所以，$\varepsilon_{实}<\varepsilon$。

最大冷冻系数是理想冷冻循环时的 ε_{max}，所谓理想冷冻循环是由两个可逆等温过程和两个可逆绝热过程构成的冷冻循环。由理论上可推出 ε_{max} 计算式为

$$\varepsilon_{max}=\frac{T_1}{T_2-T_1} \tag{9-12}$$

式中　T_1——冷冻剂在蒸发器内的蒸发温度，K；

　　　T_2——冷冻剂在冷凝器内的冷凝温度，K。

【例题 9-1】　有一冷冻循环，使用冷却水可获得的最低温度为 303K，若要求获得 263K 的冷冻温度，ε_{max} 是多少？又若冷冻温度改为 253K，ε'_{max} 变成多少？

解　已知 $T_1=263K$，$T_2=303K$

理想冷冻循环 ε_{max} 为

$$\varepsilon_{max}=\frac{T_1}{T_2-T_1}=\frac{263}{303-263}=6.58$$

若冷冻温度改为 $T_1=253K$

则 ε'_{max} 变为

$$\varepsilon'_{max} = \frac{T_1}{T_2 - T_1} = \frac{253}{303 - 253} = 5.06$$

计算结果表明，$\varepsilon'_{max} < \varepsilon_{max}$ 且 $\varepsilon'_{max}/\varepsilon_{max} = 5.06/6.58 = 0.769$。

由式(9-12)知，ε 仅与操作温度 T_1、T_2 有关，若 T_2 越低，T_1 越高，ε 就越大，表明冷冻过程的能量被利用程度越高。

冷凝温度 T_2，受生产环境温度（冷却水或空气）客观条件限制，不可人为调节。为保证适宜的传热温度差，通常取冷冻剂的过冷温度 T_3 比冷却水进口温度高 3~5K，冷凝温度 T_2 又比过冷温度 T_3 高 5K。

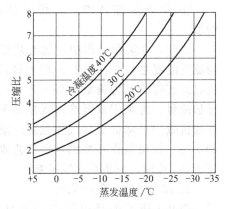

图 9-4 氨冷凝温度、压缩比的关系

蒸发温度 T_1 受冷冻温度的要求和蒸发设备的限制。若 T_1 高时，ε 较大，则蒸发器传热温差变小，需用增大蒸发器传热面积满足传热要求，增加了设备费用，但操作费用较低。反之，T_1 低时，ε 较小，蒸发器传热温差大，需用传热面积较小，降低了设备费用，但却增大了操作费用。由［例题 9-1］知，T_1 降 10K，外加能量只有 76.8% 被利用，即外加能量利用率降低近 24%。所以，T_1 的确定要结合具体操作条件，进行经济核算。一般取低于被冷冻物料温度 4~8.5K。

当 T_2 确定时，蒸发温度 T_1 越低，则 p_1 也越低，压缩比增大，功耗也增大，冷冻系数减小，操作费用增加。由图 9-4 知，当 T_1 一定时，冷凝温度升高，压缩比明显增大，功耗增大，冷冻系数变小，对生产不利。所以，实际操作应严格控制 T_1 不能太低，T_2 不能太高。单级压缩时压缩比为 6~8。这样做符合冷冻的经济性。

【例题 9-2】 一理想冷冻循环装置，每小时需从被冷冻物料中取出 250MJ 热量，冷冻剂吸热时保持在 263K，放热于冷却水时的温度为 298K。若不计一切损失，试求：①冷冻系数；②所需的外加能量；③冷冻剂传给冷却水的热量。

解 已知 $T_1 = 263K$　$T_2 = 298K$

$$Q_1 = \frac{250 \times 10^3 \, kJ}{h} = \frac{250 \times 10^3}{3600} = 69.5 \, (kW)$$

① 理想冷冻循环的 ε_{max}

$$\varepsilon_{max} = \frac{T_1}{T_2 - T_1} = \frac{263}{298 - 263} = 7.52$$

② 所需外加能量

$$P = \frac{Q_1}{\varepsilon} = \frac{69.5}{7.52} = 9.24 \, (kW)$$

③ 冷冻剂传给冷却水的热量

$$Q_2 = Q_1 + N = 69.5 + 9.24 = 78.7 \, (kW)$$

四、多级压缩蒸气冷冻机

1. 单级压缩蒸气冷冻机的适用范围

在单级压缩冷冻操作中，有时为了获得很低的冷冻温度或较高的冷凝温度，势必需要冷冻剂在更低的压强下蒸发和在高压下冷凝。这样会造成压缩比增加得很大，同时带来不利的后果。

① 压缩机的送气系数大幅度下降，甚至无法操作。

② 由于压缩比增大，造成气体出口温度很高，可能引起冷冻剂蒸气发生分解，如气氨在温度高于 393K 时会分解。

③ 由于压缩比增大，所消耗的功率大大增加。

为此，在实际操作中，如工艺要求冷凝温度与蒸发温度之差（T_2-T_1）较大和需较高的压缩比时。实际生产为满足冷冻工艺要求，合理消耗外加能量，常采用双级或多级压缩制冷，以提高压缩机效率，降低出口气体温度，减少整个系统的功耗。如用氨作冷冻剂，当工艺要求蒸发温度低于 243K 时，应采用双级压缩。

2. 双级压缩蒸气冷冻机

图 9-5 所示的是以氨为冷冻剂的双级制冷流程。

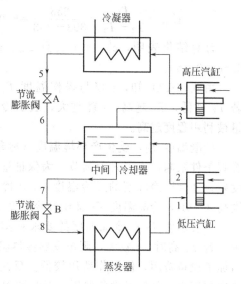

图 9-5　双级压缩制冷装置流程

由图 9-5 可见，从蒸发器出来的氨饱和蒸气，进入压缩机的一级低压气缸，压缩成过热蒸气，过热蒸气在中间冷却器中与从节流膨胀阀 A 来的气、液混合物中的液氨接触，将其过热部分的热量传给饱和液体，使部分液体蒸发成氨蒸气，由中间冷却器上部出来送至二级高压气缸，干蒸气经过高压气缸压缩，成为更高压强下的过热蒸气，然后进入高压冷凝器用水（或空气）冷却，冷凝并过冷至过冷液体，再由节流膨胀阀 A 膨胀至高压气缸入口压强，形成气、液混合物进入中间冷却器，与低压气缸出口来的低压过热蒸气进行热交换，饱和液体则从中间冷却器底部出来，经节流膨胀阀 B 膨胀至低压气缸入口处压强，并形成气、液混合物一起进入蒸发器，从被冷物质（如冷冻盐水）吸热而全部汽化为饱和蒸气后送回低压气缸，并开始下一循环。

综上所述，采用双级压缩，从而降低了每级气体的出口温度，使每级的压缩比也不太大，且终温也不高，还降低了压缩功耗，同时避免了单级压缩时压缩比高而可能出现的终温过高，压缩机容积效率的过低等问题，有利于冷冻系数的提高。双级压缩制冷流程，采用两次节流膨胀设置中间冷却器，使操作更为复杂。在双级压缩制冷中，冷冻系数的提高，均以增大传热面积而换取的。所以，在采用时需作经济核算，权衡利弊。

第三节　冷冻剂和冷冻盐水

一、冷冻剂

1. 冷冻剂的选择原则

冷冻剂是冷冻机循环中将热量从低温传向高温的工作介质，虽然冷冻系数仅取决于冷冻循环，但是冷冻机的大小、结构、材料和一定条件下的操作性能却与冷冻剂的性质有密切的关系，因而在选择冷冻剂时应尽量按以下原则进行。

① 常压下的沸点要低，且低于蒸发温度，但蒸气压不宜太低，最好大于或接近大气压力，否则会使空气漏入冷冻系统，影响正常操作。

② 冷冻剂的汽化潜热尽可能大，蒸气的比体积小，单位体积冷冻能力大，以减少单位时间冷冻剂的循环量和压缩机的尺寸及降低功耗。

③ 冷凝器中的冷凝温度下的饱和蒸气压（冷凝压力）不可过高，以降低压缩机的压缩比和功耗。因压力过高，会对冷凝器和管路的耐压要求也高，从而使结构复杂化。

④ 无腐蚀性、毒性，不易燃易爆，使用安全，操作条件下化学稳定性好，不与润滑油发生化学作用。

⑤ 冷冻剂的黏度、密度尽可能小，降低流动中的阻力损失；热导率要大，使换热器的传热系数提高，有利于热量传递。

⑥ 价廉易得。

2. 常用冷冻剂的性质

(1) 氨 它是应用最广泛的一种冷冻剂，它的汽化潜热和单位质量的冷冻能力均比其他冷冻剂大，故比其他冷冻剂优越。当它的蒸发温度为239K时，其饱和蒸气压也不低于101.3kPa。而冷却水温度高至310K（夏季水温较高）时，它的冷凝压力不超过1600kPa。氨的优点是价廉易得，来源广泛，泄漏易发现。缺点是有毒，有刺激性气味，与空气混合时有爆炸性危险，对铜及铜合金有强烈的腐蚀作用。因其优点多，故广泛应用于蒸发温度在223～278K范围内的大、中型冷冻机上。

(2) 氟利昂 是饱和烃中两个或两个以上氢原子被氟和氯所取代的多种氟氯衍生物的总称。常用的有氟利昂-11（CCl_3F）、氟利昂-12（CCl_2F_2）和氟利昂-113（$CCl_2F \cdot CClF_2$）等。各种氟利昂具有不同的沸点，由191～313K。其共同的优点是无毒、无臭、无燃烧爆炸危险，对金属无腐蚀作用。缺点是汽化潜热小，单位质量冷冻能力比氨小，冷冻剂循环量大，功耗大；密度大，流动阻力较大，传热膜系数较小，能少量溶于润滑油中，使润滑油黏度降低，不易发现泄漏；价格较贵，故常用于小型冷冻机和空气调节器中；因外漏时可破坏大气臭氧层，所以不利于环保，应限制其使用。

(3) 二氧化碳、二氧化硫 过去也是常用的冷冻剂，由于前者蒸发压力过高和后者有腐蚀性和毒性，都已被氟利昂所代替。

目前，由于石油工业的发展，石油裂解气中可以分离出大量的乙烯、丙烯产品。因此，也有不少场合使用乙烯和丙烯作冷冻剂。同时也符合生产过程综合利用的原则。丙烯的冷冻温度使用范围与氨接近，但它比氨的蒸发潜热小、危险性大、价格高，故使用不及氨那样广泛。乙烯的沸点为169.5K，它在常压下蒸发可获得203～303K的低温。但其临界温度较低(282.4K)，用303K的冷却水不能使其冷凝为液体，故常与丙烯或氨的冷却循环配合进行制冷。现将几种冷冻剂的特性比较列于表9-1中。

表9-1 几种冷冻剂的特性比较

项　目	氨	氟利昂-11	氟利昂-12	氟利昂-22	二氧化碳
相对分子质量	17.03	137.38	120.92	86.48	44.01
常压下沸点/K	239.65	296.65	243.2	232.2	194.52
凝固点/K	195.3	162	118	113	216.4
258K时蒸气比体积/(m^3/kg)	0.509	0.772	0.093	0.078	0.0166
258K时蒸气压力/kPa	236	20.1	182.5	297	2285
303K时凝气压力/kPa	1165	126	743	1200	7180
标准温度条件下的冷冻能力/(kJ/m^3)	2215	209	1325	2153	9196

二、冷冻盐水

在化工生产中的冷冻过程可根据不同的工艺目的和生产要求，将冷冻操作分为直接冷冻和间接冷冻两种。直接冷冻是冷冻剂直接吸取被冷物料的热量，使被冷物料温度降至所要求的低温，如制氧时用液氨预冷空气。但在工业生产中，多数情况下是间接冷冻，而间接冷冻则是在冷冻装置中先将某中间物料冷冻，再由此中间物料吸取被冷冻物料的热量，使其温度升至原温度，而被冷冻物料温度降至所需低温。此中间物料循环于冷冻剂和被冷冻物料之间，起到冷量中间传递作用，称为冷冻盐水（或冷媒、载冷体等）。常用的冷冻盐水是氯化钠、氯化钙等盐类水溶液，通常用于食品工业的冷冻操作中。

间接冷冻的优点是，对全厂需要低温设备较多时，可采用集中供冷，把冷冻盐水分别送至低温设备中去使用，这样便于管理，节省基建费用和操作费用。缺点是冷冻能力和冷冻系数较低（为保证传热温差，需降低蒸发温度），另外盐水的循环还要消耗动力。

一定浓度的冷冻盐水，有一定的冻结温度，为避免冷冻盐水在蒸发器内冻结或析出晶体，通常使冷冻盐水的冻结温度低于冷冻剂的蒸发温度若干度。否则会影响冷冻机的操作。

冷冻盐水的选用是根据所要达到的冷冻温度，选用合适的冷冻盐水及其浓度。冷冻盐水在使用中常因吸收了空气中的水分或漏入冷却水而浓度降低，随之冻结温度升高。所以，在使用过程中，必须严格控制和随时调节冷冻盐水的浓度。选用的最低温度必须比冷冻盐水的冻结温度高 10～13K。冷冻盐水的浓度与其冻结温度的关系如表 9-2 所示。

表 9-2　冷冻盐水的浓度与其冻结温度的关系

载冷体	相对密度 (288K)	溶液中盐的质量分数/%	冻结温度 T/K	273K 的比热容 /[kJ/(kg·K)]	载冷体	相对密度 (288K)	溶液中盐的质量分数/%	冻结温度 T/K	273K 的比热容 /[kJ/(kg·K)]
氯化钙	1.00	0.1	273	4.19	氯化钠	1.00	0.1	273	4.18
	1.20	21.9	251.8	3.00		1.10	13.6	262.6	3.58
	1.25	26.6	238.4	2.835		1.13	17.5	258.4	3.47
	1.28	29.4	222.9	2.75		1.15	20.0	255.2	3.40
	1.286	29.9	21.8	2.73		1.16	21.2	253.6	3.37
	1.29	30.3	222.4	2.72		1.17	22.4	251.8	3.34
	1.30	31.3	231.4	2.70		1.18	23.7	255.7	3.31
	1.37	37.3	273	2.525		1.203	26.3	273	3.245

冷冻盐水对金属具有腐蚀性，通常在盐水中加入少量重铬酸盐（如重铬酸钠或铬酸钠），可以大大减少腐蚀性。一般在 1m³ 氯化钙溶液中掺入 1.6kg 重铬酸钠，若盐水呈中性，则每 10kg 重铬酸钠中必须加 2.7kg 氢氧化钠，最后应使溶液呈弱碱性（pH＝8.5）。因铬酸盐有毒，操作时应特别注意。

第四节　压缩蒸气冷冻机的主要设备

一、压缩机

冷冻操作中所使用的压缩机，是将气态冷冻剂压缩至冷凝压力的设备，称为冷冻机。其结构已在第二章中予以介绍，此处不再重复。应当指出压缩机是冷冻装置的心脏，也是其主要运动部分。目前我国冷冻装置中所用压缩机大多数是往复式，并多为立式或角式。压缩机因所用冷冻剂的不同，其结构也有所不同。如氨压缩机的部件都不能用铜和铜的合金制造，同时氨压缩后温升较高，需要有冷却水套；而氟利昂的渗透性强，容易从设备零件和管路连接处泄漏，甚至会从金属的气孔中渗出，因而对设备零件连接处的密封性和铸件的浇铸质量都要求较高。随着化学工业的发展，氨和氟利昂类新型冷冻剂广泛应用，这类冷冻剂具有蒸气比体积大，单位体积冷冻能力小，因此往复压缩机已不能满足要求。目前，离心式压缩机由于其体积小、冷冻能力大，故采用离心式压缩机比较有利。

选用压缩机时，可依工艺要求的冷冻能力，采用的冷冻剂及冷冻操作的温度条件，算出压缩机所需的吸气压力、排气压力、理论吸气量及理论功率等。再利用这些数据从压缩机目录上选用适当的压缩机。由于冷冻装置一般都是成套供应，通常只要把实际所需的冷冻能力换算成标准条件下的冷冻能力,再从产品目录中去选用合适的冷冻装置就可以了。

压缩机可依冷冻能力进行分类,凡冷冻能力在120kW以下的属于小型冷冻机,在120~1000kW的属于中型冷冻机;大于1000kW的属于大型冷冻机。

二、冷凝器

冷凝器的作用,是使经压缩机压缩后的冷冻剂蒸气凝结为液体。一般都用水作冷却剂,水的温升一般定为2~5K,冷凝器的传热平均温度差 Δt_m 为4~6K。常用冷凝器的形式可分为立式、卧式、喷淋式等。

1. 立式冷凝器

如图9-6所示。其结构形式类似于单程固定管板式列管换热器,冷却水自顶部进入,通过匀水板,借助水分布器,将水沿管子的内壁以螺旋形的薄层向下流动,冷冻剂蒸气也由管间上部进入,在管间与管内冷却水换热,并冷凝成液体后由底部引出。此种冷凝器占地面积小,清洗方便,可安装在室外,适用于水源充足、水质较差的地区。总传热系数为700~800W/(m²·K)。用于大、中型氨冷冻系统。

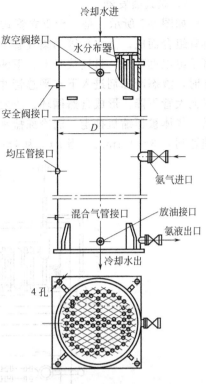

图9-6 立式管壳冷凝器

2. 卧式冷凝器

卧式冷凝器一般都是多管程的列管换热器,冷却水在管内是多程流动,流速为0.5~1.2m/s,而冷冻剂蒸气在管外被冷凝。这种冷凝器一般安装于室内,也可和储液器叠起来安装,以缩小占地面积。适用于水质较好,水量充足的地区。总传热系数为700~920W/(m²·K)。

3. 喷淋式冷凝器

冷却水喷淋在管外壁上,与管内冷冻剂蒸气进行热交换,使之凝结成液体。该冷凝器的管外传热系数为700~1000W/(m²·K)。

无论采用哪种形式的冷凝器,都应确保冷凝液能较快地离开传热壁面,以提高冷冻剂的冷凝传热系数。

三、蒸发器

蒸发器的作用是使冷冻剂在低温、低压下汽化,从而吸取被冷冻物料的热量。可见,蒸发器是冷冻系统中产生冷量和输出冷量的重要设备。其形式可分为卧式和立式两种。

1. 卧式蒸发器

卧式蒸发器实际上是一列管式水平放置的管程为多程换热器,冷冻盐水在管内是多程流动,流速为1~1.5m/s。而冷冻剂液体经膨胀阀节流后,进入蒸发器的管间,吸热汽化后经气液分离器,液体被分离下来,蒸气则被压缩机抽走。当 Δt_m 为4~6K时,传热系数为400~580W/(m²·K)。

卧式蒸发器通常用于冷冻盐水系统。其优点是:结构紧凑,系统封闭可减少腐蚀,并使冷冻盐水不与外界大气接触,避免盐水吸湿而引起浓度的降低。缺点是:为避免盐水在蒸发器中的冻结,一般采用浓度较高的盐水,以降低其冻结温度,但是,势必会增加盐水流动阻力,降低传热系数。同时在生产操作时还应注意:压缩机停止运行后,盐水泵还需再运转一段时间,以防止盐水冻结而破坏蒸发器。

2. 立式蒸发器

如图 9-7 所示，是一台直立管式蒸发器。其传热面由上、下两根水平总管和若干组纵向排管组合而成。上水平管为集气管，下水平管为集液管，纵向排管有直径较细和直径稍大的管子组成循环管，且连接于上、下两根水平总管上。整个管组被浸没在矩形的盐水槽中，操作时，液态冷冻剂进入下水平总管并分配至各纵向管内进行蒸发，液体由纵向小管上升，从纵向大管下降，形成自然循环。蒸发后的冷冻剂蒸气在上水平总管集中，经气液分离器分离后，气体被压缩机抽走。而冷冻盐水在矩形槽内，由于搅拌器的作用而促进盐水的循环，流速达到 0.3~0.4m/s，当 Δt_m 为 4~6K 时，传热系数为 460~580W/(m²·K)。

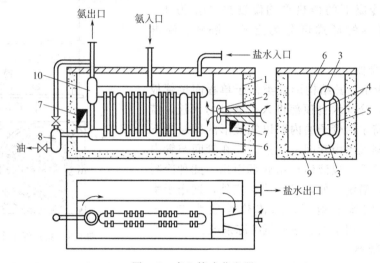

图 9-7 直立管式蒸发器

1—槽；2—搅拌器；3—总管；4—弯曲管；5—循环管；6—挡板；
7—挡板上的孔；8—油分离器；9—绝热层；10—气液分离器

四、膨胀阀

膨胀阀即节流阀，它是用来使从冷凝器出来的高压液体冷冻剂发生节流减压，降温；并控制液体冷冻剂进入蒸发器的流量，使冷冻剂在蒸发器中维持一定的液位，操作中应严格准确控制。通常采用的是可自动控制的针形阀。

思 考 题

9-1 何谓冷冻操作？
9-2 冷冻循环由哪几个基本过程组成？
9-3 冷冻操作为什么需不断地消耗外加能量？
9-4 冷冻系数受哪些因素影响？
9-5 冷冻剂在冷凝器中为什么要过冷成过冷液体？
9-6 双级压缩制冷有何优势？
9-7 蒸发器的作用有哪些？
9-8 冷冻盐水在冷冻过程中的作用是什么？

习 题

9-9 冷冻操作中，用一往复式压缩机，将温度为 245K 的氨饱和蒸气绝热压缩到 753kPa。求每小时压缩 20kg 氨所需的理论功率、压缩至终压时氨气的温度和其压缩比。　　[答：0.93kW；362K；5.9]
9-10 有一理想冷冻循环，在 298K 时，每 1kg 冷冻剂在冷凝器内放出热量为 240kJ，而冷冻剂在蒸发器内的蒸发温度是248K。试求：(1) 冷冻系数；(2) 冷冻剂在蒸发器内吸取的热量；(3) 所需要的机械功。

[答：(1) 4.96；(2) 240kJ/kg；(3) 48.38kW]

9-11 在实际冷冻循环中，以氨为冷冻剂，冷凝温度为300K，过冷温度为293K，压缩机吸入的蒸气为干饱和蒸气。如蒸发温度为248K和253K时，比较这两个冷冻循环的冷冻系数。

[答：248K时，ε=4.77；253K时，ε=5.38]

9-12 某化工厂有一台实际冷冻能力为285kW的蒸气压缩制冷装置，以氨为冷冻剂。操作条件为：蒸发温度253K，冷凝温度303K，过冷温度298K。拟采用一台标准冷冻能力为384kW的氨冷冻机，问能否满足上述要求（已知：λ_s=0.7，λ=0.66）。 [答：不满足]

9-13 用一台氨压缩机进行冷冻操作，标准状况下的冷冻能力为118kW。试求该机在蒸发温度为260K，冷凝温度为298K，过冷温度为293K的实际操作温度下的冷冻能力（已知：λ_s=0.70，λ=0.77）。

[答：129.8kW]

第十章 结 晶

学习目标
- 掌握 结晶的基本概念和基本理论。
- 理解 结晶的常用方法及常见结晶设备的结构、形式。
- 了解 结晶在工业上的应用，结晶的特点和操作。

第一节 概 述

一、结晶的概念及其工业应用

当固体溶质从其溶液中析出或者是处在熔融状态的物质凝固时而析出固相的过程，均称为结晶。不过人们习惯上往往把通过这一操作过程所获得的晶形产品，也称为结晶。实际上应把它称为晶体或晶形产品。晶体可以从熔体、溶液中和气相中析出，而以从水溶液中析出的过程最为常用。在化学工业中，常遇到的情况是固体物质从溶液及熔融物中结晶出来，如糖、食盐、各种盐类、染料及其中间体、肥料及药品、味精、蛋白质的分离与提纯等。

1. 结晶工业应用

结晶是化学工业常采用的单元操作，通过结晶操作，主要达到以下目的。

(1) 用来获得具有一定产品外观要求的结晶物质 化工产品在许多情况下，要求产品的粒度均匀，容易包装和储存。所以通过结晶操作，来获得一定形状的结晶物质，而满足产品包装、运输和使用的要求。

(2) 作为提纯的重要手段用于制备纯净的目的产品 工业生产中，即使原溶液中含有杂质，经过结晶所得的产品都能达到相当高的纯度，故结晶是获得纯净固体物质的重要方法之一。例如，有许多化学试剂就是通过将杂质量较多的工业产品溶解在某种溶液中，滤去不溶性杂质后，对溶解液进行结晶操作的方法来制备目的产品。

工业结晶过程不但要求产品有较高的纯度和较大的产率，而且对晶形、晶粒大小及粒度范围等也常加以规定。颗粒大而且粒度均匀的晶体不仅易于过滤和洗涤，而且储存时胶结现象大为减少。

2. 结晶操作特点

相对于其他单元操作，结晶操作过程的特点在于以下几方面。

① 能从杂质含量较多的混合液或多组元的熔融混合液中分离出高纯度或超高纯度的晶体。

② 对于高熔点混合物、相对挥发度小的物系及共沸物、热敏性物质等难分离物质，可考虑采用结晶操作加以分离，这是因为沸点相近的组分其熔点可能有显著差别。

③ 结晶作为一个分离过程，与蒸馏及其他常用的制法（萃取、吸附、吸收等）相比，

操作能耗低,对设备材质要求不高,一般很少有三废排放。

④ 结晶是一个很复杂的单元操作,它是多相多组分的传热-传质过程,也涉及表面反应过程。整个结晶过程的控制变量比较多,存在相互影响。

3. 基本概念

(1) 结晶　在固体物质溶解的同时,溶液中还进行着一个相反的过程,即已溶解的溶质粒子撞击到固体溶质表面时,又重新变成固体而从溶剂中析出,这个过程称为结晶。

(2) 晶核　溶质从溶液中结晶出来的初期,首先要产生微观的晶粒作为结晶的核心,这些核心称为晶核。即晶核是过饱和溶液中首先生成的微小晶体粒子,是晶体生长过程必不可少的核心。

(3) 晶体　晶体是内部结构的质点元(原子、离子、分子)作三维有序规则排列的固态物质。

(4) 晶系和晶习　构成晶体的微观粒子(分子、原子或离子)按一定的几何规则排列,由此形成的最小单元称为晶格。晶体可按晶格空间结构的区别分为不同的晶系。同一种物质在不同的条件下可形成不同的晶系,或为两种晶系的混合物。

晶习是指在一定的环境下,晶体的外部形态。微观粒子的规则排列可以按不同方向发展,即各晶面以不同的速度生长,从而形成不同外形的晶体,这种习性及最终形成的晶体外形称为晶习。同一晶系的晶体在不同结晶条件下的晶习不同,改变结晶温度、溶剂种类、pH 值,以及少量杂质或添加剂的存在往往因改变晶习而得到不同的晶体外形。例如,因结晶温度不同,碘化汞的晶体可以是黄色或红色;NaCl 从纯水溶液中结晶时为立方晶体,但若水溶液中含有少许尿素,则 NaCl 形成八面体的晶体。

控制结晶操作的条件以改善晶习,获得理想的晶体外形,是结晶操作区别于其他分离操作的重要特点。例如,硝酸铵由低温缓慢升温时,在熔融之前,经历不同的晶系如下:

$$\text{熔融液} \xrightleftharpoons{169.9℃} \text{立方晶体} \xrightleftharpoons{125.2℃} \text{斜棱晶体} \xrightleftharpoons{84.2℃} \text{长方晶体}$$

$$\xrightleftharpoons{32.3℃} \text{长方晶体} \xrightleftharpoons{-18℃} \text{不等边长方体}$$

(5) 晶浆和母液　溶液在结晶器中结晶出来的晶体和剩余的溶液构成的悬混物称为晶浆,去除晶体后所剩的溶液称为母液。结晶过程中,含有杂质的母液会以表面黏附或晶间包藏的方式夹带在固体产品中。工业上通常在对晶浆进行液固分离以后,再用适当的溶剂对固体进行洗涤,以尽量除去由于包藏和黏附母液所带来的杂质。

二、固-液体系相平衡

1. 相平衡与溶解度

结晶是从溶液中析出固体的过程,所以固体在溶液中的溶解度与确定结晶过程有关。在一定温度下,任何固体溶质与溶液接触时,如溶液尚未饱和,则溶质溶解;当溶解过程进行到溶液恰好达到饱和,此时,固体与溶液互相处于相平衡状态,这时的溶液称为饱和溶液,其浓度即是在此温度条件下该饱和物质的溶解度,也叫平衡浓度;如溶液超过了可以溶解的极限(过饱和),此时,溶液中所含溶质的量超过该物质的溶解度,超过溶解度的那部分过量物质要从溶液中结晶析出。

结晶过程的产量取决于结晶固体与其溶液之间的平衡关系,这种平衡关系通常可用固体在溶剂中的溶解度来表示。固体的溶解度常用 100g 溶剂中溶解固体的质量(克)或 100g 溶剂溶解固体的质量(千克)来表示,即溶剂中最多能溶解无水盐溶质的质量;也常以溶液中的总物质的量中溶质的物质的量或每升溶液中含有多少溶质的物质的量来表示,即摩尔分数或摩尔/升溶液。

物质的溶解度与其化学性质、溶剂的性质及温度有关。一定物质在一定溶剂中的溶解度主要随温度变化，压强的影响一般可忽略不计。

许多物质的溶解度曲线是连续的，在所涉及的温度范围内，整条曲线并无转折点，如图 10-1 所示的 $CuSO_4 \cdot 5H_2O$、NaCl、K_2CrO_4、Na_2SO_4 的溶解度曲线，而且这些物质的溶解度是随温度的提高而增加。对于这样的物质，用冷却方法可使溶质从溶液中结晶出来。另外，还有些水合盐（即含有结晶水的物质）的溶解度曲线具有明显的转折点，如图 10-1 所示的在不同温度条件下的 $Na_2SO_4 \cdot 10H_2O$ 和 Na_2SO_4、$Na_2CrO_4 \cdot 10H_2O$ 和 $Na_2CrO_4 \cdot 4H_2O$ 的溶解度曲线，曲线的转折处相当于稳定固相的转变。在图 10-1 中，硫酸钠在 0~32.4℃之间结晶时，其晶体为 $Na_2SO_4 \cdot 10H_2O$，而在 32.4℃以上结晶时，其晶体为 Na_2SO_4，所以转折点又称变相点。

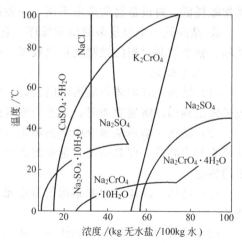

图 10-1　某些盐在水中的溶解度曲线

大多数物质溶解在饱和的溶液中时，要吸收热量（即吸热溶解），因此当温度升高时，这些物质的溶解度就增大，即具有正溶解度特性。反之，有些物质溶解在饱和溶液中时，要放出热量（即放热溶解），因此当温度升高时，这些物质的溶解度就减小，即具有逆溶解特性。对于具有逆溶解度的物质，使溶质从溶液中结晶出来就不能用冷却法而要用蒸发法。

了解物质的溶解度特性有助于结晶方法的选择。对于溶解度随温度变化敏感的物质，可选用变温的方法结晶分离；对于溶解度随温度变化缓慢的物质，可用蒸发结晶的方法分离。

2. 溶液的过饱和度

溶液过饱和度就是溶液呈过饱和的程度。溶液质量浓度等于溶解度的溶液称为饱和溶液；低于溶质的溶解度时，为不饱和溶液；大于溶解度时，称为过饱和溶液。过饱和度有两种表示方法：一是用温度表示，即这种过饱和溶液的温度比相同浓度的饱和溶液低多少；二是用浓度表示，即这种过饱和溶液的浓度比相同温度的饱和溶液高多少。同一温度下，过饱和溶液与饱和溶液的浓度差称为过饱和浓度。

各物系的结晶都不同程度存在过饱和度，溶液的过饱和度是结晶过程必不可少的推动力。过饱和度的大小直接影响着晶核的生成和晶体的生长，因此结晶操作的前提条件就是要有适宜的过饱和度的溶液，并使之稳定，这就为结晶操作打下了良好的基础。

使溶液达到过饱和状态的方法有三种，其一是降低温度，许多物质的溶解度随温度的降低而显著降低，降低温度很容易使溶液达到过饱和。其二为除去部分溶剂，溶剂减少后，溶液浓度增大，可使溶液达到过饱和。对于溶解度随温度降低变化不大的物质和一些溶解度随温度降低而加大的物质，应该使用这种方法。其三是在溶液中加入其他物质，以降低原来溶剂对原来溶质的溶解度，使溶液达到过饱和而使原来溶质结晶析出，即通常所谓的盐析法或水析法。

3. 溶液过饱和度与结晶的关系

过饱和溶液的性质是不稳定的，过饱和区内各状态点的不稳定程度也不一样，靠近溶解度曲线时较为稳定，溶液不易自发地产生晶体；超过溶解度曲线时，瞬间自发产生晶体。而结晶操作需要的是较为稳定的状态，因为结晶操作不希望自发产生晶体，而是按照要求有控制地培养出符合一定粒度的晶体。溶液过饱和度与结晶的关系可用图 10-2 表示。图中 AB

线为普通的溶解度曲线，线上任意一点表示溶液刚达到饱和状况；CD 线是过溶解度曲线，表示溶液达到过饱和，也称为超溶解度曲线。CD 线以上称为过饱和溶液的不稳定区，溶液处于此区域内，其溶质能自发地结晶析出。CD 线以下 AB 线以上为过饱和溶液的亚稳定区（也叫介稳定区），溶液处于此区域内，只要没有外界影响，就不会自发地产生晶体，只有在向溶液中加入晶种时，才会在晶种的作用下结晶析出。AB 线以下为不饱和溶液，也叫稳定区，溶液处于此区域时不可能有晶体析出。

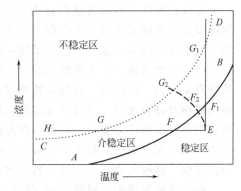

图 10-2　过饱和度与超溶解度曲线

图 10-2 中，EF_1G_1 线表示恒温蒸发过程。在工业结晶器中，常常合并使用冷却和蒸发操作进行结晶，此种过程可用图中 EF_2G_2 线表示。

超溶解度曲线、稳定区、介稳定区、不稳定区这些概念，对结晶操作具有重要的实际意义。在结晶过程中，将溶液控制在介稳定区且在较低的过饱和度内，则在加入晶种的情况下，可得到粒度大而且均匀的结晶产品。

三、晶核的形成与影响因素

一般认为，溶液结晶的生成过程包括晶核的形成与结晶的生长两个阶段，即结晶过程是先形成晶核，然后这些晶核再成长为一定大小和形状的晶体。在溶液中，许多晶核的形成进入成长阶段后，还有新的晶核形成，所以在结晶的形成过程中晶核形成和结晶的生长通常是同时进行。

1. 晶核的形成

关于晶核形成模式大体分为两类，如图 10-3 所示。第一类初级成核，无晶体存在下的成核；第二类二次成核，有晶体存在下的成核或在给定晶种的条件下成核。

（1）初级成核　在溶质溶解在溶液中时，溶液中的阳离子与阴离子不断地碰撞并结合成分子，而分子又不断地离解成阳离子和阴离子。溶液中各离子浓度并不是完全均匀的，由于热运动溶液中不断地发生着局部的服从统计学规律的浓度变化，称为浓度波动。最简单的波动是两个分子结合成缔合体。形成的许多这样的缔合中有些重新分裂开而另一些则捕捉了第三个分子，在不饱和溶液中分开的倾向大于捕捉更多分子的倾向。缔合过程按这一方式不断地进行，直到形成了分子在其中排列与晶格相同的小的缔合体。其中一些缔合体达到某一临界尺寸，那些比临界尺寸小的缔合体仍趋向于分裂，而那些大于临界尺寸的缔合体则有继续长大的趋势。这种达到临界尺寸的缔合体称为晶核。

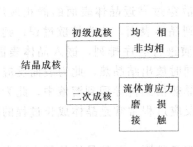

图 10-3　晶核形成模式

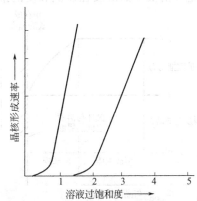

图 10-4　晶核形成速率和过饱和度关系曲线

晶核的形成速率与溶液的过饱和度之间的关系见图10-4，在图中可以看出，晶核形成速率和过饱和度关系曲线上存在着一个转折点，在溶液浓度未达到临界过饱和度之前，晶核的生成实际上是不可能的，但过了这一临界点之后，晶核生成速率迅速增加。

（2）二次成核　在工业结晶器中，由于存在着大量的晶体，受宏观晶体的影响而形成晶核的现象称为二次成核，这是晶核的主要来源。二次晶核形成的主要机理有两种，即流体剪应力成核及碰撞成核。当过饱和溶液以较大的流速流过正在生长中的晶体表面时，在流体界面层中存在的剪应力能将一些附着在晶体表面之上的粒子扫落，而形成新的晶核称为流体剪应力成核。碰撞成核是晶体与外部物体碰撞时会产生大量碎片，其中大于临界尺寸的即成为新的晶核，碰撞成核在工业结晶器中占有重要地位。

在工业结晶器中，碰撞成核有四种方式：晶体与搅拌桨之间的碰撞；在湍流运动的作用下，晶体与结晶器内表面之间的碰撞；湍流运动造成晶体与晶体之间的碰撞；由于沉降速度不同造成的晶体与晶体之间的碰撞。其中晶体与搅拌桨之间的碰撞成核占首要地位。

2. 影响因素

一般来说，对于初级成核，即不加晶种的条件的成核的影响主要受溶液的性质、纯度、温度、操作条件及溶液的过饱和度大小的影响。

若溶液过饱和度大，冷却速度快，在搅拌的情况下，则结晶的推动力大，晶核形成速率快，数量多，最终导致晶粒小；若过饱和度小，在控制适当的冷却速率和搅拌速度下，晶核的形成速率慢，但得到的晶体颗粒大。

对于二次成核来说，成核速率的大小，取决于溶液的过饱和度、温度、杂质及其他因素，其中起重要作用的是溶液的化学组成及晶体的结构特点。

（1）过饱和度的影响　成核速率随饱和度的增加而增加，由于生产工艺要求控制结晶产品中的晶体粒度，不希望产生过多的晶核，因此过饱和度的增加有一定的限度。

（2）搅拌的影响　机械搅拌是成核的主要因素，对均相成核来说，若搅拌过快，则加快了碰撞成核的概率，成核速率明显加快，最终影响到晶体的粒度大小，所以必须控制好搅拌的频率。

（3）杂质的影响　过饱和溶液形成时，杂质的存在导致两个结果。当杂质存在时，物质的溶解度发生变化，影响到溶液的过饱和度。故杂质的存在对成核过程有很大影响。

四、晶体的成长与影响因素

1. 晶体的成长过程

过饱和溶液中已经形成的晶核逐渐长大的过程称为晶体的成长过程，晶体的成长实质上是过饱和溶液中的溶质在过饱和度的推动下，在晶核表面上层有序排列，使晶核不断长大的过程，如图10-5所示。

晶体的成长过程由三个步骤组成：待结晶的溶质借助于扩散穿过靠近晶体表面的静止液层，从溶液中转移到晶体表面，此为扩散过程；到达晶体表面的溶质进行有序排列，嵌入晶体表面，使晶体长大，同时放出结晶热，此为表面反应过程；放出的结晶热借助传导回到溶液中，此为传热过程。表面反应过程常常是晶体成长过程的控制阶段。

在实际生产条件下，单粒晶体的长大速率与过饱和度成正比，在给定晶种的条件下，晶体长

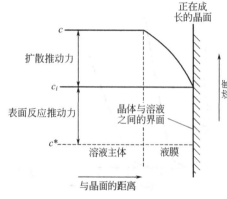

图10-5　晶体成长示意图

大速度与晶种比表面积成正比。反应进行时，在设备里一直是维持着一定程度的过饱和度，在此过饱和度下晶核生成和晶体长大所耗去的物质总量，刚好等于反应所生成的量，系统中一直保持着这样的动平衡。

2. 影响因素

（1）过饱和度的影响　过饱和度是产生结晶的先决条件。它的大小直接影响着晶核的形成和晶体成长过程的快慢，而这两个过程的快慢又影响着结晶的粒度及粒度分布，因此，过饱和度是结晶操作中一个极其重要的参数。

（2）温度的影响　对同一物系，结晶温度对晶体的成长影响较大，是影响晶体生长速率的重要参数之一。在其他所有条件相同时，晶体生长速率一方面随温度的提高而使粒子相互作用的过程加快，另一方面则由于伴随着温度的提高而使溶液的过饱和度降低而减慢。

（3）搅拌强度的影响　搅拌是影响结晶粒度分布的重要因素。适当地增加搅拌强度，可以降低过饱和度，控制晶核的生长速率。若搅拌强度过大，导致晶体间碰撞、摩擦加剧，产生大量的晶核，影响到晶体的粒度及大小。

在结晶操作中搅拌的作用主要有以下几个方面。

① 加速溶液的热传导，加快生产过程。
② 加速溶质扩散速率，有利于晶体成长。
③ 使溶液的温度混合均匀，防止出现溶液浓度局部不均。
④ 使晶核散布均匀，防止晶体粘连而形成晶簇，影响产品质量。

（4）冷却速度的影响　冷却是使溶液产生过饱和度的重要手段之一。冷却速率快，过饱和度增加就快，结晶推动力大，则晶核的形成速率快，最终影响到晶体的粒度。如果缓慢冷却，结晶过程进行后，溶液浓度下降，而溶解度变化不大，这样过饱和度的数值较低，结晶在介稳定区内进行，生产出的晶体大而且均匀，因此冷却速度不宜太快。

（5）杂质的影响　物系中的杂质的存在对晶体的成长有显著影响。杂质对结晶过程的影响目前尚没有统一的见解，这里不一一叙述。

（6）晶种的影响　工业生产中的结晶操作一般是在加入晶种的情况下进行的。加入晶种的主要作用是用来控制晶核的数量，以得到大而均匀的结晶产品。

（7）晶体大小的影响　若扩散过程是晶体生长过程的控制阶段，则晶体成长速率与晶体大小有关，较大晶体的成长速率有时要比较小晶体的快。这是由于较大晶体在其周围溶液中沉降时的速率比较小晶体要快，从而有利于扩散。若使它们在溶液中都以相同的相对速度运动，则晶体的大小对它的成长速率无影响。

第二节　结晶方法

对于结晶方法的分类，目前尚无公认的原则，一般按溶液结晶、熔融结晶、升华结晶、沉淀结晶来讨论，沉淀结晶主要包括盐析结晶和反应结晶。在溶液结晶过程中，使溶液形成适宜的过饱和度是结晶过程得以进行的前提条件。溶液结晶方法则是使溶液形成适宜的过饱和度的基本方法。

根据物质的溶解度曲线的特点，使溶液形成过饱和度的方法主要有两类：一是冷却法，即通过降温形成适宜的过饱和度的方法，如图10-6中溶解度曲线Ⅰ、Ⅱ所表示的溶解度随温度上升而上升幅度较大的物系；二是蒸发法，即移去部分溶剂的方法，如图10-6中Ⅲ、Ⅳ所表示的溶解度随温度变化不大的物系。

结晶的基本类型见表10-1。

表 10-1 结晶的基本类型

结晶类型		结晶的方法
溶液结晶	冷却结晶	降低温度产生过饱和度而析出结晶
	蒸发结晶	蒸发溶剂产生过饱和度而析出结晶
	真空冷却结晶	蒸发与降温产生过饱和度而析出结晶
沉淀结晶	盐析结晶	加入盐类或其他物质以降低溶质的溶解度从而析出溶质
	反应沉淀结晶	利用化学反应生成的产物以结晶或无定形物析出
熔融结晶		在接近析出物熔点温度下，从熔融液体中析出组成不同于原混合物的晶体
升华结晶		利用升华过程，把一个挥发组分从含其他不挥发组分的混合物中分离出来

一、冷却结晶

冷却结晶法也称为降温法，指通过冷却降温使溶液达到过饱和而产生结晶的方法。这种方法适用于溶解度随温度降低而显著下降的物质，如硼砂、硝酸钾、结晶硫酸钠等。

冷却的方式有直接冷却和间接冷却，而间接冷却包括自然冷却、间壁冷却。自然冷却是使溶液在大气中冷却而结晶。其设备与操作简单，但冷却缓慢，生产能力低。间壁冷却的原理和设备如同换热器，多用水作冷介质，也有用其他冷却剂作介质的。这种方式能耗少，应用较广泛，但冷却传热速率较低，冷却面上常有晶体析出，黏附在器壁上形成晶疤，影响冷却效果。直接冷却一般采用空气与溶液直接接触，或采用与溶液不互溶的

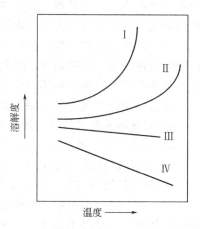

图 10-6 溶解度曲线的种类

碳氢化合物作为冷却剂，这种方法克服了间壁冷却的缺点，传热效率较高，但设备体积庞大。

二、蒸发结晶

依靠蒸发除去一部分溶剂的结晶过程称为蒸发结晶，蒸发结晶是使溶液在加压、常压或减压下加热蒸发浓缩，部分溶剂汽化从而获得过饱和溶液。此法主要用于溶解度随温度的降低而变化不大的物系或具有逆溶解度变化的物系，如 NaCl 及无水硫酸钠。蒸发结晶法消耗的热能最多，加热面结垢问题也会使操作遇到困难，目前主要用于糖及盐类的工业生产。为了节约能量，在工业生产中，主要采用多个蒸发结晶器组成的多效蒸发，操作压力逐效降低，以便重复利用二次蒸汽的热能。

三、真空冷却结晶

这种方法是使溶剂在真空下蒸发一部分溶剂汽化并带走热量，其余溶液冷却降温达到过饱和，它实质上是将冷却法和移去部分溶剂法结合起来，同时进行。此法适用于随温度升高而溶解度增大的物质，其特点是主体设备结构相对简单，操作比较稳定，不存在内表面严重结垢及结垢清理问题。真空操作压力一般与溶液蒸气分压相近或者更低。在大型生产中，为了节约能耗，也常选用由多个真空冷却结晶器组成的多级结晶器。

四、盐析结晶

盐析结晶是在混合液中加入盐类或其他物质以降低溶质的溶解度从而析出溶质的方法。所加入的物质叫稀释剂，它可以是固体、液体或气体，但加入的物质要能与原来的溶剂互溶，又不能溶解结晶物质，且和原溶剂要容易分离。典型例子是从硫酸钠盐水中生产 $Na_2SO_4 \cdot H_2O$，通过向硫酸钠盐水中加入 NaCl 可以降低 $Na_2SO_4 \cdot H_2O$ 的溶解度，从而提

高 $Na_2SO_4 \cdot H_2O$ 的结晶产量。还有，向有机混合液中加水，使其中不溶于水的有机溶质析出，这种盐析方法又称水析。

盐析的优点是直接改变固-液平衡，降低溶解度，从而提高溶质的回收率；结晶过程的温度比较低，可以避免加热浓缩对热敏物的破坏；在某些情况下，杂质在溶剂与稀释剂的混合物中有较高的溶解度，较多地保留在母液中，这有利于晶体的提纯。

此法最大的缺点是需配置回收设备，以处理母液、分离溶剂和稀释剂。

五、反应沉淀结晶

反应沉淀是液相中因化学反应生成的产物以结晶或无定形物析出的过程。例如，用硫酸吸收焦炉气中的氨生成硫酸铵、由盐水及窑炉气生产碳酸氢铵等并以结晶析出，经进一步固液分离、干燥后获得产品。

沉淀过程首先是反应形成过饱和度，然后成核、晶体成长。与此同时，还往往包含了微小晶粒的成簇及熟化现象。显然，沉淀必须以反应产物在液相中的浓度超过溶解度为条件，此时的过饱和度取决于反应速率。因此，反应条件对最终产物晶体的粒度和晶形有很大的影响。

六、升华结晶

升华是物质由固态直接相变而成为气态而中间不形成液态的过程，其逆过程是蒸气的骤冷直接凝结成固态晶体，这就是工业上升华结晶的全部过程。升华常应用于把一个挥发组分从含其他不挥发组分的混合物中分离出来，工业上有许多含量要求较高的产品，如碘、萘、蒽醌、氯化铁、水杨酸等都是通过这一方法生产的。

升华结晶分离过程主要有以下两类。

1. 挥发性物质与非挥发性物质的分离——简单升华

固体混合物中挥发性物质升华出来，留下非挥发性的固体组分。简单升华实质上与蒸发过程类似。

2. 挥发性物质混合物的分离——分馏升华

组分在全浓度范围内形成固体溶液，则可以用分馏升华的方法将它们分离。分馏升华的原理与精馏类似。

升华过程都是在低于物质熔点的条件下进行，此时物质的蒸气压很低，所以升华过程都是在真空或惰性气体携带的条件下进行。

升华结晶分离过程一般都包括固体物料升华与气体物料凝华两种转变过程，涉及固体物料的传热、输送与流动，不如处理流体方便。所以，升华结晶分离过程只用于难以用常用分离方法分离提纯的固体混合物。一般下列情况可考虑采用升华分离。

① 固体组分的挥发性有较大差别，特别是从不挥发的物质中分离挥发性的物质，如硫与杂质的分离、苯甲酸的钝化。

② 热敏性或易氧化的不稳定的物质，不宜高温处理。

③ 物质熔点高，在高温下又会引起腐蚀等问题。

④ 希望直接从蒸气得到固体产物，使产物具有一定晶形、尺寸和外观。

七、熔融结晶

熔融结晶是在接近析出物熔点温度下，从熔融液体中析出组成不同于原混合物的晶体的操作，是利用熔融液中各组分凝固点不同，即组分在固-液相间平衡分配不同的性质来实现组分分离的技术。过程原理与精馏中因部分冷凝而形成组成不同于原混合物的液相相类似。熔融结晶过程中，固、液两相需经过多级接触后才能获得高纯度的分离。

与物质从溶液（通常是水溶液）中的结晶不同，熔融液中没有稀的溶剂，在其结晶过程中没有溶剂的蒸发,熔液冷却即形成固相,过程保持在组分和混合物熔点下进行。熔融结晶区别于溶液结晶主要在于,熔融结晶的温度是在结晶成分的熔点附近,而溶液结晶的温度主要取决于溶剂的性质,熔融结晶的产物往往是液体或整体固相,而非颗粒。

熔融结晶分离的物料很多,包括无机物、有机物、金属等,操作温度可以从 $-100 \sim 3000℃$。目前多用于常温下是固体物料的分离,所以通常是在较高温度下进行。熔融结晶主要用作有机物的提纯、分离,以获得高纯度的产品。如将萘与杂质分离可制得纯度大于 99.9% 的精萘,从混合二甲苯中提取纯对二甲苯,从混合二氯苯中分离获取对二氯苯等。

根据混合物组成、固-液平衡关系与分离要求的不同,可以采用不同熔融结晶方法。主要有部分凝固、部分熔化、阶梯凝固、渐进凝固、区域熔炼和分馏结晶等。其中常用的方法是渐进凝固、区域熔炼和分馏结晶。用熔融结晶方法可以制得高纯与超高纯的产品。表 10-2 中列出几种常用方法所得产品的纯度与形态。

表 10-2　几种熔融结晶分离方法

过　程		大致最高熔点/℃	处理物料	最低杂质含量/$\times 10^{-6}$	产物形态
渐进凝固		1500	各种类型	1	晶块
区域熔炼	间歇操作	3500	各种类型	0.01	晶块
	连续操作	500	SiI_4	100	熔液
分馏结晶	塔顶部加料	300	有机物	10	熔液
	塔中部加料	400	有机物	1	熔液

第三节　结晶设备及操作

一、结晶设备的类型、特点及选择

结晶操作的主要设备是结晶器。结晶器有几种分类方法,按照结晶的方法分为冷却式、蒸发式、真空式结晶器;按操作方式分为间歇式和连续式结晶器;按照改变溶液浓度的方法分为移除部分溶剂(浓缩)结晶器、不移除部分溶剂(冷却)结晶器及其他结晶器。

表 10-3 列出了几种主要结晶器的类型。

表 10-3　主要结晶器类型

类　别		间　歇　式	连　续　式
不移除部分溶剂结晶器	冷却结晶器	敞槽式结晶器、搅拌式结晶器	摇篮式结晶器、长槽搅拌连续式结晶器、循环式冷却结晶器
移除部分溶剂(浓缩)结晶器	蒸发结晶器		强制循环蒸发结晶器、多效蒸发结晶器
	真空结晶器	分批式真空结晶器	连续式真空结晶器、多级真空结晶器
其他结晶器	新型通用结晶器		导流筒挡板结晶器(DTB 结晶器)、DP 型结晶器
	其他类型结晶器	盐析结晶器、熔融结晶器、喷雾结晶器	

移除部分溶剂的结晶器包括蒸发结晶器、真空结晶器、喷雾结晶器,主要是借助于一部分溶剂在沸点时的蒸发或低于沸点时的汽化而达到溶液的过饱和度进而析出晶体的设备,适用于溶解度随温度的降低而变化不大的物质的结晶,如 NaCl、KCl 等。

不移除部分溶剂结晶器主要是冷却式结晶器,用于温度对溶解度影响比较大的物质的结晶,如 NH_4Cl、KNO_3 等。它的特点主要是采用冷却降温的方法,使溶液达到过饱和而结晶的。

结晶设备按照操作方式不同,可分为间歇式和连续式结晶器。间歇式结晶器主要有敞槽式结晶器、搅拌式结晶器、分批式真空结晶器，它设备结构简单，结晶质量好，收率高，操作控制比较方便，但设备利用率较低，操作劳动强度大。目前在工业中已经应用的连续操作结晶器，主要构型可概括为三类：强迫循环类型、流动床类型及导流筒加搅拌类型。连续操作结晶器的设备结构比较复杂，所得的晶体颗粒细小，操作控制比较困难，消耗动力大；但设备利用率高，生产能力大。

对结晶器的选择要考虑许多因素，在选择时，应根据所处理物系的性质，产品的粒度要求和粒度分布，杂质影响，处理量的大小，能耗、设备费用和操作费用等多种因素来考虑选择采用哪种结晶设备。

在选择时，物系的溶解度与温度之间的关系是首先要考虑的重要因素。对于溶解度随温度降低而大幅降低的物系可选用冷却结晶器或真空冷却结晶器；而对于溶解度随温度降低而减少很小或少量上升的物系则可选择蒸发结晶器。另外，操作费用和占地面积也是选择结晶器时需要考虑的重要因素。

二、常见结晶设备

1. 冷却式结晶器

冷却式结晶器是依靠降低温度，产生过饱和度而产生结晶的装置。根据换热的方式分为直接冷却式结晶器和间接冷却式结晶器，下面介绍几种常用结晶器。

(1) 间接换热冷却结晶器　图 10-7 所示为内循环冷却搅拌结晶器，它实质上是一个夹套式换热器，其中装有锚式或框式搅拌器，配有减速机低速转动。搅拌能加速冷却，使溶液各处温度均匀，促进降温，还可以促进晶核的生成。为了强化效果，许多结晶器内设有冷却蛇管，内通冷却水或冷冻盐水。这种结晶器所得结晶颗粒较小，粒度均匀。

图 10-8 是目前应用较广泛的带搅拌的外循环式间接冷却结晶器的形式。冷却过程所需要的冷量通过外换热器提供，外循环式操作可以强化结晶器内均匀混合与传热，欲提高换热速率，可按需要加大外换热器的换热面积，但必须选用合适的循环泵，以避免悬浮颗粒晶体的磨损破碎。操作方式可以是连续式或间歇式操作。

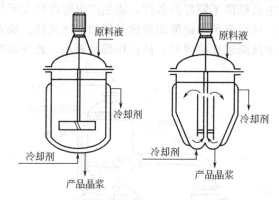

图 10-7　内循环冷却搅拌结晶器

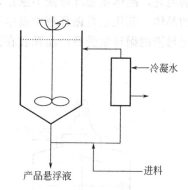

图 10-8　外循环式间接冷却结晶器

(2) 直接冷却结晶器　间接冷却结晶器的冷却方式是通过冷却表面间接制冷，它的缺点在于冷却表面结垢及结垢导致热效率下降。直接接触冷却结晶就没有这个问题。它结构相对简单，无换热面，操作比较稳定。它的原理是依靠溶液与冷却介质直接接触混合制冷（见图 10-9）。常用的冷却介质是液化的碳氢化合物等惰性液体，如液化的乙烯、氟利昂等，借助于这些惰性液体的蒸发汽化而直接制冷。在操作时，所选择的冷却介质与结晶产品要不存在污染问题，与结晶母液中的溶剂不互溶或者虽互溶但容易分离。结晶设备有简单釜状式、回转式、湿壁塔式等多种类型。

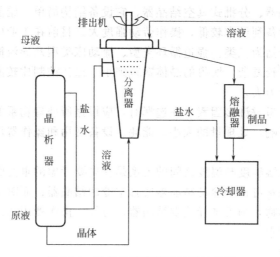

图 10-9　冷却介质直接接触型结晶器

2. 蒸发结晶器

蒸发结晶器是靠加热使溶液沸腾，溶剂蒸发汽化使溶液浓缩达到过饱和状态而结晶析出，蒸发结晶操作常在减压下进行，目的在于降低操作温度，以减小热能损耗，它与普通蒸发设备在结构及操作上完全相同。

图 10-10 所示为内循环蒸发结晶器，溶液循环的推动力可借助于泵、搅拌器作用而产生，溶液循环速度决定了结晶区的过饱和度和全部流动速度。蒸发结晶也常在减压下进行，目的在于降低操作温度，以减少热能损失。该结晶器主要用于制糖生产中的间歇式结晶操作。

图 10-11 所示的是强制循环型蒸发结晶器。结晶器由蒸发室与结晶室两部分组成。原料液经外部加热器预热之后，在蒸发室内迅速被蒸发，溶剂被抽走，同时起到了制冷作用，使溶液迅速进入介稳定区之内并析出晶体。它的主要特点是过饱和度产生的区域分别置于结晶器的两处，晶体在循环母液中悬浮，为晶体生长提供了较好的条件，能生产出粒度较大而均匀的晶体。其优点是循环液中基本不含颗粒，从而避免因碰撞而造成过多的二次成核；缺点是因母液的循环量受到产品颗粒在饱和溶液中沉降速度的限制，故操作弹性较小，此外加热

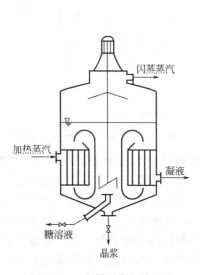

图 10-10　内循环蒸发结晶器

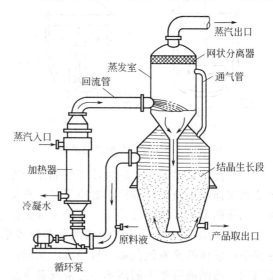

图 10-11　强制循环型蒸发结晶器

器内容易出现结晶层而导致传热系数降低。

3. 真空结晶器

它的原理是结晶器中热的饱和溶液在真空条件下溶剂迅速蒸发,同时吸收溶液的热量使溶液的温度下降,这样,既除去了溶剂又使溶液冷却,很快达到过饱和而结晶。这种结晶器有间歇式和连续式两种,图10-12是连续式真空结晶器。物料从进料口连续加入,晶体与部分母液用泵连续排出,循环泵迫使溶液沿循环管均匀混合,并维持一定的过饱和度。蒸发后的溶剂自结晶器顶部抽出,在高位槽冷凝器中冷凝,双级蒸汽喷射泵的作用是使冷凝器和结晶器内处于真空状态。真空结晶器构造简单,它的操作不受冷却水温的限制,可以达到很低的温度,生产能力大。溶液靠绝热蒸发而冷却,不需要传热面,不存在传热面上发生腐蚀及结垢问题。真空结晶器操作简单,易于调整控制,但造成真空需消耗大量蒸汽,且冷凝器中亦需消耗较多的冷却水。

4. 盐析结晶器

盐析结晶器是利用盐析法进行结晶操作的设备。图10-13是联碱装置所用的盐析结晶器。其工作原理与强制循环型结晶器相类似,溶液通过循环泵从中央降液管流出,与此同时,从套筒中不断加入食盐。由于食盐浓度的变化,氯化铵的溶解度减小,形成一定的过饱和度,并析出晶体。在此过程中加入食盐量的大小是影响产品质量的关键。

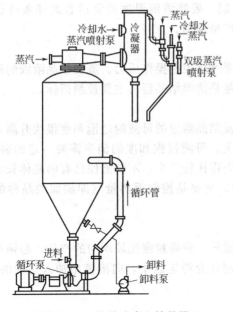 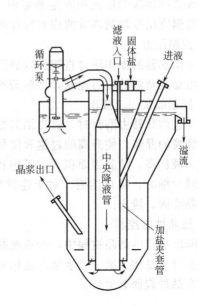

图 10-12　连续式真空结晶器　　　　　图 10-13　盐析结晶器

5. 喷雾结晶器

喷雾结晶器主要由加热器、结晶塔、气-固分离器等组成,如图10-14所示。从加热器通过并被加热的空气送到结晶塔内,与通过喷嘴喷出的液雾相接触,水分(或其他溶剂)被迅速汽化,溶质以粉粒状析出。

喷雾结晶中的关键在于喷嘴能保证将溶液高度分散开。气、液两相的流向可以是并流向下、并流向上或先逆流后并流等多种形式。喷雾结晶一般可以得到细小粉末状的结晶产品,适用于不宜长时间加热的物料结晶。但设备庞大,装置复杂,动力消耗大。

三、结晶操作

结晶操作是运用溶解度的变化规律,通过将过饱和溶液的溶质从液相转移到固相而实现的。结晶器的操作,一方面要能满足产品的产量要求,另一方面,也可以说是最重要的方面,要能生产出符合质量、粒度及粒度分布要求的结晶产品。工业操作顺利与否,涉及的因素很多,而这些因素又相互矛盾,相互制约。

1. 控制过饱和度

一般来说,增加过饱和度能提高结晶体的成长速率,从而提高产率。但是,若过饱和度增加过多,甚至使溶液进入不稳定区,则会产生过量的晶核,导致最终产品的晶粒太细。因此操作中控制的过饱和度只能是介稳定区中过饱和度的一小部分。在结晶操作

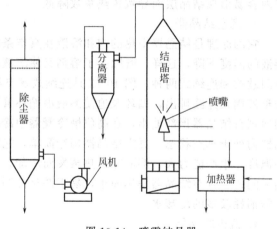

图 10-14 喷雾结晶器

中,对影响过饱和的相关工艺参数要严格控制。当有细晶出现时,要将过饱和度调低。防止再产生过多的晶核;当细晶减少或除去后,可调至规定范围的高限,尽可能提高结晶收率。

2. 控制运行温度

冷却结晶溶液的过饱和度主要靠温度来控制,要使溶液温度经常沿着最佳条件稳定运行。溶液温度用冷却剂调节的应对冷却剂进行严格控制。

3. 控制压力

真空结晶器的操作压力直接影响到温度,要严格控制操作压力。蒸发结晶溶液的过饱和度主要由加热蒸汽的压力控制,加热蒸汽的流量是这类结晶器的主要控制指标。

4. 控制晶浆固、液比

当通过汽化移去溶剂时,真空结晶器和蒸发结晶器里的母液的过饱和度很快升高,必须补充含颗粒的晶浆,使升高的过饱和度尽快消失。母液过饱和度的消失需要一定的表面积。晶浆固、液比高,结晶表面积大,过饱和度消失得比较完全,不仅能使已有的晶体长大,而且可以减少细晶,防止结疤。对于连续生产中,主要是控制返料量(即添加的晶种的量),来控制晶浆固、液比。

5. 加晶种的控制

在间歇操作的结晶过程中,为控制晶粒的成长,获得粒度比较均匀的产品,必须尽一切可能防止过量晶核生成。将溶液的过饱和度控制在介稳定区中,向溶液中加入适量的晶种,使溶质在晶种表面上生长。

思 考 题

10-1 试简述结晶操作在化工生产中的用途。
10-2 结晶操作的特点如何?
10-3 溶液的过饱和度的表示方法是什么?
10-4 什么叫溶解度和超溶解度曲线?并说明超溶解度曲线对结晶操作的指导意义。
10-5 工业上二次成核的方式有哪些?
10-6 结晶过程包括哪几个阶段?
10-7 影响结晶操作的因素有哪些方面?怎样控制工艺条件?
10-8 工程上有哪些常用的结晶方法?各适用于什么场合?
10-9 结晶器有哪几大类型?

第十一章 液-液萃取

学习目标
- 掌握 液-液萃取的基本概念和基本原理。
- 理解 液-液萃取的流程及萃取剂的选择。
- 了解 塔式萃取设备的常见类型及萃取塔的简单操作。

第一节 概 述

一、萃取在工业生产中的应用

工业生产中分离液体混合物的单元操作除采用蒸馏外,还广泛采用液-液萃取。例如,在含碘的溶液中加入四氯化碳并搅拌混合,由于碘在四氯化碳中的溶解度远大于它在水中的溶解度,大部分的碘从水溶液中转入到四氯化碳溶剂中,经静置分层后,将四氯化碳相、水相进行分离,就达到分离碘的目的。这一过程即为萃取。再如,为防止工业废水中的苯酚污染环境,利用苯酚在苯中的溶解度比在水中的溶解度大的性质,将苯加到废水中,使它们混合接触,此时大部分苯酚从水相中转移到苯相中,再将水相与苯相分离,并进一步回收苯,从而达到回收苯酚的目的。

利用混合物中各组分在某一溶剂中溶解度的差异,分离液-液混合物的单元操作称为液-液萃取(或称溶剂萃取),简称萃取。萃取操作中由于被分离组分从待处理的原料液中经过液-液两相界面而扩散到溶剂中去,故也是物质从一相转移到另一相的过程。萃取过程中所用的溶剂称为萃取剂,混合液体中被分离的组分称为溶质,原混合液体中与溶剂不互溶或仅部分互溶的组分称为稀释剂(或原溶剂)。萃取操作中所得到的溶液称为萃取相,主要成分是萃取剂和溶质,剩余的溶液称为萃余相,其主要成分是稀释剂及残余的溶质等组分。

如图 11-1 所示。含溶质 A 和溶剂 B 的原料液及萃取剂 S 加入混合器中,通过搅拌,充分混合、接触。由于溶质 A 在萃取剂 S 中的溶解度大于在原溶剂 B 中的溶解度,溶质 A 通过两液相间的界面,从原料液向萃取剂中转移,在分层器内经静置分层,形成了新的两液相——萃取相 E 和萃余相 R。将萃取相 E 和萃余相 R 进一步分离,得到萃取液和萃余液,并回收萃取剂 S 供循环使用。

由此可见,萃取操作包括下面三个过程。

1. 混合过程

原料液和萃取剂充分接触,各组分发生了不

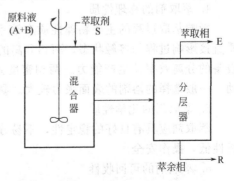

图 11-1 萃取过程示意图

同程度的相际转移,进行质量传递。

2. 澄清过程

分散的液滴凝聚合并,形成的两相萃取相和萃余相由于密度差而分层。

3. 脱除溶剂操作

萃取相脱除溶剂得到萃取液,萃余相脱除溶剂得到萃余液。工业生产中进一步分离萃取相和萃余相通常采用精馏操作。

在分离液体混合物的生产过程中,萃取主要用于以下几种情况。

① 液体混合物中各组分的相对挥发度甚小,采用精馏操作不经济。

② 液体混合物蒸馏时形成恒沸物。

③ 欲回收的物质为热敏性物料,或蒸馏时易分解、聚合或发生其他变化。

④ 液体混合物中含有较多汽化潜热很大的易挥发组分,特别是该组分又不是目标组分,利用蒸馏操作能耗较大。

萃取在工业上得到广泛应用,在石油化学工业中尤为突出。在制药、食品、湿法冶炼、核工业材料提取和环境保护治理污染中均起到重要作用。本章主要讨论萃取在化工生产中的应用。

二、萃取剂的选择

在萃取操作中,所选用的萃取剂是否适宜,对萃取产品的产量、质量和过程的经济性有很大程度的影响。因此,萃取剂的选择是萃取操作的一个关键。在选取萃取剂时,应考虑以下几个问题。

1. 萃取剂的选择性

萃取剂对溶质 A 及对原溶液中其他组分溶解能力的差异,称为萃取剂的选择性。通常以选择性系数 β 来衡量萃取剂的选择性,其定义为

$$\beta = \frac{y_A/x_A}{y_B/x_B} \tag{11-1}$$

式中 y_A,y_B——溶质 A、稀释剂 B 在萃取相中的浓度,质量分数;

x_A,x_B——溶质 A、稀释剂 B 在萃余相中的浓度,质量分数。

选用选择性好的萃取剂,其用量可以减少,产品质量也较高。

2. 萃取剂的容量

单位体积或单位质量的萃取剂所能萃取物质的饱和容量要大,使过程具有适宜的溶剂循环量,可降低萃取剂的单耗和成本。

3. 萃取剂与稀释剂的互溶度

萃取剂与稀释剂的互溶度越小,两相区越大,萃取操作的范围越大。

4. 萃取剂的物理性质

影响萃取过程的主要物理性质有液-液两相的密度差、界面张力和液体黏度等。这些性质直接影响过程的接触状态,两相分离的难易程度和两相相对的流动速度,从而限制了过程设备的分离效率及生产能力。两相密度差大,有利于两相的分散和凝聚,促进两相相对运动。一般选择的溶剂的表面张力较大。黏度较小时,有利于两相的混合和传质。

5. 萃取剂的化学性质

萃取剂应具有良好的稳定性,不易分解、聚合或与其他组分发生化学反应,腐蚀性小,毒性低,操作安全。

6. 萃取剂的可回收性

萃取剂的回收费用是整个操作的一项关键经济指标。其回收一般采用蒸馏的方法,它与

被分离组分之间应有较大的相对挥发度,以便分离回收。且资源充足,合成制备方法容易,价格适宜。

显然,一种萃取剂一般很难同时满足以上要求。因此,应根据物系特点,结合生产实际,综合各种因素,全面考虑,选择适宜的萃取剂,以获取最佳经济效果。

工业生产中常用的萃取剂可分为以下三大类。

(1) 有机酸或它们的盐　如脂肪族的一元羧酸、磺酸、苯酚等。
(2) 有机碱的盐　如伯胺盐、仲胺盐、叔胺盐、季铵盐等。
(3) 中性溶剂　如水、醇类、酯、醛、酮等。

三、萃取操作流程

实现液-液分离的萃取操作过程由混合、分层、萃取相分离、萃余相分离等一系列步骤共同完成,这些设备的合理组合构成了萃取操作流程。实际生产中,根据分离要求的工艺、物料的特性等具体条件,所采用的萃取流程也不同。工业生产中常见的萃取流程有单级萃取和多级萃取之分。

在介绍萃取操作流程时,假设物系在萃取器内,经充分接触传质,然后分层得到互成平衡的萃取相与萃余相,这样的过程称为一个萃取理论级。萃取理论级类似于蒸馏操作中的理论板,是一种理想状态,作为萃取设备操作效率的比较标准。实际的萃取效果均低于此理想效果。

1. 单级萃取流程

图 11-2 为单级萃取操作流程示意。原料液 F 与萃取剂 S 加入混合器 1 中,得到混合液 M。在搅拌作用下充分混合接触,再将混合液 M 引入分层器 2,经静置分层为萃取相 E 和萃余相 R,再将萃取相与萃余相分别送入溶剂回收设备 3、4 以回收溶剂,相应地得到萃取液 E′ 和萃余液 R′,回收的溶剂(萃取剂)循环使用。

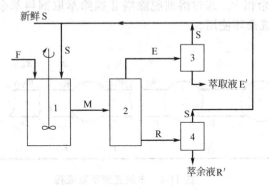

图 11-2　单级萃取操作流程
1—混合器;2—分层器;
3—萃取相分离器;4—萃余相分离器

单级萃取操作流程不可能获得较高浓度的萃取液,而且萃余相中仍含有一定浓度的溶质,即不能对原料液进行完全的分离。但由于流程简单,既可用于连续性生产,也可用于间歇性操作,实际生产中仍广泛应用。当工艺对分离要求不高时此流程更为适宜。

2. 多级萃取流程

(1) 多级错流萃取流程　由于单级接触式萃取操作中所得到的萃余相中往往还有较多的溶质,为将萃余相中的溶质进一步萃取出来,工业生产中常采用多级错流萃取流程,即将多个单级接触萃取器串联使用,如图 11-3 所示。

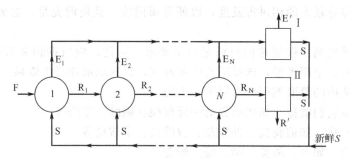

图 11-3 多级错流萃取流程

图中每个圆圈表示一个理论级,它包括使原料液与萃取剂充分混合接触的混合器及澄清分离器。原料液 F 从第一级进入,依次通过各级与加入各级的溶剂 S 进行萃取,获得萃余相 R_1、R_2、…、R_N,直至第 N 级的萃余相满足工艺要求为止。末级引出的萃余相 R_N 进入脱溶剂塔Ⅱ脱除萃取剂 S,获得萃余液 R'。加入各级的萃取剂 S 分别与来自前一级的萃余相进行萃取,获得萃取相 E_1、E_2、…、E_N 分别从各级排出,汇集一起后进入脱溶剂塔脱除萃取剂 S,获得萃取液 E'。脱除溶剂塔Ⅰ、Ⅱ所回收的溶剂返回系统循环使用。

显然,只要采用的级数足够,就能获得含溶质 A 较少的萃余液 R',萃取相溶质的回收率较高。但萃取剂的耗量较大,回收负荷增加,设备投资大,工业上很少使用。

(2) 多级逆流萃取流程　多级逆流萃取是指被萃取的原料液 F 与萃取剂 S 以相反的方向流过各级。

如图 11-4 所示,原料液 F 从第一级进入,依次经过各级萃取,成为各级的萃余相,其溶质组成逐级降低,溶剂 S 从末级(第 N 级)进入系统,依次通过各级与萃余相逆流接触,进行萃取,使得萃取相中的溶质逐级提高,最终获得的萃取相 E_1 送入脱溶剂塔Ⅰ脱除萃取剂,得萃取液 E',萃余相 R_N 通过溶剂脱除塔Ⅱ脱除萃取剂得萃余液 R'。两溶剂脱除塔回收的萃取剂 S 返回系统循环使用。

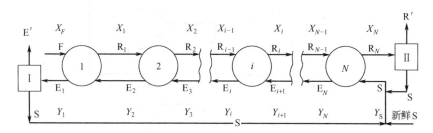

图 11-4 多级逆流萃取流程

通过多级逆流萃取操作,可获得含溶质浓度很高的萃取液 E' 和含溶质浓度很低的萃余液 R',混合物的分离程度较高,其萃取剂的耗用量也比多级错流萃取操作大为减少,因而在工业生产中得到广泛应用。特别是当原料中两组分均为过程的产物,而且工艺要求分离较彻底时,一般采用多级逆流萃取流程。

第二节　部分互溶物系的相平衡

萃取过程与吸收、蒸馏一样,也是发生在相际间的物质传递,被萃取组分在液-液两相之间具有相平衡关系。

萃取过程中涉及的物料至少有三个组分,即溶质 A、稀释剂 B 及萃取剂 S。若所选用的萃取剂 S 与稀释剂 B 基本不互溶，以至在操作范围内可忽略不计，则萃取相和萃余相中只含有两个组分，其平衡关系类似于吸收操作中的气-液平衡关系，可在直角坐标下标绘。若萃取剂与稀释剂部分互溶，这样萃取相与萃余相中都含有三个组分。此时被萃取组分在两相间的平衡关系，通常采用三角形坐标标绘，即三角形相图。

一、三角形相图

三角形相图有正三角形和直角三角形两种。如图 11-5(a) 和（b）所示，溶液组成以质量分数表示。

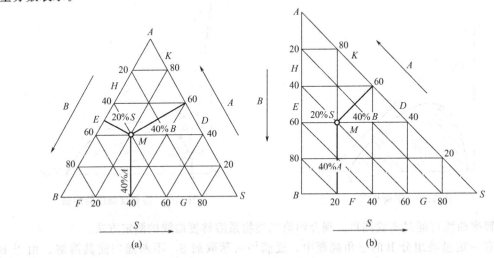

图 11-5　三角形相图

如图 11-5 所示。三角形的三个顶点 A、B、S 各代表一种纯组分。A 表示纯溶质，B 表示纯稀释剂，S 表示纯萃取剂。三角形的 AB 边表示（A+B）二元混合物，AS 边表示（A+S）的二元混合物，BS 边表示（B+S）的二元混合物。三角形内的任一点代表一个三元混合物。如图中 M 点表示的为三元混合物中组分 A、B、S 的质量分数分别为 $w_A=40\%$，$w_B=40\%$，$w_S=20\%$。其确定的方法是：过 M 点分别作 AB、AS、BS 的三条平行线 KF、HG、ED，与 AB 边平行的 KF 线上各点均表示三元混合物系中 S 的组成为 20%，同理，与 AS 边平行的 HG 线上各点表示三元混合物中 B 的组成为 40%，与 BS 边平行的 ED 线上各点表示三元混合物系中 A 的组成为 40%。或通过 M 点分别作三条边的垂线，其中，M 点至 BS 的垂直距离为混合物系中 A 的组成 40%，M 点至 AB 的垂直距离为混合物系中 S 的组成 20%，M 点至 AS 的垂直距离为混合物系中 B 的组成 40%。对三元混合物系有

$$w_A + w_B + w_S = 1.0$$

直角三角形坐标可采用直角坐标纸绘制，故目前多采用直角三角形坐标图。

二、溶解度曲线与平衡连接线

在萃取操作分离混合物系时，常按溶质 A、稀释剂 B，萃取剂 S 组成的三元混合液中各组分互溶度的不同，而将三元混合液分为以下几种类型。

① 溶质 A 与稀释剂 B、萃取剂 S 完全互溶，但 B 与 S 不互溶。
② 溶质 A 与稀释剂 B、萃取剂 S 完全互溶，而 B 与 S 部分互溶。
③ 溶质 A 与稀释剂 B 完全互溶，而 A 与 S 为部分互溶组分，同时 B 与 S 也为部分互溶的组分。

其中以第二类型较为常见，下面以第二类型物系为例讨论三元混合液的相平衡。

1. 溶解度曲线

如图 11-6 所示的曲线 $RDPGE$ 为第二类物系的溶解度曲线，曲线上每一点为均相点，是 A、B、S 三个组分组成的混合液的分层点（或混溶点），曲线将三角形相图分成两个区。该曲线与底边 R、E 所围成的区域为两相区或分层区，两相区是萃取过程的可操作范围，即三元混合液的组成在此区域内可分为两个液层。溶解度曲线外围的区域为均相区（单相区），若三元混合液的组成点在此区域内，则混合液为均一的液相。

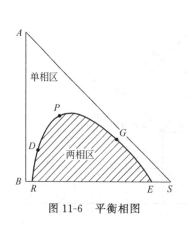
图 11-6 平衡相图

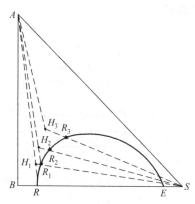
图 11-7 溶解度曲线的绘制

溶解度曲线可通过实验测得。现介绍第二类物系溶解度曲线的测定方法。

向有一定量纯组分 B 的三角烧瓶中，逐滴加入萃取剂 S，不断摇匀使其溶解。由于 B 仅部分溶于 S 中，所以滴加至一定量后混合液出现混浊，记下所滴加的萃取剂 S 量，即为组分 B 在萃取剂 S 中的饱和溶解度。该饱和溶解度用如图 11-7 所示的三角形相图中的 R 点表示，此点即分层点。

在上述饱和溶液中加溶质 A，因溶质 A 的加入增大了 B 与 S 的互溶度，随 A 的逐渐加入使饱和液呈透明。新的三元混合液的组成点在 AR 的连线上，设为 H_1 点。再继续向此溶液中滴加 S 至溶液又出现混浊，从而可算出新的分层点 R_1 的组成，且 R_1 必在 SH_1 的连线上。如此向三角瓶中的溶液交替滴加 A 与 S，重复上述实验得若干个分层点 R_2、R_3、……。

再向盛有一定量的萃取剂 S 的另一三角瓶中，交替滴加组分 A 和 B，同理可得若干个分层点 E_1、E_2、E_3、……，将所有的分层点连成一条光滑曲线，即为该三元混合物系的溶解度曲线。

不同物系的溶解度曲线不同。同一三元物系在不同的温度下，溶解度曲线不同，因此整个实验必须保证在恒定的温度下进行。

2. 平衡连接线

今有含稀释剂 B 与萃取剂 S 组成的双组分混合液，其组成为图 11-8 中所示的点 M，该溶液必分为二层，其组成分别以点 R、E 表示。

若在此混合液中加溶质 A，则形成的混合液组成点将落在 AM 的连线上，设为点 M_1，充分摇匀，使溶质 A 在两相中的浓度达平衡，静置分层后，取两相试样进行分析，其结果分别为 R_1、E_1 点，此两点组成互成平衡，称共轭相，R_1、E_1 的连线称平衡连接线（简称连接线），且 R_1、M_1、E_1 三点在该连接线上。在上述两相混合液中逐次加入溶质 A，重复上述实验，可得若干条平衡连接线，每条平衡连接线的两端为一互成平衡的共轭相。当 A 的加入量增加到一定程度，混合液组成为图中点 N，此时，分层现象消失。继续加入 A 混合液将一直保持均相状态。

通常连接线都不互相平行，各条连接线的斜率随混合液的组成而异。一般情况下各连接线是按同一方向缓慢地改变其斜率，但有少数体系当混合液组成改变时，连接线斜率改变较大，能从正到负，在某一组成连接线为水平线，如吡啶-氯苯-水体系即是如此情况，如图11-9所示。

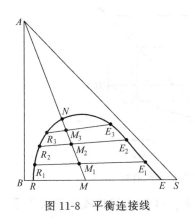

图11-8 平衡连接线

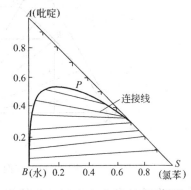

图11-9 吡啶-氯苯-水平衡连接线

三元混合物系的溶解度曲线和平衡连接线的平衡数据均由实验测得。

三、分配曲线与分配系数

1. 分配曲线

若将三角形相图上各相对应的平衡液层中溶质A的浓度转移到x-y直角坐标上，得到的曲线即为分配曲线。图11-10为有一对组分互溶时的分配曲线，有两对组分部分互溶时的分配曲线如图11-11所示。图中x_A为溶质A在R相中的质量分数；y_A为溶质A在E相中的质量分数；分配曲线表达了溶质A在相互平衡的R与E相中的分配关系。

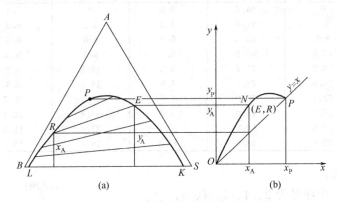

图11-10 有一对组分互溶时的分配曲线

2. 分配系数

工程上，常以分配系数衡量萃取剂的萃取效果，其定义为三元混合物系中，互成平衡的两液相内，溶质A的分配系数为

$$k_A = \frac{\text{溶质A在萃取相中的浓度}}{\text{溶质A在萃余相中的浓度}} = \frac{y_A}{x_A} \tag{11-2}$$

式(11-2)表达了平衡时两液层中溶质A的分配关系，故又称平衡关系式。分配系数k_A值越大，说明每次萃取的分离效果越好。分配系数k_A不仅和温度有关，而且与浓度有关。一般情况下，溶质浓度增加，分配系数随之降低；温度升高，分配系数亦随之降低。当溶质浓度较低时，恒温下的分配系数k_A可视为常数。工业萃取操作中，k_A值的范围为1~10000。

当S与B不互溶时，分配系数k_A相当于吸收中的气-液平衡常数m。

对S与B部分互溶的物系，与连接线的斜率有关。当$k_A=1$时，连接线与三角形底边

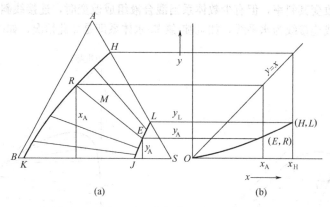

图 11-11　有两对组分部分互溶时的分配曲线

平行，斜率为零；当 $k_A<1$ 时，连接线斜率小于零；$k_A>1$ 时，连接线斜率大于零。可见，连接线斜率越大，越有利于萃取分离。

【例题 11-1】 丙酮（A）-乙酸乙酯（B）-水（S）三元混合物系，在 30℃下的液-液平衡数据见表 11-1。若已知用水萃取乙酸乙酯中的丙酮时，萃余相中含丙酮 30%（质量分数），试在正三角形图上作出此物系的：

表 11-1　丙酮-乙酸乙酯-水在 30℃下的相平衡数据（质量分数）

序号	乙酸乙酯层(R 相)			水层(E 相)		
	A/%	B/%	S/%	A/%	B/%	S/%
1	0	96.5	3.0	0	7.4	92.6
2	4.8	91.0	4.2	3.2	8.3	88.5
3	9.4	85.6	5.0	6.0	8.0	86.0
4	13.5	80.5	6.0	9.5	8.3	82.2
5	16.6	77.2	6.2	12.8	9.2	78.0
6	20.0	73.0	7.0	14.8	9.8	75.4
7	22.4	70.0	7.6	17.5	10.2	72.3
8	26.0	65.0	9.0	19.8	12.2	68.0
9	27.8	62.0	10.2	21.2	11.8	67.0
10	32.6	51.0	13.4	26.4	15.0	58.6

① 溶解度曲线；
② 本例附表 1 中序号为 2、4、5、7、9、10 六组数据对应的连接线；
③ 求萃取相、萃余相的组成；
④ 判断水的萃取性能。

解 ① 由表 11-1 所给数据，在三角形坐标图上逐一标出，连接各点即可得溶解度曲线如图 11-12 所示。

② 根据表 11-1 中第 2、4、5、7、9、10 六组数据，标绘于溶解度曲线上得六个 R 点，六个 E 点，连接对应 RE 所得直线，即为所求连接线，如图中虚线所示。

③ 在图中确定 $w_A=0.30$ 的点 R。由图中可知，该点上、下两条连接线近于平行，

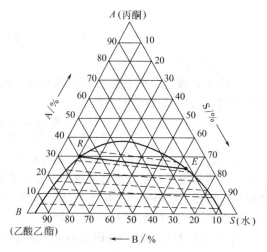

图 11-12　［例题 11-1］附图

故可近似地认为，这些点的连接线与相邻两连接线也平行，作 R 点与相邻两连接线的平行线得 RE 即为所求。从图上 R 点查出萃余相中含丙酮 30%、乙酸乙酯 59%、水 11%；从 E 点查得萃取相中含丙酮 24%、乙酸乙酯 13%、水 63%。

④ 丙酮在 R 中的含量为 30%，在 E 中含量为 24%。其分配系数

$$k_A = \frac{y_A}{x_A} = \frac{0.24}{0.30} = 0.8 < 1$$

将表 11-1 中各组平衡数据的分配系数依此求出，见表 11-2。

表 11-2　［例题 11-1］附表

序号	1	2	3	4	5	6	7	8	9	10
k_A	0.8	0.667	0.640	0.704	0.771	0.740	0.781	0.762	0.763	0.820

由表中数据可知，当用水作萃取剂时，其分配系数 k_A 值均小于 1，显然此处水作萃取剂其分离效果并不好。但由于价廉易得，所以工业生产中仍以水萃取丙酮-乙酸乙酯混合液中的丙酮。

四、辅助曲线与杠杆规则

1. 辅助曲线与临界混溶点

（1）辅助曲线　辅助曲线可以间接地表达二元混合液中相互平衡的两液层间的组成关系。可借助辅助曲线确定任一平衡液相的共轭相。

图 11-13 中的曲线 PL 即为辅助曲线。若已知连接线 E_1R_1、E_2R_2、E_3R_3，辅助曲线可用两种方法作出。方法一：如图 11-13(a) 所示，过点 R_1、R_2、R_3，分别作 BS 边的平行线，同理过 E_1、E_2、E_3 点作 AB 边的平行线，分别得交点 H、K、M、J，连接各交点所得曲线即为辅助曲线。

方法二：如图 11-13(b) 所示。过 R_1、R_2… 作 AS 边的平行线，再过 E_1、E_2… 作 AB 边的平行线，分别得交点 N、L、I、H，连接各交点所得曲线即为辅助曲线。

（2）临界混溶点　辅助曲线与溶解度曲线的交点 P 为临界混溶点。它将溶解度曲线分为左右两侧，左侧（靠近 B）为萃余相 R，稀释剂含量较高；右侧（靠近 S）为萃取相，萃取剂含量较高。临界混溶点一般不在溶解度曲线的最高点，其准确位置不易确定，通常通过作辅助线确定。

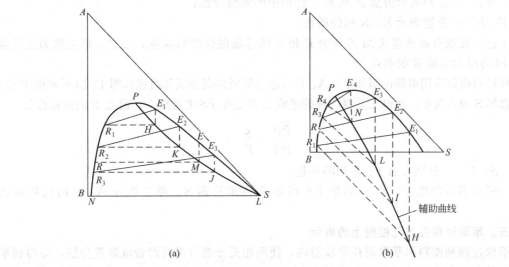

图 11-13　辅助曲线的作法

2. 杠杆规则（混合规则）

杠杆规则也适用于萃取物系的三元相图中，它是萃取过程中物料衡算的基本依据。

如图 11-14 所示，R、E 两点分别代表两种不同组成的三元混合液。若将 R 点组成的混合液 R kg 与 E 点组成的混合液 E kg 相混合，所得新混合液 M kg，其组成点 M 必在 RE 的连线上。且 M 点组成与 R、E 的量及线段 ME、RE 的长度有关系，即

$$\frac{E}{R} = \frac{\overline{MR}}{\overline{ME}} \tag{11-3}$$

式（11-3）称为杠杆规则。

由图 11-14 中三角形的比例关系知：

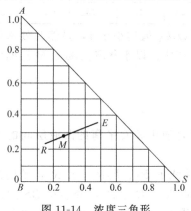

图 11-14　浓度三角形　　　　图 11-15　杠杆规则示意图

$$\frac{\overline{MR}}{\overline{ME}} = \frac{W_M - W_R}{W_E - W_M} \tag{11-4}$$

所以

$$\frac{E}{R} = \frac{\overline{MR}}{\overline{ME}} = \frac{W_M - W_R}{W_E - W_M} \tag{11-5}$$

式中　W_M——溶质 A 在混合液 M 中的质量分数；
　　　W_E，W_R——分别表示溶质 A 在 E、R 相中的质量分数；
　　　E，R——分别表示 E、R 相的质量。

上述三元混合液的组成 M 点称为 E 和 R 两溶液混合时的和点，反之，E 点称为三元混合液 M 与移出溶液 R 的差点。

杠杆规则的应用举例说明如下：A、B 二组分形成的混合液其组成如图 11-15 所示的 F 点。将吸收剂 S 加入其中，所得三元混合液的组成点 P 必在 FS 的连线上，而点 P 的位置符合

$$\frac{\overline{PF}}{\overline{PS}} = \frac{S}{F}$$

式中　S，F——分别表示 S、F 相的质量。

随吸收剂 S 的增加，点 P 将沿 FS 线由 F 逐渐移向 S，原二组分 A、B 的比例保持不变。

五、萃取过程在三元相图上的表示

萃取过程是原料和萃取剂在萃取器内，使两相充分混合再将混合液静置分层，即得到萃取相和萃余相，该过程可在三角形相图上直观地表达出来。

如图 11-16 所示，含 A、B 二组分的原料液 F，表示该二元混合液的组成点 F 必在 AB 边上。向此原料液中加适量的萃取剂 S，使混合液的组成落在两相区内并以 M 点表示，M 点必在 FS 的连线上，由杠杆规则知，F 与 S 的数量关系满足关系式

$$\frac{S}{F} = \frac{\overline{MF}}{\overline{MS}} \tag{11-6}$$

F 与 S 经充分混合后，使溶质 A 进行重新分配，形成萃取相和萃余相两个液层。若两相达平衡，其组成由图 11-16 中 E、R 两点表示，其间的数量关系由杠杆规则得

$$\frac{E}{R} = \frac{\overline{MR}}{\overline{ME}} \tag{11-7}$$

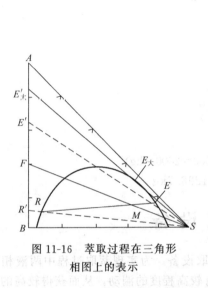

图 11-16　萃取过程在三角形相图上的表示

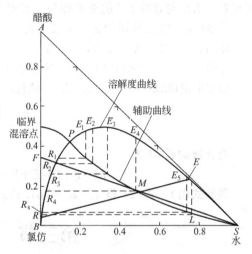

图 11-17　[例题 11-2] 附图

萃取操作终了时，经分离液层得到萃取相和萃余相。若从萃取相中完全脱除萃取剂，从图 11-16 中可知脱除过程将沿直线 SE 进行，其组成由 E 逐渐变化到 E' 点，E' 点中溶质 A 含量比原料液 F 点中的高。同样，从萃余相中完全脱除萃取剂，可得含 A 组分更少的萃余液 R'，点 R' 中稀释剂 B 的浓度较原料液 F 点中的高。由上可知，原料液经萃取并脱除萃取剂后，所含的 A、B 二组分已得到部分分离。E' 与 R' 间的数量关系由杠杆规则确定，即

$$\frac{E'}{R'} = \frac{\overline{FR'}}{\overline{FE'}} \tag{11-8}$$

若从 S 点作溶解度曲线的切线，此切线与 AB 边的交点 $E_大$ 表示在一定操作条件可能获得的含组分 A 最高的萃取液的组成点。亦即萃取过程中萃取液所含组分 A 所能达到的极限浓度。

【例题 11-2】 以水为萃取剂，从醋酸与氯仿的混合液中萃取醋酸。25℃时，两液相（E 相与 R 相）的平衡数据（质量分数）列于表 11-3 中。求：

① 若原料有 1000kg，醋酸的含量为 35%。用 1000kg 水作萃取剂，萃取后其中醋酸含量不超过 7.0%，找出混合液组成点 M 的位置；

② 萃取后水层（E 相）与氯仿层（R 相）的组成与数量。

解　① 依据表 11-3 中所给平衡数据，在直角三角形坐标图中绘出对应的 R 相的组成点，连接各点得溶解度曲线，并作辅助曲线，如图 11-17 所示。

表 11-3 ［例题 11-2］附表

氯仿层(R 相)		水层(E 相)		氯仿层(R 相)		水层(E 相)	
醋酸	水	醋酸	水	醋酸	水	醋酸	水
0.00	0.99	0.00	99.16	27.65	5.20	50.56	31.11
6.77	1.38	25.10	73.69	32.08	7.93	49.41	25.39
17.22	2.24	44.12	48.58	34.16	10.03	47.87	23.28
25.72	4.15	50.18	34.71	42.50	16.50	42.50	16.50

根据原料液含醋酸 35%，在三角形相图的 AB 边上确定点 F，连接点 F、S 得直线 FS。由萃余相中醋酸含量 7.0%，在溶解度曲线上确定 R 点，从 R 点作平行于三角形 BS 边的直线交辅助线于 L 点，过 L 点作三角形 AB 边的平行线与溶解度曲线交于 E 点，连接点 R、E 所得直线 RE 与直线 FS 的交点即为三元混合液的组成点 M。

② M 点的组成从图中 E、R 点查得

R 相：7.0%（A）；1.0%（S）；92%（B）。
E 相：24.0%（A）；74.0%（S）；2.4%（B）。

由图中量得 $\overline{MR}=5.0$，$\overline{ME}=2.7$。依杠杆规则有

$$\frac{E}{R}=\frac{\overline{MR}}{\overline{ME}}=\frac{5.0}{2.7} \tag{1}$$

混合液的量 M 为

$$M=F+S=E+R=1000+1000=2000 \text{（kg）} \tag{2}$$

联解式(1)、式(2) 得　　$R=701.3\text{kg}$　　$E=1298.7\text{kg}$

第三节　萃取设备

用于实现液-液两相间物质传递的设备统称为萃取设备。为实现萃取过程中两液相间的质量传递，要求萃取设备内能使两相充分接触并伴有较高程度的湍动，从而获得较高的传质速率，同时当两相充分混合后，还能使两相有效地分离。

萃取设备的分类方法有多种，通常如下。
① 按两面相接触方式，分为逐级接触式和微分接触式。
② 按外界是否输入机械能量划分。
③ 按设备结构特点和形状，分为组件式和塔式。
本节重点介绍几种常用的萃取塔。

一、塔式萃取设备

萃取塔是萃取操作的重要设备，目前工业上采用的塔设备形式很多，各有优缺点。根据萃取操作的特点，要求萃取塔内应能提供两液相充分接触的条件，使两相之间具有很大的接触面积，这种界面通常是将一液相分散于另一液相中形成。分散成液滴状的液相称分散相，另一呈连续的液体称连续相。显然，分散相的液滴越小，两相的接触面积越大，传质越快。为此在萃取塔内装有喷嘴、筛孔板、填料或机械搅拌装置等。为保证两相混合后能有效地分离，在塔顶或塔底应有足够的分离段。

1. 填料萃取塔

填料萃取塔与气液传质所用的填料塔类似，但为了使萃取过程中某一液相能更好地分散于另一液相中，在入口装置上使两相入口导管均伸入塔内，并在管上开有小孔，以使液体分散成小液滴。

如图 11-18 所示，在塔内可装拉西环、鲍尔环、鞍形填料及其他各种新型填料。填料层通常用栅板或多孔板支撑。为防止沟流现象，填料尺寸应为塔径的 1/10~1/8。为使液滴可以顺利地直接进入填料层，而将轻相入口处的喷洒装置装在填料支撑板的上部，一般距支撑板 25~50mm。

填料塔内选用的填料应容易为连续相所润湿。一般陶瓷填料易被水所润湿，石墨或塑料填料易被有机溶液所润湿，金属填料对水溶液与有机溶液的润湿性能差异不大。塔内填料的作用除使分散相的液滴不断破裂与再生，以使液滴的表面不断更新外，还可以减少连续相的纵向返混。

填料萃取塔结构简单，造价低廉，操作方便，特别适用于腐蚀性物料。尽管级效率较低，在工业上仍有一定应用。一般在工艺要求的理论级小于 3，处理量较小时，可考虑选用。

2. 筛板萃取塔

筛板萃取塔是逐级接触式，依靠两相密度差，在重力作用下，使得两相在塔内进行分散和逆流流动，每块塔板上两侧呈错流接触，其结构类似于气液传质设备的筛板塔。

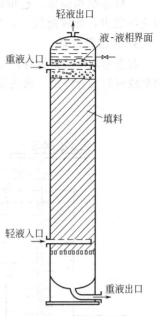

图 11-18 填料萃取塔
（轻相为分散相）

如图 11-19 所示，塔内有若干层开有小孔的筛板。若以轻相为分散相时，轻液自下而上穿过板上筛孔分散成液滴，在筛板上与连续相接触后分层凝聚，并积聚于上一层筛板的下面，然后借助压力的推动再经孔板分散。最后由塔顶引出。重液连续地由塔上部进入，经降液管流至下层塔板，如此反复，最后由塔底排出。当以重液为分散相时，则应将降液管改为升液管，如图 11-20 所示，此时连续相（轻液）在塔板上部空间横向流动，经升液管进入上一层塔板。

因为塔内安装了多层筛板，连续相的轴向混合被限制在板与板之间范围内，而分散相在每一块板上多次进行分散和凝聚，从而有利于液-液相间的传质。且由于塔板的限制，也减轻了塔内轴向返混的影响。

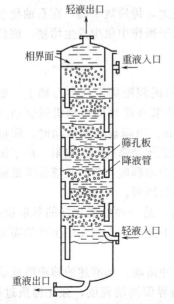

图 11-19 筛板萃取塔（轻相为分散相）

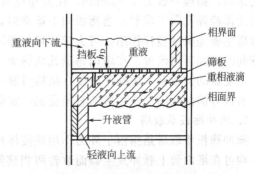

图 11-20 筛板结构示意图（重相为分散相）

筛板塔结构简单，造价低廉，尽管级效率较低，在萃取工业中仍得到广泛应用是对所需理论级数少，处理量较大，且物料具有腐蚀性的萃取过程较为适宜。

3. 转盘萃取塔

转盘萃取塔的结构特征是在塔内壁按一定距离设置若干固定环，固定环在一定程度上起到抑制轴向的混合作用。而在旋转的固定轴上按同样距离安装许多圆形转盘。如图 11-21 所示。

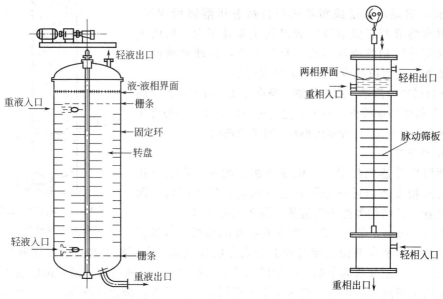

图 11-21　转盘萃取塔　　　　图 11-22　往复振动筛板萃取塔

为便于安装，转盘的直径比固定环的内孔直径稍小些，固定环使塔内形成许多分隔区间，在每一个区间内有一个转盘对液体进行搅拌。操作时转盘随中心轴旋转，转盘旋转在液体中产生剪应力，剪应力使连续相产生涡流，处于湍动状态，使分散相破裂而形成许多小液滴，从而增大了相际间的接触面积。

转盘萃取塔的结构简单，维修方便，操作弹性和通量较大，传质效率高，在石油化学工业中得到广泛应用。另外，该塔还可以作为化学反应器。由于操作中很少发生堵塞，因此也适用于处理含固体物料的场合。

4. 往复振动筛板萃取塔

往复振动筛板萃取塔其结构特点是将多层筛板按一定的板间距固定在中心轴上。如图 11-22 所示。塔内无溢流装置且塔板不与塔体相连。中心轴由装在塔顶的传动机械驱动进行往复运动，振幅一般为 3~50mm，往复速度可达 1000 r/min。当筛板向上运动时，筛板上侧的液体经筛孔向下喷射；当筛板向下运动时，筛板下侧的液体经筛孔向上喷射。由于振动筛板塔主要是机械搅拌作用，可大幅度增加相际接触面积及湍动程度。为防止液体沿筛板与塔壁间的缝隙短路流过，在塔内每隔几块筛板应放置一块环形挡板。

往复振动筛板萃取塔操作方便，结构可靠，传质效率高，是一种性能较好的萃取设备。由于机械方面的原因，这种塔的直径受到一定限制，目前还不能适应大型化工生产的需要。

5. 脉冲筛板萃取塔

脉冲筛板萃取塔是指由于外力作用使液体在塔内产生脉冲运动。如前述的筛板塔或填料塔，均可在塔内装上脉冲发生器而改善两相接触状况，增强界面湍动程度，强化传质过程，图 11-23 所示即为脉冲筛板萃取塔。

其脉冲的产生，大都依靠机械脉冲发生器（脉冲泵）在塔底造成，少数采用压缩空气来实现。脉冲的输入常采用直接将脉冲的往复泵连接在轻液入口中，如图11-23(a)所示。或如图11-23(b)所示，往复泵发生的脉冲通过隔膜再输入塔内。

脉冲筛板萃取塔的效率与脉冲的振幅和频率有密切关系，若脉动过分激烈，会导致严重的轴向混合，传质效率反而降低。脉冲筛板萃取塔具有很高的传质效率，但由于允许通过能力较小，在化工生产中的应用受到一定限制。

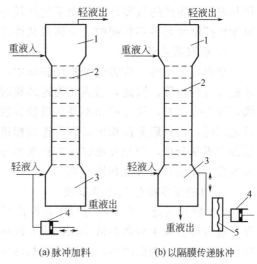

(a)脉冲加料　　(b)以隔膜传递脉冲

图11-23　脉冲筛板萃取塔
1—塔顶分层段；2—无溢流筛板；3—塔底分层段；
4—脉冲发生器；5—隔膜

二、萃取设备的选用

影响萃取操作的因素很多，如物系的性质、操作条件和设备结构。针对某一特定物系，在一定的操作条件下，选择适宜的萃取设备以满足生产要求是十分重要的。选择的主要原则是：满足生产的工艺要求和条件；确保生产成本最低、经济效益的最大。然而，到目前为止，人们对各种萃取设备的性能研究得还很不充分，在选择时往往要凭经验。一般选择萃取设备时应考虑如下的因素。

1. 系统的物性

系统物理性质往往是首先应考虑的因素之一。若物系界面张力小或两相密度差小，则难以分层，宜选离心式萃取器比较适宜；若黏度高、界面张力大，可选用有外加能量的设备；腐蚀性较强的物系，选取结构简单的填料萃取塔、脉冲筛板萃取塔较适宜；当物系含有固体悬浮物或混合过程中会产生沉淀物时，宜用混合-澄清式萃取设备，便于周期性清洗或选用转盘萃取塔。

2. 处理量

一般转盘萃取塔、筛板萃取塔、高效填料萃取塔和混合-澄清式萃取设备具有较大的处理量，处理量较小时，选用填料萃取塔、脉冲筛板萃取塔。

3. 分离要求

当分离要求所需的理论级数为2～3级时，各种萃取设备均能满足要求；若所需理论级数4～5级时，可考虑转盘萃取塔、往复振动筛板萃取塔和脉冲筛板萃取塔；而当理论级数相当多时，则混合-澄清式萃取设备是合适的选择。

4. 物系的稳定性及停留时间

在选择萃取设备时，物系的稳定性及停留时间也要考虑。如抗生素生产中，由于稳定性的要求，物料在萃取器中要求停留时间短，以选离心萃取器合适。若物料在萃取中伴有慢的化学反应，要求有足够的停留时间，则选用混合-澄清式萃取设备。

5. 生产场地

通常塔型设备占地小但高度大，混合-澄清式萃取设备占地较大而高度小。

6. 设备投资、操作周期和维修费用

设备投资费用、日常操作运转费用及检修费用也是要考虑的。这几个因素有时会产生矛盾，则应与其他因素一起进行综合考虑，以选定较适宜的萃取设备。

三、萃取塔的操作

萃取塔的操作，直接影响到产品的质量、原料利用率和消耗定额的大小。因此，正确操

作萃取塔是生产的重要环节。由于生产任务的不同，操作条件多样，塔型也不一样，因而萃取操作控制也是各不相同的。下面从共性简单说明萃取塔的操作。

1. 萃取塔的开车

萃取塔开车时，应将连续相注满塔中，再开启分散相进口阀门。分散相又必须经凝聚后才能自塔内排除。因此，当重相为连续相时，液面应在重相入口高度处为宜，关闭重相进口阀，开启分散相，使分散相不断在塔顶分层段内凝聚，当两相界面维持在重相入口与轻相出口之间时，再开启分散相出口阀和连续相进口阀。当重相为分散相时，则分散相在塔底的分层段内不断凝聚，两相界面将维持在塔底分层段的某一位置上。同理，在两相界面维持一定高度后，才能开启分散相出口阀。

2. 维持正常操作的注意事项

(1) 防止液泛　萃取塔运行中若操作不当，会发生一液相被另一液相"推出"设备的情况，或者还会发生分散相液滴凝聚成一段液柱并把连续相隔断，这种现象称为液泛。刚开始发生液泛的点称为液泛点，这时两液相的流速为液泛流速。液泛是萃取塔操作时容易发生的一种不正常的操作现象。

液泛的产生不仅与两相流体的物性（如黏度、密度、表面张力等）有关，而且与塔的类型、内部结构有关。对一特定的萃取塔操作时，当两相流体选定后，液泛的产生是由流速（流量）或振动、脉冲频率和幅度的变化引起，即流速过大或振动频率过快容易造成液泛。

(2) 减小轴向混合　通常把导致两相流动的非理想性，并使两相在萃取设备内的停留时间偏离活塞流动的现象，统称为轴向（或纵向）混合。一般认为包含返混和前混等各种现象。

萃取塔中理想流动情况是两相呈活塞流，即在整个塔截面上两相流速相等，此时传质推动力最大，萃取效率高。但实际塔内中心区的液体以较快的流速通过塔内，停留时间短，连续相靠近塔壁或其他构件处的流速比中心处慢，在塔内停留时间长，这种停留时间的不均匀是造成液体轴向混合的主要原因之一。

在萃取塔的操作中，连续相和分散相都存在轴向混合的现象。当分散相液滴上升速度较大时，会引起周围连续相的返混。连续相的返混随塔的自由截面增大而增大。由于分散相液滴大小不均匀，在连续相中的上升或下降速度也不一样，可能造成分散相的前混。当下降的连续相局部速度过大时夹带分散相液滴，引起分散相的返混。

对于具有外界输入能量的萃取塔，振动、脉冲频率或振幅的增大，轴向混合往往进一步加剧，导致萃取效率降低。

由于液-液萃取过程通常有两相密度差小、黏度和界面张力大等特点，因此轴向混合对过程的不利影响较精馏和吸收过程更为突出。据报道，对于大型的工业萃取塔，有时多达60%～80%的塔高是用来补偿轴向混合的。

(3) 维持两相界面高度的稳定　在萃取塔中参与萃取的两液相的相对密度差不大，因而在塔内分层段两相的界面容易产生上、下位移。当相界面不断上移时，要降低升降管或增加连续相的出口流量，使两相界面下降到规定的高度。反之，当相界面不断下移时，要升高升降管的高度或减小连续相的出口流量。

3. 停车

萃取塔停车时对重相为连续相的，首先关闭重相的进、出口阀，再关闭轻相进口阀，使两相在塔内静置分层后，慢慢打开重相的进口阀，让轻相流出，当两相界面上升至轻相全部从塔顶排出时，关闭重相进口阀，使重相全部从塔底排出。

对轻相为连续相的，停车时先关闭重相的进、出口阀，再关闭轻相进、出口阀，两相在塔内静置分层后，打开塔顶旁路阀，接通大气，然后慢慢打开重相出口阀，让重相流出。当相界面下移至塔底旁路阀高度处,关闭重相出口阀,打开旁路阀,让轻相流出。

思 考 题

11-1 什么是萃取?萃取操作的基本依据是什么?它与蒸馏有何本质区别?
11-2 选择萃取剂时应考虑哪些因素?
11-3 什么叫选择性系数?其数值大小表示什么?
11-4 何为萃取相、萃余相、萃取液及萃余液?组成共轭相的两液层有何特征?
11-5 常见萃取操作流程有几种?各有何特点?
11-6 何为分配系数?其数值的大小表明什么?
11-7 试用三角形相图分析单级萃取过程。
11-8 临界混溶点的物理意义是什么?
11-9 常见的塔式萃取设备有哪些?各有何特点?
11-10 何为液泛?萃取塔操作要注意哪些问题?

习 题

11-11 在单级萃取中以三氯乙烷为萃取剂,从含丙酮为 0.40(质量分数)的水溶液中萃取丙酮。丙酮(A)-水(B)-三氯乙烷(S)的相平衡数据见表 11-4。已知处理 500kg 丙酮水溶液,三氯乙烷用量度 1000kg,求:
(1) 在三角形相图上绘出溶解度曲线与辅助曲线;
(2) 确定原料液与萃取剂形成的混合液的坐标位置;
(3) 萃取相与萃余相间溶质(丙酮)的分配系数;
(4) 脱除溶剂后萃取液与萃余液的量组成。

表 11-4 丙酮(A)-水(B)-三氯乙烷(S)的相平衡数据(质量分数)/%

水 相			三氯乙烷相		
三氯乙烷	水	丙酮	三氯乙烷	水	丙酮
0.52	93.52	5.96	90.93	0.32	8.75
0.60	89.40	10.00	84.40	0.60	15.00
0.68	85.35	13.97	78.32	0.90	20.78
0.79	80.16	19.05	71.01	1.33	27.66
1.04	71.33	27.63	58.21	2.40	39.39
1.60	62.67	35.73	47.53	4.26	48.21
3.75	50.20	46.05	33.70	8.90	57.40

[答:(1) 见习题图 11-24;(2) M 点、(A 13.3%、B 20%、S 66.7%);(3) $K_A=1.55$;(4) 萃取液组成 $y'_E=95.8\%$,176.3kg;萃余液组成 $x'_R=9.6\%$,323.7kg]

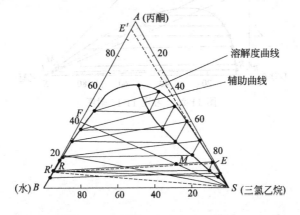

图 11-24 习题 11-11、11-12 附图

11-12 一定温度下,用三氯乙烷为萃取剂,在单级萃取器中从含丙酮0.2的水溶液中萃取丙酮,处理量100kg,要求萃余相中丙酮含量不超过0.10。求:
(1) 所需萃取剂的量;
(2) 若原料液中丙酮的含量为0.40,溶剂量不变,所得萃余相组成为多少?
(3) 若原料液中丙酮含量为0.40,萃余相中丙酮不超过0.10,所需溶剂量为多少?
操作条件下的平衡数据见上题。[答:见图11-24,(1) 萃取剂量=61.4kg;(2) 丙酮9.0%,水90.5%,三氯乙烷0.55%;(3) 溶剂量=194.9kg]

11-13 25℃下,以乙醚萃取醋酸水溶液中的醋酸。该体系的相平衡数据见表11-5。已知原料液中醋酸含量0.40(质量分数),要求萃余相中醋酸含量不超过0.03。计算:
(1) 处理1t原料液所得萃取剂的量(kg);
(2) 处理1t原料液所获得的萃取相和萃余相的量(kg);
(3) 对萃取相进一步处理,脱除萃取剂后萃取液的量和组成。

表11-5 25℃下醋酸(A)-水(B)-乙醚(S)的相平衡数据(质量分数)/%

水 相			乙 醚 相		
水	醋酸	乙醚	水	醋酸	乙醚
93.3	0	6.7	3.3	0	97.7
88.0	5.1	6.9	3.6	3.8	92.6
84.0	8.8	7.2	5.0	7.3	87.7
78.2	13.8	8.0	7.2	12.5	80.3
72.1	18.4	9.5	10.4	18.1	71.5
65.0	23.1	11.9	15.1	23.6	61.3
55.7	27.9	16.4	23.6	28.7	47.7

[答:见图11-25,(1) 萃取剂量=25.9×10³kg;(2) R相150kg;E相6.75×10³kg;(3) 萃取液量=818.6kg,y'_E=48.2%]

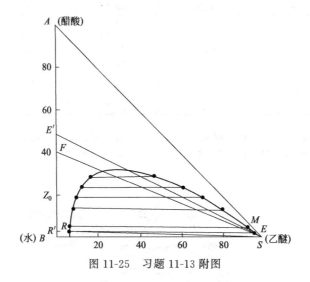

图11-25 习题11-13附图

第十二章 新型单元操作简介

学习目标
- 掌握 吸附、膜分离、超临界流体萃取的基本过程、原理和分离方式。
- 理解 吸附、膜分离、超临界流体萃取的基本概念。
- 了解 吸附、膜分离、超临界流体萃取的工业应用。

第一节 吸 附

一、吸附的基本概念与吸附剂

1. 吸附的发展历史及工业应用

吸附是利用某些固体能够从流体混合物中选择性地凝聚一定组分在其表面上的能力,使混合物中的组分彼此分离的单元操作过程。

目前,吸附分离广泛应用于化工、石油化工、医药、冶金和电子等工业部门,用于气体分离、干燥及空气净化、废水处理等环保领域。例如,常温空气分离氧氮,酸性气体脱除,从各种混合气体中分离回收 H_2、CO_2、CO、CH_4、C_2H_4 等气相分离;也可从废水中回收有用成分或除去有害成分,石化产品和化工产品的分离等液相分离。

2. 吸附的类型

根据吸附剂对吸附质之间吸附力的不同,吸附可以被分为物理吸附及化学吸附。

(1) 物理吸附 吸附剂和吸附质之间通过分子间力(也称"范德华"力)相互吸引,形成吸附现象。吸附质分子和吸附剂表面分子之间的吸引机理,与气体的液化和蒸气的冷凝时的机理类似。因此,吸附质在吸附剂表面形成单层或多层分子吸附时,其吸附热比较低,接近其液体的汽化热或其气体的冷凝热,一般在 41.868~62.802kJ 范围内。一般来说,物理吸附的过程是可逆的,吸附和解吸的速度都很快。

(2) 化学吸附 是由吸附质与吸附剂表面原子间的化学键作用造成,即在吸附质和吸附剂之间发生了电子转移、原子重排或化学键的破坏与生成等现象。因而,化学吸附的吸附热接近于化学反应的反应热,比物理吸附大得多,一般都在几十千焦/摩尔以上。因为在吸附过程需形成化学键,所以吸附剂对吸附质的选择性比较强。化学吸附容量的大小,随被吸附分子和吸附剂表面原子间形成吸附化学键力大小的不同而有差异。化学吸附需要一定的活化能,在相同的条件下,化学吸附(或解吸)速度都比物理吸附慢。且化学吸附往往是不可逆的。研究发现,同一种物质,在低温时,它在吸附剂上进行的是物理吸附;随着温度升高到一定程度,就开始产生化学变化,转为化学吸附。事实上,物理吸附和化学吸附之间的区分并没有严格的界限。

在气体分离过程中绝大部分是物理吸附,只有少数情况如活性炭(或活性氧化铝)上载铜的吸附剂具有较强选择性吸附 CO 或 C_2H_4 的特性，具有物理吸附及化学吸附性质。

3. 吸附剂

（1）吸附剂的性能要求　吸附剂在应用中，常常由于不同的混合气（液）体系及不同的净化度要求而采用不同的吸附剂。吸附剂的性能不仅取决于其化学组成，而且与其物理结构及它先前使用的吸附和脱附周期有关。作为吸附剂一般有如下的性能要求。

① 有较大的比表面积。吸附剂的比表面积是指单位质量吸附剂所具有的吸附表面积，它是衡量吸附剂性能的重要参数。表 12-1 列举了常用吸附剂的比表面积。

表 12-1　常用吸附剂比表面积

吸附剂种类	硅胶	活性氧化铝	活性炭	分子筛
比表面积/(m²/g)	300～800	100～400	500～1500	400～750

吸附剂之所以具有如此大的比表面积，是因为比表面主要是由颗粒内的发达的微孔结构的孔道内表面构成的，所以比表面积越大，吸附容量越大。

② 对吸附质有高的吸附能力和高选择性。使用吸附剂的目的在于实现工艺上对混合气（液）体分离净化要求。所以吸附剂均应有在某一特定条件下对气（液）体的分离净化能力，使吸附剂对不同的吸附质具有选择吸附作用，而不同的吸附剂由于结构、吸附机理不同，对吸附质的选择性有显著的差别。

③ 较高的强度和耐磨性。由于颗粒本身的质量及工艺过程中气（液）体的反复冲刷、压力的频繁变化，以及有时较高温差的变化，如果吸附剂没有足够的机械强度和耐磨性，则在实际运行过程中会产生破碎粉化现象，会破坏吸附床层的均匀性使分离效果下降，而且生成的粉末还会堵塞管道和阀门，将使整个分离装置的生产能力大幅度下降。因此对工业用吸附剂，均要求具有良好的物理力学性能。

④ 颗粒大小均匀。吸附剂的外形通常为球形和短柱形，也有其他如无定形颗粒的，其颗粒直径通常为 40 目～1.5cm，但工业固定床用吸附剂颗粒一般直径为 1～10mm。吸附剂的颗粒大小及形状将影响到固定床的压力降，因为吸附剂颗粒大小均匀，可使流体通过床层时分布均匀，避免产生流体的返混现象，提高分离效果。所以应根据工艺的具体条件适当选择吸附剂颗粒大小。

⑤ 具有良好的化学稳定性、热稳定性、价廉易得。工业用吸附剂由于使用量较大及连续性，因此要求具有商业化生产的规模及稳定的物理、化学性质。其价格的合理性也很重要。

⑥ 容易再生。

（2）常用吸附剂的特点　吸附剂是气体（液体）吸附分离过程得以实现的基础。目前在吸附分离过程中常用的吸附剂主要有合成沸石（分子筛）、硅胶、活性氧化铝、活性炭等。在工业装置中具体实施气体（液体）的吸附分离过程中，针对不同的混合物系及不同的净化度要求将采用不同的吸附剂。

① 合成沸石（分子筛）。沸石分子筛是一种硅铝酸金属盐的晶体，它的特点是有相当均匀的孔径，如 0.3nm、0.4nm、0.5nm、0.9nm、1nm 细孔，其晶格中有许多大小相同的空穴，可包藏被吸附的分子；空穴之间又有许多直径相同的孔道相连。因此，分子筛能使比其孔道直径小的分子通过微孔孔口进入孔穴内，吸附于孔穴表面，并在一定条件下解吸放出；而比孔径大的物质分子则排斥在外面，从而把分子直径大小不同的混合物分离开来，起到了筛选分子的作用，分子筛由此而得名。目前分子筛的制造主要采用水热合成法，其次是碱处理法。

② 硅胶。硅胶有天然的，也有人工合成的。天然的多孔 SiO_2 通常称为硅藻土，人工合

成的称为硅胶，用水玻璃制取。目前作为分离技术所用吸附剂都采用硅胶，因为人工合成的多孔 SiO_2 杂质小，品质稳定，耐热耐磨性好，而且可以按需要的形状、粒度和表面结构制取。同时硅胶是一种较理想的干燥吸附剂，能吸附 50%（质量分数）的水分。在温度 20℃ 和相对湿度 60% 的空气流中，微孔硅胶水的吸湿量为硅胶质量的 24%。硅胶吸附水分时，放出大量吸附热。硅胶的再生温度为 150℃ 左右。硅胶难于吸附非极性物的蒸气（如正构或异构烷烃等），易于吸附极性物质（如水、甲醇等）。硅胶主要用于气体干燥、气体吸收、液体脱水、制备色谱和催化剂载体等。

③ 活性氧化铝。氧化铝的应用除在吸附领域主要用于气体（液体）的脱水（干燥）外，还用作催化剂及其载体。不同的应用要求氧化铝的结构形态也各不相同。氧化铝的形态目前已有 8 种以上。活性氧化铝由三水合铝 $Al(OH)_3$ 或三水铝矿加热脱水制成。根据制造工艺不同，氧化铝分为低温氧化铝和高温氧化铝。前者的活化温度低于 600℃，其不同形态的氧化铝包括 ρ、χ、η 和 γ 氧化铝；后者的活化温度为 900～1000℃，其中包括 κ、θ 和 δ 氧化铝。

④ 活性炭。活性炭是一种多孔含碳物质的颗粒粉末，生产活性炭的原料是一些含碳物质如木材、泥炭、煤、石油焦炭、骨、椰子壳、坚果壳等经炭化与活化制得，其中无烟煤、烟煤和果壳是主要原料。其吸附性能取决于原始成炭物质及炭化活化等操作条件。

活性炭的特点：活性炭表面具有氧化基团，为非极性或弱极性。它是用于完成分离与净化过程中唯一不需要预先除去水蒸气的工业用吸附剂；由于具有极大的内表面，活性炭比其他吸附剂能吸附更多的非极性的弱极性有机分子。例如，在一个大气压和室温下被活性炭吸附的甲烷量几乎是同等质量 5A 分子筛吸附量的 2 倍；活性炭的吸附热或键的强度通常比其他吸附剂低，因而被吸附分子的解吸较为容易，吸附剂再生时的能耗也相对较低。

活性炭根据其用途可分为适用于气相和适用于液相使用两种。适用于气相的活性炭，大部分孔径在 1～2.5nm 之间，而适用于液相使用的活性炭，大部分孔径接近或大于 3nm。可见，活性炭具有多孔结构、很大的比表面和非极性表面，为疏水性和亲有机物的吸附剂。它可用于回收混合气体中的溶剂蒸气，各种油品和糖液的脱色、炼油、含酚废水处理及城市污水的深度处理、气体的脱臭等。

(3) 吸附剂的主要性能参数　吸附剂的主要性能参数有密度、孔径及分布、比表面积、吸附量等。

① 密度。吸附剂的密度又分为填充密度和真实密度。前者是将干的吸附剂充实到体积不变时，其加入的吸附剂质量与测量容器体积之比值来表示。单位为 g/cm^3 或 t/m^3；而真实密度表示扣除了细孔体积之后单位体积吸附剂的质量。

② 孔径及分布。吸附剂的孔径大小及分布，在吸附剂对流体各组分的选择吸附方面起着重要作用，由于各种吸附剂的孔径变化范围很大，为简化起见，常用平均孔径表示。假设孔的形状是圆筒形的，表面积为 A，全部孔的体积为 V_p，则平均孔半径 r 可由下式表示：

$$r_{均} = 2V_p/A$$

③ 比表面积。单位体积吸附剂具有的总表面积。它是表征吸附剂性能的重要参数，单位为 m^2/m^3。

④ 吸附量。吸附剂的吸附量是评价或选择吸附剂的重要基本参数。吸附量又分为静吸附量（平衡吸附量）和动吸附量两类。

静吸附量，是指当吸附剂与气体达到充分平衡后，单位吸附剂吸附气体的数量，单位为 mL/g 吸附剂。

动吸附量，是指当两元或两元以上混合气体通过吸附剂床层时，被吸附气体在吸附床出口端达到脱除精确度时，吸附床内吸附剂吸附被吸附气体量的平均值。

二、吸附原理

1. 吸附平衡

吸附过程是复杂的过程，在一定条件下，当气体或液体与多孔的固体吸附剂接触时，因固体表面分子与内部分子不同，使气相或液相中可被吸附的一种或多种组分分子碰撞到固体表面后，即被吸气体或液体中的吸附质将被吸附剂吸附。在吸附的同时，就如同液体蒸发一样，被吸附的分子由于本身的热运动和外界气态分子的碰撞，有一部分又离开固体表面返回到气相中，但吸附刚开始时被吸附的吸附质分子数大大超过离开表面的分子数。随着吸附的进行，吸附于固体表面的分子数量逐渐增加，吸附表面逐渐被吸附质分子覆盖，吸附剂表面再吸附的能力下降，最终失去吸附能力，这样在吸附剂和吸附质一定时，即吸附剂对吸附质的吸附，实际上包含吸附质分子碰撞到吸附剂表面被截留在吸附剂表面的过程（吸附）和吸附剂表面截留的吸附质分子脱离吸附质表面的过程（解吸）。随着吸附质在吸附剂表面数量的增加，解吸速度逐渐加快，经过足够长的时间，吸附质在两相中的含量不再改变，此时吸附速度和解吸速度相当，即达到吸附平衡。从宏观来看，吸附平衡时吸附量不再继续增加，似乎吸附作用已不存在，但从微观来看，吸附作用仍然存在，只是这时被吸附分子数量与离开吸附剂表面的分子数量相等，即吸附平衡是动态的，并且二者速率相等。此时吸附剂对吸附质的吸附量称为平衡吸附量。平衡吸附量的大小，与吸附剂的物化性能——比表面积、孔结构、粒度、化学成分等有关，也与吸附质的物化性能、压力（或浓度）、吸附温度等因素有关。实际上，当气体或液体与吸附剂接触时，若流体中吸附质浓度高于其平衡浓度，则吸附质被吸附；反之，若气体或液体中吸附质的浓度低于其平衡浓度，则已吸附在吸附剂上的吸附质将脱附。因此，吸附平衡关系决定了吸附过程的方向和限度，是吸附过程的基本依据。

2. 吸附速率

吸附速率是指单位时间内被吸附的吸附质的量（kg/s），它是吸附过程设计与生产操作的重要参数。综上所述，通常一个吸附过程包括以下 3 个步骤，其每一步的速度都将不同程度地影响总吸附速率。

① 外扩散时吸附质分子从流体主体以对流扩散方式传递到吸附剂固体表面，由于此时流体与固体接触，在紧贴固体表面附近有一层流膜层，因此这一步的传递速率主要取决于吸附质以分子扩散方式通过这一层流膜层的传递速率。

② 内扩散时吸附质分子从吸附剂的外表面进入其微孔道进而扩散到孔道的内部表面。

③ 表面扩散时吸附质在吸附剂微孔道的内表面上被吸附剂吸着。

对于物理吸附，通常吸附剂表面上的吸着速率往往很快，由于吸附过程的总速率取决于最慢阶段的速率。因此影响吸附总速率的是外扩散与内扩散速率。有的情况下外扩散速率比内扩散慢得多，吸附速率由外扩散速率决定，称为外扩散控制。较多的情况是内扩散的速率比外扩散慢，过程称为内扩散控制。

3. 影响吸附的因素

影响吸附（吸附速率）的因素很多，主要有体系性质（吸附剂、吸附质及其混合物的物理、化学性质）、吸附过程的操作条件（温度、压力、两相接触状况）及两相组成等。对于一定物系，在一定操作条件下，两相接触、吸附质被吸附剂吸附的过程如下：开始时吸附质在流体相中的浓度较高，在吸附剂上的含量较低，离开平衡状态远，传质推动力大，吸附速率快；随着吸附过程的进行，流体相中吸附质的浓度下降，吸附剂上吸附质的含量增高，吸附速率逐渐降低，经过很长时间，吸附质在两相间接近平衡，吸附速率趋近于零。

三、吸附工艺简介

1. 工业吸附过程

工业吸附过程包括两个步骤：吸附操作和吸附剂的脱附与再生操作。有时不用回收吸附质与吸附剂，却需更换新的吸附剂。在多数工业吸附装置中，都要考虑吸附剂的多次使用问题，因而吸附操作流程中，除吸附设备外，还须具有脱附与再生设备。

2. 吸附循环过程

由吸附平衡的吸附等温线知道，在同一温度下，吸附质在吸附剂上的吸附量随吸附质的分压上升而增加；在同一吸附质分压下，吸附质在吸附剂上的吸附量随吸附温度上升而减少；也就是说，加压降温有利于吸附质的吸附，降压加温有利于吸附质的解吸或吸附剂的再生。由吸附平衡性质可知，提高温度和降低吸附质的分压以改变平衡条件都可使吸附质脱附，所以按照吸附剂的不同的脱附再生方法，工业上将吸附分离循环过程分成以下几种吸附循环，主要应用变压吸附和变温吸附循环。图 12-1 表示了这两种方法的概念，图中横坐标为吸附质的分压，纵坐标为单位吸附剂的吸附量。

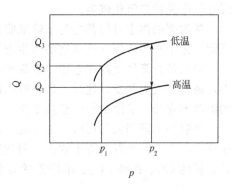

图 12-1　变压吸附和变温吸附概念

（1）变温吸附循环　变温吸附循环就是在较低温度下进行吸附，在较高温度下吸附剂的吸附能力降低，吸附的组分脱附出来，即利用温度变化来完成循环操作。如图 12-2 所示，变温吸附过程是在两条不同温度的等温吸附线之间上下移动进行着吸附和解吸的，它是最早实现工业化的循环吸附工艺。通常是吸附剂在常温或低温下吸附被吸附的物质，通过提高温度使被吸附物质从吸附剂解吸出来，吸附剂自己则同时被再生，然后再降温到吸附温度，进入下一吸附循环。

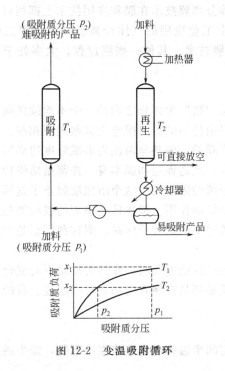

图 12-2　变温吸附循环

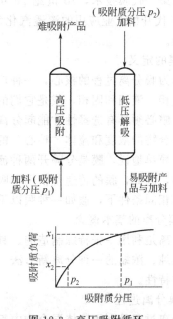

图 12-3　变压吸附循环

变温吸附一般可分为三个步骤，即吸附、加热再生和冷吹。变温吸附只适用于原料气中杂质组分含量低，而要求较高的产品回收率的场合，如气体干燥、原料气净化、废气中脱除或回收低浓度溶剂，以及应用于环保中的废气、废液处理等。

（2）变压吸附循环　变压吸附循环就是在较高压力下进行吸附，在较低压力下（降低系统压力或抽真空）使吸附质脱附出来，即利用压力的变化完成循环操作，如图 12-3 所示。变压吸附循环技术在气体分离和纯化领域中的应用范围日益扩大，如从合成氨弛放气回收氢气、从含一氧化碳混合气中提纯一氧化碳、合成氨变换气脱碳、天然气净化、空气分离制富氧、空气分离制纯氮、煤矿瓦斯气浓缩甲烷、从富含乙烯的混合气中浓缩乙烯、从二氧化碳混合气中提纯二氧化碳等。

吸附剂的再生目的都是为了降低吸附剂上被吸附组分的分压，使吸附剂得到再生。变压吸附工艺中常用降压和抽真空的再生方法。

降压是指降低吸附床总压。吸附床在较高的压力下完成了吸附操作，然后降到较低的压力，通常接近大气压，这时一部分被吸附组分解吸出来。这个方法操作简单，但被吸附组分的解吸不充分，吸附剂再生程度不高。各种变压吸附工艺几乎都采用这种再生方法。

将吸附床降到大气压后，为了进一步减小吸附组分的分压，可用抽空的方法来降低吸附床压力，以得到更好的再生效果，但这种方法要使用真空泵，增加了动力消耗。在变换气脱碳、提纯 CO、提纯 CO_2、浓缩乙烯等变压吸附工艺中采用这种再生方法。

第二节　膜　分　离

一、膜分离技术的基本概况

膜分离技术的大规模应用是从 20 世纪 60 年代的海水淡化工程开始的，目前除大规模用于海水、苦咸水的淡化及纯水、超纯水生产外，还用于食品工业、医药工业、生物工程、石油、化学工业、环保工程等领域。已有工业应用的膜技术主要是微滤、超滤、反渗透、电渗析、渗析、气体膜分离和渗透汽化。前四种液体分离膜技术在膜和应用技术上都相对比较成熟，称为第一代膜技术，20 世纪 70 年代末走上工业应用的气体分离膜技术为第二代膜技术，80 年代开始工业应用的渗透汽化为第三代膜技术。其他一些膜过程，大多处于实验室开发过程。

1. 膜的定义

膜作为膜分离过程的核心，一种广义定义是"膜"为两相之间的一个不连续区间。因而膜可为气相、液相和固相，或是它们的组合。目前使用的分离膜绝大多数是固相膜。一般地说，每种膜必须具有选择性才能起分离作用，在膜的一侧甚至两侧将形成浓度边界层，在边界层中混合物的浓度和流体"核心"的浓度不同，此边界层和膜本身一样都是妨碍物质传递的阻力。简单地说，膜是分隔开两种流体的一个薄的阻挡层。这个阻挡层阻止了这两种流体间的流动，因此，膜的传递是借助于吸附作用及扩散作用。描述传递速率的膜性能是膜的渗透性。在相同条件下，假如一种膜以不同速率传递不同的分子样品，则这种膜就是半透膜。

2. 膜分离的基本概念

膜分离是利用一张特殊制造的、具有选择透过性能的薄膜，在外力推动下对混合物进行分离、提纯、浓缩的一种分离新方法。这种薄膜必须具有使有的物质可以通过、有的物质不能通过的特性。

3. 膜分离过程

膜分离过程是利用流体混合物中组分在特定的半透膜中迁移速度的不同，经半透膜的渗透作用，改变混合物的组成，从而达到组分间的分离的过程。常见的膜分离过程如图 12-4 所示。原料混合物通过膜后被分离成一个截留物（浓缩物）和一个透过物。通常原料混合物、截留物及透过物为液体或气体。半透膜可以是薄的无孔聚合物膜，也可以是多孔聚合物、陶瓷或金属材料的薄膜。有时在膜的透过物一侧加入一个清扫流体以帮助移除透过物。若干重要的工业膜分离操作如表 12-2 所示。

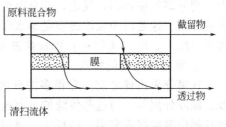

图 12-4 膜分离过程示意图

表 12-2 膜分离的重要工业应用

膜过程	缩写	工 业 应 用
反渗透、渗析	RO、D	海水或苦咸水脱盐；地表或地下水的处理；食品浓缩等
电渗析	ED	从废硫酸中分离硫酸镍；血液透析等
微滤	MF	电化学工厂的废水处理；半导体工业用超纯水的制备等
超滤	UF	药物灭菌；饮料的澄清；抗生素的纯化；由液体中分离动物细胞等
渗透汽化	PVA	果汁的澄清；发酵液中疫苗和抗生素的回收等，如乙醇-水共沸物的脱水；有机溶剂脱水；从水中除去有机物
气体分离	PGS	从甲烷或其他烃类物中分离 CO_2 或 H_2；合成气 H_2/CO 比的调节；从空气中分离 N_2 和 O_2
液膜分离	LM	从电化学工厂废液中回收镍；废水处理等

物质透过分离膜的能力可以分为两类：一种借助外界能量，物质发生由低位向高位的流动；另一种是以化学位差为推动力，物质发生由高位向低位的流动。

4. 膜分离的基本原理

由于分离膜具有选择透过性，所以它可以使混合物质有的通过、有的留下。但是，不同的膜分离过程，它们使物质留下、通过的原理有的类似，有的完全不一样。本节仅作概括性描述。总的说来，分离膜之所以能使混在一起的物质分开，不外乎两种手段。

(1) 根据混合物的不同物理性质 即主要是质量、体积大小和几何形态差异。用过筛的办法将其分离。微滤膜分离过程就是根据这一原理将水溶液中孔径大于 50nm 的固体杂质去掉的。图 12-5 是反渗透（RO）、超滤（UF）、微滤（MF）和一般过滤（F）的示意。

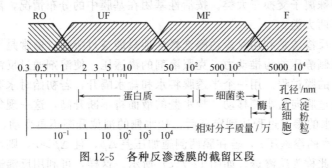

图 12-5 各种反渗透膜的截留区段

(2) 根据混合物的不同化学性质 物质通过分离膜的速度取决于以下两个步骤的速度，首先是从膜表面接触的混合物中进入膜内的速度（称溶解速度），其次是进入膜内后从膜的表面扩散到膜的另一表面的速度。二者之和为总速度。总速度越大，透过膜所需的时间越短；总速度越小，透过时间越久。溶解速度完全取决于被分离物与膜材料之间化学性质的差异，扩散速率除化学性质外还与物质的相对分子质量有关。混合物质透过的总速度相差越大，则分离效率越高，反之，若总速度相等，则无分离效率可言。例如，反渗透一般用于水溶液除盐。这是因为反渗透膜是亲水性的高聚物，水分子很容易进入膜内，在水中的无机盐离子（Na^+、K^+、Cl^-…）则较难进入，所以经过反渗透膜的水就被淡化了。

5. 膜分离过程的特点

在膜分离出现之前，有很多的分离技术在生产中广泛应用，如蒸馏、吸附、吸收、萃取、深冷分离等。与这些传统的分离技术相比，膜分离具有以下特点。分离效率高，无相变化且操作温度接近室温，能耗少，适用于热敏物料的分离，设备无运动部件，工作可靠，维修量小，体积小，占地少，生产能力大。

6. 膜分离过程的基本特性

膜分离过程的推动力是膜两侧的压差或电位差，表 12-3 为工业化应用膜分离过程的基本特性。

表 12-3 工业化应用膜分离过程的基本特性

过程	分离目的	推动力	传递机理	透过组分	截留组分	膜类型
电渗析	溶液脱小离子、小离子溶质的浓缩、小离子的分级	电位差	反离子经离子交换膜的迁移	小离子组分	同名离子、大离子和水	离子交换膜
反渗透	溶剂脱溶质、含小分子溶质溶液浓缩	压力差	溶剂和溶质的选择性扩散	水、溶剂	溶质、盐（悬浮物、大分子、离子）	非对称性膜或复合膜
气体分离	气体混合物分离、富集或特殊组分脱除	压力差浓度差	气体的选择性扩散渗透	易渗透的气体	难渗透的气体	均质膜、多孔膜、非对称性膜
超滤	溶液脱大分子、大分子溶液脱小分子、大分子分级	压力差	微粒及大分子尺度形状的筛分	水、溶剂、小分子溶解物	胶体大分子、细菌等	非对称性膜

(1) 电渗析　电渗析是利用离子交换膜的选择性透过能力，在直流电场作用下使电解质溶液中形成电位差，从而产生阴、阳离子的定向迁移，达到溶液分离、提纯和浓缩的目的。典型的电渗析过程如图 12-6 所示，图中的 4 片离子选择性膜按阴、阳膜交替排列。离子交换膜被誉为电渗析的"心脏"，它是一种膜状的离子交换树脂，用高分子化合物为基膜，在其分子链上接引一些可电离的活性基团。按膜中所含活性基团的种类可分为阳离子交换膜、阴离子交换膜和特殊离子交换三大类。按活性基团在基膜中的分布情况，离子交换膜又可分为异相膜和均相膜两大类。

(2) 反渗透　反渗透是利用反渗透膜选择性地只能透过溶剂（通常是水）而截留离子物质的性质，以膜两侧静压差为推动力，克服溶剂的渗透压，使溶剂通过反渗透膜而实现对液体混合物进行分离的膜过程。用一个半透膜将水和盐水隔开，若初始时水和盐水的液面高度相同，则纯水将透过膜向盐水侧移动，盐水侧的液面将不断升高，这一现象称为渗透，如图 12-7(a) 所示，待水的渗透过程达到定态后，盐水侧的液位升高不再变动，如图 12-7(b) 所示，$\rho g h$ 即表示盐水的渗透压 π，若在膜两侧施加压差 Δp，且 $\Delta p > \pi$，则水将从盐水侧向纯水侧做反向移动，此称为反渗透，如图 12-7(c) 所示。这样，可利用反渗透现象截留盐（溶质）而获取纯水（溶剂），从而达到混合物分离的目的。反渗透膜分离过程如图 12-8 所示。

(3) 气体分离　膜法气体分离的基本原理是根据混合气体中各组分在压力的推动下透过膜的传递速率不同，从而达到分离目的。气体（膜）分离过程如图 12-9 所示，用于气体分离的膜有多孔膜、均质膜及非对称性膜 3 类。对不同结构的膜，气体通过膜的传递扩散方式不同，因而分离机理也各异。目前常见的气体通过膜的分离机理有两种：气体通过多孔膜的膜的渗透速率和分离因子是表征渗透汽化膜分离性能的主要参数，它与膜的物化性质和结构有关，还与分离体系及过程操作参数（温度、压力等）有关。

二、分离膜应具备的条件及类型

1. 分离膜的条件

由于膜是膜技术的核心，而膜分离的效果主要取决于膜本身的性能，因此膜材料的化学性质和膜的结构对膜分离的性能起着决定性影响等。分离膜性能包括分离性能、透过性能、经济性和物理、化学性能等方面。

2. 膜的种类

由于膜的种类和功能繁多。按膜的材质，可将其分为聚合物膜和无机膜两大类。

（1）聚合物膜 聚合物分离膜由高分子、金属、陶瓷等材料制造，按其物态又可分为固膜、液膜与气膜3类。目前大规模工业应用的多为固膜，固膜又以高分子材料制成的聚合物膜在分离用膜中占主导地位。聚合物膜由天然或合成聚合物制成。天然聚合物包括橡胶、纤维素等；合成聚合物可由相应的单体经缩合或加合反应制得，亦可由两种不同单体的共聚而得。

聚合物膜按结构与作用特点，可将其分为致密膜、微孔膜、非对称膜、复合膜与离子交换膜5类。

① 非对称膜。非对称膜的特点是膜的断面不对称，如图12-11所示。它是由同种材料制成的表面活性层与支撑层组成。膜的分离作用主要取决于表面活性层。由于表面活性层很薄，故对分离小分子物质而言，该膜层不但渗透性高，而且分离的选择性好。高孔隙率支撑层仅起支撑作用，它决定了膜的机械强度。

② 离子交换膜。离子交换膜是一种膜状的离子交换树脂，由基膜和活性基团构成，具有选择透过性强、电阻低、抗氧化和耐腐蚀性好、机械强度高、使用中不发生变形等特点。按膜中所含活性基团的种类可分为阳离子交换膜、阴离子交换膜和特殊离子交换膜。离子交换膜多为致密膜，厚度在 $200\mu m$ 左右。图12-12所示的就是非均相离子交换膜的一个典型例子。

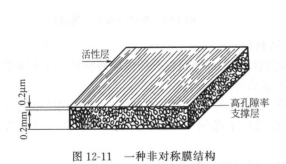

图12-11 一种非对称膜结构

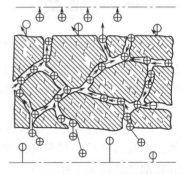

图12-12 非均相离子交换膜及其传递机理

（2）无机膜 聚合物膜通常在较低的温度下使用（最高不超过200℃），而且要求待分离的原料流体不与膜发生化学作用。当在较高温度下或原料流体为化学活性混合物时，可以采用由无机材料制成的分离膜。无机膜多以金属及其氧化物、陶瓷、多孔玻璃等为原料，制成相应的金属膜、陶瓷膜、玻璃膜等。它与高聚物分离膜相比，无机膜有以下特点。

① 热稳定性好，适用于高温、高压体系。使用温度一般可达400℃，有时甚至高达800℃。

② 化学稳定性好，能耐酸和弱碱，pH值适用范围宽。

③ 抗微生物能力强，与一般的微生物不发生生化及化学反应。

④ 无机膜组件机械强度大。无机膜一般都是以载体膜的形式应用，而载体都是经过高

压和焙烧制成的微孔陶瓷材料和多孔玻璃等，涂膜后再经高温焙烧，使膜非常牢固，不易脱落和破裂。

⑤ 清洁状态好。本身无毒，不会使被分离体系受到污染。容易再生和清洗。当膜污染被堵塞后，可进行反吹及反冲，也可在高温下进行化学清洗。

⑥ 无机膜的孔分布窄，分离性能好。

⑦ 其缺点是：没有弹性，比较脆；不易加工成形；可用于制造膜的材料较少；成本较贵；强碱条件下会受到侵蚀。

分离用膜按形状可分为平板式和管式（有支撑的管状膜和无支撑的中空纤维膜）两类，如图 12-13 所示。

由上述各种膜制成的若干结构紧凑的膜组件如图 12-14 所示。

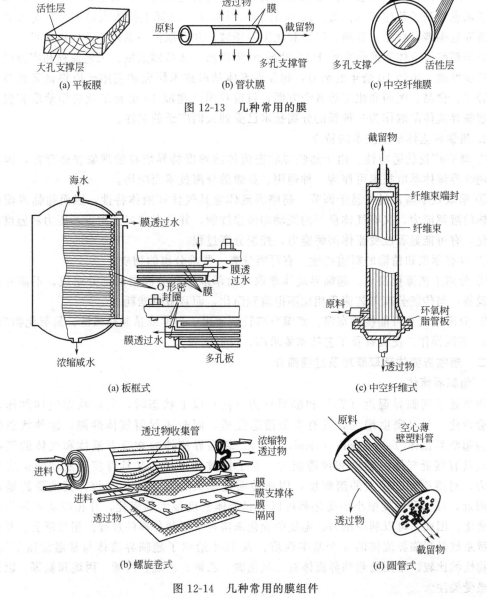

图 12-13 几种常用的膜

图 12-14 几种常用的膜组件

板框式膜组件尽管造价高,填充密度也不很大,但在工业膜过程中普遍使用。螺旋卷式膜组件由于它的低造价和良好的抗污染性能亦被广泛采用。中空纤维式膜组件由于具有很高的填充密度和低造价,在膜污染小和不需要进行膜清洗的场合应用普遍。

第三节 超临界流体萃取

一、超临界流体萃取技术的发展与特点

1. 超临界流体萃取技术的发展

超临界流体萃取过程,是利用处于临界压力和临界温度以上的流体具有特异增加的溶解能力,而发展出来的化工分离新技术。由于超临界流体萃取中采用的 CO_2 兼具气体和液体的特性,溶解能力强,传质性能好,加之 CO_2 的无毒、惰性、无残留,所以在高附加值、热敏性、难分离物质的回收和微量杂质的脱除方面有其优越之处,而在天然产物提取和生物技术领域也找到了其应有的位置。20 世纪 80 年代以来,国际上投入大量人力、物力进行研究,研究范围涉及食品、香料、医药和化工等领域,并已取得一系列工业应用成果。

我国超临界流体萃取研究始于 20 世纪 80 年代初,从基础数据、工艺流程和实验设备等方面逐步发展。历经 10 余年的努力,超临界流体萃取技术研究和应用已取得显著成绩。它涉及轻工、食品、医药和化工等各个方面,目前我国已建成 10 余套工业规模萃取装置。至此,超临界流体萃取作为一种新的分离技术已受到人们广泛的关注。

2. 超临界流体萃取技术的特点

① 具有广泛的适应性。由于超临界状态流体溶解度特异增高的现象普遍存在,因而理论上超临界流体萃取技术可作为一种通用、高效的分离技术而应用。

② 萃取效率高,过程易于调节。超临界流体兼具气体和液体特性,因而超临界流体既有液体的溶解能力,又有气体良好的流动和传递性能,并且在临界点附近,压力和温度的少量变化,有可能显著改变流体溶解能力,控制分离过程。

③ 具有萃取和精馏的双重特性。有可能分离一些难分离的物质。

④ 分离工艺流程简单。超临界流体萃取只由萃取器和分离器两部分组成,不需要溶剂回收设备,与传统分离工艺流程相比不但流程简化,而且节省能耗。

⑤ 分离过程有可能接近室温。室温分离特别适用于提取或精制热敏性、易氧化物质。

⑥ 高压操作。使设备及工艺技术要求高,投资比较大。

二、超临界流体萃取原理及过程简介

1. 超临界流体

物质处于其临界温度 (T_c) 和临界压力 (p_c) 以上状态时,向该状态气体加压,气体不会液化,只是密度增大,具有类似液态性质,同时还保留气体性能,这种状态的流体称为超临界流体 (supercritical fluid, SCF)。超临界流体通常兼有液体和气体的某些特性,既具有接近气体的黏度和渗透能力,易于扩散和运动,又具有接近液体的密度和溶解能力,对溶质有比较大的溶解度,因而传质速率大大高于液相过程。更重要的是在临界点附近,压力和温度微小的变化都可以引起流体密度很大的变化,并相应地表现为溶解度的变化。因此,可以利用压力、温度的变化来实现萃取和分离的过程。相对密度、黏度和自扩散系数是超临界流体的 3 个基本性质。表 12-4 给出了超临界流体与常温常压下气体、液体物性的比较。常用的超临界流体有二氧化碳、乙烯、乙烷、丙烯、丙烷和氨等,以二氧化碳最受关注。

表 12-4　超临界流体与常温常压下气体、液体物性的比较

流体	相对密度	黏度/Pa·s	扩散系数/(m²/s)
气体 15～30℃，常压	0.0006～0.002	$(1\sim3)\times10^{-5}$	$(1\sim4)\times10^{-5}$
超临界流体	0.4～0.9	$(3\sim9)\times10^{-5}$	2×10^{-8}
液体 15～30℃，常压	0.6～1.6	$(0.2\sim3)\times10^{-3}$	$(0.2\sim2)\times10^{-9}$

2. 超临界 CO_2 流体特点

使用 CO_2 为溶剂的超临界流体萃取具有以下优点。

① CO_2 对有机化合物溶解能力强，选择性好，传质速率高，超临界流体的溶解能力一般随流体密度增加而增加，CO_2 临界点密度达到 $0.448g/cm^3$，因此超临界 CO_2 具有很强的溶解能力。

② 临界温度 31.06℃，所以超临界 CO_2 萃取分离过程可在接近室温条件下进行，特别适用于热敏性和化学不稳定性天然产物的分离。

③ CO_2 便宜、易得，与有机溶剂相比有较低的运行费用。

④ CO_2 无毒，惰性及极易从萃取产物中分离出来，在萃取过程中不会残留在萃取物和萃余物料中。因此，产物质量高、安全性能好，可以直接使用。

⑤ CO_2 临界压力适中，且一般工艺过程使用压力较适合于工业化生产。由于超临界 CO_2 萃取具有上述优点，所以当前绝大部分超临界流体萃取都以 CO_2 为溶剂。

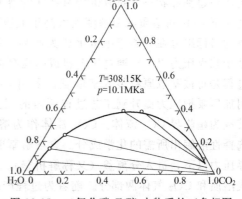

图 12-15　二氧化碳-乙醇-水物系的三角相图

3. 超临界流体萃取的基本原理

超临界流体萃取是用超过临界温度、临界压力状态下的气体作为溶剂，萃取待分离混合物中的溶质，然后采用等温变压或等压变温等方法，将溶剂与溶质分离的单元操作。图 12-15 所示为二氧化碳-乙醇-水物系的三角相图。可以看到，超临界流体萃取具有与一般液-液萃取相类似的相平衡关系，属于平衡分离过程。二者的比较见表 12-5。

表 12-5　超临界流体萃取和液-液萃取的比较

序号	超临界流体萃取	液-液萃取
1	挥发性小的物质在流体中选择性溶解而被萃出,从而形成超临界流体相	溶剂加到要分离的混合物中,形成两个液相
2	超临界流体的萃取能力主要与其密度有关,选用适当压力、温度对其进行控制	溶剂的萃取能力取决于温度和混合溶剂的组成,与压力的关系不大
3	在高压(5～30MPa)下操作,一般在室温下进行,对处理热敏性物质有利,因此有望在制药、食品和生物工程制品中得到应用	常温、常压下操作
4	萃取后的溶质和超临界流体间的分离,可用等温下减压,也可用等压下升温两种方法	萃取后的液体混合物,通常用蒸馏把溶剂和溶质分开,这对热敏性物质的处理不利
5	由于物性的优越性,提高了溶质的传质能力	传质条件往往不如超临界流体萃取
6	在大多数情况下,溶质在超临界流体相中的浓度很小,超临界相组成接近纯超临界流体	萃出相为液相,溶质浓度可以相当大

4. 超临界流体萃取过程简介

超临界 CO_2 萃取工艺过程见图 12-16。超临界流体萃取过程是由萃取阶段和分离阶段组合而成的，并适当配合压缩装置和热交换设备。在萃取阶段，超临界流体将所需组分从原料中提取出来。在分离阶段，通过变化某个参数或其他方法，使萃取组分从超临界流体中分离出来，并使萃取剂循环使用。对于原料为固体的萃取过程，根据分离方法的不同，可以把超临界流体萃取流程分为等温法、等压法和吸附吸收法 3 类。图 12-16 所示为超临界 CO_2 萃取的等温降压流程示意图。

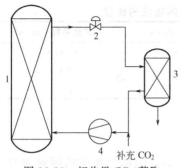

图 12-16 超临界 CO_2 萃取工艺过程示意图
1—萃取釜；2—减压阀；3—分离釜；4—加压泵

(1) 等温法萃取过程　等温法萃取过程的特点是萃取釜和分离釜等温，萃取釜压力高于分离釜压力。利用 CO_2 流体在超临界状态下对有机物有特殊的溶解度，而低于临界状态下对有机物基本不溶解，即高压下 CO_2 对溶质的溶解度大大高于低压下的溶解度这一特性，将萃取釜中 CO_2 选择性溶解的目标组分在分离釜中析出成为产品。降压过程采用减压阀，降压后的 CO_2 流体（一般处于临界压力以下）通过压缩机或高压泵再将压力提升到萃取釜压力，循环使用。具体工艺过程是将被萃取原料装入萃取釜，采用 CO_2 为超临界溶剂，CO_2 经热交换器冷凝成液体，用加压泵把压力提升到工艺过程所需的压力（应高于 CO_2 的临界压力）同时调节温度，使其成为超临界 CO_2 流体。CO_2 流体作为溶剂从萃取釜底部进入，与被萃取物料充分接触，选择性溶解出所需的化学成分。含溶解萃取物的高压 CO_2 流体经节流阀降压到低于 CO_2 临界压力以下，进入分离釜（又称解析釜）。由于 CO_2 溶解度急剧下降而析出溶质，自动分离成溶质和 CO_2 气体两部分。前者为过程产品，定期从分离釜底部放出，后者为循环 CO_2 气体，经热交换器冷凝成 CO_2 液体再循环使用。这样将 CO_2 流体不断在萃取釜和分离釜间循环，从而有效地将需要分离提取的组分从原料中分离出来。

(2) 等压法萃取过程　等压法工艺流程特点是萃取釜和分离釜等压，利用二者温度不同时 CO_2 流体溶解度的差别来达到分离目的。

(3) 吸附吸收法工艺流程　吸附吸收法工艺流程中萃取和分离处于相同温度和压力下，利用分离釜中填充特定吸附剂将 CO_2 流体中分离目标组分选择性地吸附除去。

对比等温法、等压法和吸附吸收法三种基本流程的能耗可见，吸附吸收法理论上不需要压缩能耗和热交换能耗，应是最省能的过程。但该法只适用于可使用选择性吸附吸收分离目标组分的体系，绝大多数天然产物分离过程很难通过吸附剂来收集产品，所以吸附吸收法只能用于少量杂质脱出过程，如从咖啡豆中脱出咖啡因的过程就是最成功的例子。一般条件下，温度变化对 CO_2 流体的溶解度影响远小于压力变化的影响。因此，通过改变温度的等压法工艺过程，虽然可节省压缩能耗，但实际分离性能受到很多限制，实用价值较小。所以通常超临界 CO_2 萃取过程大多采用改变压力的等温法流程。

思 考 题

12-1　从日常生活中举例说明吸附现象。

12-2　吸附分离的基本原理是什么？

12-3　作为吸附剂主要有哪些性能？

12-4　常用的吸附剂有哪几种？各有什么特点？

12-5　吸附分离有哪几种常用的吸附脱附循环操作？

12-6 吸附脱附操作与吸收脱吸操作有何相似之处？
12-7 吸附过程有哪几个传质步骤？
12-8 什么是膜？膜分离过程是怎样进行的？有哪几种常用的膜分离过程？
12-9 膜分离有哪些特点？分离过程对膜有哪些基本要求？
12-10 膜分离技术在工业上有哪些应用？试举例说明。
12-11 电渗析的基本原理是什么？离子交换膜由什么构成？
12-12 渗透和反渗透现象是怎样产生的？
12-13 气体膜法分离的机理是什么？
12-14 比较超滤与微滤的异同点。
12-15 聚合物膜如何分类？各有什么特点？
12-16 什么是超临界流体？超临界流体有哪些基本性质？
12-17 超临界流体萃取的基本原理是什么？超临界流体萃取技术有何特点？
12-18 超临界流体萃取过程由几部分组成？
12-19 比较超临界流体萃取与液-液萃取的异同点。

附　录

一、化工常用法定计量单位及单位换算
1. 常用单位

基本单位			具有专门名称的导出单位				允许并用的其他单位			
物理量	基本单位	单位符号	物理量	基本单位	单位符号	与基本单位关系式	物理量	单位名称	单位符号	与基本单位关系式
长度	米	m	力	牛[顿]	N	$1\text{N}=1\text{kg}\cdot\text{m}/\text{s}^2$	时间	分	min	$1\text{min}=60\text{s}$
质量	千克(公斤)	kg	压强、应力	帕[斯卡]	Pa	$1\text{Pa}=1\text{N}/\text{m}^2$		时	h	$1\text{h}=3600\text{s}$
时间	秒	s	能、功、热量	焦[耳]	J	$1\text{J}=1\text{N}\cdot\text{m}$		日	d	$1\text{d}=86400\text{s}$
热力学温度	开[尔文]	K	功率	瓦[特]	W	$1\text{W}=1\text{J}/\text{s}$	体积	升	L(l)	$1\text{L}=10^{-3}\text{m}^3$
物质的量	摩[尔]	mol	摄氏温度	摄氏度	℃	$1\text{℃}=1\text{K}$	质量	吨	t	$1\text{t}=10^3\text{kg}$

2. 常用十进倍数单位及分数单位的词头

词头符号	M	k	d	c	m	μ
词头名称	兆	千	分	厘	毫	微
表示因数	10^6	10^3	10^{-1}	10^{-2}	10^{-3}	10^{-6}

3. 单位换算表
(1) 质量

g 克	kg 千克	kgf·s²/m 千克(力)·秒²/米	lb 磅
1	10^{-3}	1.02×10^{-4}	2.205×10^{-3}
1000	1	0.102	2.205
9807	9.807	1	—
453.6	0.4536	—	1

(2) 长度

cm 厘米	m 米	ft 英尺	in 英寸
1	10^{-2}	0.03281	0.3937
100	1	3.281	39.37
30.48	0.3048	1	12
2.54	0.0254	0.08333	1

(3) 力

N 牛顿	kgf 千克(力)	lbf 磅(力)	dyn 达因
1	0.102	0.2248	10^5
9.807	1	2.205	9.807×10^5
4.448	0.4536	1	4.448×10^5
10^{-5}	1.02×10^{-6}	2.248×10^{-6}	1

(4) 压强（压力）

Pa(帕斯卡)=N/m²	bar(巴)=10^6 dyn/cm²	kgf/cm² 工程大气压	atm 物理大气压	mmHg(0℃) 毫米汞柱	mmH₂O 毫米水柱 =kgf/m²	lbf/in² 磅(力)/英寸² (psi)
1	10^{-5}	1.02×10^{-5}	9.869×10^{-6}	0.0075	0.102	1.45×10^{-4}
10^5	1	1.02	0.9869	750.0	1.02×10^4	14.50
9.807×10^4	0.9807	1	0.9678	735.5	10^4	14.22
1.013×10^5	1.013	1.033	1	760	1.033×10^4	14.7
133.3	0.001333	0.001360	0.001316	1	13.6	0.0193
9.807	9.807×10^{-5}	10^{-4}	9.678×10^{-5}	0.07355	1	1.422×10^{-3}
6895	0.06895	0.07031	0.06804	51.72	703.1	1

(5) 动力黏度（通称黏度）

P 泊=g/(cm·s)	cP 厘泊	Pa·s=kg/(m·s)	kgf·s/m² 千克(力)·秒/米²	lb/(ft·s) 磅/(英尺·秒)
1	10^2	10^{-1}	0.0102	0.06720
10^{-2}	1	10^{-3}	1.02×10^{-4}	6.720×10^{-4}
10	10^3	1	0.102	0.6720
98.1	9810	9.81	1	6.59
14.88	1488	1.488	0.1519	1

(6) 能量，功，热量

J=N·m 焦耳	kgf·m 千克(力)·米	kW·h 千瓦时	马力·时	kcal 千卡	B.t.u. 英热单位
1	0.102	2.778×10^{-7}	3.725×10^{-7}	2.39×10^{-4}	9.486×10^{-4}
9.807	1	2.724×10^{-6}	3.653×10^{-6}	2.342×10^{-3}	9.296×10^{-3}
3.6×10^6	3.671×10^5	1	1.341	860.0	3413
2.685×10^6	2.738×10^5	0.7457	1	641.3	2544
4.187×10^3	426.9	1.162×10^{-3}	1.558×10^{-3}	1	3.968
1.055×10^3	107.58	2.930×10^{-4}	3.926×10^{-4}	0.2520	1

(7) 功率，传热速率

W 瓦	kgf·m/s 千克(力)·米/秒	马 力	kcal/s 千卡/秒	B.t.u./s 英热单位/秒
1	0.102	1.341×10^{-3}	2.389×10^{-4}	9.486×10^{-4}
9.807	1	0.01315	2.342×10^{-3}	9.296×10^{-3}
745.7	76.04	1	0.17803	0.7068
4187	426.9	5.614	1	3.968
1055	107.58	1.415	0.252	1

(8) 通用气体常数

$R = 8.314 \text{kJ}/(\text{kmol} \cdot \text{K}) = 1.987 \text{kcal}/(\text{kmol} \cdot \text{K}) = 848 \text{kgf} \cdot \text{m}/(\text{kmol} \cdot \text{K})$

二、某些气体的重要物理性质

名 称	分子式	密度(0℃, 101.3kPa) /(kg/m³)	比热容 /[kJ/(kg·℃)]	黏度 $\mu \times 10^5$ /Pa·s	沸点 (101.3kPa) /℃	汽化潜热 /(kJ/kg)	临界点 温度 /℃	临界点 压力 /kPa	热导率/[W/(m·℃)]
空气		1.293	1.009	1.73	−195	197	−140.7	3768.4	0.0244
氧	O_2	1.429	0.653	2.03	−132.98	213	−118.82	5036.6	0.0240
氮	N_2	1.251	0.745	1.70	−195.78	199.2	−147.13	3392.5	0.0228
氢	H_2	0.0899	10.13	0.842	−252.75	454.2	−239.9	1296.6	0.163
氦	He	0.1785	3.18	1.88	−268.95	19.5	−267.96	228.94	0.144
氩	Ar	1.7820	0.322	2.09	−185.87	163	−122.44	4862.4	0.0173
氯	Cl_2	3.217	0.355	1.29(16℃)	−33.8	305	+144.0	7708.9	0.0072
氨	NH_3	0.771	0.67	0.918	−33.4	1373	+132.4	11295.0	0.0215
一氧化碳	CO	1.250	0.754	1.66	−191.48	211	−140.2	3497.9	0.0226
二氧化碳	CO_2	1.976	0.653	1.37	−78.2	574	+31.1	7384.8	0.0137
硫化氢	H_2S	1.539	0.804	1.166	−60.2	548	+100.4	19136.0	0.0131
甲烷	CH_4	0.717	1.70	1.03	−161.58	511	−82.15	4619.3	0.0300
乙烷	C_2H_6	1.357	1.44	0.850	−88.5	486	+32.1	4948.5	0.0180
丙烷	C_3H_8	2.020	1.65	0.795(18℃)	−42.1	427	+95.6	4355.0	0.0148
正丁烷	C_4H_{10}	2.673	1.73	0.810	−0.5	386	+152.0	3798.8	0.0135
正戊烷	C_5H_{12}	—	1.57	0.874	−36.08	151	+197.1	3342.9	0.0128
乙烯	C_2H_4	1.261	1.222	0.935	+103.7	481	+9.7	5135.9	0.0164
丙烯	C_3H_6	1.914	2.436	0.835(20℃)	−47.7	440	+91.4	4599.0	—
乙炔	C_2H_2	1.717	1.352	0.935	−83.66(升华)	829	+35.7	6240.0	0.0184
氯甲烷	CH_3Cl	2.303	0.582	0.989	−24.1	406	+148.0	6685.8	0.0085
苯	C_6H_6	—	1.139	0.72	+80.2	394	+288.5	4832.0	0.0088
二氧化硫	SO_2	2.927	0.502	1.17	−10.8	394	+157.5	7879.1	0.0077
二氧化氮	NO_2	—	0.315	—	+21.2	712	+158.2	10130.0	0.0400

三、某些液体的重要物理性质

名称	分子式	密度 ρ (20℃) /(kg/m³)	沸点 t_b (101.3kPa) /℃	汽化潜热 (760mmHg) /(kJ/kg)	比热容 c_p (20℃) /[kJ/(kg·℃)]	黏度 μ (20℃) /mPa·s	热导率 λ (20℃) /[W/(m·℃)]	体积膨胀系数 $\beta \times 10^4$ (20℃) /(1/℃)	表面张力 σ (20℃) /(×10⁻³N/m)
水	H_2O	998	100	2258	4.183	1.005	0.599	1.82	72.8
氯化钠盐水(25%)	—	1186 (25℃)	107	—	3.39	2.3	0.57(30℃)	(4.4)	
氯化钙盐水(25%)		1228	107		2.89	2.5	0.57	(3.4)	
硫酸	H_2SO_4	1831	340(分解)	—	1.47 (98%)	23	0.38	5.7	
硝酸	HNO_3	1513	86	481.1		1.17 (10℃)			
盐酸(30%)	HCl	1149			2.55	2(31.5%)	0.42		
二硫化碳	CS_2	1262	46.3	352	1.005	0.38	0.16	12.1	32
戊烷	C_5H_{12}	626	36.07	357.4	2.24 (15.6℃)	0.229	0.113	15.9	16.2
己烷	C_6H_{14}	659	68.74	335.1	2.31 (15.6℃)	0.313	0.119		18.2
庚烷	C_7H_{16}	684	98.43	316.5	2.21 (15.6℃)	0.411	0.123		20.1
辛烷	C_8H_{18}	703	125.67	306.4	2.19 (15.6℃)	0.540	0.131		21.8
三氯甲烷	$CHCl_3$	1489	61.2	253.7	0.992	0.58	0.38(30℃)	12.6	28.5(10℃)
四氯化碳	CCl_4	1594	76.8	195	0.850	1.0	0.12		26.8
1,2-二氯乙烷	$C_2H_4Cl_2$	1253	83.6	324	1.260	0.83	0.14(50℃)		30.8
苯	C_6H_6	879	80.10	393.9	1.704	0.737	0.148	12.4	28.6
甲苯	C_7H_8	867	110.63	363	1.70	0.675	0.138	10.9	27.9
邻二甲苯	C_8H_{10}	880	144.42	347	1.74	0.811	0.142		30.2
间二甲苯	C_8H_{10}	864	139.10	343	1.70	0.611	0.167	0.1	29.0
对二甲苯	C_8H_{10}	861	138.35	340	1.704	0.643	0.129		28.0
苯乙烯	C_8H_8	911 (15.6℃)	145.2	(352)	1.733	0.72			
氯苯	C_6H_5Cl	1106	131.8	325	1.298	0.85	0.14(30℃)		32
硝基苯	$C_6H_5NO_2$	1203	210.9	396	1.47	2.1	0.164(30℃)		41
苯胺	$C_6H_5NH_2$	1022	184.4	448	2.07	4.3	0.17	8.5	42.9
酚	C_6H_5OH	1050 (50℃)	181.8 (熔点40.9℃)	511		3.4(50℃)			
萘	$C_{10}H_8$	1145 (固体)	217.9 (熔点80.2℃)	314	1.80 (100℃)	0.59 (100℃)			
甲醇	CH_3OH	791	64.7	1101	2.48	0.6	0.212	12.2	22.6
乙醇	C_2H_5OH	789	78.3	846	2.39	1.15	0.172	11.6	22.8
乙醇(95%)		804	78.2			1.4			
乙二醇	$C_2H_4(OH)_2$	1113	197.6	780	2.35	23			47.7
甘油	$C_3H_5(OH)_3$	1261	290(分解)	—		1499	0.59	5.3	63
乙醚	$(C_2H_5)_2O$	714	34.6	360	2.34	0.24	0.140	16.3	18
乙醛	CH_3CHO	783 (18℃)	20.2	574	1.9	1.3 (18℃)			21.2
糠醛	$C_5H_4O_2$	1168	161.7	452	1.6	1.15 (50℃)			43.5
丙酮	CH_3COCH_3	792	56.2	523	2.35	0.32	0.17		23.7
甲酸	$HCOOH$	1220	100.7	494	2.17	1.9	0.26		27.8
醋酸	CH_3COOH	1049	118.1	406	1.99	1.3	0.17	10.7	23.9
乙酸乙酯	$CH_3COOC_2H_5$	901	77.1	368	1.92	0.48	0.14(10℃)		
煤油		780~820				3	0.15	10.0	
汽油		680~800				0.7~0.8	0.19(30℃)	12.5	

四、常用固体材料的密度和比热容

名称	密度/(kg/m³)	比热容/[kJ/(kg·℃)]	名称	密度/(kg/m³)	比热容/[kJ/(kg·℃)]
(1)金属			(3)建筑材料、绝热材料、耐酸材料及其他		
钢	7850	0.461	干砂	1500~1700	0.796
不锈钢	7900	0.502	黏土	1600~1800	0.754(-20~20℃)
铸铁	7220	0.502	锅炉炉渣	700~1100	—
铜	8800	0.406	黏土砖	1600~1900	0.921
青铜	8000	0.381	耐火砖	1840	0.963~1.005
黄铜	8600	0.379	绝热砖(多孔)	600~1400	—
铝	2670	0.921	混凝土	2000~2400	0.837
镍	9000	0.461	软木	100~300	0.963
铅	11400	0.1298	石棉板	770	0.816
(2)塑料			石棉水泥板	1600~1900	—
酚醛	1250~1300	1.26~1.67	玻璃	2500	0.67
脲醛	1400~1500	1.26~1.67	耐酸陶瓷制品	2200~2300	0.75~0.80
聚氯乙烯	1380~1400	1.84	耐酸砖和板	2100~2400	—
聚苯乙烯	1050~1070	1.34	耐酸搪瓷	2300~2700	0.837~1.26
低压聚乙烯	940	2.55	橡胶	1200	1.38
高压聚乙烯	920	2.22	冰	900	2.11
有机玻璃	1180~1190				

五、水的重要物理性质

温度 $t/℃$	饱和蒸气压 p /kPa	密度 ρ /(kg/m³)	焓 H /(kJ/kg)	比热容 c_p /[kJ/(kg·℃)]	热导率 $\lambda \times 10^2$ /[W/(m·℃)]	黏度 $\mu \times 10^5$ /Pa·s	体积膨胀系数 $\beta \times 10^4$ /(1/℃)	表面张力 $\sigma \times 10^3$ /(N/m)	普朗特数 Pr
0	0.608	999.9	0	4.212	55.13	179.2	-0.63	75.6	13.67
10	1.226	999.7	42.04	4.191	57.45	130.8	+0.70	74.1	9.52
20	2.335	998.2	83.90	4.183	59.89	100.5	1.82	72.6	7.02
30	4.247	995.7	125.7	4.174	61.76	80.07	3.21	71.2	5.42
40	7.377	992.2	167.5	4.174	63.38	65.60	3.87	69.6	4.31
50	12.31	988.1	209.3	4.174	64.78	54.94	4.49	67.7	3.54
60	19.92	983.2	251.1	4.178	65.94	46.88	5.11	66.2	2.98
70	31.16	977.8	293	4.178	66.76	40.61	5.70	64.3	2.55
80	47.38	971.8	334.9	4.195	67.45	35.65	6.32	62.6	2.21
90	70.14	965.3	377	4.208	68.04	31.65	6.95	60.7	1.95
100	101.3	958.4	419.1	4.220	68.27	28.38	7.52	58.8	1.75
110	143.3	951.0	461.3	4.238	68.50	25.89	8.08	56.9	1.60
120	198.6	943.1	503.7	4.250	68.62	23.73	8.64	54.8	1.47
130	270.3	934.8	546.4	4.266	68.62	21.77	9.19	52.8	1.36
140	361.5	926.1	589.1	4.287	68.50	20.10	9.72	50.7	1.26
150	476.2	917.0	632.2	4.312	68.38	18.63	10.3	48.6	1.17
160	618.3	907.4	675.3	4.346	68.27	17.36	10.7	46.6	1.10
170	792.6	897.3	719.3	4.379	67.92	16.28	11.3	45.3	1.05
180	1003.5	886.9	763.3	4.417	67.45	15.30	11.9	42.3	1.00
190	1225.6	876.0	807.6	4.460	66.99	14.42	12.6	40.8	0.96
200	1554.8	863.0	852.4	4.505	66.29	13.63	13.3	38.4	0.93
210	1917.7	852.8	897.7	4.555	65.48	13.04	14.1	36.1	0.91
220	2320.9	840.3	943.7	4.614	64.55	12.46	14.8	33.8	0.89
230	2798.6	827.3	990.2	4.681	63.73	11.97	15.9	31.6	0.88
240	3347.9	813.6	1037.5	4.756	62.80	11.47	16.8	29.1	0.87
250	3977.7	799.0	1085.6	4.844	61.76	10.98	18.1	26.7	0.86
260	4693.8	784.0	1135.0	4.949	60.43	10.59	19.7	24.2	0.87
270	5504.0	767.9	1185.3	5.070	59.96	10.20	21.6	21.9	0.88
280	6417.2	750.7	1236.3	5.229	57.45	9.81	23.7	19.5	0.90
290	7443.3	732.3	1289.9	5.485	55.82	9.42	26.2	17.2	0.93
300	8592.9	712.5	1344.8	5.736	53.96	9.12	29.2	14.7	0.97

六、干空气的重要物理性质 (101.33kPa)

温度 t/℃	密度 ρ/(kg/m³)	比热容 c_p /[kJ/(kg·℃)]	热导率 $\lambda \times 10^2$ /[W/(m·℃)]	黏度 $\mu \times 10^5$/Pa·s	普朗特数 Pr
−50	1.584	1.013	2.035	1.46	0.728
−40	1.515	1.013	2.117	1.52	0.728
−30	1.453	1.013	2.198	1.57	0.728
−20	1.395	1.009	2.279	1.62	0.716
−10	1.342	1.009	2.360	1.67	0.712
0	1.293	1.005	2.442	1.72	0.707
10	1.247	1.005	2.512	1.77	0.705
20	1.205	1.005	2.591	1.81	0.703
30	1.165	1.005	2.673	1.86	0.701
40	1.128	1.005	2.756	1.91	0.699
50	1.093	1.005	2.826	1.96	0.698
60	1.060	1.005	2.896	2.01	0.696
70	1.029	1.009	2.966	2.06	0.694
80	1.000	1.009	3.047	2.11	0.692
90	0.972	1.009	3.128	2.15	0.690
100	0.946	1.009	3.210	2.19	0.688
120	0.898	1.009	3.338	2.29	0.686
140	0.854	1.013	3.489	2.37	0.684
160	0.815	1.017	3.640	2.45	0.682
180	0.779	1.022	3.780	2.53	0.681
200	0.746	1.026	3.931	2.60	0.680
250	0.674	1.038	4.268	2.74	0.677
300	0.615	1.047	4.605	2.97	0.674
350	0.566	1.059	4.908	3.14	0.676
400	0.524	1.068	5.210	3.30	0.678
500	0.456	1.093	5.745	3.62	0.687
600	0.404	1.114	6.222	3.91	0.699
700	0.362	1.135	6.711	4.18	0.706
800	0.329	1.156	7.176	4.43	0.713
900	0.301	1.172	7.630	4.67	0.717
1000	0.277	1.185	8.071	4.90	0.719
1100	0.257	1.197	8.502	5.12	0.722
1200	0.239	1.206	9.153	5.35	0.724

七、饱和水蒸气表（按压强排列）

绝对压强 p/kPa	温度 t/℃	蒸汽密度 ρ/(kg/m³)	比焓, h/(kJ/kg) 液体	比焓, h/(kJ/kg) 蒸汽	汽化潜热/(kJ/kg)
1.0	6.3	0.00773	26.5	2503.1	2477
1.5	12.5	0.01133	52.3	2515.3	2463
2.0	17.0	0.01486	71.2	2524.2	2453
2.5	20.9	0.01836	87.5	2531.8	2444
3.0	23.5	0.02179	98.4	2536.8	2438
3.5	26.1	0.02523	109.3	2541.8	2433
4.0	28.7	0.02867	120.2	2546.8	2427
4.5	30.8	0.03205	129.0	2550.9	2422
5.0	32.4	0.03735	135.7	2554.0	2418
6.0	35.6	0.04200	149.1	2560.1	2411
7.0	38.8	0.04864	162.4	2566.3	2404
8.0	41.3	0.05514	172.7	2571.0	2398
9.0	43.3	0.06156	181.2	2574.8	2394
10.0	45.3	0.06798	189.6	2578.5	2389
15.0	53.5	0.09956	224.0	2594.0	2370
20.0	60.1	0.1307	251.5	2606.4	2355
30.0	66.5	0.1909	288.8	2622.4	2334
40.0	75.0	0.2498	315.9	2634.1	2312
50.0	81.2	0.3080	339.8	2644.3	2304
60.0	85.6	0.3651	358.2	2652.1	2394
70.0	89.9	0.4223	376.6	2659.8	2283
80.0	93.2	0.4781	390.1	2665.3	2275
90.0	96.4	0.5338	403.5	2670.8	2267
100.0	99.6	0.5896	416.9	2676.3	2259
120.0	104.5	0.6987	437.5	2684.3	2247
140.0	109.2	0.8076	457.7	2692.1	2234
160.0	113.0	0.8298	473.9	2698.1	2224
180.0	116.6	1.021	489.3	2703.7	2214
200.0	120.2	1.127	493.7	2709.2	2205
250.0	127.2	1.390	534.4	2719.7	2185
300.0	133.3	1.650	560.4	2728.5	2168
350.0	138.8	1.907	583.8	2736.5	2152
400.0	143.4	2.162	603.6	2742.1	2138
450.0	147.7	2.415	622.4	2747.8	2125
500.0	151.7	2.667	639.6	2752.8	2113
600.0	158.7	3.169	676.2	2761.4	2091
700.0	164.7	3.666	696.3	2767.8	2072
800	170.4	4.161	721.0	2773.7	2053
900	175.1	4.652	741.8	2778.1	2036
1×10^3	179.9	5.143	762.7	2782.5	2020
1.1×10^3	180.2	5.633	780.3	2785.5	2005
1.2×10^3	187.8	6.124	797.9	2788.5	1991
1.3×10^3	191.5	6.614	814.2	2790.9	1977
1.4×10^3	194.8	7.103	829.1	2792.4	1964
1.5×10^3	198.2	7.594	843.9	2794.5	1951
1.6×10^3	201.3	8.081	857.8	2796.0	1938
1.7×10^3	204.1	8.567	870.6	2797.1	1926
1.8×10^3	206.9	9.053	883.4	2798.1	1915
1.9×10^3	209.8	9.539	896.2	2799.2	1903
2×10^3	212.2	10.03	907.3	2799.7	1892
3×10^3	233.7	15.01	1005.4	2798.9	1794
4×10^3	250.3	20.10	1082.9	2789.8	1707
5×10^3	263.8	25.37	1146.9	2776.2	1629
6×10^3	275.4	30.85	1203.2	2759.5	1556
7×10^3	285.7	36.57	1253.2	2740.8	1488
8×10^3	294.8	42.58	1299.2	2720.5	1404
9×10^3	303.2	48.89	1343.5	2699.1	1357

八、饱和水蒸气表（按温度排列）

温度 $t/℃$	绝对压强 p/kPa	蒸汽密度 $\rho/(\text{kg/m}^3)$	比焓 $h/(\text{kJ/kg})$ 液体	比焓 $h/(\text{kJ/kg})$ 蒸汽	汽化潜热$/(\text{kJ/kg})$
0	0.6082	0.00484	0	2491	2491
5	0.8730	0.00680	20.9	2500.8	2480
10	1.226	0.00940	41.9	2510.4	2469
15	1.707	0.01283	62.8	2520.5	2458
20	2.335	0.01719	83.7	2530.1	2446
25	3.168	0.02304	104.7	2539.7	2435
30	4.247	0.03036	125.6	2549.3	2424
35	5.621	0.03960	146.5	2559.0	2412
40	7.377	0.05114	167.5	2568.6	2401
45	9.584	0.06543	188.4	2577.8	2389
50	12.34	0.0830	209.3	2587.4	2378
55	15.74	0.1043	230.3	2596.7	2366
60	19.92	0.1301	251.2	2606.3	2355
65	25.01	0.1611	272.1	2615.5	2343
70	31.16	0.1979	293.1	2624.3	2331
75	38.55	0.2416	314.0	2633.5	2320
80	47.38	0.2929	334.9	2642.3	2307
85	57.88	0.3531	355.9	2651.1	2295
90	70.14	0.4229	376.8	2659.9	2283
95	84.56	0.5039	397.8	2668.7	2271
100	101.33	0.5970	418.7	2677.0	2258
105	120.85	0.7036	440.0	2685.0	2245
110	143.31	0.8254	461.0	2693.4	2232
115	169.11	0.9635	482.3	2701.3	2219
120	198.64	1.1199	503.7	2708.9	2205
125	232.19	1.296	525.0	2716.4	2191
130	270.25	1.494	546.4	2723.9	2178
135	313.11	1.715	567.7	2731.0	2163
140	361.47	1.962	589.1	2737.7	2149
145	415.72	2.238	610.9	2744.4	2134
150	476.24	2.543	632.2	2750.7	2119
160	618.28	3.252	675.8	2762.9	2087
170	792.59	4.113	719.3	2773.3	2054
180	1003.5	5.145	763.3	2782.5	2019
190	1255.6	6.378	807.6	2790.1	1982
200	1554.8	7.840	852.0	2795.5	1944
210	1917.7	9.567	897.2	2799.3	1902
220	2320.9	11.60	942.4	2801.0	1859
230	2798.6	13.98	988.5	2800.1	1812
240	3347.9	16.76	1034.6	2796.8	1762
250	3977.7	20.01	1081.4	2790.1	1709
260	4693.8	23.82	1128.8	2780.9	1652
270	5504.0	28.27	1176.9	2768.3	1591
280	6417.2	33.47	1225.5	2752.0	1526
290	7443.3	39.60	1274.5	2732.3	1457
300	8592.9	46.93	1325.5	2708.0	1382

九、液体黏度共线图

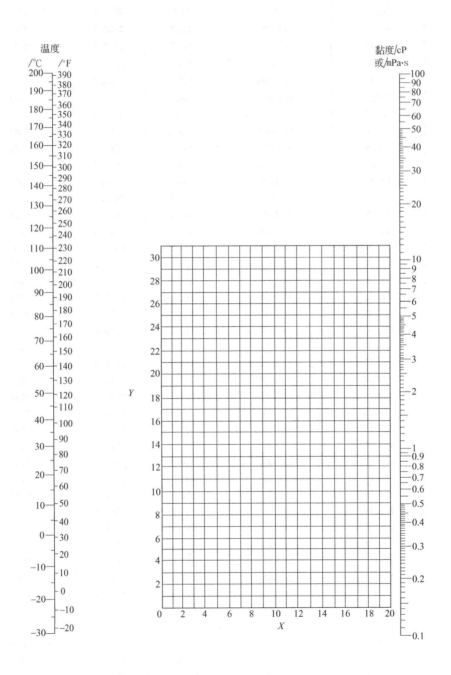

液体黏度共线图坐标值

序号	名称	X	Y	序号	名称	X	Y
1	水	10.2	13.0	36	氯苯	12.3	12.4
2	盐水(25%NaCl)	10.2	16.6	37	硝基苯	10.6	16.2
3	盐水(25%CaCl)	6.6	15.9	38	苯胺	8.1	18.7
4	氨	12.6	2.0	39	酚	6.9	20.8
5	氨水(26%)	10.1	13.9	40	联苯	12.0	18.3
6	二氧化碳	11.6	0.3	41	萘	7.9	18.1
7	二氧化硫	15.2	7.1	42	甲醇(100%)	12.4	10.5
8	二氧化氮	12.9	8.6	43	甲醇(90%)	12.3	11.8
9	二硫化碳	16.1	7.5	44	甲醇(40%)	7.8	15.5
10	溴	14.2	13.2	45	乙醇(100%)	10.5	13.8
11	汞	18.4	16.4	46	乙醇(95%)	9.8	14.3
12	硫酸(60%)	10.2	21.3	47	乙醇(40%)	6.5	16.6
13	硫酸(98%)	7.0	24.8	48	乙二醇	6.0	23.6
14	硫酸(100%)	8.0	25.1	49	甘油(100%)	2.0	30.0
15	硫酸(110%)	7.2	27.4	50	甘油(50%)	6.9	19.6
16	硝酸(60%)	10.8	17.0	51	乙醚	14.5	5.3
17	硝酸(95%)	12.8	13.8	52	乙醛	15.2	14.8
18	盐酸(31.5%)	13.0	16.6	53	丙酮(35%)	7.9	15.0
19	氢氧化钠(50%)	3.2	25.8	54	丙酮(100%)	14.5	7.2
20	戊烷	14.9	5.2	55	甲酸	10.7	15.8
21	己烷	14.7	7.0	56	醋酸(100%)	12.1	14.2
22	庚烷	14.1	8.4	57	醋酸(70%)	9.5	17.0
23	辛烷	13.7	10.0	58	醋酸酐	12.7	12.8
24	氯甲烷	15.0	3.8	59	乙酸乙酯	13.7	9.1
25	氯乙烷	14.8	6.0	60	乙酸戊酯	11.8	12.5
26	三氯甲烷	14.4	10.2	61	甲酸乙酯	14.2	8.4
27	四氯甲烷	12.7	13.1	62	甲酸丙酯	13.1	9.7
28	二氯乙烷	13.2	12.2	63	丙酸	12.8	13.8
29	氯乙烯	12.7	12.2	64	丙烯酸	12.3	13.9
30	苯	12.5	10.9	65	氟利昂-11(CCl_3F)	14.4	9.0
31	甲苯	13.7	10.4	66	氟利昂-12(CCl_2F_2)	16.8	5.6
32	邻二甲苯	13.5	12.1	67	氟利昂-21($CHCl_2F$)	15.7	7.5
33	间二甲苯	13.9	10.6	68	氟利昂-22($CHClF_2$)	17.2	4.7
34	对二甲苯	13.9	10.9	69	氟利昂-113($CCl_2F—CClF_2$)	12.5	11.4
35	乙苯	13.2	11.5	70	煤油	10.2	16.9

十、气体黏度共线图（常压下用）

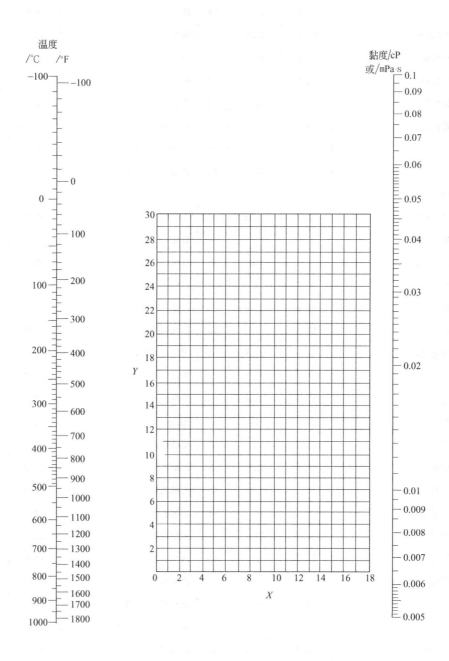

气体黏度共线图坐标值（常压下用）

序号	名　称	X	Y
1	空气	11.0	20.0
2	氧	11.0	21.3
3	氮	10.6	20.0
4	氢	11.2	12.4
5	$3H_2+N_2$	11.2	17.2
6	水蒸气	8.0	16.0
7	一氧化碳	11.0	20.0
8	二氧化碳	9.5	18.7
9	一氧化二氮	8.8	19.0
10	二氧化硫	9.6	17.0
11	二硫化碳	8.0	16.0
12	一氧化氮	10.9	20.5
13	氨	8.4	16.0
14	汞	5.3	22.9
15	氟	7.3	23.8
16	氯	9.0	18.4
17	氯化氢	8.8	18.7
18	溴	8.9	19.2
19	溴化氢	8.8	20.9
20	碘	9.0	18.4
21	碘化氢	9.0	21.3
22	硫化氢	8.6	18.0
23	甲烷	9.9	15.5
24	乙烷	9.1	14.5
25	乙烯	9.5	15.1
26	乙炔	9.8	14.9
27	丙烷	9.7	12.9
28	丙烯	9.0	13.8
29	丁烯	9.2	13.7
30	戊烷	7.0	12.8
31	己烷	8.6	11.8
32	三氯甲烷	8.9	15.7
33	苯	8.5	13.2
34	甲苯	8.6	12.4
35	甲醇	8.5	15.6
36	乙醇	9.2	14.2
37	丙醇	8.4	13.4
38	醋酸	7.7	14.3
39	丙酮	8.9	13.0
40	乙醚	8.9	13.0
41	乙酸乙酯	8.5	13.2
42	氟利昂-11	10.6	15.1
43	氟利昂-12	11.1	16.0
44	氟利昂-21	10.8	15.3
45	氟利昂-22	10.1	17.0
46	氟利昂-113	11.3	14.0

十一、液体比热容共线图

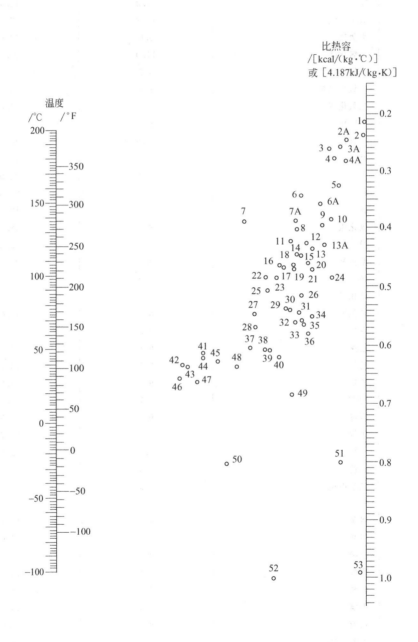

液体比热容共线图中的编号

编号	名称	温度范围/℃	编号	名称	温度范围/℃
53	水	10～200	10	苯甲基氯	−20～30
51	盐水(25% NaCl)	−40～20	25	乙苯	0～100
49	盐水(25% CaCl$_2$)	−40～20	15	联苯	80～120
52	氨	−70～50	16	联苯醚	0～200
11	二氧化硫	−20～100	16	联苯-联苯醚	0～200
2	二硫化碳	−100～25	14	萘	90～200
9	硫酸(98%)	10～45	40	甲醇	−40～20
48	盐酸(30%)	20～100	42	乙醇(100%)	30～80
35	己烷	−80～20	46	乙醇(95%)	20～80
28	庚烷	0～60	50	乙醇(50%)	20～80
33	辛烷	−50～25	45	丙醇	−20～100
34	壬烷	−50～25	47	异丙醇	−20～50
21	癸烷	−80～25	44	丁醇	0～100
13A	氯甲烷	−80～20	43	异丁醇	0～100
5	二氯甲烷	−40～50	37	戊醇	−50～25
4	三氯甲烷	0～50	41	异戊醇	10～100
22	二苯基甲烷	30～100	39	乙二醇	−40～200
3	四氯化碳	10～60	38	甘油	−40～20
13	氯乙烷	−30～40	27	苯甲醇	−20～30
1	溴乙烷	5～25	36	乙醚	−1000～25
7	碘乙烷	0～100	31	异丙醚	−80～200
6A	二氯乙烷	−30～60	32	丙酮	20～50
3	过氯乙烯	−30～40	29	醋酸	0～80
23	苯	10～80	24	乙酸乙酯	−50～25
23	甲苯	0～60	26	乙酸戊酯	0～100
17	对二甲苯	0～100	20	吡啶	−50～25
18	间二甲苯	0～100	2A	氟利昂-11	−20～70
19	邻二甲苯	0～100	6	氟利昂-12	−40～15
8	氯苯	0～100	4A	氟利昂-21	−20～70
12	硝基苯	0～100	7A	氟利昂-22	−20～60
30	苯胺	0～130	3A	氟利昂-113	−20～70

十二、气体比热容共线图（常压下用）

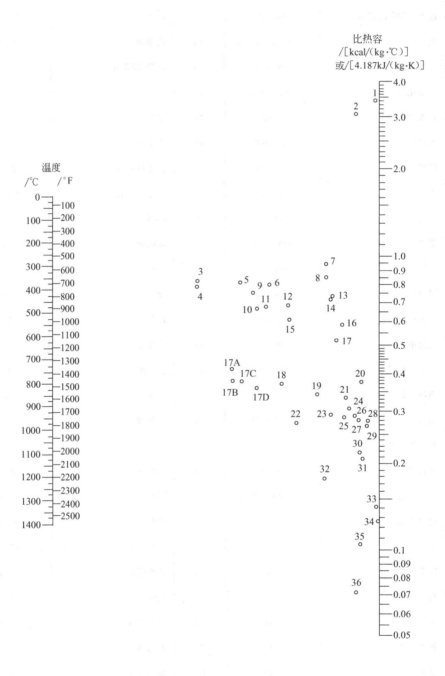

气体比热容共线图中的编号（常压下用）

编号	名称	温度范围/℃	编号	名称	温度范围/℃
27	空气	0~1400	20	氟化氢	0~1400
23	氧	0~500	30	氯化氢	0~1400
29	氧	500~1400	35	溴化氢	0~1400
26	氮	0~1400	36	碘化氢	0~1400
1	氢	0~600	5	甲烷	0~300
2	氢	600~1400	6	甲烷	300~700
32	氯	0~200	7	甲烷	700~1400
34	氯	200~1400	3	乙烷	0~200
33	硫	300~1400	9	乙烷	200~600
12	氨	0~600	8	乙烷	600~1400
14	氨	600~1400	4	乙烯	0~200
25	一氧化氮	0~700	11	乙烯	200~600
28	一氧化氮	700~1400	13	乙烯	600~1400
18	二氧化碳	0~400	10	乙炔	0~200
24	二氧化碳	400~1400	15	乙炔	200~400
22	二氧化硫	0~400	16	乙炔	400~1400
31	二氧化硫	400~1400	17B	氟利昂-11	0~500
17	水蒸气	0~1400	17C	氟利昂-21	0~500
19	硫化氢	0~700	17A	氟利昂-22	0~500
21	硫化氢	700~1400	17D	氟利昂-113	0~500

十三、液体汽化潜热共线图

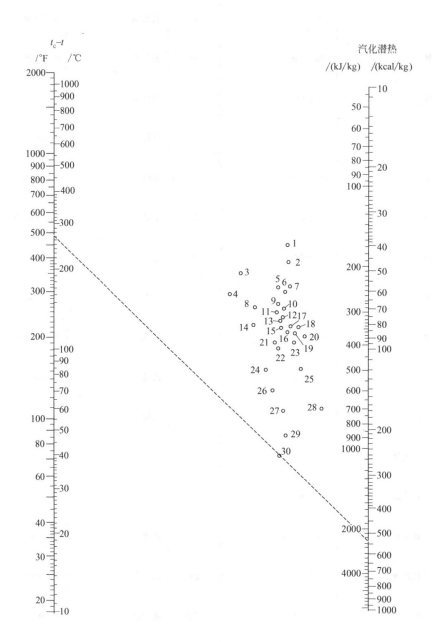

液体汽化潜热共线图中的编号

编号	名称	t_c/℃	t_c-t 范围/℃	编号	名称	t_c/℃	t_c-t 范围/℃
30	水	374	100～500	9	辛烷	296	30～300
29	氨	133	50～200	20	一氯甲烷	143	70～250
19	一氧化氮	36	25～150	8	二氧甲烷	216	150～250
21	二氧化碳	31	10～100	7	三氯甲烷	263	140～270
2	四氯化碳	283	30～250	27	甲醇	240	40～250
17	氯乙烷	187	100～250	26	乙醇	243	20～140
13	苯	289	10～400	28	乙醇	243	140～300
3	联苯	527	175～400	24	丙醇	264	20～200
4	二硫化碳	273	140～275	13	乙醚	194	10～400
14	二氧化硫	157	90～160	22	丙酮	235	120～210
25	乙烷	32	25～150	18	醋酸	321	100～225
23	丙烷	96	40～200	2	氟利昂-11	198	70～225
16	丁烷	153	90～200	2	氟利昂-12	111	40～200
15	异丁烷	134	80～200	5	氟利昂-21	178	70～250
12	戊烷	197	20～200	6	氟利昂-22	96	50～170
11	己烷	235	50～225	1	氟利昂-113	214	90～250
10	庚烷	267	20～300				

十四、固体材料的热导率

1. 常用金属材料的热导率

热导率/[W/(m·K)]	温度/℃				
	0	100	200	300	400
铝	228	228	228	228	228
铜	384	379	372	367	363
铁	73.3	67.5	61.6	54.7	48.9
铅	35.1	33.4	31.4	29.8	—
镍	93.0	82.6	73.3	63.97	59.3
银	414	409	373	362	359
碳钢	52.3	48.9	44.2	41.9	34.9
不锈钢	16.3	17.5	17.5	18.5	

2. 常用非金属材料的热导率

名称	温度/℃	热导率/[W/(m·℃)]	名称	温度/℃	热导率/[W/(m·℃)]
石棉绳	—	0.10～0.21	泡沫塑料	—	0.0465
石棉板	30	0.10～0.14	泡沫玻璃	−15	0.00489
软木	30	0.0430		−80	0.00349
玻璃棉	—	0.0349～0.0698	木材(横向)	—	0.14～0.175
保温灰	—	0.0698	(纵向)	—	0.384
锯屑	20	0.0465～0.0582	耐火砖	230	0.872
棉花	100	0.0698		1200	1.64
厚纸	20	0.14～0.349	混凝土	—	1.28
玻璃	30	1.09	绒毛毡	—	0.0465
	−20	0.76	85%氧化镁粉	0～100	0.0698
搪瓷	—	0.87～1.16	聚氯乙烯	—	0.116～0.174
云母	50	0.430	酚醛加玻璃纤维	—	0.259
泥土	20	0.698～0.930	酚醛加石棉纤维	—	0.294
冰	0	2.33	聚碳酸酯	—	0.191
膨胀珍珠岩散料	25	0.021～0.062	聚苯乙烯泡沫	25	0.0419
软橡胶	—	0.129～0.159		−150	0.00174
硬橡胶	0	0.150	聚乙烯	—	0.329
聚四氟乙烯	—	0.242	石墨	—	139
建筑用砖	—	0.69			

十五、某些液体的热导率

液体	温度/℃	热导率/[W/(m·℃)]	液体	温度/℃	热导率/[W/(m·℃)]
石油	20	0.180	四氯化碳	0	0.185
汽油	30	0.19		68	0.163
煤油	20	0.15	二硫化碳	30	0.161
	75	0.140		75	0.152
正戊烷	30	0.135	乙苯	30	0.149
	75	0.128		60	0.142
正己烷	30	0.138	氯苯	10	0.144
	60	0.137	硝基苯	30	0.164
正庚烷	30	0.140		100	0.152
	60	0.137	硝基甲苯	30	0.216
正辛烷	60	0.14		60	0.208
丁醇(100%)	20	0.182	橄榄油	100	0.164
丁醇(80%)	20	0.237	松节油	15	0.128
正丙醇	30	0.171	氯化钙盐水(30%)	30	0.55
	75	0.164	氯化钙盐水(15%)	30	0.59
正戊醇	30	0.163	氯化钠盐水(25%)	30	0.57
	100	0.154	氯化钠盐水(12.5%)	30	0.59
异戊醇	30	0.152	硫酸(90%)	30	0.36
	75	0.151	硫酸(60%)	30	0.43
正己醇	30	0.163	硫酸(30%)	30	0.52
	75	0.156	盐酸(12.5%)	32	0.52
正庚醇	30	0.163	盐酸(25%)	32	0.48
	75	0.157	盐酸(38%)	32	0.44
丙烯醇	25~30	0.180	氢氧化钾(21%)	32	0.58
乙醚	30	0.138	氢氧化钾(42%)	32	0.55
	75	0.135	氨	25~30	0.180
乙酸乙酯	20	0.175	氨水溶液	20	0.45
氯甲烷	−15	0.192		60	0.50
	30	0.154	水银	28	8.36
三氯甲烷	30	0.138			

十六、气体的热导率共线图（常压下用）

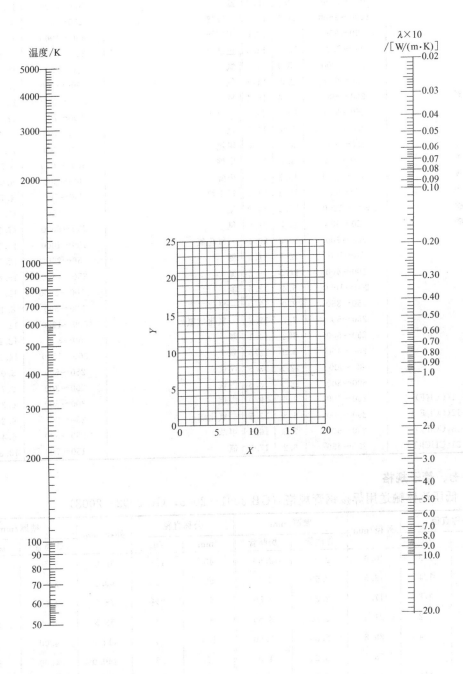

气体的热导率共线图坐标值（常压下用）

气体或蒸气	温度范围/K	X	Y	气体或蒸气	温度范围/K	X	Y
丙酮	250~500	3.7	14.8	氟利昂-22($CHClF_2$)	250~500	6.5	18.6
乙炔	200~600	7.5	13.5	氟利昂-113($CCl_2F—CClF_2$)	250~400	4.7	17.0
空气	50~250	12.4	13.9	氦	50~500	17.0	2.5
空气	250~1000	14.7	15.0	氦	500~5000	15.0	3.0
空气	1000~1500	17.1	14.5	正庚烷	250~600	4.0	14.8
氨	200~900	8.5	12.6	正庚烷	600~1000	6.9	14.9
氩	50~250	12.5	16.5	正己烷	250~1000	3.7	14.0
氩	250~5000	15.4	18.1	氢	50~250	13.2	1.2
苯	250~600	2.8	14.2	氢	250~1000	15.7	1.3
三氟化硼	250~400	12.4	16.4	氢	1000~2000	13.7	2.7
溴	250~350	10.1	23.6	氯化氢	200~700	12.2	18.5
正丁烷	250~500	5.6	14.1	氦	100~700	13.7	21.8
异丁烷	250~500	5.7	14.0	甲烷	100~300	11.2	11.7
二氧化碳	200~700	8.5	15.5	甲烷	300~1000	8.5	11.0
二氧化碳	700~1200	13.3	15.4	甲醇	300~500	5.0	14.3
一氧化碳	80~300	12.3	14.2	氯甲烷	250~700	4.7	15.7
一氧化碳	300~1200	15.2	15.2	氖	50~250	15.2	10.2
四氯化碳	250~500	9.4	21.0	氖	250~5000	17.2	11.0
氯	200~700	10.8	20.1	一氧化氮	100~1000	13.2	14.8
氘	50~100	12.7	17.3	氮	50~250	12.5	14.0
氘	100~400	14.5	19.3	氮	250~1500	15.8	15.3
乙烷	200~1000	5.4	12.6	氮	1500~3000	12.5	16.5
乙醇	250~350	2.0	13.0	一氧化二氮	200~500	8.4	15.0
乙醇	350~500	7.7	15.2	一氧化二氮	500~1000	11.5	15.5
乙醚	250~500	5.3	14.1	氧	50~300	12.2	13.8
乙烯	200~450	3.9	12.3	氧	300~1500	14.5	14.8
氟	80~600	12.3	13.8	戊烷	250~500	5.0	14.1
氟	600~800	18.7	13.8	丙烷	200~300	2.7	12.0
氟利昂-11(CCl_3F)	250~500	7.5	19.0	丙烷	300~500	6.3	13.7
氟利昂-12(CCl_2F_2)	250~500	6.8	17.5	二氧化硫	250~900	9.2	18.5
氟利昂-13($CClF_3$)	250~500	7.5	16.5	甲苯	250~600	6.4	14.8
氟利昂-21($CHCl_2F$)	250~450	6.2	17.5	氙	150~700	13.3	25.0

十七、管子规格

1. 低压流体输送用焊接钢管规格（GB 3091—2008，GB 3092—2008）

公称直径/mm	/in	外径/mm	壁厚/mm 普通管	壁厚/mm 加厚管	公称直径/mm	/in	外径/mm	壁厚/mm 普通管	壁厚/mm 加厚管
6	1/8	10.0	2.00	2.50	40	1½	48.0	3.50	4.50
8	1/4	13.5	2.50	2.80	50	2	60.0	3.80	4.50
10	3/8	17.0	2.50	2.80	65	2½	75.5	4.00	4.50
15	1/2	21.3	2.80	3.50	80	3	88.5	4.00	5.00
20	3/4	26.8	2.80	3.50	100	4	114.0	4.00	5.00
25	1	33.5	3.20	4.00	125	5	140.0	4.50	5.50
32	1¼	42.3	3.50	4.00	150	6	165.0	4.50	6.00

注：1. 本标准适用于输送水、煤气、空气、油和取暖蒸汽等一般较低压力的流体。
2. 表中的公称直径是近似内径的名义尺寸，不表示外径减去两边壁厚得的内径；
3. 钢管分镀锌钢管（GB 3091—2008）和不镀锌钢管（GB 3092—2008），后者简称黑管。

2. 普通无缝钢管 (GB 8163—2008)

(1) 热轧无缝钢管 (摘录)

外径/mm	壁厚/mm		外径/mm	壁厚/mm		外径/mm	壁厚/mm	
	从	到		从	到		从	到
32	2.5	5	76	4.5	10	219	6.5	38
38	3.0	5.5	89	4.0	12	273	7.0	45
42	3.0	8	108	4.0	20	325	8.0	45
45	3.0	7	114	5.0	18	377	9.0	50
51	3.0	6	133	5.0	18	426	12.0	50
57	4.0	6	159	6.0	28	457	9.5	65
60	4.0	10	168	6.0	28	610	13.0	78

注：壁厚系列有 2.5mm、3mm、3.5mm、4mm、4.5mm、5mm、5.5mm、6mm、6.5mm、7mm、7.5mm、8mm、8.5mm、9mm、9.5mm、10mm、11mm、12mm、13mm、14mm、15mm、16mm、17mm、18mm、19mm、20mm 等。

(2) 冷拔（冷轧）无缝钢管

冷拔无缝钢管质量好，可以得到小直径管，其外径可由 6~200mm，壁厚由 0.25~14mm，其中最小壁厚及最大壁厚均随外径增大而增加，系列标准可参阅有关手册。

(3) 热交换器用普通无缝钢管 (摘自 GB 9948—2006)

外径/mm	壁厚/mm	外径/mm	壁厚/mm
19	2, 2.5	57	4, 5, 6
25	2, 2.5, 3	89	6, 8, 10, 12
38	3, 3.5, 4		

十八、泵及通风机规格

1. IS 型单级单吸离心泵

泵型号	流量/(m³/h)	扬程/m	转速/(r/min)	允许汽蚀余量/m	泵效率/%	功率/kW	
						轴功率	配带功率
IS50-32-125	12.5	20	2900	2.0	60	1.13	2.2
	15	18.5	2900		60	1.26	2.2
IS50-32-160	12.5	32	2900	2.0	54	2.02	3
	15	29.6	2900		56	2.16	3
IS50-32-200	12.5	50	2900	2.0	48	3.54	5.5
	15	48	2900	2.5	51	3.84	5.5
IS50-32-250	12.5	80	2900	2.0	38	7.16	11
	15	78.5	2900	2.5	41	7.83	11
IS65-50-125	12.5	5	1450	2.0	64	0.27	0.55
	15		1450				0.55
IS65-50-160	12.5	8.0	1450	2.0	60	0.45	0.75
	15	7.2	1450	2.5	60	0.49	0.75
IS65-40-200	12.5	12.5	1450	2.0	66	0.77	1.1
	15	11.8	1450	2.5	57	0.85	1.1
IS65-40-250	15		2900				15
	25	80	2900	2.0	63	10.3	15
	30		2900				15
IS100-80-125	60	24	2900	4.0	67	5.86	11
	100	20	2900	4.5	78	7.00	11
	120	16.5	2900	5.0	74	7.28	11

型单级双吸离心泵

泵型号	流量/(m³/h)	扬程/m	转速/(r/min)	允许汽蚀余量/m	泵效率/%	功率/kW	
						轴功率	配带功率
250S24	360	27	1450	3.5	80	33.1	45
	485	24			85.5	35.8	
	576	19			82	38.4	
250S65	360	71	1450	3	75	92.8	160
	485	65			78.6	108.5	
	612	56			72	129.6	

3. 4-72-11型离心式通风机规格（摘录）

机号	转速/(r/min)	全压/Pa	流量/(m³/h)	效率/%	所需功率/kW
6C	2240	2432.1	15800	91	14.1
	2000	1941.8	14100	91	10.0
	1800	1569.1	12700	91	7.31
	1250	755.1	8800	91	2.53
	1000	480.5	7030	91	1.39
	800	294.2	5610	91	0.73
8C	1800	2795	29900	91	30.8
	1250	1343.6	20800	91	10.3
	1000	863.0	16600	91	5.52
	630	343.2	10480	91	1.51
10C	1250	2226.2	41300	94.3	32.7
	1000	1422.0	32700	94.3	16.5
	800	912.1	26130	94.3	8.5
	500	353.1	16390	94.3	2.3
6D	1450	1020	10200	91	4
	960	441.3	6720	91	1.32
8D	1450	1961.4	20130	89.5	14.2
	730	490.4	10150	89.5	2.06
16B	900	2942.1	121000	94.3	127
20B	710	2844.0	186300	94.3	190

十九、若干气体水溶液的亨利系数

气体	温度/℃															
	0	5	10	15	20	25	30	35	40	45	50	60	70	80	90	100
	$E \times 10^{-3}$/MPa															
H_2	5.87	6.16	6.44	6.70	6.92	7.16	7.39	7.52	7.61	7.70	7.75	7.75	7.71	7.65	7.61	7.55
N_2	5.35	6.05	6.77	7.48	8.15	8.76	9.36	9.98	10.5	11.0	11.4	12.2	12.7	12.8	12.8	12.8
空气	4.38	4.94	5.56	6.15	6.73	7.30	7.81	8.34	8.82	9.23	9.59	10.2	10.6	10.8	10.9	10.8
CO	3.57	1.01	4.48	4.95	5.43	5.88	6.28	6.68	7.05	7.39	7.71	8.32	8.57	8.57	8.57	8.57
O_2	2.58	2.95	3.31	3.69	4.06	4.44	4.81	5.14	5.42	5.70	5.96	6.37	6.72	6.96	7.08	7.10
CH_4	2.27	2.62	3.01	3.41	3.81	4.18	4.55	4.92	5.27	5.58	5.58	6.34	6.75	6.91	7.01	7.10
NO	1.71	1.96	2.21	2.45	2.67	2.91	3.14	3.35	3.57	3.77	3.95	4.24	4.44	4.54	4.58	4.60
C_2H_6	1.28	1.57	1.92	2.90	2.66	3.06	3.47	3.88	4.29	4.69	5.07	5.72	6.31	6.70	6.96	7.01
	$E \times 10^{-2}$/MPa															
C_2H_4	5.59	6.62	7.78	9.07	10.3	11.6	12.9	—	—	—	—	—	—	—	—	—
N_2O		1.19	1.43	1.68	2.01	2.28	2.62	3.06	—	—	—	—	—	—	—	—
CO_2	0.738	0.888	1.05	1.24	1.44	1.66	1.88	2.12	2.36	2.60	2.87	3.46	—	—	—	—
C_2H_2	0.73	0.85	0.97	1.09	1.23	1.35	1.48	—	—	—	—	—	—	—	—	—
Cl_2	0.272	0.334	0.399	0.461	0.537	0.604	0.669	0.74	0.80	0.86	0.90	0.97	0.99	0.97	0.96	
H_2S	0.272	0.319	0.372	0.418	0.489	0.552	0.617	0.686	0.755	0.825	0.689	1.04	1.21	1.37	1.46	1.50
	$E \times 10^{-1}$/MPa															
SO_2	0.167	0.203	0.245	0.294	0.355	0.413	0.485	0.567	0.661	0.763	0.871	1.11	1.39	1.70	2.02	—

二十、部分双组分混合液在101.3kPa下的汽-液平衡数据

1. 苯-甲苯

温度/℃	液相中苯的摩尔分数 x	汽相中苯的摩尔分数 y	温度/℃	液相中苯的摩尔分数 x	汽相中苯的摩尔分数 y
110.6	0.0	0.0	89.4	0.592	0.789
106.1	0.088	0.212	86.8	0.700	0.853
102.2	0.200	0.370	84.4	0.803	0.914
98.6	0.300	0.500	82.3	0.903	0.957
95.2	0.397	0.618	81.1	0.950	0.979
92.1	0.489	0.710	80.2	1.0	1.0

2. 乙醇-水

温度/℃	液相中乙醇的摩尔分数 x	汽相中乙醇的摩尔分数 y	温度/℃	液相中乙醇的摩尔分数 x	汽相中乙醇的摩尔分数 y
100	0.0	0.0	81.5	0.3273	0.5826
95.5	0.019	0.1700	80.7	0.3965	0.6122
89.0	0.0721	0.3891	79.8	0.5079	0.6564
86.7	0.0966	0.4375	79.7	0.5198	0.6599
85.3	0.1238	0.4704	79.3	0.5732	0.6841
84.1	0.1661	0.5089	78.74	0.6763	0.7385
82.7	0.2337	0.5445	78.41	0.7472	0.7815
82.3	0.2608	0.5580	78.15	0.8943	0.8943

3. 甲醇-水

温度/℃	液相中甲醇的摩尔分数 x	汽相中甲醇的摩尔分数 y	温度/℃	液相中甲醇的摩尔分数 x	汽相中甲醇的摩尔分数 y
100	0.0	0.0	75.3	0.40	0.729
96.4	0.02	0.134	73.1	0.50	0.779
93.5	0.04	0.234	71.2	0.60	0.825
91.2	0.06	0.304	69.3	0.70	0.870
89.3	0.08	0.365	67.6	0.80	0.915
87.7	0.10	0.418	66.0	0.90	0.958
84.4	0.15	0.517	65.0	0.95	0.979
81.7	0.20	0.579	64.5	1.0	1.0
78.0	0.30	0.665			

4. 丙酮-水

温度/℃	液相中丙酮的摩尔分数 x	汽相中丙酮的摩尔分数 y	温度/℃	液相中丙酮的摩尔分数 x	汽相中丙酮的摩尔分数 y
100	0.0	0.0	60.4	0.40	0.839
92.7	0.01	0.253	60.0	0.50	0.849
86.5	0.02	0.425	59.7	0.60	0.859
75.8	0.05	0.624	59.0	0.70	0.874
66.5	0.10	0.755	58.2	0.80	0.898
63.4	0.15	0.798	57.5	0.90	0.935
62.1	0.20	0.815	57	0.95	0.963
61.0	0.30	0.830	56.13	1.0	1.0

5. 硝酸-水

温度/℃	液相中硝酸的摩尔分数 x	汽相中硝酸的摩尔分数 y	温度/℃	液相中硝酸的摩尔分数 x	汽相中硝酸的摩尔分数 y
100.0	0.00	0.00	119.5	0.45	0.646
103.0	0.05	0.003	115.6	0.50	0.836
109.0	0.10	0.01	109.0	0.55	0.920
114.3	0.15	0.025	101.0	0.60	0.952
117.4	0.20	0.052	98.0	0.70	0.980
120.1	0.25	0.098	81.8	0.80	0.993
121.4	0.30	0.165	85.6	0.90	0.998
121.9	0.384	0.384	85.4	1.00	1.00
121.6	0.40	0.460			

、氨的温-熵图

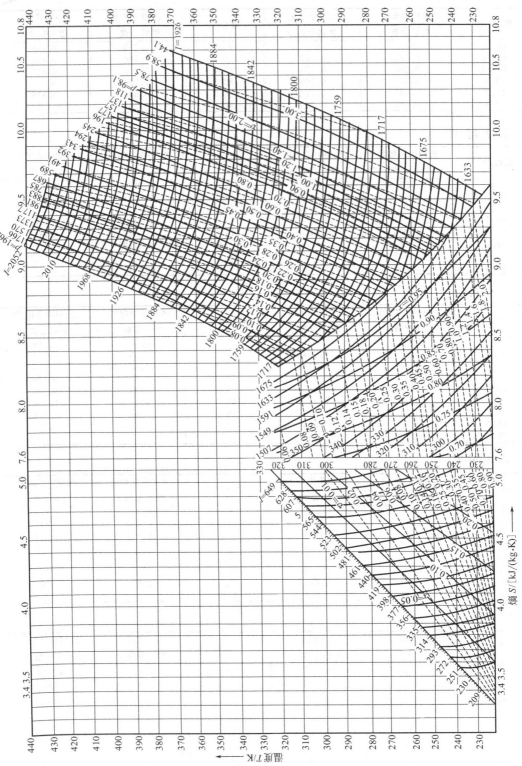

二十二、101.33kPa 压强下溶液的沸点升高与浓度的关系

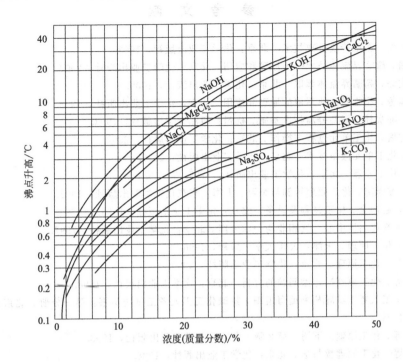

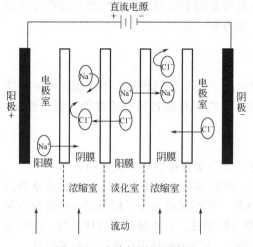
图 12-6 电渗析原理示意图

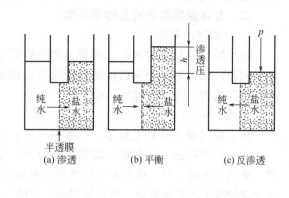
图 12-7 渗透和反渗透示意图

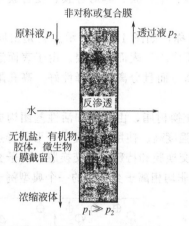
图 12-8 反渗透膜分离过程

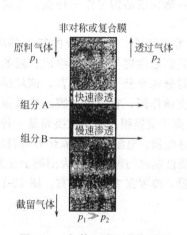
图 12-9 气体（膜）分离过程

微孔扩散机理；气体通过均质膜的溶解-扩散机理。

（4）超滤 超滤是以压差为推动力、用固体多孔膜截留混合物中的微粒和大分子溶质而使溶剂透过膜孔的分离操作。图 12-10 表示超滤的工作原理。

超滤的分离机理主要是多孔膜表面的筛分作用。大分子溶质在膜表面及孔内的吸附和滞留虽然也起截留作用，但易造成膜污染。在操作中必须采用适当的流速、压力、温度等条件，并定期清洗以减少膜污染。

（5）微滤 微滤是以静压差为推动力，利用膜的"筛分"作用进行分离的膜过程。微孔滤膜具有比较整齐、均匀的多孔结构，在静压差的作用下，小于膜孔的粒子通过滤膜，比膜孔大的粒子则被阻拦在滤膜面上，使大小不同的组分得以分离，其作用相当于"过滤"。

（6）渗透汽化 它是利用液体混合物中组分在膜两侧的蒸气分压的不同，首先选择性溶解在膜料一侧表面，再以不同的速率扩散透过膜，最后在膜的透过侧表面汽化、解吸，从而实现分离的过程。

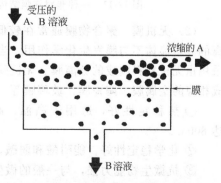
图 12-10 超滤的工作原理示意图

参 考 文 献

[1] 蒋维钧主编. 新型传质分离技术. 北京：化学工业出版社，1992.
[2] 朱自强编. 超临界流体技术——原理和应用. 北京：化学工业出版社，2000.
[3] 张镜澄主编. 超临界流体萃取. 北京：化学工业出版社，2000.
[4] 陈维扭编著. 超临界流体萃取的原理和应用. 北京：化学工业出版社，1998.
[5] 刘茉娥，陈欢林. 新型分离技术基础. 杭州：浙江大学出版社，1993.
[6] 冷士良主编. 化工单元过程与操作. 北京：化学工业出版社，2002.
[7] 陈性永. 化工单元操作技术. 北京：化学工业出版社，1992.
[8] 陆美娟. 化工原理. 北京：化学工业出版社，1995.
[9] 丛德滋，方周南. 化工原理示例与练习. 上海：华东化工学院出版社，1992.
[10] 汤金石，赵锦全. 化工过程及设备. 北京：化学工业出版社，1996.
[11] 化工部人教司培训中心. 气相非均一系分离. 北京：化学工业出版社，1997.
[12] 姚玉英. 化工原理. 天津：天津大学出版社，1996.
[13] 陈敏恒等. 化工原理. 北京：化学工业出版社，2000.
[14] 何潮洪等. 化工原理操作型问题的分析. 北京：化学工业出版社，1998.
[15] 氯碱化工工人考工试题丛书编写组编. 氯碱化工工人考工试题丛书：第一分册. 北京：化学工业出版社，1994.
[16] 谭天恩等. 化工原理：下册. 第2版. 北京：化学工业出版社，1998.
[17] 陈敏恒等. 化工原理教与学. 北京：化学工业出版社，1998.
[18] 张弓编. 化工原理. 第2版. 北京：化学工业出版社，2000.
[19] 金德仁编. 化工原理. 北京：化学工业出版社，1987.
[20] 冯孝庭主编. 吸附分离技术. 北京：化学工业出版社，2000.
[21] 刘茉娥等. 膜分离技术. 北京：化学工业出版社，1998.
[22] 刘凡清等. 固液分离与工业水处理. 北京：中国石化出版社，2000.
[23] 王湛编. 膜分离技术基础. 北京：化学工业出版社，2000.
[24] 刘茉娥等编. 膜分离技术应用手册. 北京：化学工业出版社，2001.
[25] 叶振华编著. 化工吸附分离过程. 北京：中国石化出版社，1992.
[26] 王学松编著. 膜分离技术与应用. 北京：科学出版社，1994.
[27] 高以恒，叶凌碧. 膜分离技术基础. 北京：化学工业出版社，1992.
[28] 徐文熙主编. 化工原理. 北京：中国石化出版社，1992.
[29] 陆良福主编. 炼油过程与设备. 北京：中国石化出版社，1993.
[30] 王奇主编. 化工生产基础. 北京：化学工业出版社，2001.
[31] 周立雪，周波主编. 传质与分离技术. 北京：化学工业出版社，2002.
[32] 郑领英，王学松编著. 膜分离技术. 北京：化学工业出版社，2000.
[33] 王振中编. 化工原理：上下册. 北京：化学工业出版社，1997.
[34] 张弓等编. 化工原理：上下册. 北京：化学工业出版社，1999.
[35] 张洪流等编. 流体流动与传热：上册. 北京：化学工业出版社，2001.
[36] 杨祖荣等编. 化工原理. 北京：化学工业出版社，2004.
[37] 时钧，汪家鼎等. 化学工程手册：上卷. 第2版. 北京：化学工业出版社，1996.
[38] 韩冬冰等编著. 化工工艺学. 北京：中国石化出版社，2003.
[39] 邓修，吴俊生编著. 化工分离工程. 北京：科学出版社，2000.